U0215119

大话移动通信（第2版）

张海君　郑伟　李杰　编著

清华大学出版社
北　京

内 容 简 介

本书是畅销书《大话移动通信》的全新升级版，是一本通俗易懂的移动通信技术读物。作者力求用通俗、幽默、风趣的语言，从身边的通信讲起，历数古代通信到现代通信的发展历程，以及从最基础、最通用的通信理论与技术到 1G、2G、3G、4G 通信系统所特有的技术特点。本书用白话风格的语言和生活中的例子，将移动通信的知识娓娓道来。为了增强内容的可读性，书中穿插了多幅专门为本书绘制的漫画，并提供了大量的原理图。阅读完本书，您会发现原来移动通信技术也可以很白话，很生活，很幽默，很好玩……

本书共 12 章，分 3 篇。第 1 篇介绍了移动通信的前世今生、移动通信要用到的基础理论、基本技术、信息安全与无线资源管理技术等。第 2 篇介绍了从第一代移动通信技术到第四代移动通信技术的网络架构、关键技术、空中接口、基本呼叫与信令流程等技术的演进过程。第 3 篇介绍了移动通信的标准化，还介绍了移动通信中的网络规划及优化的基础知识与应用。

本书提供了一种全新的阅读体验，将艰深复杂的通信理论进行了通俗的解读，适用于移动开发人员、通信专业的学生、基站建设人员、基站服务人员、移动通信研究人员等阅读。对于那些没有任何通信理论基础的非专业人员，也可以在本书的引领下了解很多与我们生活密不可分的移动通信知识。希望本书能让您在一种愉悦的心境下对移动通信有一个立体而直观的认识，并能快速掌握移动通信的基础理论与基本技术，特别是对 3G 和超 LTE、4G 的相关知识有一个初步的认识和整体的概念。

图书在版编目（CIP）数据

大话移动通信 / 张海君，郑伟，李杰编著. —2 版. —北京：清华大学出版社，2015（2023.8 重印）
ISBN 978-7-302-39157-9

Ⅰ. ①大… Ⅱ. ①张… ②郑… ③李… Ⅲ. ①移动通信 – 基本知识 Ⅳ. ①TN929.5

中国版本图书馆 CIP 数据核字（2015）第 017968 号

责任编辑：夏兆彦
封面设计：欧振旭
责任校对：徐俊伟
责任印制：宋 林

出版发行：清华大学出版社
网 址：http://www.tup.com.cn, http://www.wqbook.com
地 址：北京清华大学学研大厦 A 座 邮 编：100084
社 总 机：010-83470000 邮 购：010-62786544
投稿与读者服务：010-62776969，c-service@tup.tsinghua.edu.cn
质 量 反 馈：010-62772015，zhiliang@tup.tsinghua.edu.cn
印 装 者：三河市龙大印装有限公司
经 销：全国新华书店
开 本：185mm×260mm 印 张：21 字 数：525 千字
版 次：2011 年 2 月第 1 版 2015 年 4 月第 2 版 印 次：2023 年 8 月第 13 次印刷
定 价：49.80 元

产品编号：061186-01

前　言

移动通信也可以很白话，很生活，很幽默，很好玩……

从移动通信的理论基础到关键技术，从 1G 到 4G 的技术演进，一场移动通信的饕餮盛宴，期待您的品尝！

本书创作背景

移动通信技术作为当今社会信息化革命的先锋，已经成为最受瞩目的通信技术。近年来，移动通信技术的发展十分迅猛，各种新技术、新标准的问世，让人眼花缭乱，目不暇接。3G 网络已经普及，4G 网络已经开始商用。

目前图书市场上移动通信类的专业书籍有不少，无论是讲基本技术原理的、信令流程的、协议解读的、系统架构的，还是讲授核心网、空中接口的，都可以说是琳琅满目，其中不乏让人拍案叫绝的经典与精品书籍。但是，这些书籍大多数学术性比较强，过于专业和晦涩艰深的语言风格让初学移动通信的读者望而却步。真正从读者的角度，用简单、通俗易懂的语言讲述移动通信技术的书籍还是寥寥无几，十分罕见。仅有的一两本或是站在通信行业管理者和市场营销人员的角度简单介绍具体的应用，对移动通信技术的介绍篇幅很少，而且对初学者的关注不够；或是仅仅讲述 GSM 系统，对于 3G 知识涉及的篇幅极少，对于 B3G 和 4G 技术更是没有提及。

本书旨在给读者提供一本通俗易懂、风趣幽默，涵盖移动通信的基本原理和关键技术，以及从第一代移动通信到第四代移动通信的技术演进过程的科学普及读物。

本书力图用通俗、幽默、风趣的语言，给读者提供一种全新的阅读体验，将艰深复杂的移动通信知识进行通俗的解读。书中以白话的方式结合日常生活中的常见例子进行讲解，还穿插了多幅专门为本书绘制的漫画，并提供了大量的通信原理图，让读者对移动通信的基本原理和关键技术及从第一代移动通信到第四代移动通信技术有一个全面的了解；尤其是对采用 CDMA 的 3G 系统和基于 OFDM、MIMO 技术的超 3.9G（LTE）系统，乃至 4G（LTE-A）系统的技术原理和典型商用系统或未来极可能商用的系统，有一个立体而直观的整体认识。

关于本书第 2 版

本书第 1 版出版后以其幽默、风趣、通俗易懂的风格得到了广大读者的好评。但是随着移动通信技术的发展，尤其随着 4G 技术的商用与普及，本书第 1 版已经不能适应读者的实际需求，迫切需要对最新的移动通信技术进行介绍，也需要对一些过时和落伍的内容进行调整，所以我们对本书第1版进了全新改版。相比第1版，第2版图书在内容上的变化主要体现在以下几个方面：

（1）对4G的发展进程进行了更为详细的介绍；

（2）对4G的两种不同制式FDD-LTE与TDD-LTE进行了对比；

（3）对4G技术目前存在的缺陷进行了分析，并对4G物理信道做了更详细的介绍；

（4）增加了4G核心网和eNodeB的功能介绍，还对4G小区搜索过程进行了解析；

（5）完善了4G通信中关键技术的介绍；

（6）修订了第1版中的一些疏漏和部分过时的协议规定，以及4G在国内发放牌照的时间，并将一些表达不准确的地方表述得更为准确。

本书内容与写作特色

1. 行文通俗、幽默、风趣，拒绝晦涩深奥

本书大量采用了通俗幽默的语言，讲述复杂而深奥的移动通信原理与技术，尽量避免晦涩的说教。文中的语言充满了笔者的一些人生体验与经历，让读者有一种身临其境的感觉。

2. 类比形象、直观，做到简单易懂

本书中绝大多数能用类比的技术原理，都用生活中的实例来类比讲述，使读者学习起来直观、通俗、简单易懂。

3. 绘制多幅漫画，提供大量原理图，做到图文并茂，形象直观，生动有趣

为了增强内容的可读性，本书穿插了多幅专门为本书绘制的漫画，非常生动有趣。另外，对于每一个知识点，本书提供了大量的原理图，做到了以文字与图画相结合的方式讲解，使读者更加直观而又深入地理解技术的基本原理。

4. 内容有取有舍，做到重点突出

本书重点介绍移动通信中常用的原理与技术，而对于不常用的技术不予介绍。对于多址技术、抗干扰技术、信息安全、无线资源管理等技术予以重点关注。

5. 涉及的技术全面，讲解鞭辟入里

本书涉及的技术面很广，不但对移动通信的前世今生做了回顾，更是从移动通信的基本理论与基本原理一直讲到常用的GSM、IS-95的2G、3G和时下很火爆的3.9G（LTE）和前途不可限量的4G（LTE-A）等技术。

6. 跟踪技术前沿，做技术的弄潮儿

本书中3G与4G的内容占有大量篇幅，读者通过学习LTE、LTE-Advanced可以了解当今世界最先进、最前沿的移动通信技术，也可以了解移动通信标准的制定过程。

本书内容介绍

第1篇　大话移动通信基础知识（第1～5章）

本篇主要介绍通信发展的前世今生及移动通信要用到的基础理论、基本原理与关键技术。主要内容如下：

第 1 章介绍通信的目的、通信的基本形式、最古老的官方通信——快马+驿站、最古老的军事通信——烽火台的狼烟、中国古代民间通信、近现代通信知识等。

第 2 章介绍信号与系统、概率论与随机过程、模拟通信系统、数字通信系统、移动通信中的三大损耗、移动通信的四种效应。

第 3 章介绍多址技术、调制、信源编码、信道编码、分集与均衡等移动通信的基础知识。

第 4 章介绍移动通信中的 2G、3G、4G 中的信息安全协议与架构。

第 5 章介绍移动通信中的无线资源管理技术，如无线资源分配、接纳控制、分组调度、功率控制、移动性管理、位置管理、负载均衡等。

第2篇　大哥大、2G、3G、4G各领风骚（第6～10章）

本篇主要介绍从第一代移动通信技术到第四代移动通信技术的网络架构、关键技术、空中接口、基本呼叫与信令流程等技术的演进过程。主要内容如下：

第 6 章从整体上介绍第一代移动通信系统采用的基本技术，如模拟话音技术、多址接入技术等，然后分析了大哥大的商用情况与技术上的不足。

第 7 章重点讲解第二代移动通信系统，包括 GSM 的基本技术与特点、网络架构与接口、GSM 的信道、GSM 的呼叫流程、IS-95 的技术特点、软容量与软切换、IS-95 的功率控制、IS-95 的呼叫流程等。

第 8 章介绍第三代移动通信系统（3G）的相关知识。首先介绍 GSM 的演进——WCDMA，包括 WCDMA 的主要技术参数、网络架构与接口、关键技术、信令流程等；然后介绍 IS-95 的演进——CDMA2000，包括 CDMA2000 的主要技术参数、网络架构、信令流程；最后介绍中国人提出的移动通信标准——TD-SCDMA，包括 TD-SCDMA 的信道与帧结构、接力切换、智能天线等。

第 9 章介绍 3.9G 时代的 LTE 技术参数、正交频分复用、多输入多输出、LTE 层的关键技术与扁平化的网络架构。

第 10 章介绍 LTE-Advanced 的需求、载波聚合、CoMP、自组织网络、家庭基站、移增强型 MIMO 与中继等第四代移动通信（4G）的核心技术。

第3篇　移动通信的标准化、网络规划与优化（第11、12章）

本篇介绍了移动通信的标准化、移动通信中的网络规划及优化的基础知识与应用。

第 11 章介绍了移动通信标准化组织概览、3GPP 的组织架构和工作方法等。

第 12 章介绍了移动通信网络规划与优化的基本概念与技术。

本书读者对象

- ❑ 移动通信初学者；
- ❑ 大中专院校通信专业的学生；
- ❑ 移动通信从业人员；
- ❑ 移动开发人员；
- ❑ 基站建设与服务人员；
- ❑ 移动设备服务人员；
- ❑ 移动通信爱好者与研究者。

本书作者

本书由张海君、郑伟和李杰主笔编写，其他参与编写的人员有陈晓建、陈振东、程凯、池建、崔久、崔莎、邓凤霞、邓伟杰、董建中、耿璐、韩红轲、胡超、黄格力、黄缙华、姜晓丽、李学军、刘娣、刘刚。

感谢父母、家人对我长期的鼓励，你们默默的支持给了我不竭的动力；感谢各位读者的支持！感谢胡丹萍女士为本书绘制了大部分插图！感谢编辑们的精益求精！由于时间仓促及作者学识所限，书中内容难免会有欠妥之处，恳请读者批评指正。

编者

目　　录

第1篇　大话移动通信基础知识

第2篇 大哥大、2G、3G、4G各领风骚

第3篇 移动通信的标准化、网络规划与优化

第 1 篇　大话移动通信基础知识

第 1 章　移动通信的前世今生

本章首先对通信的概念做一个全面、通俗的解读，然后介绍古人是如何实现通信的，最后介绍现代人类的通信方式，从感性上介绍移动通信的前世与今生。第 2 章，将深入讨论通信的基本概念。

本章主要涉及的知识点如下所示。

- 通信的概念：什么是通信，为何要通信。
- 古代通信：现代通信技术的前世。
- 现代通信：移动通信横空出世。

1.1　初识通信

本节将通过笔者普通的一天来了解日常生活中的通信行为，顺便介绍通信的一些基本概念及为何要通信的问题。本书说的就是移动通信的那些事儿，我们的移动通信之旅，就从何为通信开始吧。

1.1.1　为何要通信——我们要信息

近年来，"通信"与"信息"这两个词语早已经深入到中国社会的各个角落中，信息化也成了当今世界不可阻挡的潮流，通信技术也已经在普通百姓的生活中生根发芽，人们的生活越来越离不开信息与通信技术。人与人之间沟通交流要通信，企业联系业务要通信，国家之间要通信，航天飞机上天也要与地面保持视频通话。

从人们的日常行为来说通信在当今社会用得有点泛滥了，无论从农村到城市，从婴儿到老人，从普通市民到专家教授，大家每天都在用通信技术和产品，如图 1.1 所示。通信是信息技术（information technology，简称 IT）的一个分支，笔者在攻读硕士学位期间的专业名称就叫做"通信与信息系统"。

从古代的邮驿到今天的手机，从手写的书信到计算机网络即时通信软件，从古代的烽火台到今天的卫星通信，从飞鸽传书到今天的物联网，人类社会发展进步的每一个脚印都可视为通信技术发展的烙印。可以说，通信技术的进步是人类社会发展的一个缩影。

下面就先来看看生活中的通信技术吧。

1. 生活中的通信

以笔者生活中普通的一天为例，看看人们平时都用到哪些通信？

早上 7：30，恪尽职守的闹钟无情地把笔者从美梦中叫醒。闹钟的铃声传到笔者的耳

朵里，这就是一种通信，闹钟的铃声传递给笔者的信息是：你得起床了！

图 1.1　各行各业的通信

洗漱完毕，7：45，笔者走出宿舍门，按一下电梯的下行键，笔者走进电梯。笔者按电梯的按键也是一个通信的过程，按键被按下这个动作向电梯的处理系统发送有人要坐电梯下楼的信息。

8：00，笔者从学生餐厅出来直冲实验室而去，路遇一美女脚步轻盈地从对面走来，轻启朱唇道："同学，你好，我是北 x 大的，请问教三怎么走？"。"教三不远，你可以这么走……"如图 1.2 所示。

遇见美女就有通信了吗？呵呵，这个可以有。此处的通信就是不借助任何工具的美女和笔者的对话过程。我们通过对话来实现通信，一方的嘴唇充当信源（通信的源头）的时候，另外一方的耳朵扮演的是信宿（通信的归宿）的角色。在我们通信的过程中，通信的编码格式是中文的普通话，信道是空气，所以尽管这里的通信距离比较短，但还是有通信的，而且还是无线通信！

2. 几个基本通信概念

结合上面的例子，这里补充几个通信的基本概念。在通信中，如下几个概念是经常要用到的。

（1）信源：顾名思义，信源就是信息的源头。在上面的例子中，闹钟把笔者叫醒的时候，闹钟是信源，笔者按电梯下行键的时候，笔者（或者说是笔者的手指）是信源，美女和笔者说话的时候，美女就是信源。

（2）信宿：和信源类似，信宿就是信息的"归宿"，即信息传达的目的地。前文提到的电梯、闹钟闹的对象——本人、本人回答美女问路时候的美女都是信宿。

图 1.2　笔者的一天

（3）信道：信道就是信源与信宿通信的媒介，空气、电缆、光缆、石头、钢管等都可以充当通信的信道。

（4）信息：通信就是信源向信宿传递信息的过程，那什么叫信息呢？信息就是有价值的消息。有用的消息才叫信息，没用的消息不叫信息。用术语说就是通信传递的消息必须要有信息量，没用信息量的消息也就不叫信息。比如，笔者刚看过了今天美国篮球职业联赛季后赛的第三场，凯尔特人大比分输给骑士队，一个哥们过来和笔者说：

"Hey，man！今天我皇赢了你凯！"

"Shut up！Boy！早知道结果了，我凯在为总冠军攒人品呢！你甭和我废话！xxxx！"，这个哥们说的话对笔者来说没有任何的信息量，因为笔者早已经知道了这场比赛的结果了，所以这不是一个成功的通信过程。

上边的笔者和美女的聊天过程为什么是一次通信过程呢？因为笔者给她提供了有价值的信息，告诉了她怎样走到教三！

（5）双工方式：双工方式分为双工、半双工和单工 3 种方式，简单地说，双工就是通信双方可以同时既作为信源也扮演信宿。举个不恰当的例子，夫妻两人在激烈争吵，两人同时指责对方，此时就是全双工；半双工就是一方在做信源的时候，另一方充当信宿。反之亦然，比如，前面笔者和美女的对话就是半双工，美女问笔者听着，笔者回答美女听着，这就是半双工；单工就是在通信的过程中，信源与信宿的角色不能互换，信源只能做信源，不能做信宿，信宿只能做信宿，不能做信源。生活中的广播电视就是单工通信的典型，永

远是电视塔发射信号，电视机接收信号，电视机不能向电视塔发射信号，至少现在的家用电视机暂时还不能。当然，早上闹钟叫醒笔者的过程也是单工通信的过程。

注意：通过概念一定先熟悉双工与单工的区别。

3. 网络即时通信

闲言少叙，继续说笔者的一天。恋恋不舍地告别了美女，本大侠施展出八步赶蝉的轻身功夫，大步流星地朝着实验室迈进。8：10，准时到达实验室，到了自己的座位坐下，打开电脑电源，选择了 Windows 系统。和往常一样，刚进入系统，就先打开 QQ、微信、MSN，看看有没有人留言，接着进入邮箱查收电子邮件。不一会，QQ 的小企鹅头像在闪动，打开一看是鹏哥。鹏哥是笔者大学时的舍友，山西大汉，为人极其仗义，有“及时雨”之称，鹏哥要我给他传一个学习资料，遂给其发了过去。

过了一会，敬爱的 Z 老师发了个飞信过来，“那个 863 项目申请书修改意见已经发你邮箱，请中午 11：00 之前修改完发给我！谢谢！”Z 老师总是这么客气，我回复，“好的，别客气”，马上投入到项目申请书的修改中。10：30，修改完毕，给 Z 老师发了邮件。

上午的任务基本完成，在 MSN 上和工作了的同学闲聊了几句，趁着老师不在，偷偷地去淘宝网上“淘淘宝”，功夫不负有心人，还真有一款喜欢的，用阿里旺旺和店主联系之后，搞定了球鞋。

在实验室的一上午的时间都用到了哪些通信工具呢？这个貌似还真不少，如图 1.3 所示。有点小乱，一个一个地捋捋：

图 1.3　众多的即时通信软件

（1）QQ：QQ 想必是华语世界网络即时通信软件中最为流行的一款了，它的前身就是欧洲的 ICQ。腾讯将开放源代码的 ICQ 做成收费版，而且越做越大，不能不说是一个奇迹。正所谓“一直在模仿，从未被超越”（纯属戏言，请勿当真，谢绝跨省追捕）。

（2）微信：腾讯推出的一款手机聊天软件，超过 3 亿人使用的手机应用，支持发送语音短信、视频、图片和文字，目前微信已经成了人们生活中通信的一种方式。

（3）MSN：微软推出的一款即时通信软件，是国际上用得最多的一款即时通信软件，在中国用户受众多为公司白领。记得 2009 年中国台湾地震，中美间的太平洋海底电光缆被震坏，直接导致了中国大陆的 MSN 用户无法登录，众多的公司职员没办法只能使用 QQ 联系业务。

（4）阿里旺旺：淘宝网推出的一款即时通信软件，是使用淘宝买卖宝贝的卖家和买家之间沟通的工具。由于网上购物的兴起，引发了阿里旺旺的用户急剧增多。

在食堂吃过午饭，回实验室的路上，遇见一位母亲抱着自己的宝宝，宝宝哭个不停，孩子的母亲有点郁闷。大街上人这么多，就算是喂奶也得等到回家再喂啊，还好年轻的母亲拿出制胜武器，将一个奶嘴放在宝宝嘴里，宝宝马上停止了哭泣，如图 1.4 所示。看来这孩子虽小却已经懂得了通信的道理，小孩儿先通过哭声向母亲传递一个信息：我要吃奶！母亲通过对孩子哭声的正确解码明白了孩子的意思，给孩子一个奶嘴叼着，多么实用的一个通信过程啊，看来通信确实是人类生存的必备的基本本领。

图 1.4　小孩哭泣吃奶嘴

一路无话，到了实验室休息片刻，打开网页看看新闻，头条新闻是我国云南鲁甸地震的报道。中国的很多网民可以从网络上实时地了解鲁甸地震的灾情，看来互联网的通信真是及时有效，特别受年轻人的追捧。有一条鲁甸地震的消息引起笔者的特别注意，某些偏僻的乡镇由于线路被震坏导致了移动通信网络中断，当地政府调用卫星电话指挥抗震抢险，有的老乡则是用卫星电话给震区以外的家人报平安。这里面用到的卫星电话也是无线通信的一种，利用卫星传递消息，发送端发送的消息经过无线信道发送给卫星，卫星经过处理转发给接收的手机。卫星电话在海事船只、科学考察、沙漠戈壁、矿藏勘探等方面用得比较多，在日常生活中，除非遇到灾难，否则一般不会动用卫星电话。

看完了新闻，心里默默地为灾区祈福，把 QQ、MSN 的签名及人人网的状态都改成了为鲁甸祈福。光悲痛解决不了问题，擦干眼泪，好好干活建设家园才是王道啊。

下午干活的时候，手机响了起来，“Can you feel it？super size…”的经典音乐想起，赶紧接通后才知是上午在淘宝买的鞋到了，这也太快了，效率真是高啊。取了鞋子，十分高兴，真是又好又便宜啊。手机可是平时人们用得最多的一个通信工具之一了，平时人们不仅用它打电话，还可以发短信、上网、登录手机 QQ、微信，离开了手机真是难以想象

生活会变成什么样子。

这就是笔者普通的一天中涉及的通信过程与行为，这里面有说话这种人类自然的通信，也有更多的人工通信，有固话通信也有移动通信，有有线通信也有无线通信。

总结上面的通信过程，会发现通信确实是信源向信宿传递信息量的过程。通信的英文翻译是 communication，而 communication 这个词有交流的意思，广义的通信就是交流。

4．通信与人类社会——层次拔高

人类与动物的区别在于人类的社会属性，而不是人的自然属性，因为动物也有自然属性——生老病死，但是动物之所以不能称之为人，就在于它们缺乏人类特有的社会属性。人类的社会属性集中表现为人和人之间的社会关系上，社会关系就是人和人联系的关系，人和人不联系就没有社会关系的产生。俗话说得好，“好亲戚在于走动”也就是说亲戚之间多来往才比较亲，长时间不来往就疏远了。

“远亲不如近邻”很好地佐证了这点，离得远，通信就会少些，人与人之间通信少了，关系就会疏远。所以，人类必须要通信，长时间与世隔绝的鲁宾逊就是因为长时间没和人类通信，尽管后来他逃离了孤岛，但是他最终还是无法再次融入人类社会而被视为野人，长时间缺乏与人类的沟通导致了他的社会属性的缺失，如图 1.5 所示。

图 1.5　鲁滨逊孤岛无通信

为了美好的生活，远离寂寞，从通信开始。

1.1.2　通信的基本形式

既然通信这么美好，那通信都有哪些形式呢？

（1）从通信的信道来划分，通信可以分为：有线通信、无线通信。固定电话属于有线通信的终端，而手机、PDA 等属于无线通信的范畴。

（2）从通信的实时性来说，通信可以分为：实时通信与非实时通信。手机打电话属于实时通信，用手机上网属于非实时通信。

（3）从通信的双工方式来说，通信可以分为：单工通信与双工通信；收音机、电视广播等属于单工通信，手机与即时通信软件等属于双工通信。

（4）从通信的运营模式来说，通信大致可以分为：互联网通信、电信网通信与广播电视网的通信。目前国务院大力推动的三网融合指的就是这 3 个网的融合。

这里重点说说这个三网融合。三网融合的概念最早在 20 世纪 90 年代就有人提出了，但是为何至今还没融合呢？首先应该弄明白这 3 个网都是谁在运营，说的通俗点就是谁在收钱？

先看互联网，互联网是谁在运营呢，用最简单的办法，看看上网费交给谁了，宽带 xx 业务要到哪里办理和交钱呢？答曰：原来是网通、电信等，现在 3 家电信运营商分家后，交给……总之就是给电信运营商。

再看电信网，人们的花费交给谁了？电信运营商。

最后是广播电视网，平时的有线电视费用交给谁了？广播电视总局。

电信运营商隶属于工业与信息化部（原来的信息产业部，前身是邮电部）管理，到这里思路有点明朗了吧。三网融合就是要工信部的网和广电总局的网合三为一，尽管人们平时都说凡是钱能解决的问题都不是问题，但是这里最大的问题就是钱的问题！三网融合之后管理权归谁所有？管理权决定着网费和有线电视费交给谁的问题。谈钱确实有点俗了……但是赵本山说过生活就是大俗，没有大俗哪里来的大雅呢？国家的 GDP（国内生产总值）不就是钱吗？所以钱还真是个问题，就差钱啊！

既然人民对三网融合的推进是支持的，三网融合是符合最广大的人民利益的，那三网融合的推进就是任何势力都阻挡不了的，相信在不久的将来，三网融合的梦想必然会实现。

提示：三网融合的三网指的是电信网、互联网和广播电视网。

1.2　古代通信——通信基本靠吼

现代社会的通信方式多种多样，在古代古人也需要交流，也要通信，那么古人是如何实现通信的呢？

1.2.1　最古老的官方通信——快马+驿站

通信是信源给信宿传递信息量的过程，当信源和信宿距离较近的时候，人类的话音可以传播到的范围，人们可以通过语言来交流，古人见面打招呼“吃了吗？”就是这样的情况。但是当距离增大到人类的声音无法传播到的时候怎么办呢？在古代，封建王朝的统治疆域辽阔，中央怎样实现与地方之间传递政令，与边疆军队互通军事信息呢？普通的平民百姓又是怎样和远方的亲戚朋友通信交流的呢？

中华儿女的智慧总是无穷无尽的，聪明的古人发明了驿站来解决这个问题。驿站在古代是为传递官府文书和军事情报的人员提供食宿和换马的场所，驿站里备好脚力好的马匹，隔一段距离设置一个驿站。朝廷的通信官员骑着快马，五百里加急！呼啸而至，驿站的工作人员赶紧把提前备好的马匹换上，这位仁兄稍做调整，顾不上休息，上马飞驰，向下一个驿站出发！如图 1.6 所示。

图 1.6　驿站飞马

我国是世界上最早使用驿站实现通信、传递消息的国家，大约在 3000 年前的周朝中国就已经建立了完备的邮驿系统。据马可波罗的记载，在元朝共有大型驿站上万处，驿马 30 万匹，尽管这里的数字可能不够准确，但是当时驿站的发达程度可以管中窥豹，略见一斑了。至今在江苏高邮和河北怀来还保存着完整的古代驿站遗址，古代帝王就是靠着邮驿系统来发布政令和收集各地的信息反馈，从而实现自己的统治的。

由于驿站本身不只是传递官方的政令和军队的战事信息，有时还可以承担一定的经济作用，所以在某种意义上讲，它还类似于今天的物流中心。唐朝时，李隆基为了爱妃杨玉环能吃到新鲜的荔枝，专门从今天的四川到西安铺设一路邮驿，正所谓"一骑红尘妃子笑，无人知是荔枝来"说的就是此事。

和现代通信系统中有鉴权认证系统一样，驿站的使用是需要凭证的，特别是官方的使用，对这种凭证有着严格的管理。官府使用的凭证叫勘合，军方使用的叫伙牌，而紧急公文上标注几百里加急是论文重要程度的体现，这点类似于现代邮政系统中的优先级，如果七十里是普通挂号信的话，那八百里加急就是今天的特快专递。

驿站+快马构成了中国最古老的有线通信，为何说是有线通信呢？因为驿站的通信是送信人骑着快马，沿着驿道跑，尽管马匹不停地换，但是驿道是不变的。这就和现代通信中的电话有些类似，电话的信号是电信号沿着电话网在跑，最终到达通信的另一个电话端；而古代的送信人也是沿着一条条的驿道组成的驿道网来实现通信，最终把信送到目的地。

驿站文明不但巩固了古代封建帝王的统治，同时也带动了驿站周围经济文化的发展，笔者的家乡在辽宁省，省会沈阳市就是一个由驿站逐步发展起来的城市。

1.2.2　最古老的军事通信——烽火台的狼烟

古代的有线通信是随着驿站的出现而出现的，据考证至少在周朝就已经有了成熟的邮驿系统，够早的了吧。几乎与邮驿系统同时出现的还有烽火台，早在商朝就有了烽火台——中国历史上最早的军事通信网。

烽火台在古代主要用于军事，当时约定，若有敌军进犯，皇帝就命人把烽火台的狼烟或者柴草点着，狼烟的升起意味着有敌人进犯，而诸侯必须按时救援。烽火台白天用狼烟发信号，晚上用点燃的柴草发信号。晚上柴草的火光容易被人发现，而白天用狼烟的原因是狼粪点燃后的烟很浓而且会升得很高而不散。狼烟就是信号，它包含的信息就是敌人来犯，信源是烽火台，信宿是诸侯们，信道是空气，故称之为人类历史上最古老的应急通信。

人们之所以对烽火台这么熟悉，一个古代的历史事件功不可没，它就是传说中的烽火戏诸侯。周幽王有个爱妃叫褒姒，貌若天仙，是个难得一见的美女，但是此美女有个特点——从来不笑。周幽王很郁闷，美人越是不笑，周幽王越好奇，难道天下还有我皇帝做不到事情？为了博得美人一笑，周幽王毅然决然地点燃了烽火台的狼烟，诸侯们看见狼烟以为皇帝出事了，有敌人进犯了，赶紧往京城赶。到了一看，皇帝拥着笑吟吟的褒姒“我逗你玩”，诸侯很生气，后果很严重。后来真来了敌人，诸侯看见烽火台的狼烟也不去京城救驾了，总是逗着玩，还去干嘛（如图 1.7 所示）。

图 1.7　烽火戏诸侯

周幽王估计肠子都悔青了，西周灭亡了，江山丢了，美女也没了，早知道真应该找个会笑的美女……此事件告诉人们：

- ❑ 西周的烽火军事通信网已经成形。
- ❑ 通信（特别是应急通信）有风险，使用需谨慎！
- ❑ 找女朋友要找爱笑的。

这种使用烽火台来传递军事情报的方式得到了很好的沿用。到了汉朝的时候，烽火台的使用已经十分完备。从甘肃到新疆都有烽火台的设置，烽火台上有兵丁把守，朝廷专门设置了管理烽火台的各级官吏，甚至可以用烽火的道数来表示来犯敌人的数目。

但是这种通信方式也有不足之处，例如无法精确地描述来犯敌人的方位、人数、兵种、进犯的目标等。同时烽火台的通信方式是单工的，只能将敌人进犯的消息传递出去，无法把作战命令等传递到战场。

注意：烽火台的通信是单工方式的哦。

1.2.3　中国古代民间通信

中国古代官方通信用的是驿站，那么古代民间怎样通信呢？非常遗憾，当时的平民百姓没有邮政快递，更没有电话手机，当时的民间通信主要靠托人捎信的方式。有钱人可以雇人去送信，穷苦百姓雇不起人，只有自己亲自去送信……于是才有了飞鸽传书这样的故事。

最早的民间通信组织大约出现在唐朝，传说当时在四川住着一批湖北移民，他们很思念自己的故乡，于是每年推选出代表，带上信件、特产等回乡探望。时间长了，就成了一种通信组织，到清朝的时候，这种通信组织被称为民信局。

民信局在东南沿海和海外华侨中还有个称呼叫做侨批局，笔者曾在新加坡出差期间，试图打听侨批局的来历，当地的年轻人都不知道这个概念，只有极个别的耄耋老人还稍有印象，侨批局在新加坡最多时达到近 50 家，如图 1.8 所示。

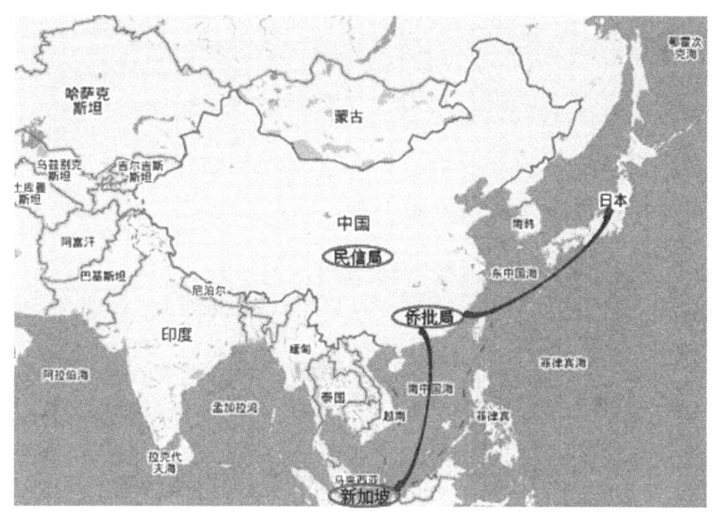

图 1.8　民信局与侨批局

1.2.4　中外古代其他通信方式

在公元前 3500 年的原始社会末期，便有了击鼓通信的方式。当时人们用兽皮蒙在掏空的树干或者容器上做成鼓，此后，两河流域的苏美尔人和非洲大陆的居民也学会了制鼓的工艺来实现通信。在没有文字和交通工具之前，委婉的古代中国人采用的是用某些物品来传达信息，比如在景颇族人们用送辣椒的方式来表示自己遇到了困难；在佤族的青年男子送给女青年一种特殊的叶子表示示爱和约会。

下面是一些中外古代的具体的通信方式。

1. 鸿雁传书

今天的人们说起鸿雁传书大多会联想到唯美浪漫的爱情故事，如图 1.9 所示。但是鸿雁传书的出处却非常不浪漫，甚至有些凄凉和悲壮。公元前 100 年，汉武帝派苏武出使匈奴被扣留，他拒不投降，结果被流放到今天的贝加尔湖地区放羊。当时的贝加尔湖没有人烟，一放就是 19 年，直到汉昭帝即位后与匈奴和亲，向匈奴要人。匈奴人不好意思说出苏武的悲惨境遇，就推说苏武已经死了。汉朝得到苏武没死的密报，使出一计，汉朝使节对匈奴单于说："我们皇帝打猎的时候打到了一只大雁，大雁的脚上拴着信件，上面说苏武没死，在一个大湖附近"，匈奴人不好意思再抵赖了，就把苏武放了回去。

图 1.9　鸿雁传书

当然还有一个说法是笔者的爷爷给笔者讲的一个感人的爱情故事。唐朝名将薛仁贵领兵出征十余载，妻子王宝钏苦守寒窑矢志不渝，以野菜充饥。一日看见鸿雁飞过，她请求鸿雁帮忙传书给夫君，一诉相思之苦。

2. 风筝通信

风筝的最早出现不是为了娱乐，而是出于军事目的的需要，特别是用于侦察和救援。韩信就曾用风筝测量敌军驻扎的距离与方位，挖掘地道，一举破敌。唐朝的田悦叛乱包围了临洛城（一说是永年城），守城将领用风筝传递出救援信件，最终等来援兵，一举杀退敌军。

3. 竹筒传书

竹筒传书的故事和今天的漂流瓶极其类似，隋朝杨素讨伐南方叛乱，杨素派史万岁到敌后攻击敌人。敌后是山林溪流，史万岁打了胜仗，但是消息无法传出去，为了传递消息，史万岁将胜利的消息写在信件里放在竹筒中，让其顺水漂流，杨素得到竹筒和胜利的消息，前后夹攻，大破敌军。

4. 信鸽与信猴

在非洲的某些地方，人们用信猴来通信，把子猴放在目的地，在母猴的身上绑上信，母猴去找子猴的过程中顺便完成送信的任务。

飞鸽传书的场景在华语武侠小说中是必备场景之一，在信鸽的腿上绑上纸条，然后放飞即可。事实上，在现实生活中也确实存在这种通信方式，瑞士甚至还存在专门训练信鸽的现代部队，如图 1.10 所示。

图 1.10　飞鸽传书

5. 长跑

相信看到这个题目的读者，第一反应就是马拉松的故事。在公元前 491 年，波斯大军进攻雅典附近的马拉松，波斯军队是雅典军队的数倍，在这场关系雅典生死存亡的大战中，将帅齐心，将波斯军队击退。为了让守候在雅典城内的市民们尽快知道胜利的消息，将军派擅长长跑的士兵斐力庇第斯回去报信，满身是血的斐力庇第斯拼尽全力，跑回雅典城告知了人们胜利的消息后倒地身亡。后人为了纪念他设立了马拉松长跑竞赛项目，42.195 公里的长度正好是斐力庇第斯从战场跑到雅典城的距离。

6. 灯塔

公元前 7 世纪，古埃及诞生了人类最早的灯塔。灯塔的作用主要是指示危险的海域、引导船只航行，通过灯塔上的不同颜色或者不同明暗的光或烟来辅助航行。坐落于我国的广东省湛江市的硇洲灯塔是世界著名的三大灯塔之一，于 19 世纪末由当时的法国侵略者建造。

7. 通信塔

在 18 世纪的法国巴黎和里尔之间出现了一种实用的快速通信系统，隔一段距离有一个通信塔，塔顶有木柱，木柱上还有一个横杆，通过横杆的角度变换构成 192 种形状，每种形状表示一个意思，相邻的通信塔利用望远镜来查看形状的变化。这种通信塔可以说是烽火台的升级版。

8．旗语

旗语是世界各国海军通用的一种交流方式，一般包括 26 面字母旗、10 面数字旗、4 面方向旗、3 面代旗、1 面执行旗、1 面答应旗、1 面国际答应旗。

1.3　近现代通信

中国古代通信这么先进，但是到了近现代，通信工具依然没更新换代，还是快马驿站和烽火台。用了几千年了，用得不腻吗，人家西方爆发了工业革命，各国的科技创新也是如火如荼。尽管后来的洋务运动引入了一些先进的通信，但是毕竟滞后了很多年。下面就来看看现代通信都是怎么回事。

1.3.1　电报——人人都是余则成

在电视剧《潜伏》里经常会看到这样一个场景，余则成从站里回到家中，查看了门口没人偷听，房屋没人窃听后，打开电台，调动电台的旋钮，不一会，电台的喇叭传来延安的声音，“党中央毛主席号召我们……”，当时的无线电台类似于今天的收音机，用调频来实现收音的功能。

《潜伏》里还有一个经典场景，国民党保密局天津站查获了一份地下党名单，余则成通过调虎离山计支开国民党电报发报员，拿到了名单，并迅速采取相应的对策，化解了危机，解救了同志。

这里的电报和现在的电报原理非常相似，它们使用的传播信道是无线信道，因此都属于无线电报，发送端将信号调制在电磁波上进行发送，接收端解调接受信号。下面就先看一下电磁波通信的历史。

1901 年马可尼成功进行了横跨大西洋的从英格兰到加拿大纽芬兰的无线电通信，如图 1.11 所示，证明了电磁波可以远距离传播。电磁波是无线通信，不需要铺设线路；电磁波传播距离远，喊话只能满足短距离传输，烽火台要是离得太远也看不见，而电磁波能跨越大西洋，实在不是一个数量级的；电磁波不但传播距离远且传播速度快，用神行太保戴宗来送信，累吐血了也就日行八百里，驿站的马时速 70 公里已经是极限了，电磁波 1 秒就能跑 3×10^8 米，这个差距确实有点大。

注意：1909 年马可尼因为在无线电报上做出的贡献，获得诺贝尔物理学奖。

有了电磁波，传送载体的问题解决了。新的问题又来了，电报要发送的是信息——说白了就是人们要说的话，可是电报不是电话不能直接传送人的声音，这怎么办呢？美国画家莫尔斯（研究电报之前他已经是一流画家，搞通信纯属其个人爱好）解决了这个难题。

电报的编码比较简单，因为电报只能发送两种信号，在电影里也经常能看到电报发报时的嘀嘀嗒嗒的声音。“嘀”、“嗒”声分别代表电报发送端发送的短电流和长电流两种信号，通过“嘀”“嗒”的不同组合来表示不同的字母或文字。在密码电报中，它们具体的对应关系体现在密码本上，没有密码本的话，截获了信号也没用，除非有电视剧《暗算》

中黄依依这样的破译高手。

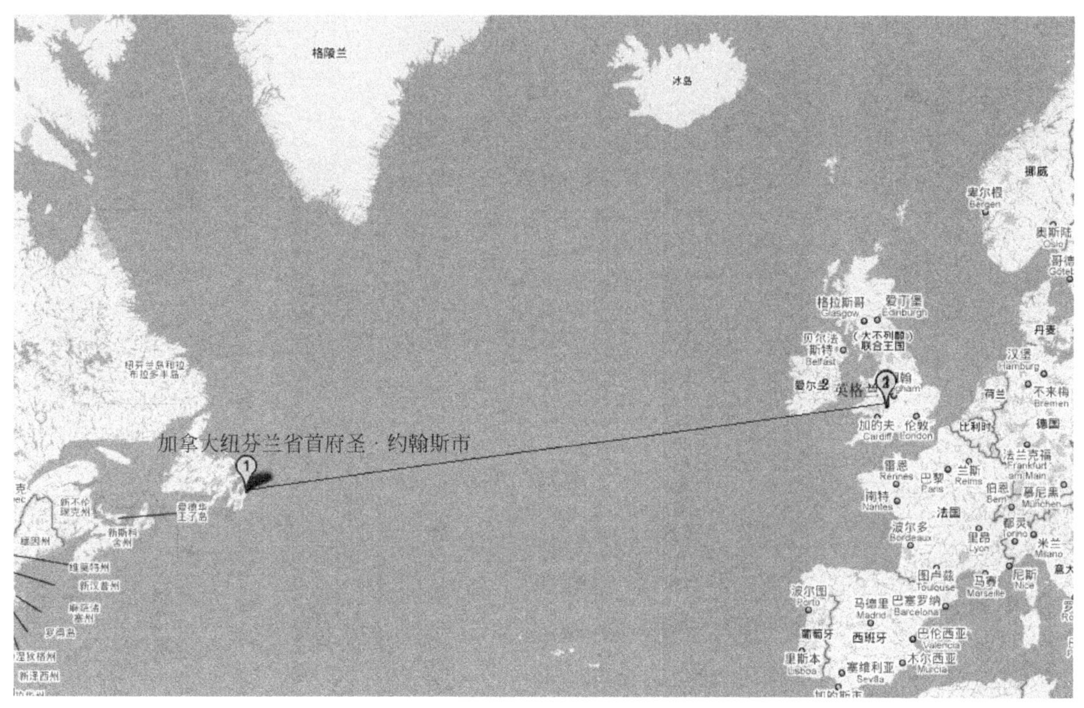

图 1.11　马可尼横跨大西洋的实验

根据电报电码的不同，可以将电报分为明码电报和密码电报。明码电报使用的是对社会公开的、大家共同约定的明码；密码电报使用的是少数人或者团体之间互相约定的用来实现秘密通信的密码。

电报的编码起初有很多种，用的最多的是“点”、“划”组成的莫尔斯码，它是由莫尔斯在 1838 年发明的，也就是传说中的嘀嗒声，早期电报就是利用莫尔斯码和电磁波的结合来实现通信的。尽管由于通信技术的进步，各国已于 1999 年达成共识，停止使用莫尔斯码，但是莫尔斯码在通信史上的地位依然是举足轻重的。

笔者对莫尔斯码印象之所以深刻，还有一个特殊的原因，在笔者的母校北京邮电大学的校园中就有地板砖版的莫尔斯电码的校训。去过北邮的朋友可能会发现，在北邮西门与毛主席像之间的大道上，地板上嵌有长短不一的黑色地板，这些黑色的地板不仅是普通的地板砖，它们还蕴含着丰富的信息，那就是用莫尔斯电码表示的北邮校训“厚德博学 敬业乐群”8 个字，如图 1.12 所示。

记得笔者小时候，那是在 20 世纪 80 年代末 90 年代初，邻居家的老人病重了，想要通知远在他乡的儿子回来见亲人最后一面，使用发电报的方式：母病重，速回！当时的电报是按字数收费，为了省钱，人们尽量长话短说。

在当今社会，电话、手机和电脑的普及，似乎使用电报的人越来越少，但是在某些特殊的场合，电报仍然有着其不可替代的作用。一些国家的大使馆，为了保密需要，和自己的国家通信的时候使用的就是电报。至今在北京市朝阳区的使馆区，特别是有些非洲国家的使馆区，使馆的楼顶有一些很高的天线，这些天线就是用来发电报的。

图 1.12　北邮校园里的莫尔斯电码校训

注意：世界上首个电报专利是库克 1837 年申请的电磁电报机专利。

1.3.2　电话——人声若只是初现

最近上网看到一个帖子，名字叫做“有些事我们被骗了 20 年”，其中有几个经典的摘录如下：小时候看课本说月球上能看到长城——事实上如同人从 50 米外的距离看一根头发丝……牛顿同志和苹果的故事——关于牛顿和他的苹果是伏尔泰编的，据说他是听牛顿的侄女说的，当然牛顿的所有手稿里没提到那只苹果。

上述文字可能不是百分百的准确，但它却说明了一个道理：有时候人们脑子里根深蒂固的常识和铁律可能也有偏差。以电话为例，当提到电话的发明者，大多数人都会说出一个耳熟能详的名字：亚历山大·格拉汉姆·贝尔！是的，在初三的历史课本中清楚地写着，美国人贝尔发明了电话，改变了人类的通信方式。但可惜的是，美国国会 2002 年 6 月 15 日 269 号决议裁定电话的发明人为安东尼奥·穆齐（另译为安东尼奥·梅乌奇）。来回顾一下这段纠结的极富争议的电话发明史吧。

1. 电话到底是谁发明的

1845 年，意大利人穆齐移民美国，此前他是一位电生理学家（又一个兼职做通信的），一个偶然的机会他发现电波可以传播声音，经过反复试验，他做出了电话的雏形，并于 1860 年首次在纽约的意大利语报纸上发表了关于这项发明的介绍。然而，他却没有申请专利，这是为什么呢？因为一个字：钱！当时在美国申请专利需要 250 美元的申请费用，而穆齐

当时根本拿不出这笔钱。

在 1870 年穆齐以 6 美元的价格把自己费尽心思制作的电话设备卖了，别惊讶，就是 6 美元！这又是为什么呢？还是因为一个字：钱！穆齐当时身患重病，为了看病，为了生存，他贱卖了自己的发明。穆齐知道自己的发明绝对会影响后世，他想通过拿到“保护发明特许权请求书”的方式保护自己的发明，然而每年要缴纳的 10 美金的费用，再次让他不堪重负。1873 年，穆齐的生活拮据到了靠领取社会救济金度日，付不起请求书费用的他只好想其他办法。

1874 年，穆齐试图将发明卖给美国西联电报公司，然而电话设备被西联公司弄丢，屋漏偏逢连夜雨，倒霉的穆齐在贝尔与西联公司签约后试图与之打官司，在人生的最后关头，尽管最高法院同意受理此案，但是可怜的穆齐却撒手人寰。呜呼哀哉，倒霉如此，情何以堪，如图 1.13 所示。

贝尔：实在不好意思……　　穆齐：不怪你太狠，只怪上天对我太残忍

图 1.13　贝尔与穆齐的设计台词

但是与贝尔打官司争夺电话发明权的不止是穆齐，还有一个叫做伊莱沙·格雷的人。此君运气也不是很好，他比贝尔申请专利的时间晚了两个小时，看来有了好的发明还不够，申请专利的速度还是很重要的。

2. 电话的基本原理

电话的发明极大地推动了社会的进步和当时资本主义工业的发展，在中国能看到电话的影子最早是在 1900 年的南京，下面看一下电话的基本原理。

两个电话要进行通话，最简单的办法就是用一根线把两个电话连起来，小时候玩的两个人拿两个话筒，中间用绳连起来，抻紧了，就能实现通话了。现代电话的原理和这个简易电话的原理类似：

（1）人对着话筒讲话，口中呼出的声波引起话筒中电流电压的变化。

（2）电流电平的高低说明说话声音的强弱。

（3）变化的电流通过电缆传给对方的听筒。

（4）听筒将变化的电流转换成声波，声声入耳。

从上面的步骤可以看出，其实现代电话和笔者孩提时自制的玩具电话的区别在于两点：

- 自制玩具电话声音的传输靠的是抻紧的绳，现代的电话是通过电缆传输信号。

❑ 现代的电话与玩具电话的最大不同在于，现代的电话有一个声电转换的过程。

在现代的电话中，载波调制和编码仍然是不可或缺的技术。在采样、量化、编码将模拟信号转换成数字信号后传输，调制技术包括调频、调幅、脉冲调制。目前的主流调制技术是脉冲调制，编码是现代编码技术分为A律和μ律，中国和欧洲采用的是A律，美国和日本采用的是μ律。

3. 中国固定电话发展史

随着1900年中国第一部市内电话在南京问世，上海和南京的清政府电报局开办了市内电话，当时的电话只有16部。

1958年中国已经能够独自制造十二载波电话设备；1960年纵横制自动交换机在上海投入使用；1969年北京可以打长途电话了；1982年投币式的公用电话亭在北京的闹市街头投入使用；同年冬天，中国首次引入程控交换机，标志着中国电话步入程控电话时代。中国固定电话的发展史也是中国近现代史的一面镜子，目前中国的固定电话用户数已经超过了4亿。

现如今，IP电话的话吧已经非常普遍，打长途电话非常省钱；很多人与国外的亲友通话都用的是网络电话，如Skype等，每分钟十几块钱的国际长途用网络电话只需要几分钱即可。

IP电话的原理并不是很复杂，以Skype呼叫固定电话用户为例，如图1.14所示。用户在电脑上先登录Skype的客户端，然后拨打对方的号码，对方接通后，话音通过电脑的麦克和声卡处理，将语音进行数字量化编码压缩后，信号先传送到离目的地路由最短的一个电话网关。在电话网关中，信号将进行模数转换，接着连接到对方的电话号码，双方就可以通过网络电话来实现通话了。

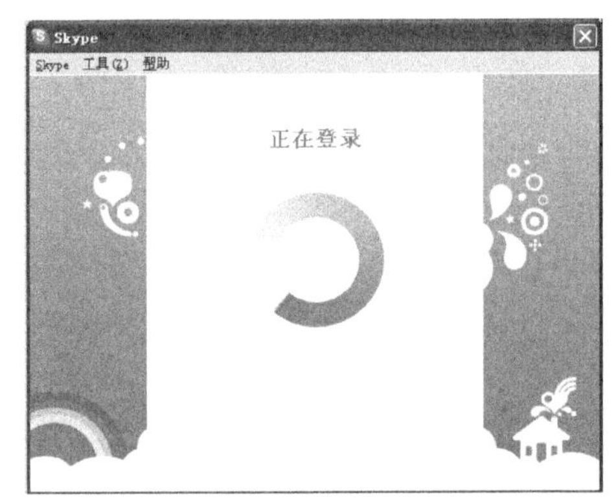

图1.14　Skype登录界面

讲了这么多的电话，那么大家知道电话这个词是怎么来的吗？相信大部分人都会默认电话为中国人造的词。其实电话是从日本传过来的，日本人将英文telephone意译为“电话”。中国人开始的时候把电话音译为“德律风”，后来留日学生给家乡写的一封长信中提到建议将“德律风”改为更加形象的“电话”，值得一提的是鲁迅也在此信中署了名。

其实当时从日本传过来的词不止是电话，还有很多现在正在用的学术和技术词语，比如阶级、学士、博士、社会主义、无产阶级等，这主要是由于当时日本比中国学习西方的科技人文知识更积极更快所造成的。

扯远了，下面讲移动通信。

1.3.3 移动通信——我的电话我做主

前面的部分多是固定电话的通信技术，下面本书的主角——华丽丽的移动通信，出场！鼓掌！呵呵~~

1．移动通信简介

世间万物的发展都有其自身的规律，通信技术也不例外。哲学上讲，新事物的出现总是不可避免的，新事物必将代替旧事物，但是代替的过程是曲折的，前途是光明的。

在固话通信风靡的 20 世纪 70 年代前期，移动通信这个新事物的出现有着众多的深层次的原因。移动通信的出现和发展有着内因和外因两个因素，内因起决定性作用，外因诱发内因，通过内因起作用，移动通信出现的内因是技术的变革，因为技术总是发展变化着的，但是外因的促进作用也是必不可少的，这里的外因就是用户对于通信的需求。

在市场经济中，需求日益成为引导经济发展和产品进步的主因，随着固定电话的普及，人们对于摆脱电话线的要求越来越强烈，随时随地地通话而不拘泥于电话线的束缚的愿望，刺激着技术的发展，于是移动通信技术应运而生。

相对于固定电话通信，移动通信技术有两个基本的特点：

- 移动通信首先是无线的：无线通信的含义是，通信的信道是广阔的空间中的电磁波，无线信道的随机性和时变特性给移动通信技术带来巨大挑战。
- 移动通信还是移动的：移动通信不但无线而且用户还会移动，这就要求移动电话网络能够对用户实现动态寻址。

移动通信这两个特性贯穿于移动通信发展的始终，这种用信道质量的不稳定性来换取用户的移动性的特点，尽管失去了固定电话有线信道的稳定性和可靠性，通话质量和容量都会下降，但是换来的是用户的自由移动，收益还是略大于支出的。

2．移动通信的家谱

从 20 世纪 70 年代末商用的第一代移动通信（1G）开始，移动通信走过了 40 年的历史，如图 1.15 所示。下面就来数数移动通信的家谱。

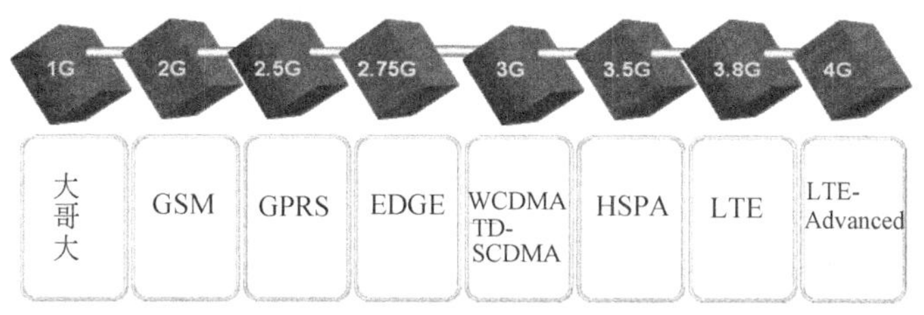

图 1.15　移动通信在 3GPP 中的演进过程

- 第一代移动通信技术，采用的是模拟蜂窝网技术，主要实现措施包括频分多址和频率规划的载波复用技术等。代表性的商用系统有北美的 AMPS、北欧的 NMT、英国的 TACS 和日本的 HCMTS 系统。
- 第二代移动通信技术（2G），采用的是数字通信技术，在 20 世纪 90 年代初期投入商用，主要采用时分多址技术和码分多址两种多址方式。商用系统包括欧洲的 GSM 和北美的 IS-95，引入了包括均衡、交织、RAKE 接收和功率控制等新技术。
- 第三代移动通信技术（3G），采用的是码分多址技术，以视频电话为典型业务的多媒体数据业务为主要特征，在本世纪初期商用，引入了多用户检测、智能天线和 Turbo 编码等新技术。主要商用系统包括欧洲（包括日本）的 WCDMA、北美的 CDMA2000 和中国的 TD-SCDMA 等。

- 第四代移动通信技术（4G），采用的是 OFDM（正交频分复用）与 MIMO（多输入多输出）为核心的、广泛采用自适应调制编码（AMC）和混合自动重传（HARQ）等技术。目前主要的 4G 标准化草案有 3GPP 的 LTE-Advanced 和 IEEE 提出的移动 WiMAX 802.16m。

注意：G 是一代的英文 generation 的第一个字母。

注意：也有人将 LTE 归为 3.9G。

3. 未来移动通信

未来的移动通信技术发展更加地注重人性化，将要构建一个 5W（Whoever、Whenever、Wherever、Whomever、Whatever）特点的系统，即任何人在任何时间、任何地点与任何人都可以实现他想要的通信。

目前的移动通信技术日趋高速化、智能化、宽带化，更好地支持移动性，同时移动通信宽带化和宽带通信移动化成为人们公认的追求目标，如图 1.16 所示。

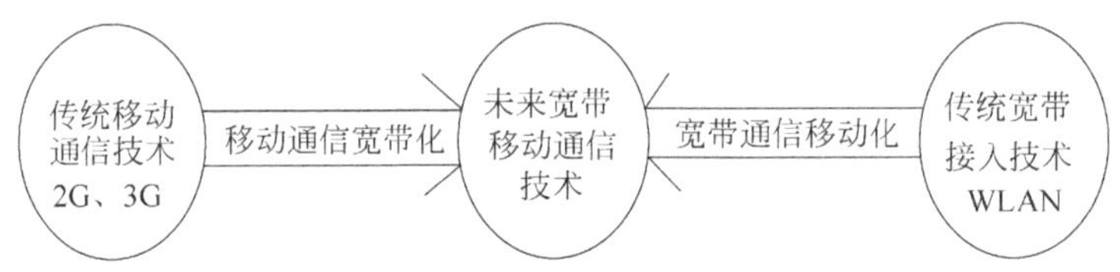

图 1.16　未来移动通信发展方向

与过去的移动通信网络架构的复杂性不同，未来移动通信的网络架构将更加多层次、扁平化和动态化。从 3.9G 的 UMTS（Universal Mobile Telecommunications System，通用移动通信系统）的长期演进技术 LTE 开始，网络架构的扁平化已经开始付诸实践，同时具备动态特性的分布式网络架构在未来很可能得到更广泛的应用。

伴随着宏蜂窝、微蜂窝、微微蜂窝和家庭基站的应用，多层次的网络架构已经凸现出来，同时 2G、2.5G、3G 乃至 4G 的共存，要求未来的移动通信技术在不同的网络中切换更加快速无缝。

未来移动通信中，可能大量部署的中继站和家庭基站势必会对网络架构造成移动冲击，分布式的网络架构可能会更加得到人们的青睐。

同时，大量节点的加入对与网络的自组织能力提出了更高的要求，相应的 SON（自组织网络）技术的自配置、自优化和自愈合技术提出了很好的解决构想。

最近炒得很火的物联网技术在未来的移动通信技术中，也将得到较好的发展，生活中的每个设施都将拥有 IP 地址，将生活中的每个物品都与互联网相连，可以用手机终端实时地进行跟踪、定位、监控和管理等。比如在下班的时候，用手机发个短信让空调开动，等下班到家就可以更加方便，如此种种。

1.3.4　光通信——挑战速度极限

2009 年，华裔物理学家高锟教授获得了诺贝尔物理学奖。年事已高并且患有老年痴呆

症的高锟在夫人的陪伴下领奖，尽管他已经不记得自己是光纤通信的奠基人，但是历史不会忘记，世界人民不会忘记高坤教授为光通信做出的卓越贡献。

在通信中，通信的传输载体可以是电线、水、空气等，但是人们没想到细细的光纤居然还能用来通信。在高锟提出光导纤维用来通信之时，引发了一些争论，有些人对此持怀疑态度，但是随着 1981 年世界上第一个光纤系统的问世，事实很快证明了光纤之父的论断是正确的，如图 1.17 所示。

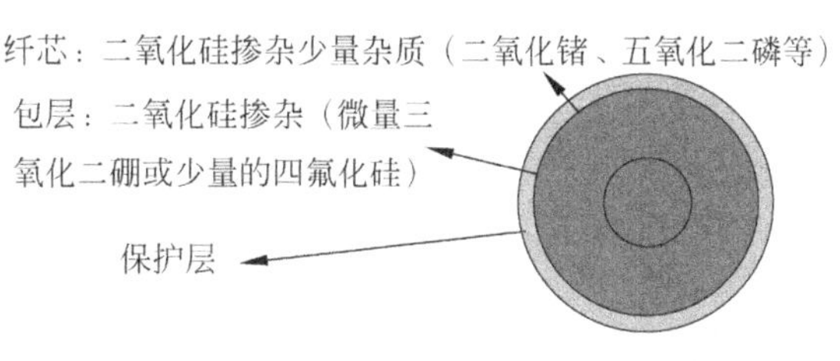

图 1.17　光缆纵切

光通信主要用于骨干网和接入网，光通信的速度可以达到 T 的数量级，而 1T 等于 1024G。相信大家对光通信的速率有了初步的认识了，目前光通信的瓶颈主要在接入网，如果能解决好接入网的问题，光通信必将为人类带来更多的福音。

1.4　小　　结

1．学完本章后，读者需要回答：

- ❑ 什么是通信？
- ❑ 日常生活中有哪些常用的通信技术？
- ❑ 通信的分类有哪些？
- ❑ 古代的通信方式有哪些？
- ❑ 现代的通信方式基本原理？

2．在第2章中，读者会了解到：

- ❑ 通信的基础理论——信号与系统；
- ❑ 通信中的数学理论——概率论与随机过程；
- ❑ 模拟通信与数字通信技术的比较；
- ❑ 移动通信中的三大损耗；
- ❑ 移动通信中的四大效应。

第 2 章　通信基础理论

本章首先对通信涉及的信号理论基础做一个通俗的解读，接着介绍与通信相关的数学理论，特别是概率论与随机过程，最后介绍模拟与数字两种通信系统，以及移动通信信道中的三大损耗和四大效应。第 3 章，将深入讨论信号与系统的基本概念。

本章主要涉及的知识点如下所示。

- 信号与系统：信号与系统的概念及傅里叶变换。
- 概率论与随机过程：马尔科夫链与排队论。
- 通信系统简介：模拟通信与数字通信系统。
- 移动通信信道：三大损耗与四大效应。

2.1　信号与系统

本节将介绍通信中的两个基本概念——信号与系统，无论是模拟通信、数字通信、有线通信，还是无线通信，都要涉及信号与系统的概念。下面就来看看什么是信号，什么是系统吧。

2.1.1　何为信号？何为系统

电子信息和通信系统类专业的学生，对于信号与系统这门课绝对不会陌生，信号与系统基本上是专业课中最难学的一门重要的专业基础课。有的人当时学完了，即使分数考的很高，但是对信号与系统的理解也不一定会很透彻。对于这门课的学习，笔者也是感触颇深，虽然考试分数不低，但是直到近几年经过科研项目的磨炼和学习的深入，才对信号与系统的概念才有了稍微深入的理解。

1．信号是个啥东东

教科书上说信号是消息的表现形式和传输载体，消息是信号的具体内容。

教科书上的话一般都有些抽象，在这里，形象地看看日常生活中能切身感受到的信号吧。

第 1 章讲到古代的烽火台通信，那就先来看看烽火通信中的信号。敌人来袭，某士兵给附近的同伴传递一个消息：敌人来了，兄弟们，快来救救哥们啊！

但是这个消息怎么传出去呢？想来想去先来个常规武器——烽火台！于是命令手下兵丁点燃狼粪，狼烟又直又高，冲向天空，这里的狼烟就是一种信号，它要传达的信息是敌军进犯，速来救援！

外面的援军来了，内外呼应，守军和援军一起上。一时鼓声大作，内外夹击，来犯之敌被消灭大半。

关键时候还得靠科学啊，求援信号守军发得清楚，援军收得及时。

这里的信号只是众多信号的一种，下面随便看几个其他信号的例子吧。

- ❑ 杀敌时的鼓声就是一个信号，它要传达的信息是冲锋陷阵、奋勇杀敌。
- ❑ 仗打得差不多的时候的锣声也是一个信号，传达的信息是鸣金收兵，咱不打了。
- ❑ 灯塔上的灯光是信号，它要传达的信息可能是此处有暗礁，请绕行！
- ❑ 航海用的旗语是信号，它要传达的信息因旗语的不同而异。
- ❑ 无线电报用嘀嗒的代码传递消息，无线电传输的是无线电信号。
- ❑ 电话将声音信号转换为电信号在电缆中传送。

如今生活中常用的手机更是可以传送语音、图像、视频及其他各种数据的信号；人与人直接的对话是用声波的信号来传递信息的。

无论是烽火通信中的光（烟）信号、人们交流对话时的声音信号，还是电话、电报中的电信号，如图 2.1 所示，只要经过接收端正确的解码，就能接收到正确的信息，从而实现通信和交流的目的。

图 2.1　各类信号

在通信过程中，要对信号进行处理或者加工以方便信息的采集、传输和接收。这个过程就是信号处理的过程。

常见的信号处理的过程有：

（1）剔除信号中没用的冗余的部分。

（2）采取措施过滤掉混合在有用信号中的干扰和噪声。

（3）将信号进行变换以利于信号的分析识别等。

生活中的光电信号很多由大脑来进行信号的处理，人眼看见了狼烟，大脑就要将信号按照事先规定好的规则将其解码为人类明白的信息——有敌情，继续支援；在现代通信过程中，人很少直接参与信号（特别是光、电等）的解码，包括调制、编码、加扰、滤波、除噪等在内的信号处理过程都由计算机来实现。

🔔注意：信号与信息的关系。

2．系统又是怎么回事呢

在通信这行混，少不了和系统打交道，很多课程和课本里有“系统”，信号与系统、线性系统、离散系统、连续系统等，连很多研究生专业课程的名称都与系统相关，例如电路与系统、通信与信息系统、系统工程等。

既然在电子和通信中有这么多的系统，那系统到底是个什么东西呢？教科书曰：系统是由若干相关作用和相互依赖的事物组合成的，具有特定功能的整体。

好复杂的定义啊，首先系统是由很多事物组成的，那么由什么事物组成的整体是系统呢？答案是相互作用和依赖的事物，换句话说就是相互间有特定关系的事物。

在电子工程领域中，这样的事物很多，比如导线、电阻、电源模块、电容等，这些经常在实验室里看见的、耳熟能详的电子元件就是组成系统的事物。它们可以组成什么系统呢？最简单的，由导线、电阻和电源搭成的电路就是一个简单的系统，或者叫电路系统。

🔔注意：单独的电子元件并不能叫系统。

广义上说，世界上有如此多的系统，以至于让人不能一一列举，由众多部件组成的计算机系统、由每个人组成的人类社会系统、由人类、动物、土地、水资源等构成的生态系统……如此种种，不胜枚举。

在航天领域，一个航天飞船就是一个系统，而且还是一个复杂的系统，比如嫦娥一号，这个系统中飞船的每个部件的相互作用构成了这个系统的整体。飞船中这个系统中还有着很多的子系统，每个子系统又由很多部件组成。比如飞船和地面的视频通话子系统就包含了摄像头、图像采集、图像处理、图像传输、图像接收等部分，这些部分的互相作用实现了飞船和地面视频通话这个子系统，诸多这样的子系统构成了飞船这个大系统。

在通信领域，也存在着各种各样的通信系统，如图 2.2 所示，比如移动通信系统。一个普通的移动通信系统包含基站、终端、传输子系统、计费子系统、鉴权子系统等，这些子系统相互协作、互相配合才构成了一个完整的移动通信系统。

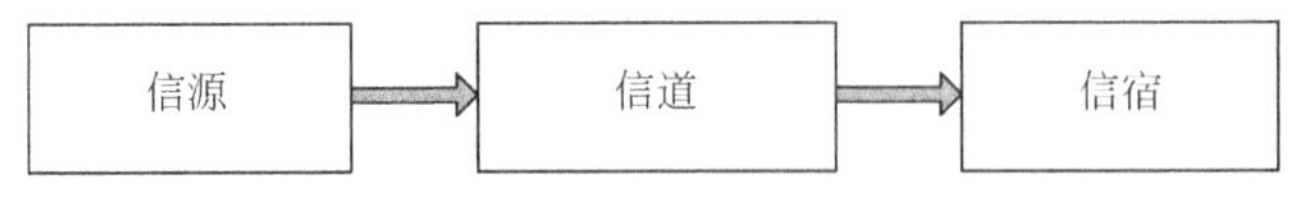

图 2.2　一个简单的通信系统

在一个移动通信系统中，它的每个子系统又是由各自的部件组成的。以基站为例，基站包含着信号发送模块、信号接收模块、无线资源管理模块、移动性管理模块等，这些模块相互协作构成了一个完整的基站子系统。

同时，信号与系统有着密切的关系，在一个系统中没有信号就没有系统的概念，系统的每个组成部分之间是靠信号来沟通的，信号还是系统消息输入输出的具体体现。

电子和通信中的信号与系统的关系尤其如此，很多通信或电子的系统本身就是为了传递这些承载着某种消息的信号而建立的。

没有了信号，系统的存在也就失去了意义。电话系统中，电信号就是为了传播声音信息的，电话系统要是没有电信号，这个系统就失去了存在的价值。视频通话系统，没有了信号，视频信息就无法传递，整个系统也就失去了意义。

当然信号在系统的传递过程中会经过很多的处理过程，也就是前面提到过的信号处理。信号要在系统中很好地传输，顺利地完成它的任务，就要被系统修理修理，杀杀锐气，系统觉得这个信号用得很顺手了，处理的就差不多了。

为了更好地说明信号处理的作用，还是以数字语音信号处理系统为例。如图 2.3 所示，在一个电话系统中，声音信号与电话系统的关系是这样的：电话系统为了更好地把声音传递到接收端，同时也为了更好地处理信号，声音信号首先被转换成电信号，模拟的声音信号被采样、量化、编码成数字信号。

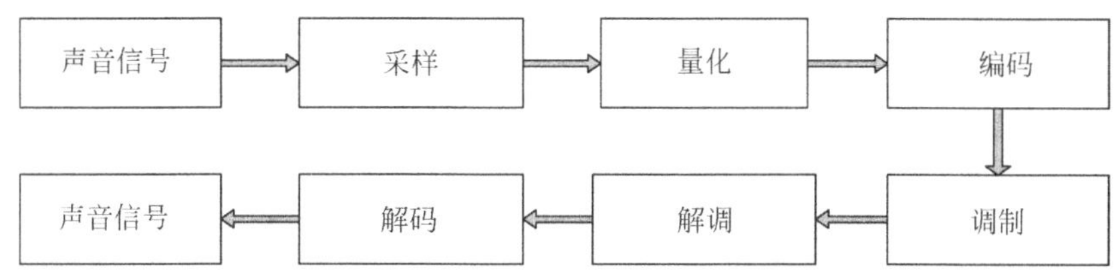

图 2.3　一个声音信号的处理过程

之所以转换成数字信号是因为数字信号比模拟信号更好传输和处理，经过通信网中的各个节点的处理和传输后，信道被接收端收到，接收端把收到的信号滤除噪声和干扰、解码后，电信号在接收端再被转换成声音信号。

这就是一个数字电话系统中的信号处理的例子。可以看出，电话的信号处理还是比较简单的，但是在复杂的现代移动通信系统或者航天系统中，信号的处理比电话信号处理的过程要复杂得多。

信号经过处理后，能够在系统中顺利传输，被系统中的接收子系统顺利解码。而在信号与系统的课程上学习的系统，多数分为两种情况：一种是系统已知，求的是一个已知信号经过这个系统的传输后，在接收端收到的信号表达式。第二种是已知输入和输出的信号表达式，求系统。

在生活和生产实践中常见的是第一种情况。

2.1.2　信号与系统的分类

前面讲到了旗语、烽火台、击鼓鸣金中的种种信号，以及通信、航天、计算机中的种种系统，现实世界中这么多的信号和系统，那么它们如何分类呢？

1．信号的分类

信号的表达有很多的方式，比如画图、表达式、频谱分析等，同时，信号还有很多的特性，比如周期性、线性与非线性等。下面将根据这些特性对信号进行分类。

- 根据信号的确定性与否来划分，信号可以分为：确定性信号和随机信号。简单地说，确定性信号就是任何时间的信号值都已知的信号，比如指数信号与正余弦信号；随机信号是信号值不可知的信号，比如通信中常见的热噪声信号。
- 根据信号是否会周期反复来划分，信号可以分为：周期信号与非周期信号。周期信号过一段时间（周期）会重复出现，非周期信号则不会重复出现。周期性信号中还有一种特殊的伪随机信号，这种信号的周期比较长，它总是装作随机信号的样子，过了较长的一段时间，仔细一看，信号开始重复出现了，囧，这小子还真的是周期信号。

- 根据信号的连续性，信号可以分为：连续信号与离散信号，模拟通信的话音信号是连续信号的典型，数字通信系统的信号就属于离散信号。

注意：计算机系统中处理的信号都是离散的。

除了上面的分类外，还有很多信号的分类办法，这里就不一一列举了。

2．系统的分类

信号可以分类，那么系统也可以分类，根据不同系统从属的行业不同，可以把系统分为航天系统、通信系统、计算机系统等，这是按照行业来分。下面将介绍一些从自然属性的角度对系统划分的内容。

- 根据系统是否具有齐次性，系统可以分为：线性系统与非线性系统。简单地说，线性系统就是满足“加法”和“乘法”的系统，两个信号之和经过一个线性系统所产生的输出，等于这两个信号分别经过这个系统得到的输出，这就是加法；乘法就是一个信号乘以一个常数经过线性系统的输出，等于这个信号经过此系统的输出乘以这个常数；而非线性系统就是不满足“加法”和“乘法”的系统。

现实生活中线性系统的例子很多，地铁里的自动售票机就是一个线性系统的例子，投两个一元的硬币，出一张地铁票，一次投 4 个一元的硬币，出两张地铁票，如图 2.4 所示。

图 2.4　地铁自动售票系统

而非线性系统的例子就更多了，将最近在播的电视剧《新三国》里的战争看做一个系统的话，那么这个系统就是非线性的：如果把兵力因素看做战争这个大系统的信号的话，单纯的兵力翻倍的军队战力有时未必比兵力没翻倍时的战力强大。

以曹操的军队为例，官渡之战，不具备兵力优势的曹操率领军队 3 万余人抗击袁绍 10

余万大军，大败袁绍；而在赤壁之战中，兵力占据绝对优势的曹操率领精兵 20 多万（号称 80 万）对阵刘备孙权的 5 万联军，结果被孙刘联军打败，铩羽而归，要不是关羽念着旧情义释曹操，恐怕曹操的性命都难以保全。

- 根据系统的模型参数是否恒定，系统可以分为：时变系统与时不变系统。时变系统的函数随时间发生而变化，时不变系统的函数是恒定的，不因时间的变化而变化。还是以售票系统为例，这个系统的参数设定，一般就不会随时间的变化而变化了，因此是时不变系统；人类生存的生态环境就是一个时变系统，每一时刻都有动植物在灭绝，如图 2.5 所示。

图 2.5　生态系统

- 根据系统的连续性，系统可以分为：连续时间系统与离散时间系统，模拟通信系统是连续系统的典型代表，比如广播系统；数字移动通信系统就属于离散信时间系统，比如 2G、3G、4G 的移动通信系统。

和信号的分类相同，系统的分类也有多种方式，这里不再一一赘述。

2.1.3　卷积的概念

在系统的时域分析中，特别是求冲激响应的时候，卷积的作用是不可替代的。而学习卷积就不能不提冲激函数——$\delta(t)$。

冲激函数不是数学界提出来的，而是由物理界、工程界提出来的，它的出现是为了解释和描述一些实际的物理现象。比如在前段时间中国武术对阵泰拳的比赛中，少林俗家弟子人称威风少侠的张开印，出拳将泰国“白莲斩”蓝桑坤直接 KO 的过程中，张开印出拳时间极短，作用在对手要害的时间更短，但是这个极短的时间内却有一个极大的力，这个瞬间的冲击力将这位可以自由出入泰国国王书房的拳王击倒。

这个过程就可以看做一个冲激函数，用变量 x 表示拳头与要害接触的受力时间，变量 y 表示对手受的击打力，使 x 与 y 的乘积保持不变，那么 x 的值越小，y 的值就越大。当 x 的值趋向于无限小而 y 的值趋向于无限大的时候，这时函数 y 就成了自变量 x 的冲激函数，如图 2.6 所示。

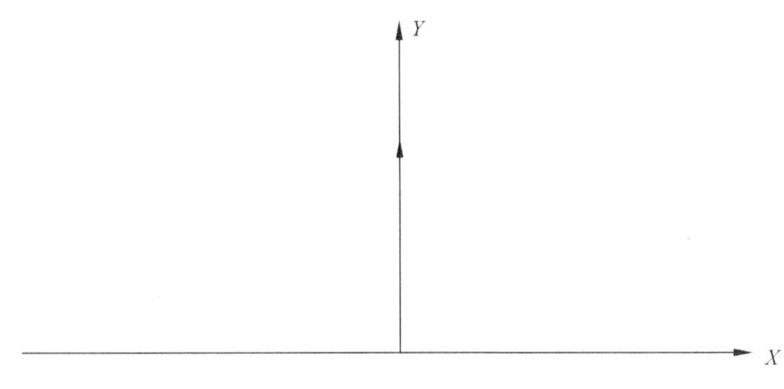

图 2.6　冲激函数

那么卷积和冲激函数到底是什么关系呢？

继续张开印 KO 对手的故事，张开印整场比赛都在和对手纠缠，你打我一拳，我踢你一脚（中国武术对泰国泰拳属于自由搏击，允许用腿、脚和肘部击打对手）。

前两节，张开印和对手试探着，先用虚招试探对手，看对手用的是什么路数。试探的差不多了，就你一拳我一脚真干上了，但是整体节奏仍然偏慢。直到最后时刻，张开印觅得良机，一顿组合拳将泰国拳王直接击倒在地，造成其暂时失去意识，昏迷不醒。张开印为中国武术战胜泰国泰拳立下汗马功劳。

尽管泰拳的拳王们个个都是泰国的顶尖高手，而且下手极其狠、准，但是张开印直接将对手打晕，大涨了中国队的士气。在接下来的比赛中，中华武术再接再厉，一鼓作气，让泰拳再一次在挑战中华武术中铩羽而归，如图 2.7 所示。

图 2.7　张开印 VS 泰国拳王

张开印击倒对手的过程中，为了便于分析，将这个过程建立一个数学模型来计算比武双方受到的击打伤害。

在前两个回合中，张开印击打对手的过程每次间隔的时间都比较长，打对手一拳，隔一分钟再踢他一脚，这样对手能在你每次击打的间歇的时间内缓过劲来。第三回合刚上来，张开印加快了节奏，一顿组合拳把对手击倒，说明对手在短时间内受到了巨大的冲击力。

而且张开印前一次对他的击打刚过，他还没缓过劲来，第二次击打又来了，所以才会被组合拳击倒。

在这个击打的过程中，可以认为张开印第 t 次的击打，对手受到的打击是 $f_1(t)$，而缓过劲的程度指数是 $f_2(x-t)$，那么对手受到的击打伤害是 $f_1(t)$乘以 $f_2(x-t)$，对手受到的总的击打之和可以用积分来求。

将上述的过程用数学公式写出来就是：

$$f(x)=\int_{-\infty}^{\infty} f_1(t) f_2(x-t)\mathrm{d}t$$

2.1.4　傅里叶级数分析与傅里叶变换

在分析一个系统的信号时，一般有两种方法：时域的方法和频域的方法。时域的方法是容易理解的，利用学过的数学知识，对系统的函数表达式及方程或者系统单位冲激响应，通过一系列的求导、微分、积分来求解方程表达式或者输出响应等。

1. 傅里叶级数分析

对系统的时域分析物理概念清楚，很容易理解和让人接受，因此是一种受欢迎的有效的分析方法，但是时域分析法有时会存在着一些不便利的地方。而这些正是变换域的强项。傅里叶变换就是这样的一个武器，在看傅里叶变换之前先看一下傅里叶级数的概念。

一个信号在时域可以理解为不同的时间点对应的信号值不同，这样一个信号就可以按照横轴是时间，纵轴是信号值来画图，理解起来很直观。

【频域的概念】

从频率的角度去叠加，每个小信号是一个时间域上覆盖整个区间的信号，但它却有固定的周期。或者说，给了一个周期，就能画出一个整个区间上的分信号，那么给定一组周期值（或频率值），就可以画出其对应的曲线，就像给出时域上每一点的信号值一样。但如果信号是周期的话，频域的图像看上去更简单，只需要几个甚至一个值就可以了，时域则需要整个时间轴上每一点都映射出一个函数值。

傅里叶级数可以简述为：任何函数都可以由不同振幅、不同频率、不同相位的三角函数的线性组合来表示。

移动通信中的基本原理就是把待传送的信号调制到载波上进行传输，然后在接收端无失真地解码出来。傅里叶级数告诉人们，把带传送的信号看成一个函数，这个函数可以分解成若干个不同振幅、不同频率、不同相位的三角函数的线性组合。

因此任何信号都存在其调制的方式，通过这种调制方式，可以无失真地传输这个信号。在信号的发送端和接收端，发送和接收的天线的大小长短根据调制频率的不同而不同，这样，移动通信在理论上的可行性就得到了证明。

做傅里叶级数分析有一个先决条件，就是狄利克雷条件——信号是绝对可积的，事实上，平时能遇到的周期函数绝大多数是满足这个条件的。

2. 傅里叶变换

对于周期信号来说，傅里叶级数是傅里叶变换的一种特殊表达方式。傅里叶级数的分析是将信号表达成若干正弦、余弦函数的线性求和，而傅里叶变换的数学表达式是求积分。对于连续函数来说，求积分和求和在本质上一样的，因此连续函数的傅里叶变换是傅里叶级数的一种推广和延伸。

信号的时域与频域存在着对应的关系：

（1）时域是连续的，频域就是非周期的；

（2）时域是离散的，频域就是周期的；

（3）时域是周期的，频域就是离散的；

（4）时域是非周期的，频域就是连续的。

门函数是一个时域上连续非周期的函数，那么按照上面讲到的对应关系，它在频域是非周期连续的，如图 2.8 所示。

冲激函数的傅里叶变换如图 2.9 所示，时域是冲激函数则变换域为一个常数。

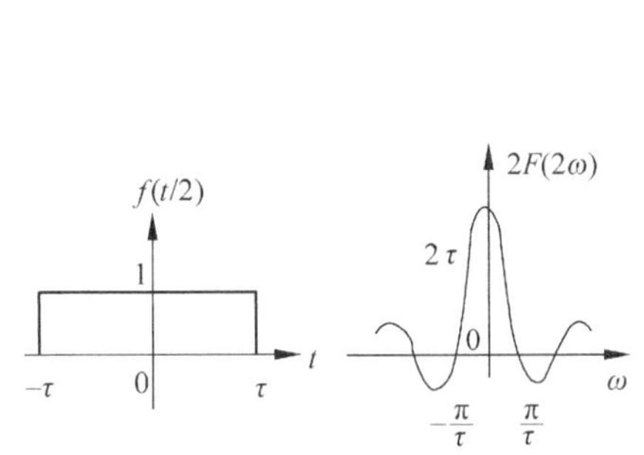

图 2.8　门函数的傅里叶变换

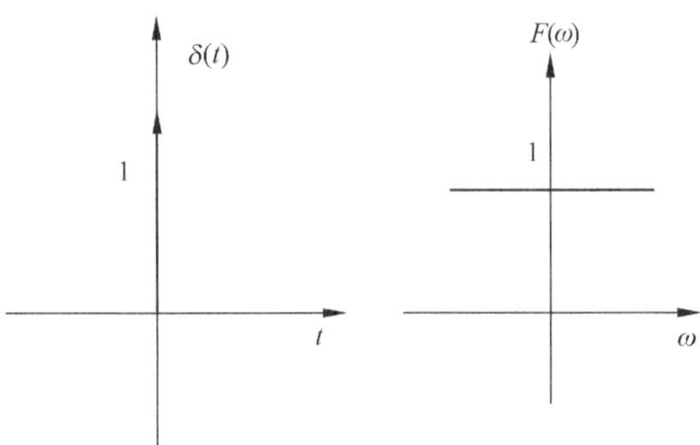

图 2.9　冲激函数的傅里叶变换

2.2　概率论与随机过程

在现代通信学科的发展过程中，数学的作用功不可没，导师经常教育学生们说一切科学的学习到最后都是数学的学习，此言非虚。通信中的数学不仅仅是 3 大变换——傅里叶变换、拉普拉斯变换、Z 变换的天下，其还有很多其他的一些数学理论，概率论与随机过程就是这些数学理论的杰出代表。

2.2.1　概率论——掷骰子的故事

相信打过麻将的人都用过骰子，打麻将的过程中，骰子可以用来选择“庄家”和抓牌的位置等，骰子有 6 个面，骰子 1 点到 6 点的概率是相等的，都是六分之一。而概率论的产生就和掷骰子有着解不开的缘分，如图 2.10 所示。

图 2.10　掷骰子

1. 概率论的产生

在 17 世纪的中期，路易十五世统治下的法国宫廷赌博之风盛行，正所谓小赌怡情，大赌伤身。当时流行一种掷骰子的赌博游戏，赌局的规则是这样的：玩家需要连续掷四次骰子，如果出现一次 6 点，则庄家赢；如果一次六点都没有出现，则玩家赢。

这种赌局长期的赢家一直是庄家，玩家逢赌必输，但是人们对此并没有很好的解释，人们只是觉得，庄家是不会让自己赔本的，因此其中肯定有奥秘存在。

掷骰子的赌博发展到后来又衍生了很多个版本，包括用两个骰子来玩，连续掷骰子 24 次，玩家如果同时掷出了两个 6 点，则庄家胜，否则玩家胜出，当时一个经常参与赌博的贵族德•梅耳发现：

同时将两个骰子连续掷 24 次，至少出现一次双 6 点的机会很少，而将一个骰子连掷 4 次至少出现一次 6 点的几率却比较大。

于是当时迷惑不解的人们去找法国著名的数学家帕斯卡，帕斯卡找到了当时的另外一名数学家费马，在他们用理论分析和实际试验的双保险下，将研究成果写成了一本概率论的书。

从此，诞生了一门重要的科学——概率论。

2. 概率论在通信中的应用

概率论与通信的结缘是历史的必然，为何要这么说呢，概率在通信中的应用其实很广泛，下面来看几个概率理论在通信中应用的经典场景。

（1）模糊理论

模糊理论最近在通信中的应用越来越多，特别是用于智能识别和判断中。

（2）马尔科夫链

马尔科夫链是通信中用得比较多的，转移概率的应用是马尔科夫过程的典型，后面将会对马尔科夫过程进行详述。

（3）排队论

通信中排队论的应用很广泛，众所周知，通信中的资源具有稀缺性，无论是码资源，还是频率资源等都很稀缺，而多个用户如果都要接入系统的时候，资源的分配显得尤为重要，排队论这里就会发挥其作用了。

（4）博弈论

和排队论在通信中的应用理由类似，博弈论之所以能在通信中应用也是由于无线资源的稀缺性所致。

以移动通信中的功率分配为例，接入系统的用户都希望分配到更多的功率，更多的资源意味着更好的服务和更高的通信质量。以每个用户作为博弈的主体，通过每个主体之间的博弈得到一个均衡的局面，让每个用户既能获得较好的服务，又不至于因获得资源过多而干扰到其他用户，博弈论的应用显得尤为重要。

在博弈论中，一个含有占优战略均衡的著名例子是由塔克给出的“囚徒困境”（prisoners' dilemma）博弈模型。该模型用一种特别的方式讲述了一个警察与小偷的故事。假设有两个小偷 A 和 B 联合犯事，私入民宅被警察抓住。警方将两人分别置于不同的两个房间内进行审讯，对每一个犯罪嫌疑人，警方给出的政策是：如果两个犯罪嫌疑人都坦白了罪行，交出了赃物，于是证据确凿，两人都被判有罪，各被判刑 8 年；如果只有一个犯罪嫌疑人坦白，另一个人没有坦白而是抵赖，则以妨碍公务罪（因已有证据表明其有罪）再加刑 2 年，而坦白者有功被减刑 8 年，立即释放。如果两人都抵赖，则警方因证据不足不能判两人的偷窃罪，但可以私入民宅的罪名将两人各判入狱 1 年。表 2.1 给出了这个博弈的支付矩阵。

表 2.1　囚徒困境博弈[Prisoner's dilemma]

A\B	坦　白	抵　赖
坦白	–8，–8	0，–10
抵赖	–10，0	–1，–1

（5）蚁群算法

蚁群算法也叫做蚂蚁算法，是在图中寻求最优路径的算法，据说此算法当初源于蚂蚁找食物的过程中最短路径的启发。

（6）模拟退火

模拟退火（Simulated Annealing，简称 SA）是一种通用概率算法，用来在一个大的搜寻空间内找寻命题的最优解。

“模拟退火”的原理和金属退火的原理近似：将热力学的理论套用到统计学上，将搜寻空间内每一点想象成空气内的分子；分子的能量，就是它本身的动能；而搜寻空间内的每一点，也像空气分子一样带有“能量”，以表示该点对命题的合适程度。算法先以搜寻空间内一个任意点作为起始：每一步先选择一个“邻居”，然后再计算从现有位置到达“邻居”的概率。

在移动通信中，很多数据和性能的计算都离不开概率论的应用，比如移动通信网中用户的移动导致的越区概率的计算、在移动通信中用户掉话率的计算、阻塞率的计算等都需要用到概率的知识。

2.2.2　随机过程——随机过程不随机

随机过程与概率论是相互依存的，前文介绍了概率论在通信中的应用，这里简要介绍

一下通信中随机过程的应用。

通信过程中的随机过程极为常见，比如通信中经常用到的高斯白噪声就可以理解成一个随机对象。

通常人们研究的都是平稳随机过程，而在通信中的大部分随机过程也都是宽平稳随机过程。在移动通信过程中，无线信道衰落的建模、噪声的建模、掉话的建模都用到了随机过程。简单地说，随机过程可以理解为随机发生的过程。

注意：随机过程可以用一定的数学模型来描述，随机过程不随机。

马尔科夫链也属于随机过程的学科范畴，通过到达概率、状态概率与转移概率来分析的一种随机过程。

下面举几个通信过程中随机过程的例子。

1．泊松分布

泊松分布是一种离散的概率分布，其概率密度函数为：

$$p(x=k)=\frac{\mathrm{e}^{-\lambda}\lambda^{k}}{k!}\quad（其中\ k=0,1,2,3\ldots.）$$

在通信中，特别是移动通信中，很多过程都可以看做泊松过程，比如呼叫接入请求的到达概率和离开概率都可视为服从泊松分布。

注意：两个泊松过程的发生间隔是符合独立同分布指数的随机变量的。

2．指数分布

指数分布的分布函数：

$$F(x)=\begin{cases}1-\mathrm{e}^{-x}, x\geqslant 0\\ 0, x<0\end{cases}$$

用户在移动通信中的某小区的驻留时间可以看做服从指数分布。

除了这里重点介绍的泊松分布和指数分布外，还有很多随机过程在通信中都有应用，由于篇幅关系，这里不再赘述。

2.2.3　马尔科夫过程——由爱情呼叫转移想到的

马尔科夫过程是一种在当前状态下，它的未来状态的演变与过去的状态无关的一种过程，也就是将来只与现在有关，而与过去无关，如图 2.11 所示。

现实生活中有很多具有马尔科夫特性的例子，比如在草原上漫无目的散步，脚印就可以看做马尔科夫变量，迈出的下一步的方位可以是任一方位的，可以往前走，往后走，往左走，往右走，下一步往哪里走取决于目前的状态，也就是所处的位置。当前所处的位置的概率叫做该位置的状态概率，从当前位置到下一个位置的概率叫做转移概率，如图 2.12 所示。

通信过程中的马尔科夫过程比比皆是，在移动通信中，位置区与注册区的越区次数就可以利用马尔科夫链求出。

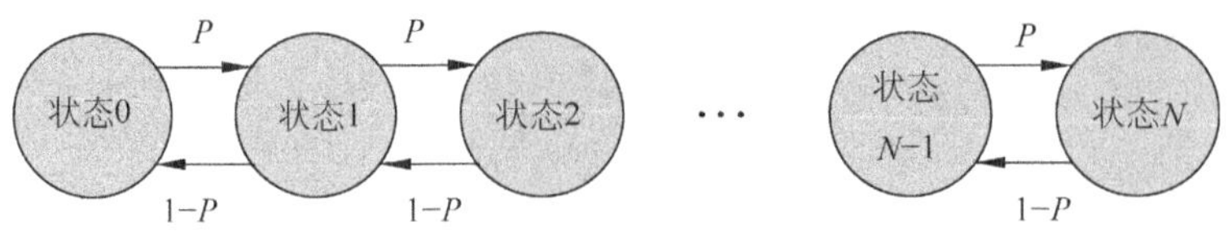

图 2.11　一个简单的马尔科夫链

2.2.4　排队论——人多很拥挤？排队吧

日常生活中存在着很多拥挤的场景，在超市，人们挑选了喜欢的商品去收银台结账的时候需要排队，周末笔者打完篮球去澡堂洗澡也需要排队，于是聪明的人类发明了排队系统，如图 2.13 所示。

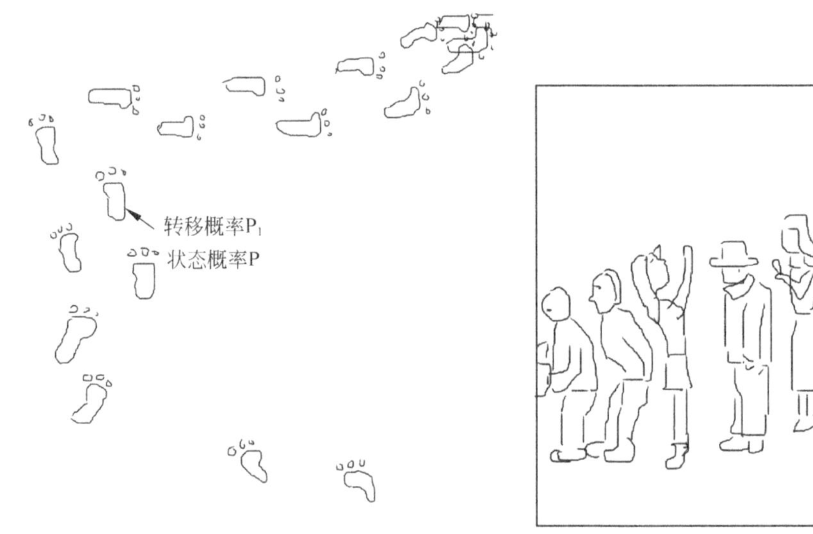

图 2.12　草原散步脚印状态

图 2.13　排队

生活中的排队系统比比皆是，例如在银行的取号排队系统、公交站的自发排队，这都是排队系统。

由上述排队想象衍生而来的排队系统的数学理论就是排队论。

通信中的排队论的应用也很广泛，人们能感受到的最直观的通信排队就是因对方正在通话中而引起的打电话占线现象。

去银行取钱排队是因为银行的 ATM 自动取款机资源比较稀缺，假如每个房间安装一个自动取款机，银行取钱排队的现象是不是会少很多呢？

同理，坐公交车排队的问题也是如此，其排队的原因，也是由于公交车的资源相对于排队等公交出行的人来说过于稀缺，因此才会出现排队的现象。

在超市结账排队是由于收银台的收银员相对于结账的顾客而言是稀缺的；由于学校公共澡堂的水龙头相对于洗澡的学生来说是稀缺资源，所以学生们洗澡时也要排队。

由此延伸下去，通信的排队也是由于资源相对于用户的稀缺性而产生的。例如当你要拨打的手机用户正在和其他的手机通话时，你就会听到一个声音甜美的女生：

“您好！请不要挂机，您拨打的电话正在通话中。”

“Sorry! Please hold on，the subscriber you dialed is busy now. ”

但是如果听到的提示音是：

“对不起，您所拨打的电话正在通话中，请稍后再拨”

“Sorry，the subscriber you dialed is busying now，please called latter”

这个表示对方不是在通话中，而是不想接你的电话，直接把电话挂了。

注意：通过提示音可以判断对方是不是真的正在通话中。

在排队论中，影响排队系统的要素有很多，以下几个因素占据主要的位置，如图 2.14 所示。

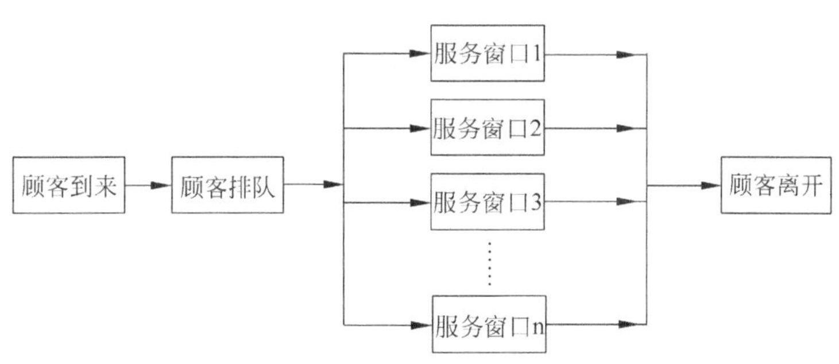

图 2.14　排队系统的基本要素

1. “顾客/用户”到达的规律

知道了顾客到达的规律，就可以利用这个规律为通信系统中的用户安排资源的有效利用了。

2. 排队规则

排队规则对于排队系统的资源利用率影响很大，有效的排队规则有利于资源的有效利用，效率低下的排队规则对资源的有效利用会产生不利的影响。

以银行为例，来看看排队规则的有效性。在银行没有引入放号机器排队之前，人们都是自觉排队，看哪个窗口人少就排在哪里，但是假如现在每个窗口前排队的人数都差不多，怎么办呢？

哎，随便找个窗口排一下吧，于是就站在了一号窗口。但是很不巧，由于一号窗口的柜台是一个新来的实习生，操作不熟练，其他队伍都没有人了，笔者还在排着。

为了改善这种效率低下的局面，现在的银行都引进了触摸屏的排队机，拿号排队即可，排队机方便地解决了排队效率低下的问题，拿了号就知道前面排多少人。如果前面排队的人比较多的话，还可以领完号码出去办自己的事情，觉得时间差不多了再回来。目前，连学校的财务处都引入了排队机。

3. 窗口数目

窗口的数目可以看成资源的多少，窗口多意味着资源多，窗口少意味着可以利用的资源少。在通信系统中，无线资源就是排队系统的窗口数目。

4．服务时间

服务的时间指的是在排队轮到顾客，顾客开始接受服务到服务结束的时间。

移动通信技术中的信道分配优先级方案，以及呼叫接入控制排队等无线资源管理方面的问题对排队论的利用比较多，同时排队论对移动性管理方面的切换排队、小区选择与重选等的研究也有帮助。

2.3　模拟通信系统

在日常生活中，经常面对各种各样的通信方式，不论是移动通信的手机，还是固定通信的电话，抑或是网络即时通信等。尽管通信系统的分类方式有很多种，但基本可以将通信系统分为两类——模拟通信系统和数字通信系统。本节先介绍模拟通信系统。

2.3.1　初识模拟通信

前面讲到了信号的概念，根据信号的连续性与否，信号可以分为离散信号和连续信号；而根据通信系统中传输的是模拟信号还是数字信号，通信系统可以分为模拟和移动两种通信系统，这里将讲到传输连续模拟信号的模拟通信系统。

1．模拟通信系统的定义

模拟通信系统的定义究竟是什么样的呢？

模拟是和数字对应的，从时域上来看，模拟信号的时间轴上每个点都有自己对应的函数值，也就是说，模拟信号在时间上和幅值上都是连续的。

在频域上来说，模拟函数对应的傅里叶变换是非周期的。

生活中，人们说话的声音就是模拟信号，因此人们的声带系统就是一个简单的模拟通信系统。声带通过振动产生声波，声波在空气中传播到接收端——也就是倾听者的耳朵里。

注意：模拟信号的连续不仅是在幅度值上，还在时间域。

2．模拟通信系统模型

说了这么久的模拟通信，当人们在学习一个事物的时候，特别是一个理论概念的时候，要是总说细节不说全局，会让人产生迷茫之感，学习通信系统来说也是一样，刚才说了那么多，给人的感觉是：

“横看成岭侧成峰，远近高低各不同。不识庐山真面目，只缘身在此山中。”

要想概览庐山真面目，不如登顶而望之，正所谓高屋建瓴，就是这个道理。学习模拟通信的时候，先来看看它的整体框架，如图2.15所示，再来学习其内部结构。

由图2.15可以看到，信源的输入经过调制后，通过信道的传输、解调后到达信宿。调制的概念就是将信号从低频“搬运”到高频上，这样做的目的是为了传输的方便，更详尽

地解释在下文给出，这里先看模拟通信系统的模型。

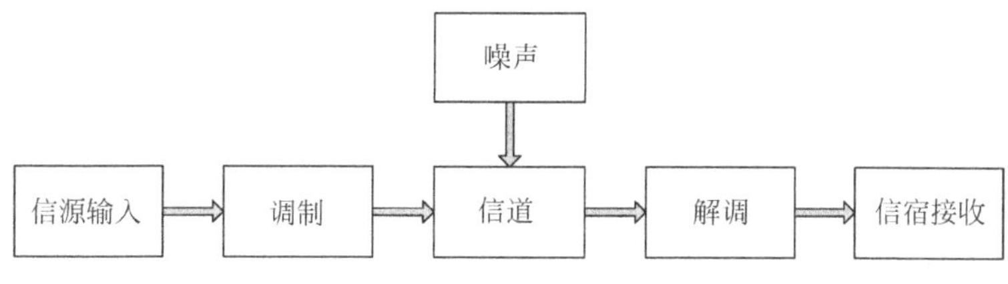

图 2.15　模拟通信系统模型

细心的读者可能会问这样一个问题，假如信源的输入是声音信号的话，而在模拟通信系统中走的是电信号，声音信号和电信号之间的转换似乎没有在这个框图中体现啊。对于这个问题，笔者只能说：

问得好！

为什么说问得好呢，因为如何将声音信号转换成电信号的问题，也是当年贝尔等人冥思苦想的问题。因为这个信号转换的问题是电话发明的核心问题，只有将声音信号转换成电信号，才能在电路上传播。

贝尔最初想出来的办法是电磁开关的一开一关产生脉冲信号来实现通信，但是这种方法最终证明是不现实的，为什么不现实呢？因为声音的频率最大可达 3400Hz，换句话说就是每秒钟电磁开关开合 3400 次（先不考虑采样的精确性），在当时的条件下，这个数据无论如何也不是电磁开关能达到的。

图 2.16　世界上第一部电话

直到 1875 年夏季的某天，贝尔正为电话的电流转换问题而苦恼的时候，鬼使神差地，他把金属片连接在电磁开关上，这次居然有了电流，声音信号成功地转化为电信号。如图 2.16 为美国新泽西州贝尔实验室博物馆展示的世界上的第一部电话。

后来经过分析发现，原来是由于声音的震动引发了金属片的震动，金属片的震动使得与之相连的电磁开关的线圈产生了电流。

两年后，爱迪生又发明了碳粒的转换器，话说 19 世纪的发明要是没有发明大王爱迪生的参与才怪了。

有了声音信号到电信号的转换器，模拟信号的传输才得以进行，但是新的问题又来了，到了信号的接收端，怎样把电信号转换成声音信号呢？

这个简单，在电话的听筒部分加一个放大器即可，也就是传说中的电喇叭，这样电信号就能转换成声音信号了。

有了电信号与声音信号的相互转换的加入，下面就该完善一下上面的模拟通信系统模型了，如图 2.17 所示。

2.3.2　模拟信号的调制

在上文的模拟信号系统模型中提到了调制，读者可能会问，好好的信号调制它做什么呢？以立体声 FM 收音机为例，本来好好的语音信号，基带频率不超过 4kHz，为什么非要把它调制到 109.6MHz 呢？

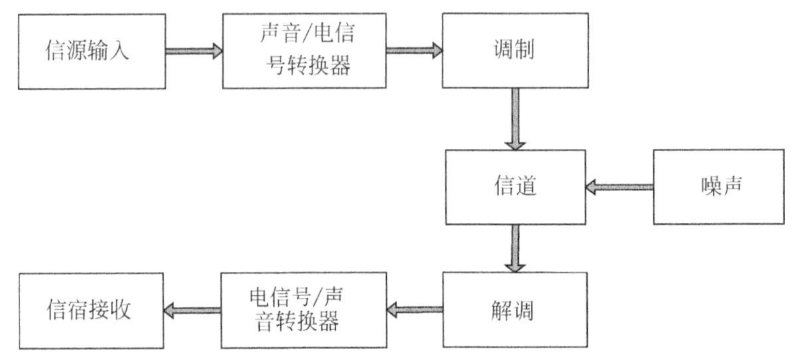

图 2.17　模拟通信系统框图

难道真的是前人无聊才把模拟信号从低频搬到高频去的吗？当然不是，调制必然是有它的作用，或者说是有其必要性。

先来看看，如果不调制的话，直接传输模拟信号会发什么样的情况？

以广播中的语音信号为例，如果不将信号调制到高频直接传输模拟语音信号，则低频率的模拟语音信号是无法传播到很远的距离。中国人民广播电台的播音信号要是不调制，连市区都出不了就衰减没了，淹没在茫茫的天空中。

在现在的教科书中，说到调制的作用，往往都这么说：将基带信号的低通频谱搬移到较高的载波频率上，是为了使发送信号的信号频谱符合传输信道的频谱特性，说得不是特别清楚。

不调制就传不远，你说调不调？呵呵，不信你喊话试试，看看自己未经调制的声波能传多远，就算声音再洪亮，哪怕是张飞再世，长坂坡一声吼，能传出去 3 公里俨然已经是奇迹了，如图 2.18 所示。

图 2.18　张飞长坂坡

而且同等条件下，女同志的声音往往比男同志的声音传得更远些，女生的尖叫比男生更加刺耳，更具穿透力。这是为什么呢？你也许会说，女生的声音尖。对，声音尖在通信上说就是声波的频率高（或者说高频信号比较多），可见高频信号确实比低频信号传的远些。没办法，既然这样，那咱就调吧。

调制的原因还有一个就是天线尺寸的问题，天线的尺寸一般要和信号的波长相匹配，

经验表明，一般波长的 0.25 倍可以作为天线的长度，低频信号的波长过于长，天线尺寸没法制作。

最后一个原因是将低频信号调制到高频可以实现频分复用，这个原因是显而易见的，这里不再赘述。

既然调制有这么多理由，那就先看看有哪几种调制的方式吧。学习调制方式之前，先看一个简单的载波信号吧：

$$c(t) = A_c \cos(2\pi f_c t + \phi_c)$$

这里的 f_c 是载波信号的中心频率，A_c 是振幅，φ_c 是相位。

载波信号的可变参数只有振幅、频率、相位，所以调制的方式也就只能是调制振幅的幅度调制，调制载频的频率调制，调制相位的相位调制这 3 种常见的调制方式。

下面来看这 3 种常见的调制方式。

1．幅度调制（AM）

要用待调信号去调制载波的幅度，最简单的办法就是用待调制的模拟基带信号直接乘以正弦或者余弦载波，以最简单的幅度调制-双边带抑制载波调幅为例，

设基带信号为 $m(t)$，载波信号是 $c(t)$，则幅度调制后的信号为：

$$n(t) = m(t) * c(t) = m(t) * A_c * \cos(2\pi f_c t + \phi_c)$$

画成图如图 2.19 和图 2.20 所示。

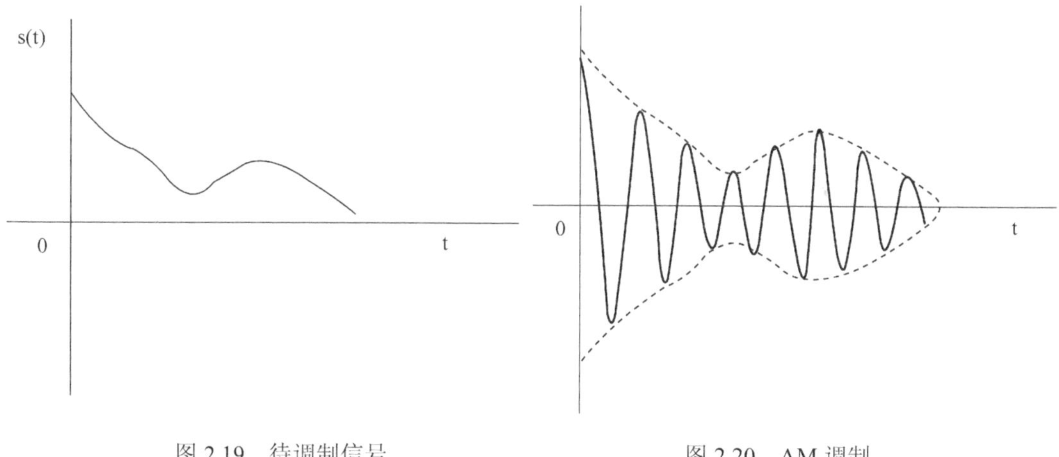

图 2.19　待调制信号　　　　图 2.20　AM 调制

注意：以前的广播电视用的就是调幅信号，AM 的缺点是调制效率比较低。

2．频率调制

顾名思义，幅度调制是用基带信号来调制载波信号的频幅度，那么频率调制就是用基带信号来控制载波信号的频率变化。

生活中的音乐效果比较好的电台广播的信号就是经过频率调制的，事实上，生活中还是能经常感受到模拟调频信号的。

坐上北京的哥的车，他们的出租车内放的都是各种广播电台的节目，“北京交通广播

电台，FM 调频 103.9 兆赫”的声音还是耳熟能详的。

很多电台广播为何不选择幅度调制或者相位调制呢？难道非要选择频率调制吗？事实上，并不是非要选择频率调制。之所以选择频率调制，看中的就是它的抗噪性能好，当然，它的抗噪声的优异性能也是靠牺牲带宽换来的。

设基带信号为 $m(t)$，载波信号是 $c(t)$，则频率调制后的信号为：

$$n(t) = A_c * \cos(2\pi f_c t + \phi(t))$$

其中：

$$\phi(t) = 2\pi K_f \int_{-\infty}^{t} m(x)\mathrm{d}x$$

注意：K_f 是频率偏移常数。

3．相位调制

和幅度调制、频率调制一样，相位调制就是用基带信号的变化来控制载波信号的频率变化。

设基带信号为 $m(t)$，载波信号是 $c(t)$，则相位调制后的信号为：

$$n(t) = A_c * \cos(2\pi f_c t + \phi(t))$$

其中：

$$\phi(t) = 2\pi K_p m(t)$$

注意：K_p 是相位偏移常数。

细心的朋友会发现，相位调制和频率调制非常相似，仅仅从公式上来看的话，它们的差别似乎只是一个积分号的问题。

事实也确实如此，信号在经过一个调相器前先经过一个积分器，那么调相器就变成了调频器，同理，一个调频器前面加一个微分器就变成了调相器，如图 2.21 所示。

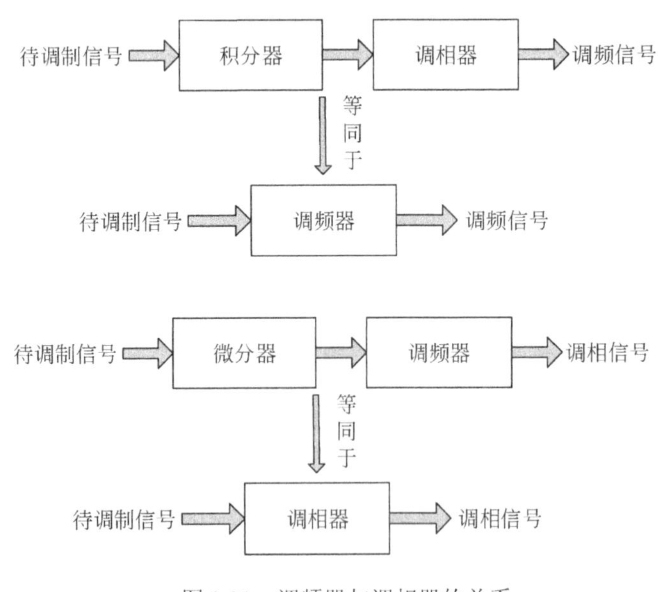

图 2.21　调频器与调相器的关系

注意：频率调制与相位调制统称角度调制。

2.3.3 模拟系统举例——童年的收音机

在笔者小的时候，收音机（如图 2.22 所示）还算是一种重要的家用电器，曾经还是四大件之一。那时候每天听着小虎队的歌曲，中午还有单田芳的评书《杨家将》、《童林传》听着真是过瘾，如痴如醉。

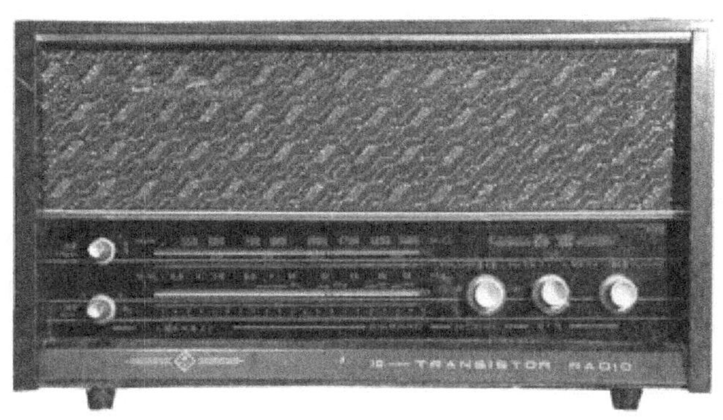

图 2.22 20 世纪 80、90 年代的收音机

注意：收音机属于单工通信。

当时并不知道收音机是模拟信号，也不知道通信是什么概念，当时只是觉得收音机这东西很神奇，没有线就能收到信号，真的很牛。为了弄明白收音机的原理，笔者曾经把姑姑给的收音机拆开过……大卸八块后，收音机被弄没音了，于是，屁股自然也少不了和棍棒的亲密接触。

此后有了电视机，就很久没有接触收音机了，电视上每天中午播放的单田芳的评书依然是最爱，但是心里总觉得似乎少了点收音机的惬意……

再次和收音机聚首是在笔者读本科的时候，孤身一人，身在帝都，人生地不熟，于是唯一的娱乐节目——上铺广西兄弟的收音机成了寝室 6 兄弟的共同爱好。每天午夜的鬼故事成了必选节目……

现在虽然很久没听收音机了，但是对收音机的感情还在，毕竟人生最美好的童年和大学里都留下了收音机难以磨灭的烙印。

收音机就是一个模拟通信系统，尽管目前有厂商推出了数字式收音机，但是模拟收音机还是主流，在收音机领域，数字化代替模拟化似乎没有别的领域那么快速。

注意：收音机的调制方式一般是 FM 和 AM。

平常能见到的收音机大多是超外差式收音机，与超外差式收音机对应的还有一种直放式收音机，两者的区别在于，超外差收音机比直放式收音机多了一个中频滤波和中频放大的功能。

中频滤波和中频放大是将接收到的信号先经过混频器后，再经过中频滤波和中频放大，经过包络检波后，放大音频信号，如图 2.23 所示。

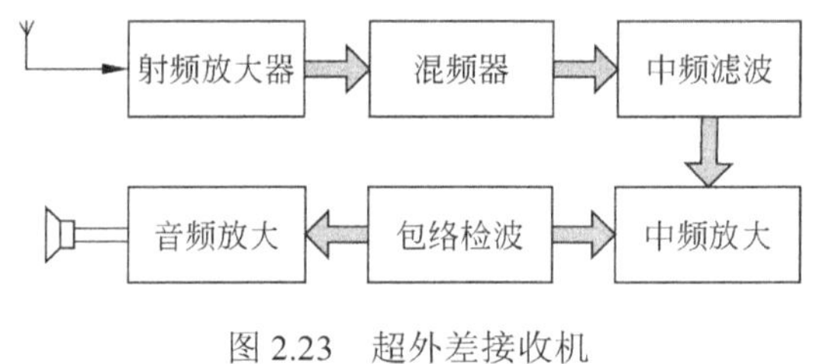

图 2.23　超外差接收机

注意：收音机只是接收装置，发射装置是广播电视塔。

2.4　数字通信系统

前文讲了诸多的模拟通信技术，但是似乎生活中的通信技术中数字通信比模拟通信多得多，手机、MP3、MP4 等采用的都是数字通信技术。数字化的浪潮正在席卷全球，本节将带领大家来认识数字通信系统。

2.4.1　数字模拟大比武——我们喜欢容易控制的技术

随着科技的发展，模拟技术似乎有被数字技术全面取代的趋势，大哥大在和采用数字通信技术的 GSM 和 CDMA 的第二代移动通信系统的竞争中，迅速败下阵来。

在笔者年少的时候特别喜欢收集歌星们的磁带，从小虎队到王菲、王杰，甚至直到谢霆锋出道的时候还在用录音机或者复读机听他的磁带。但是时间无情地将磁带这种模拟技术在历史的长河中淘汰了。

于是当笔者读大一的时候人们开始用 MP3，后来又有了 MP4，但不论是 MP3 还是 MP4，都是数字技术当道，模拟的磁带正式成了文物。

最让人不能容忍的是广播电视系统的数字化，数字收音机和数字电视机的推广，数字电视机就不说啥了，数字收音机确实是真的没必要。

收音机无非就是为了收音，既然模拟技术很好了，数字收音机在性能上的提升也不是很显著，真的没必要非要把模拟收音机换成数字收音机。

那么数字化究竟有什么好处呢？数字技术比模拟技术究竟强在哪里呢？能让人们如此趋之若鹜。下面就先来看看数字通信的优点吧。

1．数字技术的优势在哪里？

首先，数字通信技术有着模拟技术无法比拟的信源编码和信道编码技术，特别是拥有差错控制功能的信道编码技术。在信道编码的过程中能插入很多冗余的信息来提高信道传输的可靠性。

对比来看，模拟通信技术不具备信道编码技术，在差错控制和数字通信技术方面差得比较远。

数字通信技术之所以能实现差错控制，就在于数字通信的简单码流易于判断和控制，反正就是高低电平两个信号的区分，误码性能大大降低。

【第一回合，数字技术胜！】

其次，模拟通信技术在保密性上做得不是很好，采用模拟技术的收音机自不必说，基本没什么保密性可言。模拟移动通信技术——大哥大的保密性也不怎么好，窃听和盗打等安全性隐患一直困扰着大哥大的生存发展，大哥大的头都大了，这也是大哥大之所以退出历史舞台的一个重要原因。

而保密性恰恰是数字通信的特点和优势，因为数字通信很简单，就是传输 0 和 1 的比特流，比模拟通信易于控制，随便做个加减法就可以实现加密，但如果用上了复杂的哈希算法等，保密性将大大增强。

【第二回合，数字技术胜！】

最后，在硬件实现的成本上，采用模拟技术的通信设备往往比较笨拙，大哥大就是一个明证，如砖头大小的块头可以用做防身武器。数字通信技术的终端设备就相对比较轻盈了，手机的大小和大哥大的砖头大小真不是一个级别的。

模拟通信的设备体积大导致携带困难，同时，成本也会相应增大。当然，这一切都是归功于 20 世纪中后期迅速发展的数字集成电路技术，正是它们的飞速发展才把手机的制造变成可能。

【第三回合，模拟通信败……】

经过 3 个回合的比试，如图 2.24 所示，模拟通信以 0:3 的比分完败于数字通信，太“杯具”（悲剧）了。

总结起来，数字通信技术的差错控制、保密性、实现难度与成本等都是由于它的易于控制而来的。采用差错控制的信道编码是由于它的可控性好，保密性和实现上也是由于其可控制性好。

一言以蔽之，人类更喜欢容易控制的技术。

2．金无足赤——数字通信的不足

上面讲到那么多的数字通信技术的优势，但是金无足赤，人无完人，数字通信相对模拟通信也有其不足的地方，这里主要讲数字通信技术的两个不足。

（1）频带利用率较低。相对模拟通信系统来说，数字通信系统的频率利用率实在不算高。

还是以日常生活中最常见的通信设备——电话为例，模拟电话一路一般只需要占据 4kHz 左右的带宽。但是如若采用数字通信技术，同样的语音质量条件下，却需要数倍的带宽为代价，即需要 20～60kHz 的带宽。

（2）需要严格的同步系统。与模拟通信技术不同的是，因为数字通信传输的高低电平的比特流稍有不同步，信号便难以恢复，故数字通信需要极其严格的同步系统。

随着近些年数字技术的发展，数字通信的这两个缺点，都得到了一定程度的改善。

2.4.2　模拟信号与数字信号的转换

前文提到，数字信号相对于模拟信号有诸多的优势。既然数字信号是大势所趋，而日常生活中的信号又多是模拟信号，比如用手机通话时声带振动发出的声音是模拟信号，但是在移动通信网中传输的数字信号中，语音的模拟信号是如何转化成数字信号的呢？

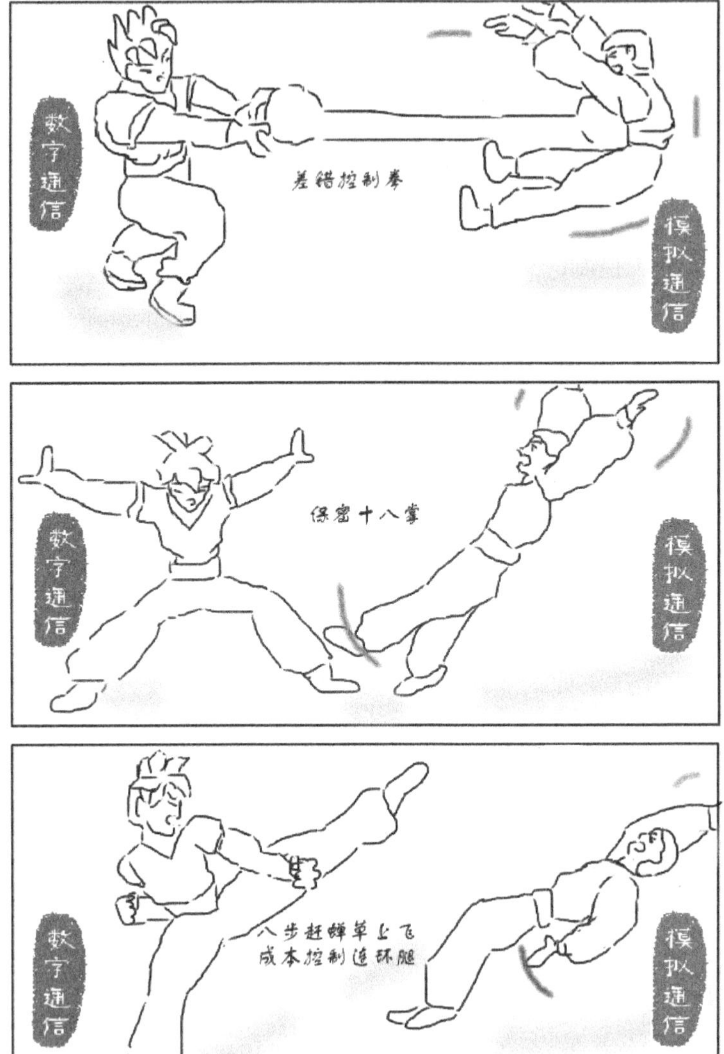

图 2.24　模拟通信与数字通信华山论剑

通常情况下，模拟信号转化成数字信号要经过 3 个过程：采样、量化、编码。

1. 采样——非诚勿扰的收视率是怎么得来的？

说到采样，如果是通信行业的工作者或者研究人员，大概对这个词汇都不会太陌生，但是如果您在本书之前没学过通信也没关系，因为本书就是本着通俗易懂的原则，用极其平实的语言和生活中的参照物来“戏说”通信。

因为生活中就有这种采样的例子，最近某卫视有一栏相亲类真人秀节目，如图 2.25 所示，有着火爆的收视率，一举超越其他各大地方台的娱乐节目，坐稳了全国收视冠军的宝座。节目中的女孩和各种表白、炒作、内幕等都成了人们茶余饭后的谈资。

说了半天，相信您早已知道了这是哪档节目了，对！没错！就是它——非诚勿扰。

有一个问题，就是中国人这么多，某年某月某日，某某电视台某某节目的收视率怎么

样?是怎么统计出来的呢？非诚勿扰说是全国的收视冠军，但这是怎么统计出来的？难道是电视台吹牛吗？貌似不是，这收视率真不敢乱说啊，各大电视台的这个基本信誉还是不敢丢掉的。

图 2.25　看电视

挨家挨户地统计？这样也统计不过来啊。郁闷了，这咋办？

中国现在是市场经济，尽管欧盟和美国还没完全承认中国的市场经济地位，但是凭借中国人的勤奋和智慧，一定会有他们完全承认的那天。既然中国是市场经济，那就好办了，电视台自己统计不出来收视率（自己统计出来的结果，别的电视台能承认吗？），没关系啊，找人统计，找个全国范围内有声誉的大家公认的统计收视率的权威公司即可！

于是给统计收视率的公司打电话，"帮我们统计下非诚勿扰的收视率，谢谢!"

"ok，no problem！"

统计公司答应的还很干脆，

"明天下午就给你们结果"

效率还挺高，心说。

一夜无话，第二天下午，那家公司的电话准时打过来，

"结果统计出来了，贵电视台非诚勿扰的收视率是 4.23%，全国卫视所有上星节目每周收视冠军！"

当时就有点晕，他们怎么统计出来的？

人家耐心地讲解这个统计收视率的过程：首先，把全国十多亿的电视观众都统计一遍，这个是不现实的。公司是以家庭为单位，在全国范围内先挑选几十个典型的城市和地区，既要有内陆的城市也要有沿海的城市，既要有大都市也要有小县城，既要有城市样本也要有农村样本。在这些城市或农村再挑选典型的家庭来收集样本。收集样本的过程一般采用打电话的方式，只要样本数目达到一定的比例，就可以反映出全国的收视率了。

原来如此，原来收视率是这么统计出来的啊。

再次扮演了小白的角色，郁闷。

不过呢，这次的收获还是蛮大的，不但懂得了电视台收视率的统计办法，连模拟信号到数字信号的采样都明白了。

模拟信号转变成数字信号的采样过程和电视台收视率的样本采集过程极其相似，细细

品味一下吧。

（1）收视率是要收集大家看电视节目的信息，样本采集的目的是为了最大限度地还原人们看电视节目的比例问题，而通信的采样是通过采集模拟信号的样本值来最大限度地还原模拟信号的本来面目。

（2）两者还有一个相似之处，电视节目的抽样要达到一定的比率，覆盖典型的收视群体才能准确反映收视率。通信的采样也要满足一个比率——奈奎斯特采样定律的比率。

奈奎斯特采样定理反映的是，如果要完全地反映模拟信号的特征而不引起频谱函数的混叠，至少应该以模拟信号带宽的 2 倍来抽样才可以。

比如人的声音的频率一般低于 3.4kHz，那么要想不引起失真，对语音信号的采样应该在 6.8kHz。为了谨慎起见，在目前包括移动通信系统在内的数字语音通信系统的采样频率，一般是 8kHz。

如图 2.26、图 2.27、图 2.28 和图 2.29 所示为一个简单的信号采样过程。

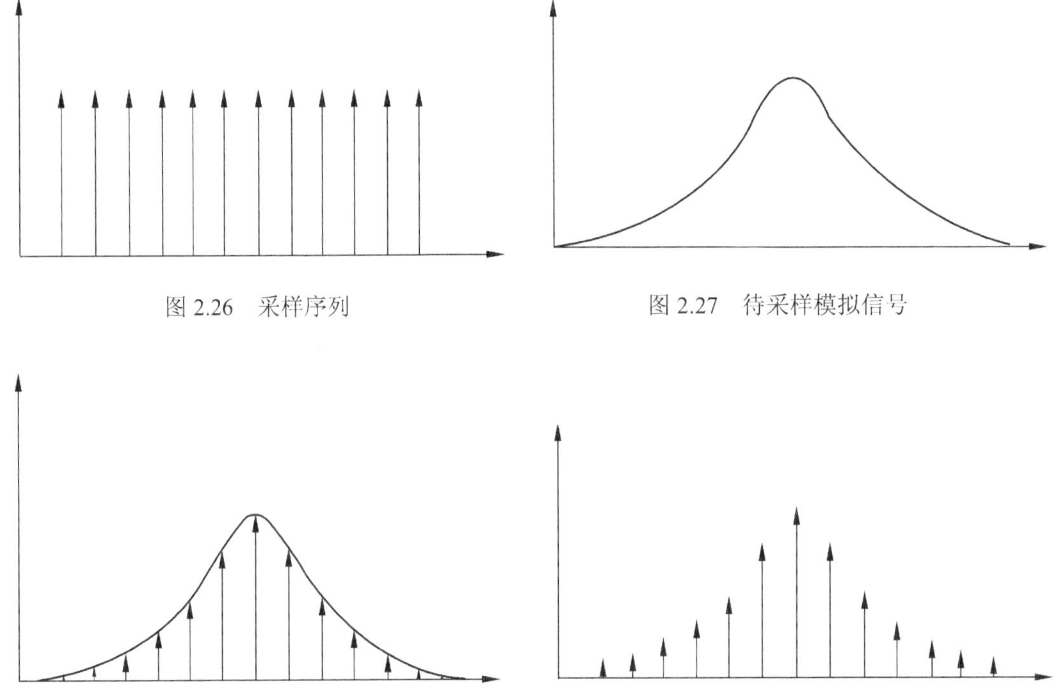

图 2.26　采样序列

图 2.27　待采样模拟信号

图 2.28　采样过程

图 2.29　采样后的离散信号

2．量化

对模拟信号的采样完成后，采样值的量化也是个问题，没量化之前，模拟信号的采样值在时间轴上是离散的，但是信号的幅度仍然是连续的；即模拟信号的采样值可以取无限多个可能值。

而在数字通信系统中传输的信号是二进制的高低电平，对于这些二进制的电平，如果位数一定，则取值个数有上限，那么怎样将采样的无限多个采样值与有限个数字可能值相对应呢？

换句话说，可能模拟采样值不是个整数，而且小数点后有 N 多位，在数字通信系统中，实现得这么精确很可能是没有必要的。精确到小数点后 3 位就够了，这就需要主人公——“量化”出场了。

通俗地说，量化就是把模拟信号的取样值近似地取成和它临近的某个数字离散电平值，根据量化过程中模拟信号的采样值和量化后的离散电平值的对应规则，量化可以分为均匀量化和非均匀量化两种。

在上述文字的描述过程中可以看到，既然量化是模拟信号到数字信号的一个近似过程，那么量化后的信号与没量化前的信号比肯定存在着误差，当然，希望这个量化误差越小越好。

🔔注意：这个量化误差也叫量化噪声。

量化噪声一般可以用量化噪声功率来表示其大小，量化噪声功率的大小一般用量化噪声的均方值表示。

（1）均匀量化

均匀量化的过程和非均匀量化比，相对简单些，均匀量化就是将模拟信号的取值均匀分段，然后取每段的中间值为量化电平。

均匀量化的过程和高考按分调档报志愿的过程类似，比如某省某年高考分数线划定，530 分以上可以报考第一批录取的本科（简称一本），480～530 分可以报考二本，420～480 分可以报考三本，420 分以下可以报考专科院校。

假如考了 500 分，那么就被划分到了二本的录取区间，量化电平就是二本，考了 600 分就划分到了一本的录取区间，量化电平就是一本，如图 2.30 所示。

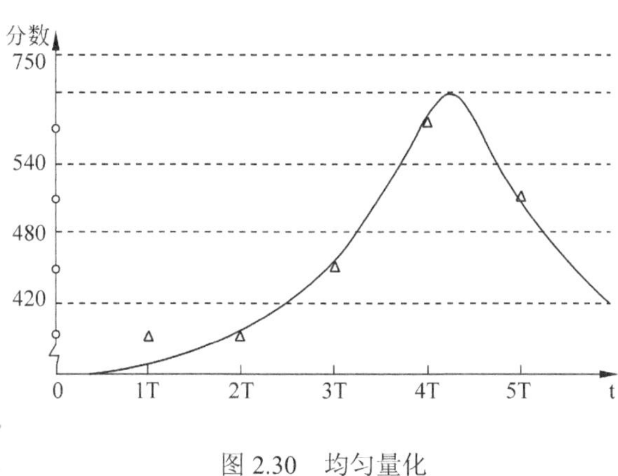

图 2.30　均匀量化

🔔注意：信号的量化逼真程度可以用量化信噪比来表示。

（2）非均匀量化

由于均匀量化的量化间隔是常数，在均匀量化的过程中，量化的噪声对信号的影响程度是不同的。对于较大的信号值而言，量化噪声对它们的影响不是很大，但是对于小信号来说，均匀量化造成小信号的信噪比会很低，而通信系统中常遇到的语音信号多是小信号。为了避免这种情况的出现，非均匀量化出现了。

既然均匀量化对小信号的影响比较大，基于一种很朴素的思想，可不可以找到一种非均匀量化的方法使得大信号的值变小一些，而将小信号变大一些呢？

能实现这种非均匀量化的变换有很多种，这里介绍一个最简单的一种，在高中数学中学过的函数中，有没有一种对小的数值有扩大功能，对大信号有压缩功能的函数呢？

对，就是 $\ln(x)$，如图 2.31 所示。

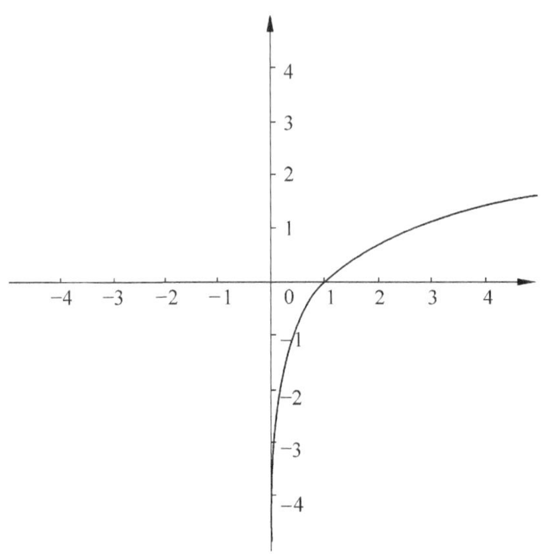

图 2.31　$\ln(x)$的函数图像

对 $\ln(x)$做适当的移位和变换就可以得到一个国际通用的对数式压缩器。国际通用的非均匀量化标准有两个：一个是美国和日本用的 μ 律对数压缩；另一个是中国和欧洲用的 A 律对数压缩。

μ 律对数压缩函数：

$$y=\frac{\ln(1+\mu x)}{\ln(1+\mu)}$$

这里的 μ 的取值是 255。

A 律对数压缩函数为：

$$y=\begin{cases}\dfrac{Ax}{1+\ln A}0\leqslant x\leqslant\dfrac{1}{A}\\[2ex]\dfrac{1+\ln Ax}{1+\ln A}\dfrac{1}{A}\leqslant x\leqslant 1\end{cases}$$

在中国一般 A 取值是 87.6。

由于上述函数的复杂性和具体实现等原因，通常采用十三折线法来表示 A 律的压缩特性，如图 2.32 所示。

注意：之所以叫 A 律十三折线是因为算上负值的部分，一共有十三段折线，因此得名。

3．编码

在采样和量化之后，模拟信号虽然已经变成了离散的信号，但是在数字通信系统中传

的值是表示 0、1 数据流的一组高低电平值，怎样把采样和量化后的信号变成这样的高低电平的集合就涉及了编码的问题。

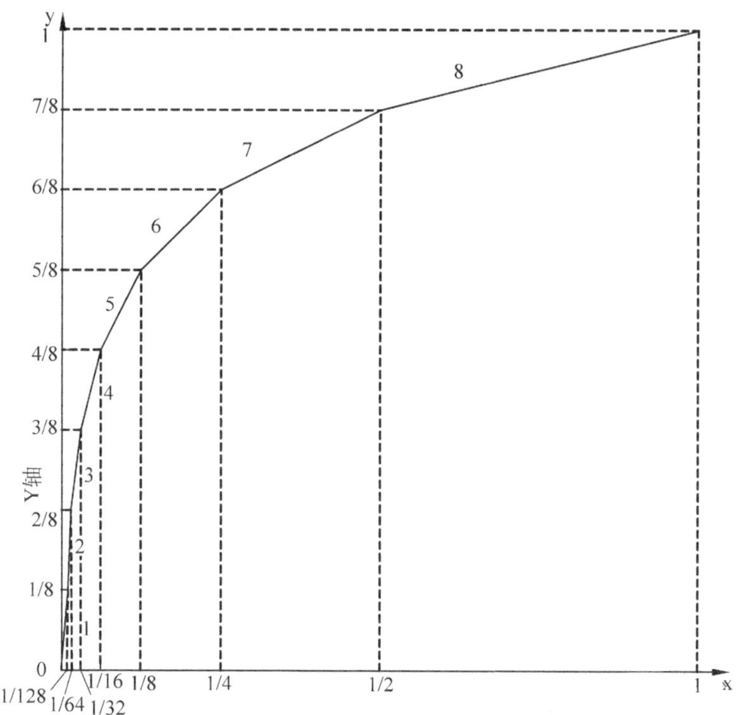

图 2.32　*A* 律十三折线

编码的问题在我国的古代通信中就涉及了，烽火通信的过程中，每种狼烟的组合代表不同的含义，这就是一种简单的编码；在航海通信中使用的旗语的不同挥旗方式和灯塔的亮灯样式都是编码。

甚至在余则成潜伏在敌人后方的时候，组织上呼唤他回家的暗号也是一种编码，人们熟悉的用于早期电报的莫尔斯码更是一种经典的编码方式。

既然它们都是编码方式，那么肯定有不少共同之处，其中一个共同的特点就是它们都希望用最简洁的方式，让对方明白自己的意思（也就是传达信息）而不引起不必要的误会（误码）。

PCM 编码是对 *A* 律十三折线的一种编码，表 2.2 是 *A* 律十三折线的压缩特性表，下面就对照此表来看看 PCM 的编码。

表 2.2　压缩特性表

段落	1	2	3	4	5	6	7	8
量化间隔（Δ）	1	1	2	4	8	16	32	64
起始电平（Δ）	0	16	32	64	128	256	512	1024
斜率	16	16	8	4	2	1	1/2	1/4
Q/dB	24	24	18	12	6	0	–6	–12

A 律 PCM 编码的基本规则：

C_1	C_2	C_3	C_4	C_5	C_6	C_7	C_8	
极性码	段落码			段内码				
1 正	0	0	0 ①	0	0	0	0	
0 负	0	0	1 ②	0	0	0	1	
	0	1	0 ③	0	0	1	0	
			⋮	⋮	⋮			
	1	1	1 ⑧	1	1	1	1	
				8	4	2	1	权值

以抽样值 x_i =1256 (Δ)为例，看它的 PCM 码怎么求。

（1）$x_i > 0$　　$C_1 = 1$　　极型码

（2）$x_i > 128$　　$C_2 = 1$　　手工编码时合为一步

（3）$x_i > 512$　　$C_3 = 1$　　$\because x_k>1024$

（4）$x_i > 1024$　　$C_4 = 1$　　$\therefore C_2C_3C_4=111$

（5）$x_i < 1024 + 8\times64 = 1536$　　$C_5 = 0$

（6）$x_i < 1024 + 4\times64 = 1280$　　$C_6 = 0$

（7）$x_i > 1024 + 2\times64 = 1152$　　$C_7 = 1$

（8）$x_i > 1024 + 2\times64 + 64 = 1216$　　$C_8 = 1$

编码结果 11110011　　$e_q = 40\,\Delta > \frac{1}{2}(64\Delta) = 32\,\Delta$

这里讲的编码主要说的是信源编码，这里只简单介绍一下 PCM 编码，其他的信源编码方式和信道编码会在第 3 章有一个详细的介绍。

关于数字信号的调制部分的内容也放在第 3 章集中讲述。

2.5　移动通信中的三大损耗

移动通信和固定电话通信的一个重要区别在于，移动信道的动态时变特性。对于移动通信的变参信道，终端便捷的可移动性带给人们便利的同时，信道参数无时无刻的变化也给移动通信带来巨大挑战。

移动信道区别于无线信道的主要特点是，移动通信中用户的大范围随机移动性。在传统的 Wi-Fi 等无线通信中，对用户大范围快速移动的支持不是很好，移动通信很好地解决了这一点，但是付出的代价是信号在移动信道中的衰减和消耗将更加恶劣。

在移动通信中，移动性是其区别于其他通信方式的根本特征。开放式的信道和通信用户的移动性给移动通信带来前所未有的挑战。

🔔注意：移动性是移动通信的根本特征。

几乎移动通信的所有技术都是基于以上两个移动信道的特点专门定制的，在这些挑战中，尤其是以江湖人士闻风丧胆堪比四大恶人的三大损耗为甚。下面将详细介绍。

2.5.1　路径损耗——俗称路损

路径传播损耗，一般也称衰耗，指的是无线电磁波在传输过程中由于传输介质的因素而造成的损耗。在固定电话通信等有线通信的过程中也有路径损耗，它们的路损是由于传输过程中，传输介质所引起的衰耗。

这些损耗中既有自由空间损耗也有散射、绕射等引起的。在日常生活中，经常会遇到这类损耗，因为生活中有着如此多的“通信障碍物”，以至于建筑物、花花草草、树木森林等都会产生损耗，甚至连打电话的时候贴近人体都会造成损耗。

别说是电磁波了，就是人类出去走走，坐个公交车等都要被挤掉多少个分子和原子啊，要是挤得出汗了，损耗就更大了；有幸感受过中国春运的火车的人，就会明白原来减肥最好的办法不是健身和节食，而是多坐春运火车。

既然坐火车都能挤掉一层皮，那么电磁波在空气中传播遇到那么多和它们数量级比它们块头大的微尘、颗粒等，这么多“碰撞”，能没损耗吗？

空间中处处皆损耗，想通信真的是难啊，为了研究这些损耗，最好的办法就是对路径损耗建模了！

说得轻巧，奥村先生要是听见后辈们说路径损耗建模简单，非气得背过气去不可。因为移动信道的环境和条件是依据不同的地点和地形而变的，电磁波经过的地貌不同、电磁波的频率不同、路径损耗的模型肯定就不同。因此，对路径损耗建模唯一的方法就是用经验公式，因为实在是没办法把参数时变的移动信道上升到一个统一的数学理论模型的高度，当然没准未来哪个牛人做到这一点也说不定哦。

前人们凭借多年的工程经验对路损做了很多数学建模和定量的分析，这里介绍几个比较常见的也是比较著名的路径损耗定量分析模型。

1. 奥村-哈塔模型

奥村-哈塔模型是移动通信信道建模使用得最广泛的模型，在移动通信的仿真中也常常会用到，关于奥村-哈塔模型的来历这里不再赘述，直接来看奥村-哈塔模型的路径损耗公式：

$$L_{50}(\text{市区})\ (\text{dB})=69.55+26.16\lg f_c-13.82\lg h_b-\alpha(h_m)+(44.9-6.55\lg h_b)\lg d-K$$

在上式中 f_c(MHz)表示载波频率，$hb(m)$表示基站天线有效高度，$hm(m)$表示移动台天线高度，$d(km)$表示收发天线之间的距离，K(dB)是地区环境修正参数。

如图 2.33 所示是一个典型的大城市市区路径损耗函数图，图中所取载波频率 1500MHz，基站天线高度 50 米，移动台接收天线 1 米，市区环境修正参数 K 为 0，$\alpha(h_m)=3.2(\lg 11.75h_m)^2-4.97$。

2. Hata模型

欧洲科学技术研究协会针对个人移动通信的发展将奥村-哈塔模型扩展到 2GHz，奥村哈塔公式修改为：

$$L_{50}(\text{市区})\ (\text{dB})=46.3+33.9\lg f_c-13.82\lg h_b-\alpha(h_m)+(44.9-6.55\lg h_b)\lg d+C_M$$

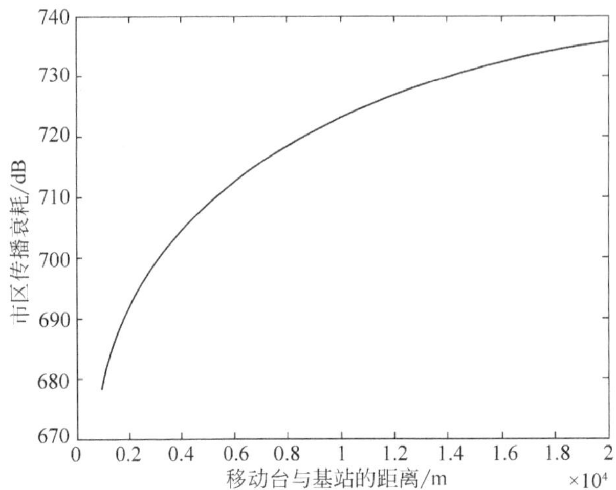

图 2.33　典型大城市市区路损函数

在上式中，fc(MHz)表示载波频率，$hb(m)$表示基站天线有效高度，$hm(m)$表示移动台天线高度，$d(km)$表示收发天线之间的距离，K(dB)是地区环境修正参数。

如图 2.34 所示为一个典型的大城市郊区路径损耗函数图，图中所取载波频率 2GHz，基站天线高度 50 米，移动台接收天线 1 米，市区环境修正参数 C_M 为 0，$\alpha(h_m)=3.2(\lg 11.75h_m)^2-4.97$。

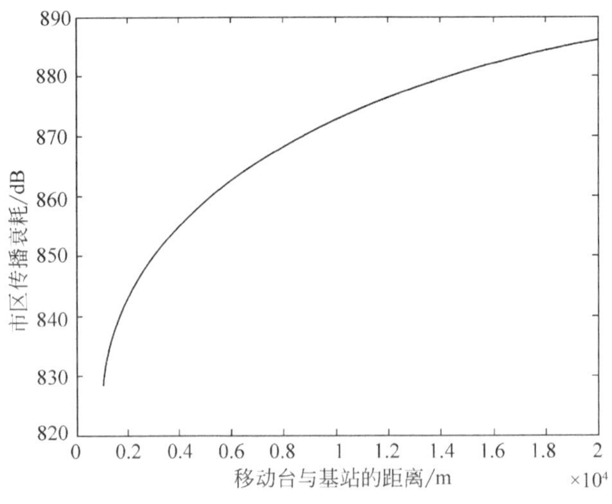

图 2.34　典型大城市郊区路损函数

注意：这里讲述的路径传播损耗主要反映的是宏观大范围（千米级别）距离上接收电平的衰减情况。

3. 室内传播模型

近些年来，室内通信的发展十分迅速，据权威机构评测，目前 70%的通信都发生在室

内，因此室内通信的研究一直是移动通信的一个热点。

早些年人们对室内的 WLAN 进行了深入的研究，最近几年家庭基站的兴起引发了一阵研究家庭基站的热潮。关于家庭基站的研究，会在后面章节中详细介绍。

这里只对室内的信号传播模型进行一个粗略的介绍，室内的信号衰减比室外的更加复杂，这是由于室内的环境变化比较大，而且很容易受到装修材料、建筑材料、室内布局等的影响，如图 2.35 所示。

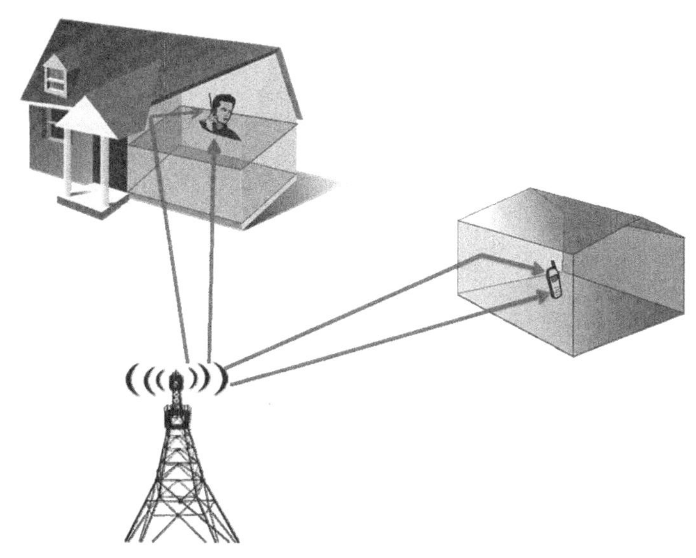

图 2.35　室内通信信道

注意：室内信道分为视距（LOS）和阻挡（OBS）两种。

2.5.2　慢衰落损耗——俗称慢衰

慢衰落损耗在教科书上的定义是由于电磁波在传播路径上，遇到障碍物的阻碍产生阴影效应造成的损耗，反映了中等范围内的接收信号电平平均值起伏变化的趋势。之所以叫慢衰是因为它的变化率比传送信息率慢。

类似于慢衰的例子在生活中比比皆是，当上午太阳光照向大地的时候，在一幢高楼的背光面往往产生阴影，阳光遇到了大楼的阻碍，如图 2.36 所示，产生了衰落，这就是慢衰。而光也是一种电磁波，既然光这种电磁波能产生慢衰，那么和光类似的不同波长的其他的电磁波也会产生类似的慢衰，只不过肉眼看不到罢了。

注意：慢衰落损耗服从对数正态分布。

2.5.3　快衰落损耗——俗称快衰

快衰落损耗主要是反映小范围移动的接收电平平均值的起伏变化趋势。快衰引起的电平起伏变化服从瑞利分布、莱斯分布和纳卡伽米分布，它的起伏变化速率比慢衰落要快，

所以称为快衰。

图 2.36　阳光被阻挡产生的阴影

研究无线通信接触最多的几个“域”是时域、频域和空域；在快衰中根据不同的成因、现象和机理，快衰也可以相应地分成：时间选择性衰落、空间选择性衰落与频率选择性衰落。

1．时间选择性衰落

时间选择性衰落是指在不同的时间衰落特性不同的现象，生活中高速运动的火车、汽车等会发生多普勒频移，根据前文提到的信号与系统中的时域与频域的对应关系，频域的多普勒频移会在相应的时域引起相应的时间选择性衰落，如图 2.37 所示。

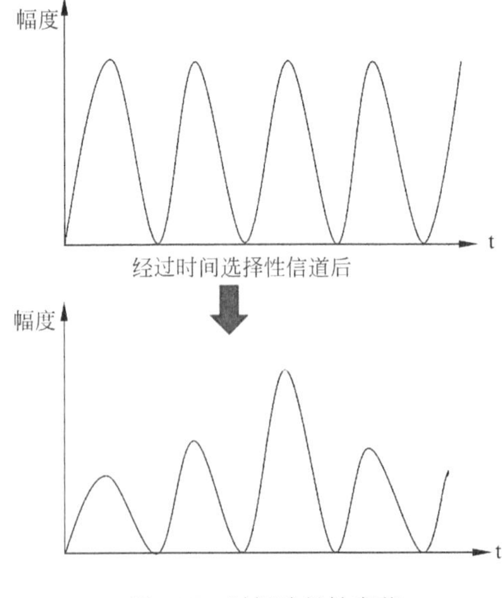

图 2.37　时间选择性衰落

2．空间选择性衰落

空间选择性衰落是指在不同的空间位置衰落特性不同的现象，在无线通信系统中天线的点波束产生了扩散而引起了空间选择性衰落，如图 2.38 所示。

注意：一般有空间选择性衰落的信道不存在时间选择性衰落和频率选择性衰落。

3．频率选择性衰落

频率选择性衰落是指在不同的频率衰落特性不同的现象，引发频率选择性衰落的原因多是时延扩展，时域的时延扩展导致的不同频率的信号经过频率选择性衰落信道的时候具有不同的响应，如图 2.39 所示。

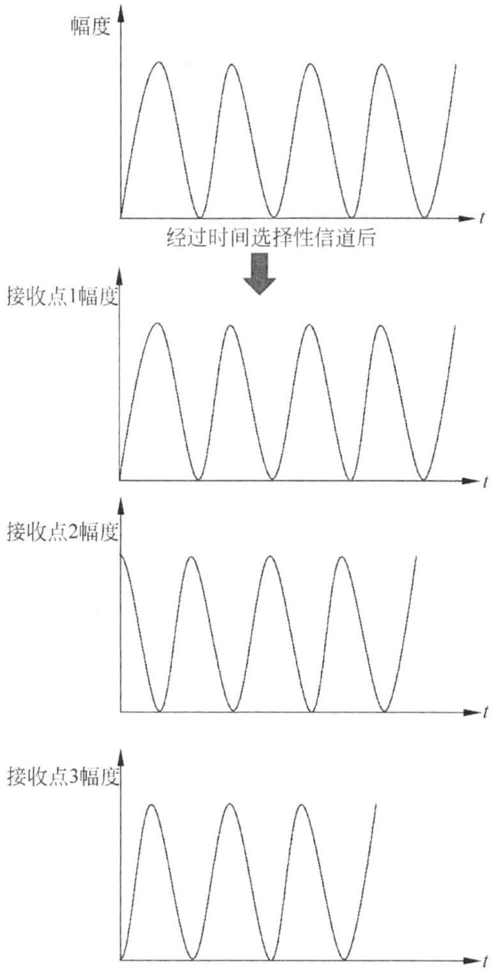

幅度
t
经过时间选择性信道后
接收点1幅度
t
接收点2幅度
t
接收点3幅度
t

图 2.38　空间选择性衰落

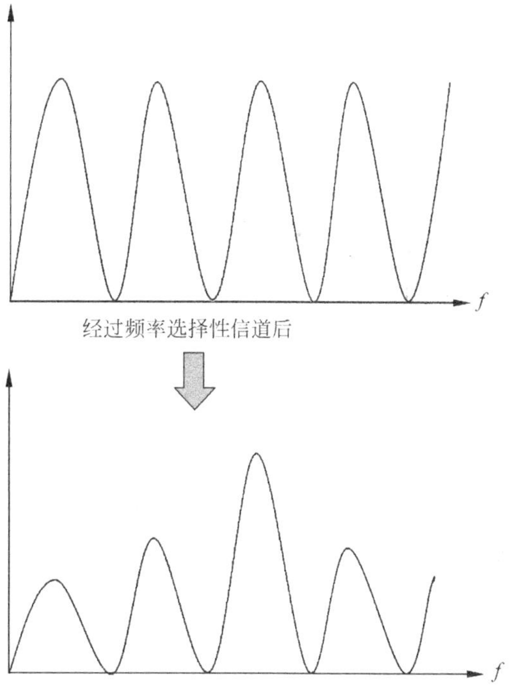

f
经过频率选择性信道后
f

图 2.39　频率选择性衰落

2.6　移动通信的四大效应

在移动通信信道的三大损耗中已经涉及了部分移动通信四大效应的概念，移动信道的三大损耗与四大效应是息息相关的。如果说三大衰落是移动通信界的四大恶人，那么四大效应绝对是它们走上“恶路”的领路人，其中很多效应和衰落之间都有着强烈的因果关系。

2.6.1　阴影效应——阳光不能普照

阴影效应和慢衰落损耗有着扯不断理还乱的联系，正是由于移动通信中建筑物等的阻挡所引起的阴影效应才造成了移动信道的慢衰落损耗。

阴影效应，顾名思义，和生活中的阴影类似。太阳照耀大地，普度众生，但是总有些长在高大建筑物背光面的小草，它们没有机会一亲阳光的芳泽，生活在美好阳光的阴影中，阴影效应就是电磁波因为大型障碍物阻碍引起的，如图 2.40 所示。

图 2.40　阴影效应

可能有人要问，为什么太阳光的阴影可以看见，电磁波的阴影却看不见呢？

这个问题用到了高中物理知识：由于波长的原因，太阳公公的光波是可见波，移动通信的电磁波是不可见波，因此电磁波的阴影才不可见。

2.6.2　远近效应——CDMA 特有的效应

春意盎然的时候，很多人喜欢去爬山，享受“会当临绝顶，一览众山小”的感觉。某日，笔者心血来潮，与朋友去北京西郊爬香山，有人爬得快，很快到了山顶，有的人还在半山腰，更有甚者，懒得爬的人还在山脚歇着。

率先登顶者一时兴起，登高一呼，爬到半山腰的人听得很清楚，还在山脚的人听得就不是特别清晰，在学校没来爬山的人根本就听不见他的喊声；同理，山脚的人喊话，山顶的人也听不清楚，半山腰的人喊话，山顶的人听得也能更清晰一些。

在移动通信中，有一个与登高一呼极其类似的效应，就是远近效应，如图 2.41 所示。移动通信过程中，一个小区中有一个基站，多个用户，离基站距离较近的小区中心用户接收到的基站信号就较强，离基站较远的小区边缘用户的接收信号就较弱。同理，如果用户的手机发射功率一样的话，小区边缘用户到达基站的信号就会比较弱，而小区中心的用户到达基站的信号就会比较强。

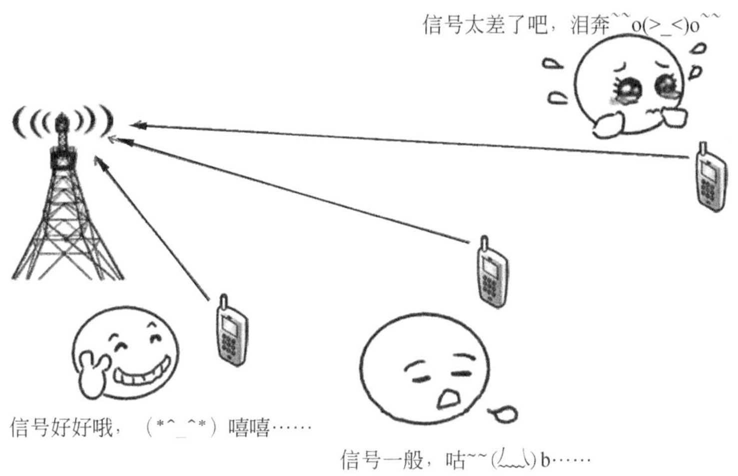

图 2.41　远近效应

远近效应极易引起边缘小区用户的掉话而产生通信中断现象，这对边缘小区用户的QoS 造成极其恶劣的影响。远近效应在 CDMA 网络中极其明显，为了对抗远近效应，CDMA 系统引入了功率控制技术来平衡小区边缘用户和小区中心用户的信号强度和质量。

2.6.3　多径效应——余音绕梁

由于在通信的过程中，很多时候接收端接收到的信号不是唯一的直射信号，电磁波经过建筑物、起伏地形和花草树木等的反射、折射、绕射、散射也会到达接收端。这些通过不同的路径到达接收端的信号，无论是在信号的幅度，还是在到达接收端的时间及载波相位上都不尽相同。

接收端接收到的信号是这些路径传播过来的信号的矢量之和，这种效应就是多径效应，正所谓世界上本来有很多条路，但是由于路太多了，不知道该走哪条路了，如图 2.42 所示。

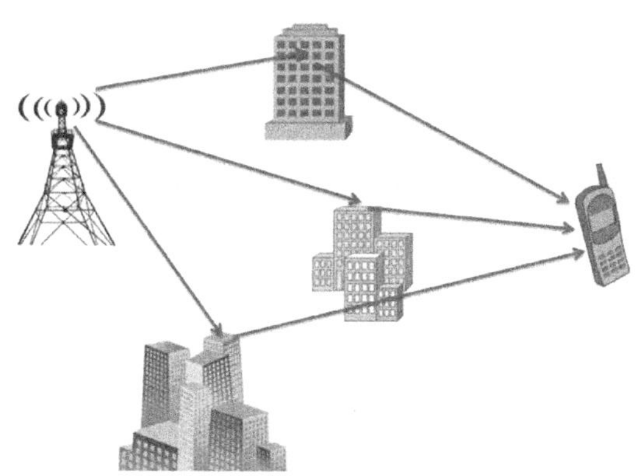

图 2.42　多径效应

注意：多径效应的好处是保证了非视距情况下的通信连续性。

2.6.4　多普勒效应——你跑得太快了，我跟不上

在中学物理中，我们就学过了多普勒效应，这里的多普勒效应和中学物理学的类似，移动台的运动速度太快了，所引起的频率扩散的效应就是多普勒频移。根据多普勒频移的公式，终端的运动速度越快，多普勒频移就越明显，如图 2.43 所示。

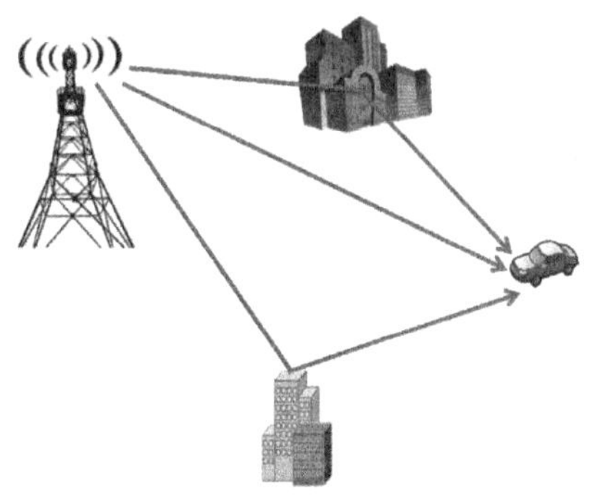

图 2.43　多普勒效应

注意：用户移动的方向与电磁波反向时，频率变大（正频移）；与电磁波同向时，频率变小（负频移）。

2.7　小　　结

1．学完本章后，读者需要回答：

- 什么是信号，什么是系统？
- 信号与系统是怎样分类？
- 卷积的基本概念？
- 傅里叶变换是怎么回事？
- 通信中用到哪些基本数学理论？
- 模拟通信系统的架构是怎样的？
- 模拟通信系统的调制方式有哪些？
- 数字通信比模拟通信有哪些优势？
- 模拟信号转化成数字信号需要经过哪些步骤？

2．在第3章中，读者会了解到：

- 几种多址技术的基本概念；
- 常用的调制解调方式；
- 信源编码的概念与常用的编码方式；
- 信道编码的概念与常用的编码方式；
- 分集与均衡技术。

第 3 章　移动通信基本技术概述

从大哥大到 LTE-Advanced，高速发展的移动通信技术在短短的 30 年间已经跨越了 4 个时代。对于消费者来说，技术的更新给人们的生活带来了诸多精彩，但是对于技术人员来说，这确实是个噩梦，刚刚弄懂了 3G 是怎么回事，4G 就已经开始标准化了。但是万变不离其宗，本章就移动通信通用的核心技术进行通俗地解读。

本章首先对移动通信物理层的多址和调制做一个白话的解释，接着介绍移动通信的编码技术，随后讨论抗干扰和移动信息安全技术，最后介绍底层的自动请求重传技术、功率控制和上层的移动性管理、无线资源管理等技术。本章将对多址技术的基本概念进行“水煮式”的解读。

本章主要涉及的知识点如下所示。

- ❑ 多址技术：几种多址技术的基本概念。
- ❑ 调制技术：常用的调制解调方式。
- ❑ 信源编码：信源编码的概念与常用的编码方式。
- ❑ 信道编码：信道编码的概念与常用的编码方式。
- ❑ 抗干扰技术：分集与均衡技术。

3.1　多 址 技 术

在计算机领域，一台机器要想访问另一台机器，需要知道对方的地址，在移动通信中也是如此，多址技术是一种用来区分不同用户的技术。为了让用户的地址之间互不干扰，地址之间必须满足互相之间正交的特性，如图 3.1 所示。

提到多址技术，人们可能要说为什么要用这个技术呢？这个可以不用吗？事实是这个不用真不行！

一切都是由于世界上资源的有限性和稀缺性决定的，移动通信用到的空口资源也是稀缺的，特别是频率资源。

3.1.1　多址与复用的纠结

在移动通信的学习中，经常会遇到多址和复用这两个概念，很多人在学习这两个术语的时候容易把它们混淆，笔者在初学移动通信的时候，也经常混淆这两个词语。到底复用和多址有什么区别和联系呢？

先说复用技术，移动通信的复用技术有频分复用（FDM）、时分复用（TDM）、码分复用（CDM），以及空分复用（SDM）等。

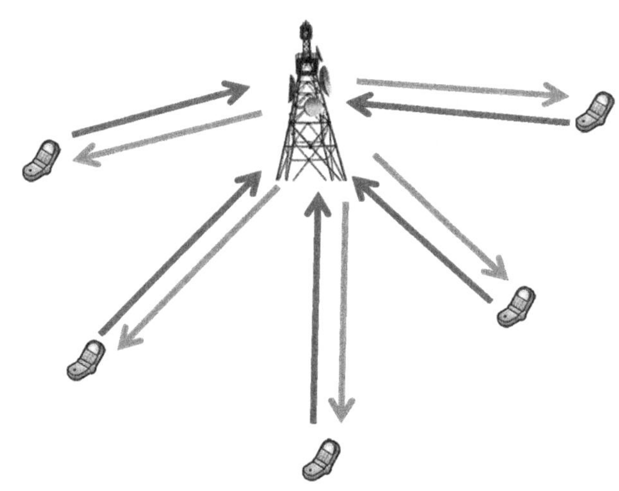

图 3.1　多址技术

再说多址技术，移动通信常用的多址技术有频分多址（FDMA）、时分多址（TDMA）、码分多址（CDMA）、空分多址（SDMA），以及正交频分多址（OFDMA）等。

以频分多址（FDMA）和频分复用（FDM）为例，首先从频分复用和频分多址的英文缩写来看，似乎复用和多址只差一个字母 A，如果 F、D、M 分别对应的是频、分、多的话，那么 A 对应的就是“址”了？

呵呵，其实 A 是 Access 的缩写，接入的意思。

除了字母 A 以外，剩下的 FDM 是一回事吗？

很可惜，同样不是一回事！

“杯具”（悲剧）了……

看来刚开始学习移动通信的时候犯了不少的错啊。

频分复用（FDM）的 M 是 Multiplexing 的首字母，意为“复用”。

频分多址（FDMA）的 M 是 Multiple 的首字母，意为“多”。

看来复用和多址在字面上差得还真挺远，那么频分复用和频分多址的 F 和 D 是一样的了吧？

嗯！恭喜，答对了！

学习移动通信就要不怕苦，不怕累，虽然本书的写作风格力图接近《明朝那些事儿》的水煮和大话风格，但是移动通信毕竟是技术不是故事啊。通信尚未精通，“童鞋”（同学）仍需努力！与各位共勉！

书归正传，复用主要是说 “用”，它要用的宾语是什么呢？

要用“资源”！

用什么资源呢？

移动通信中的频率、时域、码域、空域的资源！

要怎么用这些资源呢？

要“复”用！

复用就是要将单一的媒介划分成子信道，划分的这些子信道不能互相干扰，要彼此独立！所以复用的概念就是将移动通信中的频率、时域、码域、空域的资源，划分成子信道来实现复用的过程！

多址则不同，多址有一个“址”字，这个“址”字在移动通信中指用户临时占用的是信道，多址就是要给用户动态地分配一种“地址”资源——信道，当然这种分配只是暂时的。

🔔注意：移动通信中信道的分配是暂时的，而电视却是永久的分配信道（除非电视的信号线被拔掉），也就是说广电系统中没有多址的概念。

多址与复用的区别还在于，多址技术是要根据不同的“址”来区分用户；复用是要给用户一个很好的利用资源的方式。

多址和复用的关系可以简化为，多址需要用复用来实现，只有复用了不同的资源，比如 TDMA 中不同的用户复用了不同的时域资源，才能通过不同的时隙或者子帧来区分不同的用户。这里的时隙或者子帧也就成了用户的“址”，因此，只有通过复用才能实现用户的多址接入。

🔔注意：复用是针对资源的，而多址针对的是用户。

复用和多址都是英语翻译过来的，来看看英文的复用和多址是怎么说的？复用是 Multiplexing，多址是 Multiple Access，从英文的原意来看，多址是要实现多路（多点）的接入，而复用是要复用资源。

这里澄清一个问题，就是复用并不是简单的重复使用的意思。比如以频分复用（FDM）为例来说明这个问题，并不是说不同的用户重复地使用不同的频率，重复使用不同的频率这个是频率规划的概念，和蜂窝组网有关。

历史上有很多翻译的不是很好的例子，记得读研究生一年级时，在一个计算机老师的课堂上，那位老师姓徐，讲课通俗易懂，幽默风趣，旁征博引，大气恢弘。徐老师说，计算机领域很多名词翻译的并不是很准确，比如说网关，英文叫 gateway，明明是“门路”的意思，为啥非要翻译成网关呢？实在想不通。

呃……其实想不通就算了，大家知道怎么回事了就好，明白原理很重要，叫什么名字无所谓了。

不论是复用还是多址，似乎都和资源有着不解之缘，俗话说得好，巧妇难为无米之炊，如果资源足够多也就用不着复用了，直接给每个用户一个永久占用多好。可惜，频率资源是个稀缺资源！

3.1.2　寸金难买寸“频率”

频率这个东西在平时都是经常能遇到的，只是因为看不见它而有意无意地忽略了，比如人类能发出的声音的频率在 20～3400Hz 之间。

对于较低的频段，国家和无线电管理机构等对它们没有太多的限制，用于通信的较高的频段属于一种宝贵的稀缺资源，所以由专门的机构进行管理和分配。

在国际上管理无线电通信频段的机构是国际电联无线委员会（ITU-R），国际电联将频段划分为航空通信、航海通信、陆地通信、卫星通信、广播电视等。

在我国，无线频谱资源由各个城市、地区的无线电管理委员会（或者无线电管理局）来管理、协调和分配等。

1. 国外的3G牌照拍卖

频率资源如此珍贵，以至于国内外的运营商对频率的争夺可以说到了白热化的程度。以印度 3G 牌照竞拍为例，拍卖原计划在 2009 年的 1 月份进行，但是由于政府在底价上出现了分歧，历经数次拖延直到 2010 年的 4 月初才正式开始。

印度政府将底价设为 350 亿卢比，约合人民币 51 亿元人民币，但是运营商们知道，得频率者得天下！与巨大的 3G 市场和可以预期的客观利润比，这点价格不算什么，于是价格疯狂的从 350 亿卢比一路飙升到 1206.9 亿卢比，约合人民币 175.8 亿元人民币。

尽管已经到了如此高的价格，还是没有最后成交，参与竞拍的包括英国电信巨头沃达丰在内的 9 家运营商，为了 5 个 60MHz 的 3G 牌照展开了激烈的争夺。经过 34 天、183 轮的竞标，7 家 3G 运营商获得了频谱，而印度政府从中可获利 164 亿美元。平均每 MHz 的频谱价值超过 0.5 亿美元，试问能达到如此贵重的资源能有多少？

人们形容物品的价格，往往会拿黄金做比较，但是黄金每克也只有不到 300 元人民币的价格。和频谱比，黄金真的好便宜。

2010 年 5 月，经过了 224 轮 27 天的角逐，德国 4G 频谱拍卖终于结束，此次 LTE 频谱拍卖报出最高价的是沃达丰德国公司，12 组频谱报出 14.2 亿欧元，紧随其后的是西班牙电信旗下 O2，11 组频谱报 13.8 亿欧元，德国电信 10 组频谱报价为 13 亿欧元。德国政府获利近 44 亿欧元。

2. 国内的3G牌照发放

与国外的频率拍卖政策相比，含蓄的中国人选择了另一条道路，政府将 3G 频段直接分配给了 3 家国内的运营商——重组后的中国移动、中国联通与中国电信。

中国移动获得的频段是 1880～1900MHz 和 2010～2025MHz，共 35M 频率资源，用于 TD-SCDMA；中国联通获得的频段是 1940～1955MHz 和 2130～2145MHz，共 30M 频率资源；中国电信获得的频段是 1920～1935MHz 和 2110～2125MHz，也是 30M 的频率资源。

注意： 小灵通退网后的频段将交付中国移动使用。

中国联通和中国电信获得的频段在上下行上都留了 5M 的频率间隔，防止相互之间的干扰。

从上述频段的划分可以看出，中国移动获得的频段比其他两家多 5M。不要小看这 5M 的频率，假设 3 家运营商在客观条件一样的前提下，中国移动的 5M 频率至少会为其多带来 16.7%的容量，也就意味着同等条件下比其他两家多 16.7%的用户，当然也就意味着可能会增加 16.7%的收入。

不仅如此，除了简单的频谱总量对比外，还有一个频率利用率的问题。WCDMA 和 CDMA2000 采用的是频分双工技术，通信的时候上下行各用一个载波。但是 TD-SCDMA 采用的是时分双工技术，因此上下行在一条载波上进行，在不同的时间上实现载波频率的复用即可，因此频率的利用率比较高。

这些体现了政府对 TD-SCDMA 的支持也无可厚非，毕竟 TD-SCDMA 技术在中国是有自主知识产权的。关于更多的 3G 的介绍将在本书的第 8 章呈现给大家。

目前，多址技术的研究多集中在第三代移动通信系统主要采用的 CDMA 和 B3G（超 3G），以及第四代移动通信系统采用的 OFDMA 技术上，下面对几种主要的多址技术进行一个白话的解读。

3. 国内的4G牌照发放

2013 年 12 月 4 日下午，工信部正式发放 4G 牌照，宣布我国通信行业进入 4G 时代，但是此次发放的仅仅只是 TDD-LTE 的牌照，三家运营商都获得了 TDD-LTE 的牌照，但是联通和电信的侧重点在 FDD-LTE 上，这意味着中国移动在 LTE 的商用道路上，先行了一步。

中国移动获得了 130MHZ 频谱：1880-1900MHZ、2320-2370MHZ、2575-2635MHZ。

中国联通获得了 2300-2320MHZ、2555-2575MHZ。

中国电信获得了 2370-2390MHZ、2635-2655MHZ。

到目前为止，FDD-LTE 牌照迟迟未能发放。但是 FDD-LTE 已经开始试商用，笔者预计在 2014 年年底，工信部会发放 FDD-LTE 牌照给电信和联通。

3.1.3 FDMA——频分多址

频分多址技术就像公路上的车道与车的关系，如图 3.2 所示。一般的公路都有多个车道，在每个车道上有行驶着的车辆，这里的车辆就是移动通信中的用户，而不同的信道就是不同的频率。

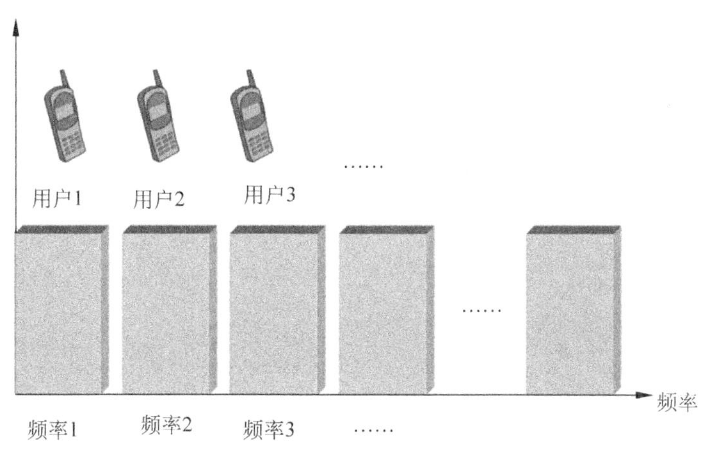

图 3.2　频分多址移动通信系统

时分多址技术就是一条车道上不同的车在行驶，这里的每个车是一个用户，每个车占用的车道就是时间轴上的时隙或者子帧。

1. 基本原理

频分多址是不同的用户占用不同的频率来实现用户在频率域上的正交，接收端也是采用不同载频的带通滤波来提取用户的信号，用户的信道之间设有保护频隙以防止不同频率信道之间的混叠。

其实在日常生活中，频分系统用得较多，例如，每天看的电视和收听的广播就是很好的例子。

每个电视台和广播电台用一个频率，人们用频率来区分电视频道和电台，如图 3.3 所示，在出租车上也经常会听到北京交通广播 103.9 兆赫。

频分多址这种基于频率划分信道的方式其优点是实现起来比较简单，在组网的时候可以很容易地利用频率规划来实现频率的复用和小区规划。同时，由于时延扩展远远小于符号周期，因此系统码间干扰比较小，也就不需要采用信道均衡技术；FDMA 不需要过于复杂的同步技术等。

频分多址的不足之处是，由于收发信机同时工作，因此需要使用双工器；公用的设备成本较高；同时使用频分多址的通信系统容量都不太大。

注意：采用频分多址的通信系统是频率受限和干扰受限系统。

2. 典型应用

第一代移动通信技术采用的就是频分多址技术，典型的应用有欧洲和我国采用的 TACS 系统、北美的 AMPS 系统等。

如图 3.4 所示是摩托罗拉生产的一款经典大哥大，第一代移动通信技术在第 6 章有详细的介绍。

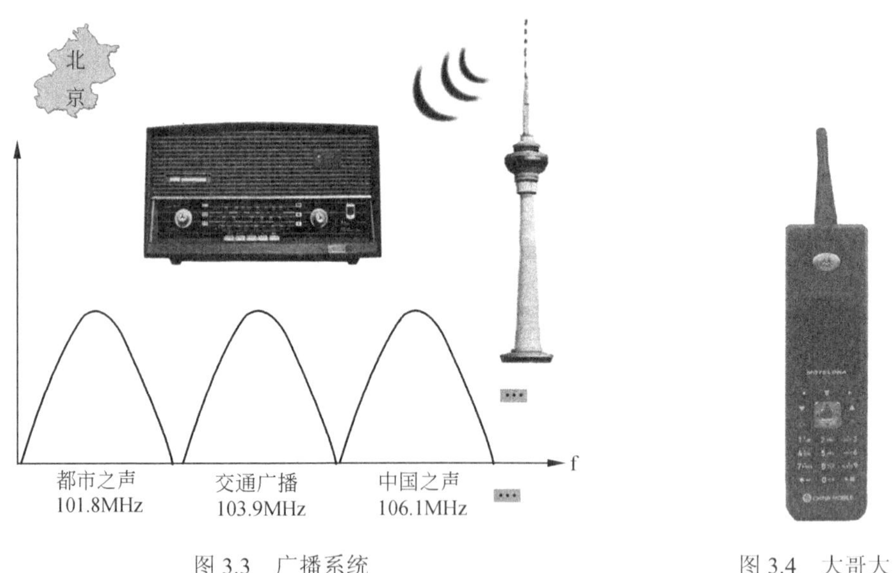

图 3.3　广播系统　　图 3.4　大哥大

注意：TACS 的上行频段是 890～915MHz，下行频段是 935～960MHz。

3.1.4　TDMA——时分多址

前文提到过时分多址的技术，下面将详细介绍。

1．基本原理

时分多址是先将信道的时间轴划分成不同的帧，再将每个帧划分成多个时隙，不同的用户占用不同的时隙或者子帧来实现用户在时间域上正交的一种手段，如图 3.5 所示，接收端也是采用不同时隙的选择开关来提取用户各自的信号。

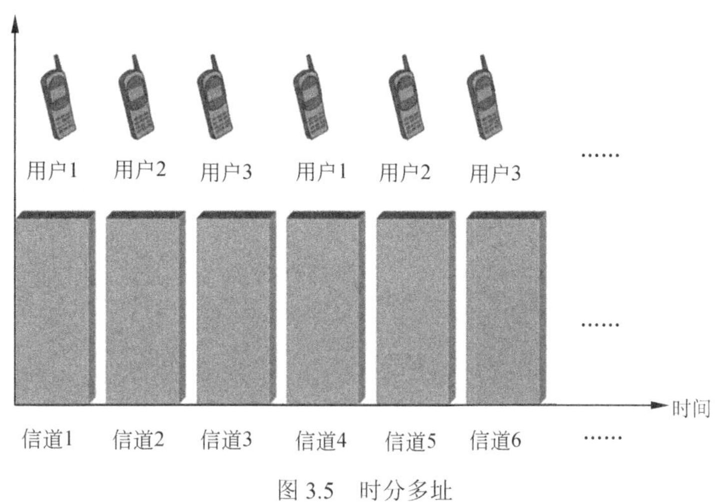

图 3.5　时分多址

相当于频分多址来说，时分多址的优点如下：

- 设备制实现成本相对较低。
- 保密性较好。
- 通信质量好。
- 系统容量较大。

同时，频分多址也有不足：

（1）技术实现复杂

为了区分不同时隙，需要严格的系统同步定时系统，因此技术实现上较为复杂，特别是终端，需要复杂的数字信号处理技术。

（2）信道均衡器的引入

由于时分多址的传输速率较高，时延扩展变大，因此需要引入自适应信道均衡技术。

（3）与 FDMA 相比，系统开销比较大

时分多址技术区别不同的时隙来传输，因此在接收端，每一个时隙的到来，都需要一个同步的过程。同时，为了区分上下行的时隙，需要引入保护时隙间隔，因此开销相对较大。

注意：采用时分多址的通信系统是时隙受限和干扰受限系统。

2．典型应用

第二代移动通信中的 GSM 系统采用的就是时分多址技术，典型应用在欧洲和我国。与第一代移动通信的大哥大不同的是，GSM 采用的是数字通信技术。同时，GSM 用的是全双工 FDD 模式，采用两个载波同时进行发送和接收。

图 3.6 是来自北欧的著名手机厂商 NOKIA 的一款经典的支持 GSM 制式的手机，关于 GSM 技术的详细介绍在本书的第 7 章。

注意：GSM 使用了 TACS 退网的频段，也就是上行频段 890～915MHz，下行频段是 935～960MHz。

图 3.6　著名手机厂商 NOKIA 支持 GSM 制式的手机

3.1.5　CDMA——码分多址

码分多址技术是美国高通公司拥有的，高通公司持有大量的专利，通过对采用 CDMA 技术的公司收取专利费用，从一个默默无闻的小公司一跃成为通信领域家喻户晓的世界著名公司。

1．通信行业的地主——高通公司

先不说采用 CDMA 技术为核心的 3G 中的 WCDMA（宽带 CDMA）、CDMA2000、TD-SCDMA，单说 2G 时代的采用窄带 CDMA 技术的 IS-95 系统。目前我国每生产一部 CDMA 手机，在国内卖的话需向高通交 2.5%的专利费，出口则是 7.5%的专利费，CDMA 的设备要交 4%左右。

全世界目前有近 50 亿手机用户，假设每个用户用一部手机，保守点估计，假设每 5 部手机中有 1 部采用 CDMA 技术（包括 2G 和 3G），那么就是 10 亿用户。假设平均每部手机收 8 美元的专利费，这就是 80 亿美元！

同志们，这个比地主收租子还黑啊！因为这个技术申请了专利，要么就别用，用就得交钱！不许还价！

也正是因为这个原因，CDMA 技术在 2G 没能击溃 GSM，事实上，仅论技术而言，CDMA 甚至比 GSM 要优秀一些，但是为何没超过 GSM？高通的专利费“功不可没”。

高通公司的这种非常规出名得利手段，如今成为众多通信公司的效仿对象。通信行业甚至传出了这么一句流行语：一流的企业做标准（一说是规模），二流的企业做品牌，三流的企业做产品。都是高通惹的祸啊。

中国的通信企业也开始高度重视起专利的研发来，特别是中国的通信龙头华为、中兴、大唐。2008 年，华为的专利申请件数位居全球第一，2009 年，中兴通信的专利申请数达到 5719 件位居全国第一，专利申请量增幅全球第一。

在目前的 LTE 和 LTE-Advanced 的标准化过程中，人们为了某个技术的标准而针锋相对，博弈纵横，每个公司都希望采用自己拥有专利较多的技术，都想在未来的 4G 通信中占据一个较为有利的位置。技术的争夺通过专利的争夺已经表现得日趋白热化，说明人们对技术重视程度也越来越高。

通信行业，创新才有未来！

拥有众多的专利可以使中国的企业在未来和国际通信巨头们的对话中占据更加有力的位置，拥有更多的话语权，同时也为未来通信做了更多的理论贡献和标准上的支撑。

相当于前面讲到的频分多址和时分多址，本节的码分多址技术比前面讲的两种多址技术都要复杂一些。

2. 基本原理解读

到底怎么个复杂法呢，前两种多址方式，都是划分的单一维度的资源来区分不同的用户，比如频分多址是划分的频域资源，是单一的频率的划分；时分多址划分的是时域资源，是时间轴上时间的划分；而码域资源的划分不是普通的一个单一维度的资源的划分，而是二维的时域和频域的联合划分，如图 3.7 所示。

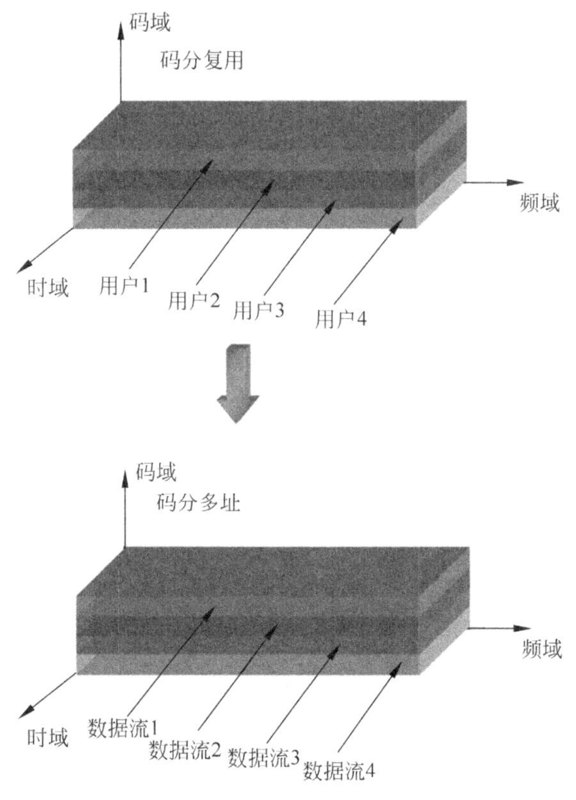

图 3.7　码分多址

频分多址中一个频率是一个用户，时分多址中不同的时隙（子帧）属于不同的用户，但是在码分多址中，很可能多个用户共同占用同一个频率资源或者同一个时隙资源。

说得直白点，码分多址就是通过不同的码来区分用户的，那么采用的是什么码呢？答案是扩频码！

具有正交特性的扩频码可以很好地区分不同的用户，可能在时域或者频域上看，CDMA 的信号甚至是重叠的，这太糟糕了，接收端的信号怎么解调呢？别急，码分多址既然是用不同的编码来区分用户的，那么在接收端用发送端发送信号时的编码方式对应的解调方式解调就行了啊。

注意： 除了 TD-SCDMA 之外，其他所有的 CDMA 系统用的是频分双工技术。

CDMA 的优点如下：

- 频谱利用率较高；
- 话音质量好；

- 保密性好；
- 容量大；
- 覆盖广；
- 抗干扰能力强大。

CDMA 的不足之处如下：

- 小区规划要求高；
- 为克服远近效应，需要引入功率控制技术。

3. 典型应用举例

在目前的商用系统中，IS-95 就是窄带码分多址的典型应用，当然，3G 中的 WCDMA（宽带 CDMA）、CDMA2000 和 TD-SCDMA 都是采用 CDMA 的技术。

关于 IS-95 详细技术介绍将安排在第 7 章进行，第 8 章将集中讨论 3G 技术，本节不再赘述。

3.1.6　SDMA——空分多址

空分多址技术是利用天线的方向性来实现的，让天线发出来的电磁波朝着用户来波的方向传播，这种技术叫做波束赋形。

基站利用发射天线的角度控制发送电磁波的方向，以此达到复用空间的目的，将小区内的空间划分成若干的区域。

1. 基本原理

网络通过不同的空间来区分不同用户（用户群）的方式，叫做空分多址技术。

注意：这种技术也叫做智能天线。

虽然空分多址技术是要把终端所在方位当成信号空间中除了时间、频率之外的又一个维度，但是划分信号空间的方向存在着一定的难度。如图 3.8 是利用智能天线实现的空分多址示意图。

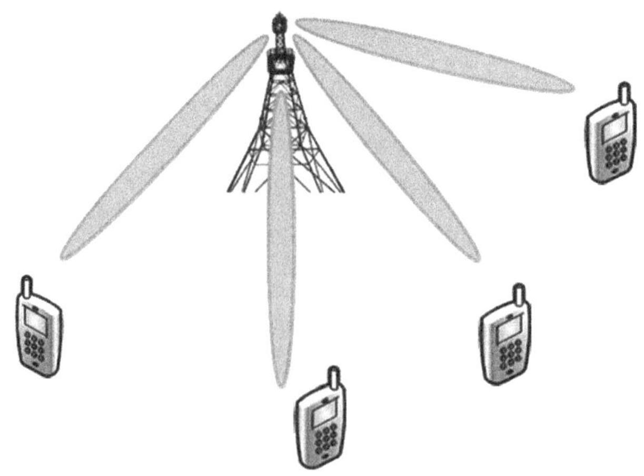

图 3.8　利用智能天线实现的空分多址

如果用普通的天线阵列来实现的话，要想精确地划分角度空间，无论是对基站的发送端，还是手机的接收端难度都非常大。因此人们引入了用扇区化阵列天线划分扇区的办法来实现空分多址技术。

智能天线的技术在未来的移动通信方面还是有着较广泛的应用的。智能天线通过波束赋形的方式把小区分成若干个扇区（sector），最经典的 3 扇区小区模型就是其中的一个经典应用。天线将小区划分成 3 个圆心角度为 120° 的扇形，如图 3.9 所示。每个扇区都可以看做一个独立的小区，如果用户在不同的扇区间移动，还会发生扇区之间的切换。这里的扇区除了形状之外，几乎和普通的小区没有区别。

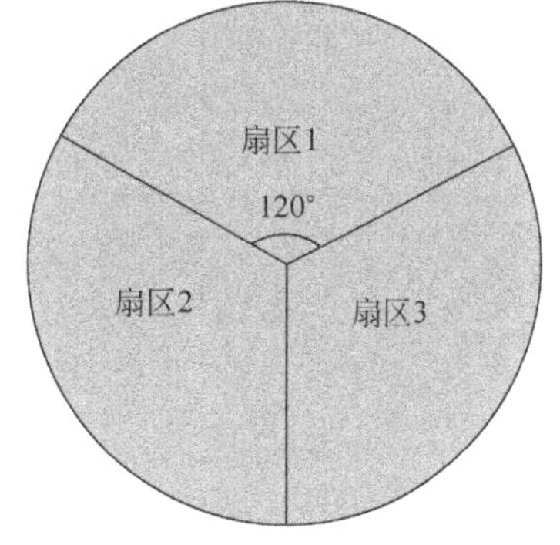

图 3.9　3 扇区小区模型

注意：*每个扇区的多址方式可以采用频分多址、时分多址、码分多址等多址技术。*

智能天线能自动改变扇区的边界，形成动态的小区，这也符合未来移动通信中动态性增强的特征。

空分多址这种将空间划分成子信道来区分用户的多址方式，与过去频分多址、时分多址的一维资源划分和码分多址技术的二维资源划分不同，空分多址技术是一种空间的三维资源划分方式，根据用户的空间位置来区分用户。

空分多址的优点如下：

- 网络成本低；
- 系统容量大；
- 频率利用率较高；
- 抗干扰能力强。

空分复用技术是实现多输入多输出（MIMO）的重要手段之一，是把发送端的多个数据流通过多个发送天线发送给用户。

无线资源可以分为频域资源、时域资源、码域资源和空域资源，前三者在本质上可以看做同一种资源，空域资源与它们有着不小的区别。

频分多址、时分多址和码分多址分别被第一代移动通信、第二代移动通信、第三代移动通信技术所使用。

相对来说，空间域的资源被开发利用得并不多，在第四代移动通信中，空域资源得到了有效的利用，特别是多输入多输出技术与正交频分复用技术的结合为资源的有效利用奠定了坚实的基础。因此，多输入多输出技术和正交频分复用技术也就成了第四代移动通信的核心技术。

前文已经讲过复用和多址的关系，空分复用与空分多址的关系也不例外，空分复用是针对空间资源，利用波束赋形技术把多个数据流传送给用户，以此来提高用系统数据的传输速率。

简单地说，波束赋形就是通过动态调整天线阵列，利用波束的干涉原理，跟踪用户来波的方向。

空分多址技术分为上行空分多址技术和下行空分多址技术，因为 LTE 中的上行空分多址技术用的是虚拟 MIMO 技术，所以这里以 LTE 的下行空分多址技术为例子，来说说空分多址技术。

下行空间多址技术是利用波束赋形技术区分占据不同空间的用户，通过基站发送天线发送的多个数据流发送给不同的用户来区分用户。也就是说，在用户的时隙/子帧、频率/子载波、码域资源占用都相同的情况下，还可以通过信号的空间传播路径来区分。如图 3.10 所示为下行多址技术。图 3.11 所示为上行多址技术。

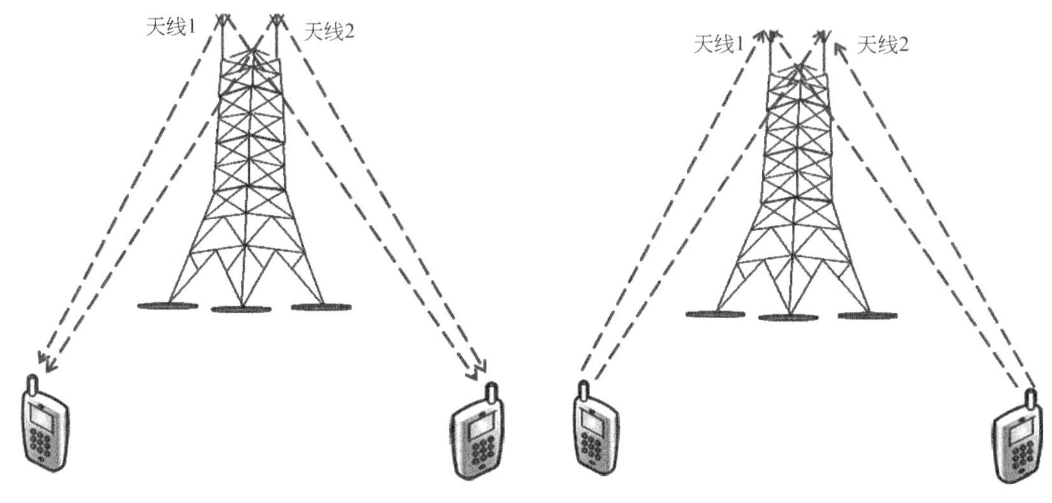

图 3.10　下行多址技术　　　　图 3.11　上行多址技术

2. 典型应用

我国独立提出的、具有自主知识产权比率较高的 3G 标准之一的 TD-SCDMA 技术，就是空分多址的典型应用和杰出代表。关于 TD-SCDMA 中智能天线的详细介绍在本书的第 8.3.5 节，此处不再展开讨论。

除此之外，空分多址技术还在军事上有着重要的应用，在军事通信中，雷达发挥着重要的作用，无论是地对空导弹、空对空导弹、军舰上的防空雷达、预警机等都是雷达技术的典型应用。特别是防空雷达技术，多天线阵列的雷达技术锁定多个目标的过程是一个典型的空分多址的应用。通过空间来区分不同的飞机、导弹等目标，这种通过空间来区分用户的技术在军事通信中屡见不鲜。如图 3.12 所示为防空雷达同时锁定多个目标的情景。图 3.13 是防空雷达中用到的空分多址的技术。

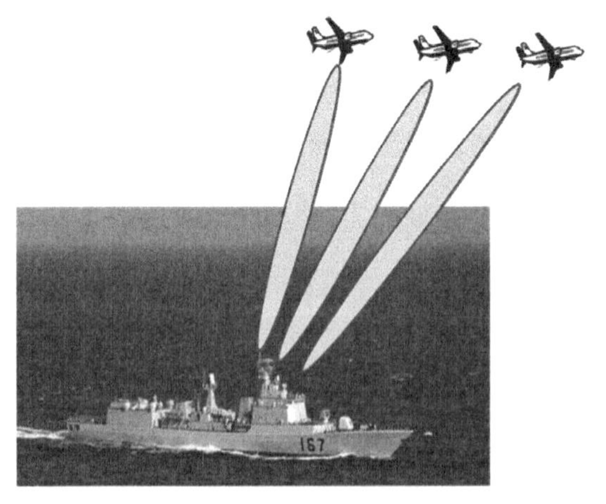

图 3.12　防空雷达锁定多个目标

图 3.13　防空雷达

关于波束赋形的更多介绍将在 9.5.2 节中展开。

3.1.7　OFDMA——正交频分多址

众所周知，第四代移动通信技术（4G）准备采用正交频分多址接入（OFDMA）和多输入多输出（MIMO）技术作为其核心技术。其实，从 3.9G 的 LTE 和 WiMax 系统就开始用 OFDMA 作为其基本的核心技术来使用了。

而在目前所有的 4G 技术标准提案就是基于 OFDMA 的，也就是说，无论是 LTE-Advanced，还是 IEEE802.16m 中的哪项候选标准化提案最终成为 4G 的标准，抑或是都成为 4G 的标准，4G 技术都是基于 OFDMA。

下面介绍 LTE-Advanced 的核心技术 OFDMA 的基本原理。

1．基本原理

目前人们提到 OFDMA 技术都觉得很好很强大很高深很霸气，其实 OFDM 技术并不是一项全新的技术。多年以前大哥大用的 FMDA 技术就是 OFDMA 技术的基础，而真正开始用 OFDM 技术的系统，包括 DVB（数字视频广播）系统和 DAB（数字音频广播）也在多年前就开始推广。正交频分复用是一种多载波传输的技术，多载波传输的概念出现在 20 世纪 60 年代。

OFDMA 的技术实现基本步骤如下：

（1）将信源编码完毕的数据流进行串并转换。

（2）将串并转换完的每一路的并行信号进行子载波调制。

（3）调制完的频域信号经过 IFFT 变换后变成时域调制信号。

（4）插入循环前缀（CP）。

（5）将并行数据流转换成串行数据流。

（6）进行载波的调制。

图 3.14 显示了传统的 FDM 频谱与 OFDM 的频谱的对比。图 3.15 显示了频分多址到正交频分多址的转变。

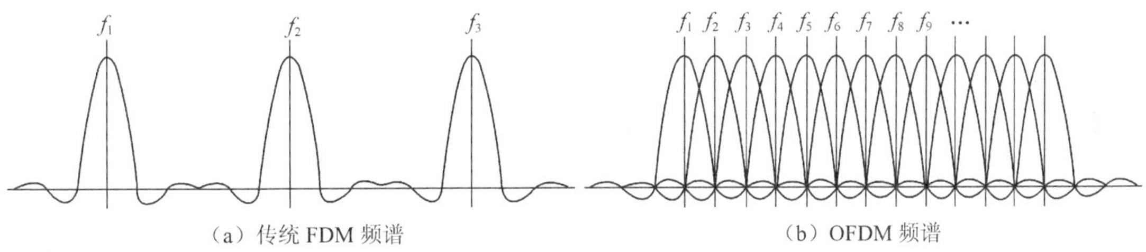

图 3.14　FDM 与 OFDM 的频谱

在上面的步骤中，OFDMA 技术将信源编码的高速数据流通过串并转换为并行传输的低速信号数据流，每路数据流采用独立子载波调制后叠加，然后在射频天线处发送。

注意： 正交频分复用最主要的优点是可以对抗多径效应。

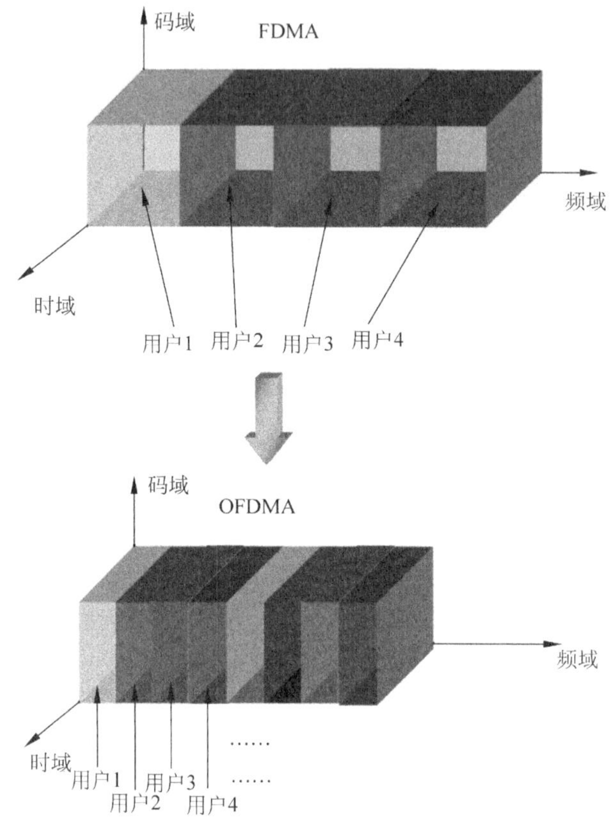

图 3.15　频分多址与正交频分多址

OFDMA 的优点如下：

- 正交频分多址接入的最大优点是，采用了子载波调制并行传输后，数据流速率明显降低，因此数据信号的码元周期相应增大，在第 2 章讲到频率选择性衰落时说过，码元周期小于信道时延扩展会引起频率选择性衰落，在正交频分多址接入过程中，串并转换后的多载波传输让码元周期增大，这也就大大减少了频率选择性衰落出现的概率。
- 多径干扰对通信系统造成很大的负面影响，正交频分复用技术很好地解决了这个问题。

OFDMA 的缺点如下：

- 峰平比（PAPR）较高；
- 同频组网过程中的小区间干扰问题；
- 时间同步与频率同步问题。

2．典型应用

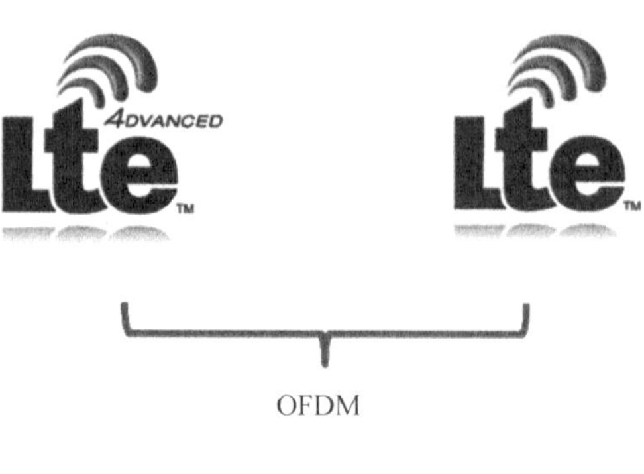

图 3.16　OFDM 的应用

正交频分多址技术在 3.9G 的 LTE 和未来的 4G 的候选技术——LTE-Advanced 和 WiMax802.16m（如图 3.16 所示）方面，将有着广阔的发展空间，那里辽阔的通信疆域都

等待着正交频分多址技术的开拓。

在 LTE 中上行多址技术用的就是正交频分多址技术，关于正交频分多址和正交频分复用在 LTE 和 LTE-Advanced 中的应用，将在 10.4 节介绍。

3.2　移动通信的调制

关于模拟信号的调制问题在本书 2.3.2 节已经介绍过了，本节只介绍数字移动通信中的调制技术。

3.2.1　调制——不仅仅是搬频谱

本书 2.3.2 节已经将模拟移动通信中为何要调制讲得很清楚了，那些道理在数字移动通信中依然适用，除了那些迫不得已的理由之外，数字信号的调制还有一些不小的作用。擦亮双眼，来看看数字信号调制的神奇吧。

1. 数字信号的调制

前文已经讲过模拟信号的调制，本节讲的数字信号的调制与模拟信号的调制到底有什么区别呢？或者说数字信号的调制比模拟信号有何优点呢？

答案是肯定的，数字信号的调制确实优点多多，否则数字通信也不会取代模拟通信，呵呵，言归正传，先来看看数字调制技术相对于模拟信号调制的几大优点。

（1）高频谱效率。模拟信号的 FM、AM、PM 调制的频谱效率，与数字信号的 8PSK（相移键控）、16QAM（正交幅度调制）、64QAM 的频谱效率差得很远。

（2）更强大的纠错能力。调制本身并不具备很强纠错能力，数字调制的纠错能力要与信道编码结合起来才能发挥最大的优势。

（3）对抗衰落、干扰与噪声的高手。数字调制技术在对抗衰落、噪声和干扰的过程中起着重要的作用，数字调制的抗干扰特性一般可用误比特率来表示。

（4）多址接入更加高效。

（5）数字调制具备更好的保密特性。

数字调制比模拟调制更容易加密，数字调制使用的 0、1 比特流，比模拟调制的信号更易于控制，用一个简单的加减法便能实现加密。如果使用了复杂的哈希算法等，安全性能将大大增强。

既然数字调制有这么多的良好性能，来看看数字调制通信系统的模型是什么样的吧。

🔔注意：调制技术是为了增强通信的可靠性。

2. 数字调制通信系统模型

一个简单的数字调制过程如图 3.17 所示。

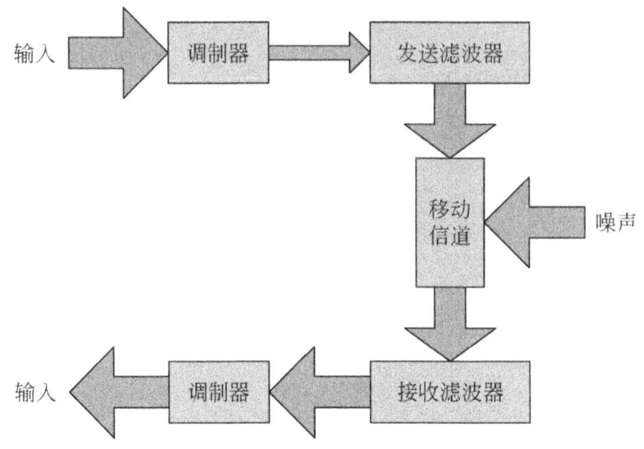

图 3.17　数字调制过程

将这个调制的过程加入到数字通信系统中，与模拟通信系统的模型类似，调制过程在整个数字通信系统的模型如图 3.18 所示。

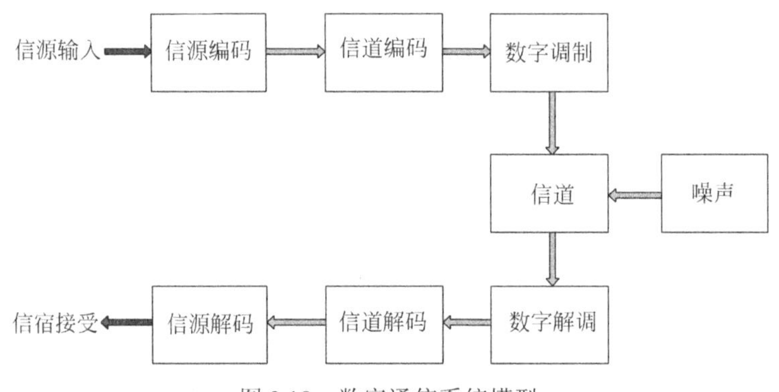

图 3.18　数字通信系统模型

3.2.2　各种调制解调方式

数字调制的过程是把数字基带信号通过与正弦波的相乘调制成数字带通信号，用载波信号来携带信息比特流实现其在移动信道中的传输。

移动通信中主要的数字调制方式有以下 4 种：幅移键控（ASK）、频移键控（FSK）、相移键控（PSK）和正交幅度调制（QAM）。

1．幅移键控（ASK）

无论是模拟信号还是数字信号，高频载波信号的可控参数只有振幅、频率、相位，所以无论是模拟调制还是数字调制，都只能通过它们来实现了。

先看调制振幅的幅移键控，英文缩写为 ASK（Amplitude Shift Keying）。幅移键控可以简单地用一个乘法器和一个开关电路来实现，用载波的“通”或“断”来表示数字比特流的“1”或“0”。比如，用数字通信系统传输一句简单的问候语“你吃了吗”，信源编码的密码如表 3.1 所示。

表 3.1　信源编码方式

文字	你	吃	了	吗
码字	00	01	10	11

如果用载波的“通”来表示“1”，载波的“断”来表示“0”，则这句话的数字调制过程如图 3.19 所示。

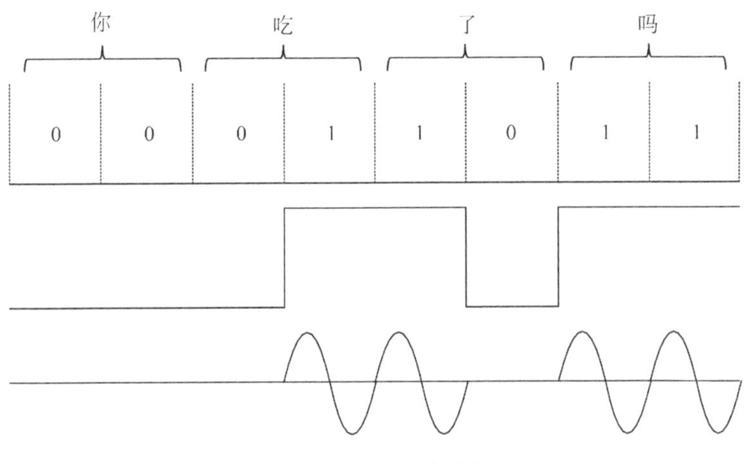

图 3.19　2ASK 调制

幅移键控的解调方式可以为相干解调或者包络解调。

注意：幅移键控有模拟法和键控法（OOK）两种调制方式。

2．频移键控（FSK）

频移键控的英文缩写为 FSK（Frequency Shift Keying）。和幅移键控类似，频移键控是利用载波的频率变化表示传递的信息比特，载波频率为 f_1 时表示 1，载波频率为 f_2 时表示 0。这里 f_1 与 f_2 是相差较大的不同的两个频率，还是假设信源要发送的信息为“你吃了吗”，信源编码方式仍然按照表 3.1 进行，则这句话的数字调制过程如图 3.20 所示。

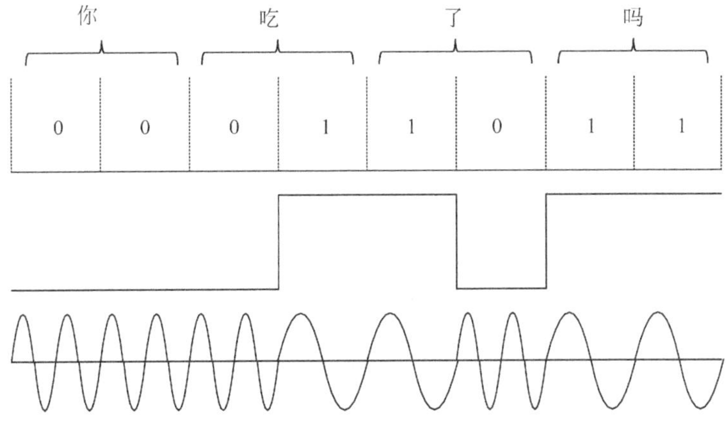

图 3.20　2FSK 调制

🔔注意：频移键控的解调方式可以为相干解调和包络检波等。

3. 相移键控（PSK）

相移键控的英文缩写为 PSK（Phase Shift Keying）。和幅移键控、频移键控类似，相移键控是以载波信号的相位来表示数字信号中的 0、1 比特流的。这里以最简单的相移键控——BPSK 为例，说说相移键控的原理。

把载波的 360° 相位分成两个，一个是 0° 相位；另一个是 180° 的相位。用 0° 的相位表示数字比特 1，以 180° 的相位表示数字比特 0。BPSK 比较特殊的地方在于 180° 的相位相当于在 0° 载波的调制信号表达式前乘以–1。仍然是假设信源要发送的信息为“你吃了吗”，信源编码方式按照表 3.1 进行，则这句话的数字调制过程如图 3.21 所示。

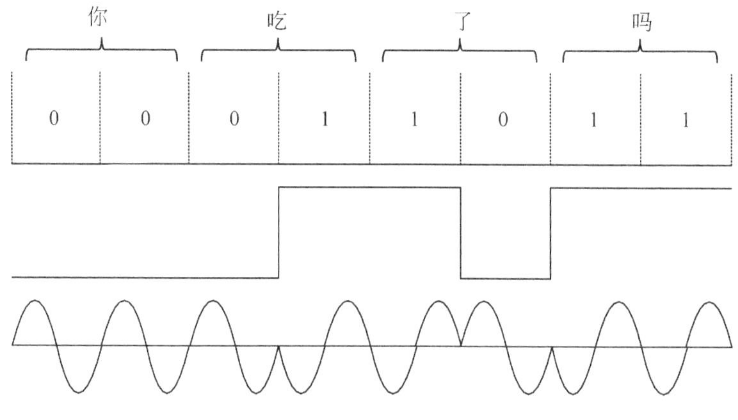

图 3.21　BPSK 调制

在 LTE 中，采用了 BPSK 和 QPSK 这两种调制方式，其中 BPSK 用在物理上行控制信道（PUCCH）和下行的物理 HARQ 指示信道（PHICH）的调制中，而 QPSK 更是作为 LTE 中上下行用的很普遍的一种调制方式。

🔔注意：相移键控的解调方式只能用相干解调。

这里补充说明一个问题，大家是否注意到一个问题，同样是对幅度、相位、频率的调制，在模拟调制中就叫做 AM、PM、FM，在数字调制中却叫做幅移键控（ASK）、相移键控（PSK）、频移键控（FSK），同样是调制，差距怎么就这么大呢？

为什么数字调制方式都叫键控？这个问题可以这么理解，数字通信用的是数字电路，用简单的开关电路来控制载波幅度、相位、频率的变化情况，开关的通断——就是按键的通断，因此叫做键控。

4. 正交幅度调制（QAM）

前面讲到的幅移键控、频移键控、相移键控有一个共同的特点——它们都只调制载波的一个变量，也就是只用载波的幅度、频率、相位中的一个变量来携带信息比特。而本节要介绍的是调制方式 QAM（Quadrature Amplitude Modulation）。

MQAM 的调制信号可以表示为下式：

$$s_{QAM}(t)=A_i\cos(\theta_i)g(t)\cos 2\pi f_c t + A_i\sin(\theta_i)g(t)\sin 2\pi f_c t \quad (i=1,2\cdots, M;\ 0\leqslant t\leqslant T_s)$$

其中 $g(t)$是基带信号脉冲成型冲激响应函数，f_c是载波频率，θ_i是星座图中的第 i 个星座点的相位角，M 是星座点的个数。

前文说过，调制信号要携带信息比特，2ASK、2FSK、BPSK 这些调制方式中对应的两个幅度（频率或者相位）每次表示两个比特 0 或者 1 即可。但是 MQAM 是高阶调制方式，这种多进制调制方式需要设计比特到符号映射的较好的方式。

以 B3G 移动通信的 LTE 和 WiMax 技术为例，图 3.22 是它们在用 16QAM 时各自的比特-符号映射方式。

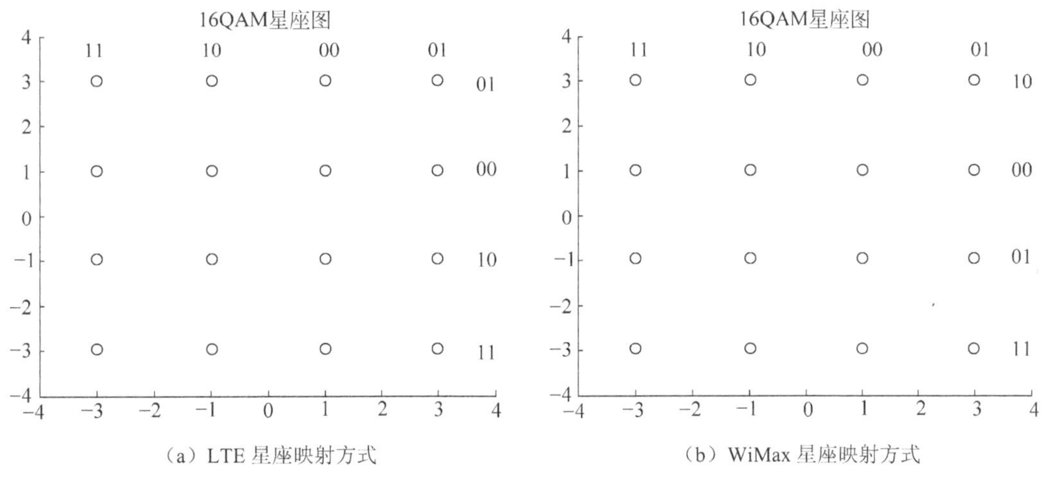

（a）LTE 星座映射方式　（b）WiMax 星座映射方式

图 3.22　LTE 和 WiMax 星座映射方式

正交幅度调制（MQAM）能很好地提高频谱利用效率，因此在 LTE 和 WiMAX802.16 等的 B3G、4G 移动通信中得到了广泛的应用。正交幅度调制与信道编码结合后的自适应调制编码方式（AMC）很好地适应了信道的变化，对提高链路和系统容量有不小的裨益。

注意：QAM 常用的调制阶数有 4、16、64、256 等，其中 4QAM 等同于 QPSK。

3.3　信源编码——别废话，拣主要的说

前几日，一哥们给笔者打电话，东扯葫芦西扯瓢，先问笔者：最近在干嘛呢？还好么？吃得好吗？睡得好吗？最近聚会吗？云云……说得笔者很晕，心想这哥们很久不联系怎么这么多废话，于是，断喝一声：

“别废话了，拣主要的说！”

这哥们也实在，捡了一句最主要的说了：

“最近哥们手头有点紧，借我点钱呗……”

借钱这个事太伤感情了，西方人曰：“除了金钱和女人，我可以和你分享任何东西。”

不过最后禁不住他的软磨硬泡还是借给他五百大洋。

在移动通信过程中，也存在着类似的问题，信源如果喋喋不休，“说”个没完，“言语”间充斥着各种没有任何信息量的“废话”，这个事情让人实在很恼火，都传到信宿吧，没啥意义（信息量少），不传吧，还真有那么点小小的信息量。

为了解决这个问题，信源编码诞生了，接收端不是要信息量吗，那好，就把信源那些没用的废话去掉，绝不拖泥带水，简洁明了——直接传“干”的、有意义的、有信息量的数据。

这样做的好处是压缩了信源输出的信息率，节省了信道资源，提高了系统的有效性。在信源编码中有一个重要概念不得不提——信息熵。

3.3.1　信息熵——你说的话到底有多少信息量

熵本来是热力学中的一个重要概念，直到 1948 年，信息论的鼻祖——香农老先生把原本用在热力学中熵的概念引入到信息论中来。

信息熵的引入解决了信息的一个度量的问题，没有引入信息熵之前，信息量的多少只能定性地表达，却不能定量地表示，人们无法把说话对象的话语信息量量化，更无法说出看本书所获得的信息量是多少。

香农引入的信息熵把信息量定义为一个离散随机事件发生概率的数学表达式。香农认为，人们获得的任何信息都存在一定的冗余，去掉了这些冗余之后的平均信息量就是信息熵。

🔔注意：热力学中的熵只能变大不能变小，信息熵只能变小不能变大。

于是可以认为，和笔者借钱的那哥们，打电话说了半天的话中，无关紧要的废话很多，也就是冗余很多，真正含有信息量的实在话就是最后一句“借我点钱呗”。

随机事件发生的概率越小，熵越大，信息量就越大。反之，随机事件发生概率越大，熵越小，信息量就越小。于是当巴西世界杯还在打小组赛的时候，大神一样的某人就成功预测了大力神杯的归属，于是此人的预测信息量很大；而在世界杯结束后的九月份另外一人和笔者说：“今年的世界杯冠军是德国”。这句话对笔者来说，毫无信息量，因为全世界的球迷都知道了德国夺得了世界杯。那么此人说的是一个确定性事件，发生概率为 1，信息量为 0，熵为 0。

同样的道理，在世界杯第一场小组赛前博彩公司给出了参加世界杯的 32 支球队的夺冠赔率。那么博彩公司的预测中所含的信息量用香农给出的熵的表达式表示出来就是：

$$H=P_1*\log(1/P_1)+P_2*\log(1/P_2)+P_3*\log(1/P_3)+\cdots\cdots+P_{32}*\log(1/P_{32})$$

上式中的 $P_i(i=1,2,3\ldots32)$是参加世界杯决赛圈的 32 支队伍，各自的夺冠赔率换算后对应的夺冠概率，如图 3.23 所示。看好巴西的买巴西，看好西班牙的买西班牙，看好阿根廷的买阿根廷。算出来的 H 值就是博彩公司预测的熵，也就是平均信息量。

因此，一个信息发生的概率越大，人们传播的力度就越广，知道的人也就越多，于是这个信息的信息量也就越小。所以预测传统诸强，比如阿根廷、西班牙、巴西、意大利等国夺得世界杯的人很多，所以人们认为他们夺冠的概率较大；但是预测阿尔及尼亚、伊朗、

韩国夺冠的人很少，也就是说，人们觉得这些球队相对来说夺得大力神杯的概率较小。当然，中国队在巴西世界杯上夺冠的几率为 0。因为中国队目前实力不够，被挡在世界杯的大门外。中国队世界杯夺冠？同学，别这样子，上帝、佛祖、真主都哭了——耶稣+释迦牟尼+安拉也许都无能为力。

排名	球队	赔率
1	巴西	4.33
2	阿根廷	6
3	德国	6
4	西班牙	6
5	比利时	17
6	荷兰	17
7	哥伦比亚	17
8	意大利	21
9	乌拉圭	21
10	英格兰	26
11	法国	26
12	智利	34
13	葡萄牙	34
14	俄罗斯	81
15	波黑	101
16	克罗地亚	101
17	瑞士	101
18	厄瓜多尔	151
19	科特迪瓦	151
20	日本	151
21	加纳	201
22	希腊	201
23	墨西哥	201
24	尼日利亚	251
25	美国	251
26	韩国	501
27	喀麦隆	751
28	阿尔及利亚	1001
29	澳大利亚	2501
30	哥斯达黎加	2501
31	洪都拉斯	2501
32	伊朗	2501

图 3.23　世界杯夺冠赔率

不过，要是像 2014 年世界杯期间某恶搞短片的情节那样，世界杯发生重大意外，中国队义无反顾，替补登场，勇夺大力神杯成为最大的黑马。谁要是比上帝还牛，能准确预测中国队世界杯夺冠，估计信息量可以是无穷大。因为中国队夺冠本来是个极小极小的小概率事件，如图 3.24 所示。

注意：上文提到的博彩公司预测世界杯夺冠球队概率的熵最大值是 5bit，当且仅当 32 支球队的夺冠概率相同都是 1/32 的时候才会出现，因为此时哪支球队夺冠这个随机事件的不确定性最大。

图 3.24　中国队何时夺得世界杯

3.3.2　信源编码方式 ABC

从根本上讲，信源编码就是为了尽量减少没有经过处理的信源的相关性，增加信源的平均信息量。信源编码是为了减少信源的冗余度，去掉“没用的废话”的过程。比如前文提到的哥们借钱，去掉冗余信息，压缩编码后，就剩俩字——“借钱”。而在移动通信技术中，信源可能是语音，也可能是图像、视频等多媒体资料。因此，对应的信源编码的种类就会比较多。

下面来历数一下移动通信中的信源编码技术。

在第一代移动通信中，没有采用复杂的信源编码技术；从第二代移动通信（2G）的 GSM 开始，语音信号的信源压缩编码被引入；第三代移动通信和第四代移动通信中又开始引入了图像的压缩编码和视频多媒体压缩编码。几种典型的信源的编码如图 3.25 所示。

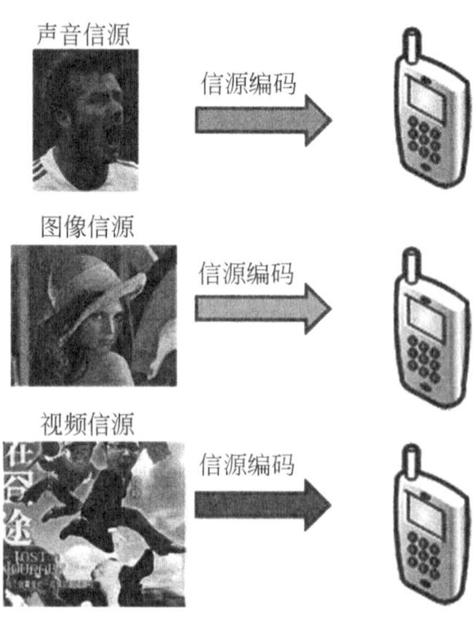

图 3.25　信源编码

1. 音频编码

其中语音编码可以分为 3 种类型：

- ❑ 波形编码；
- ❑ 参量编码；
- ❑ 混合编码。

移动通信中资源的有限性决定了其编码的码率不能太高，因此选择了混合编码。

GSM 采用的是规则脉冲长期预测编码，也就是 RPE-LTP 编码方案，之所以选择这种方案，除了编码速率不高外，还因为其硬件实现较易。

CDMA2000 采用的编码器是 EVRC（增强型可变速率语音编码器），保密性较好。

WCDMA 采用的是 AMR 语音编码，特点是根据信道状态自适应改变编码速率。

2. 图像视频编码

从 GPRS 开始，移动通信从原来单一的语音业务，引入了数据业务，其中 JPEG 是广泛采用的图像编码方案之一。除此之外，图像编码方案还有 JPEG2000、H.261、H.263、MPEG-1、MPEG-2、MPEG-4 等。Windows 操作系统中自带的图形编码器就有 JPEG，所以很多人会对这个词特别熟悉。MPEG-x 编码器更多的是用在视频压缩编码中，但是，当前 H.264 的研究与应用似乎更火一些，手机电视、视频电话等都可以采用 H.264 编码。

3.4 信道编码

信源为了少传没用的“废话”，多传些有用的“中心思想”，于是通过信源编码去掉了信源的一些没用的冗余信息，信源编码后，信源精简成了信源的“摘要”。

与信源编码不同的是，信道编码比较叛逆，似乎要反其道而行之，信源编码不是去掉废话、消除冗余吗，那信道编码就增加冗余！信源编码与信道编码的区别如图 3.26 所示。

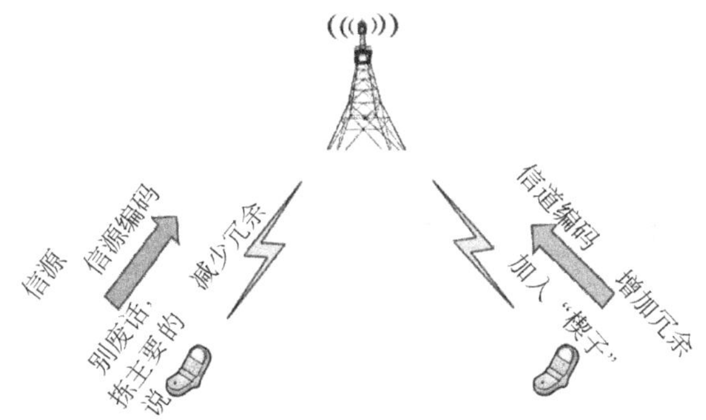

图 3.26　信源编码与信道编码的区别

3.4.1 信道编码的奥秘

在移动通信系统中，信道中有干扰、噪声、衰落等不利于通信系统正确接收发送信号的因素，所以在信号的传输过程中，难免会产生错误。此时会让接收端感觉到传过来的视频不连贯、有失真，传过来的声音断断续续。为了防止这种现象的产生，伟大的通信达人们发明了信道编码。

1．学子与鸡蛋

学习信道编码之前给大家讲个故事，一个笔者亲眼所见的真实的故事。这个故事一直激励着笔者，每当有一丝懈怠的念头，这个故事便闪现在脑海里，挥之不去，让笔者振作起来，用更加积极的心态去面对生活中的挑战。

20 年前在辽宁西部靠近内蒙古的一个偏远的小山村，那个地区号称十年九旱，靠天吃饭的人们每年都盼着能有一个好的年头——好的年头意味着好的收成。

在这个小山村，有一个小男孩叫张小兵，祖辈们都是“面朝黄土背朝天”的农民，用他祖父的话说就是垄沟里找豆包吃，老天爷若是不下雨，当地村民的生活很窘迫。

不过不管收成怎么样，小兵的家人每年都有两次最高兴的时候——每学期的期末，因为他们知道小兵肯定又是考了全年级第一名、各种满分获得者、各种竞赛获奖者，全家人都为这个争气的孩子而骄傲。尽管他的父母没什么文化，但是每次听见邻居们夸奖孩子有出息，小兵的父母都非常高兴，平时一贯沉默的父亲也会变得眉飞色舞，手舞足蹈起来：“你们也不看看小兵是谁的儿子！O(∩_∩)O 哈哈~”。

但是每年也有两次让小兵的父母很郁闷的时候——那就是每个学期的开学伊始，因为开学要交学费。小兵的父母都有病，家里时常拿不出钱来交学费，300 元对于他们来说已经是天文数字了，尽管每年国家的“希望工程”都会捐助小兵 50 元钱，小兵及其家人也非常感激（至今他们仍然记得捐助者的名字——关节、郭化光），但是这显然不能解决所有问题。小兵的母亲养了十几只母鸡，为了给小兵交学费，家里从来舍不得吃鸡蛋，他们把鸡蛋攒起来，攒够了一筐就到集市上去卖鸡蛋，卖鸡蛋的钱就用来给小兵交学费。

这个卖鸡蛋的过程还是一个充满学问的过程，而且还和本节要讲的主题——信道编码有关系。

每次到卖鸡蛋的时候，小兵的母亲都要坐上父亲赶的驴车，为啥要坐驴车而不是走着呢？坐车比走路快呗。

对！这个过程其实和前文讲到的通信的调制是一个道理，不把自己调制到驴车上，就会走得很慢，而且能背负的东西肯定没有车拉的多。同理，通信的信号调制到高频时是为了更好地传输信号，坐车走呢也是为了更好地把人和货物从信源（家里）传送到信宿（集市）。

崎岖不平、坑坑洼洼的山路就像移动信道——充满了各种各样的噪声和干扰。

众所周知，鸡蛋是易碎品，如图 3.27 所示，在崎岖的山路上颠簸两个小时，小兵的母亲十分害怕鸡蛋打碎了，为了克服这个信道的干扰和噪声，小兵的妈妈想出了一个办法：她把盛放鸡蛋的篮子里放满谷糠，柔软而又充满了缓冲地带，鸡蛋放进去后就不会被轻易颠碎了。

这里在鸡蛋篮子里放谷糠的过程就是信道编码的过程，鸡蛋篮子里的谷糠貌似是没有用的“冗余”，它还占用了本来属于鸡蛋的空间。如果不放谷糠的话，一个篮子可以放 60

个鸡蛋，但是放了谷糠，篮子里就只能放 50 个鸡蛋了，如图 3.28 所示为一篮子加入了“冗余”的鸡蛋。

图 3.27　一篮子易碎的鸡蛋

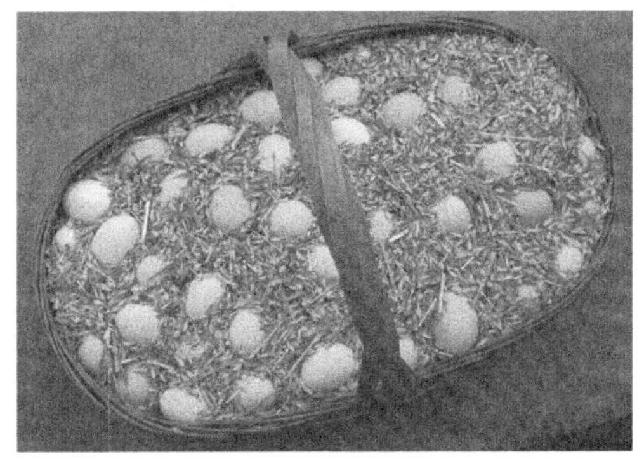

图 3.28　一篮子有“冗余”的鸡蛋

既然它是没用的、占用有限空间的“冗余”，那为什么还要放这些冗余呢？因为它可以提高鸡蛋从信源（家）完整的传送到信宿（集市）的可靠性，这就是信源编码中用有效性换取可靠性的一个过程。鸡蛋篮子里的谷糠不但能防止信道误码（鸡蛋被打碎）的出现，而且如果鸡蛋被打碎了，谷糠可以显示误码的出现。

2．典型的几种信道编码

相应的，信道编码也具有纠错和检错的功能。

（1）线性分组码

为了形象地说明信道编码作用，前文举了一个山路上运输鸡蛋的例子。大家可能会说，要是在鸡蛋的运输过程中，尽管篮子中填充了谷糠之类的缓冲的东西，但是还是有打碎的鸡蛋怎么办，怎么才能发现鸡蛋打破了呢？

还是利用谷糠来发现鸡蛋有没有被打破，如果谷糠里有鸡蛋清流出，则鸡蛋就是被打破了，如果没有呢，鸡蛋就没有被打破。因此谷糠还有一个检查鸡蛋是否被打破的一个功能。

这就像在传输信号的过程中，如果发生了符号的差错怎么发现呢？还是可以通过信道编码来发现。在发送信号时再插入一些监督码元，在接收端利用监督码元和信息码元的对应关系来实现码元的差错检验。

下面以一组最简单的(7, 3)线性分组码为例，来看看信道编码的检错功能。

编码的生成矩阵为：

$$G=\begin{bmatrix}1 & 0 & 0 & 1 & 1 & 1 & 0\\0 & 1 & 0 & 0 & 1 & 1 & 1\\0 & 0 & 1 & 1 & 1 & 0 & 1\end{bmatrix}$$

假设输入的信息码为：

$$C_1=\begin{bmatrix}0 & 1 & 0\end{bmatrix}$$

则经过编码后输出的码字可以按下式计算：

$$
\begin{aligned}
C_2 &= C_1 * G \\
&= \begin{bmatrix} 0 & 1 & 0 \end{bmatrix} * \begin{bmatrix} 1 & 0 & 0 & 1 & 1 & 1 & 0 \\ 0 & 1 & 0 & 0 & 1 & 1 & 1 \\ 0 & 0 & 1 & 1 & 1 & 0 & 1 \end{bmatrix} \\
&= \begin{bmatrix} 0 & 1 & 0 & 0 & 1 & 1 & 1 \end{bmatrix}
\end{aligned}
$$

监督矩阵是：

$$
H = \begin{bmatrix} 1 & 0 & 1 & 1 & 0 & 0 & 0 \\ 1 & 1 & 1 & 0 & 1 & 0 & 0 \\ 1 & 1 & 0 & 0 & 0 & 1 & 0 \\ 0 & 1 & 1 & 0 & 0 & 0 & 1 \end{bmatrix}
$$

监督矩阵 H 的得到过程如图 3.29 所示。

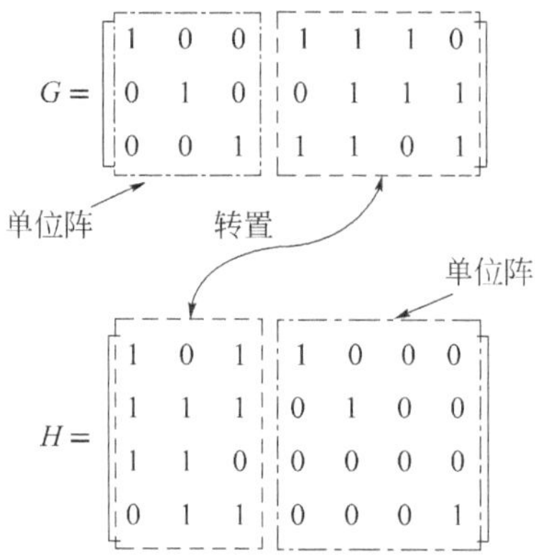

图 3.29　生成矩阵与监督矩阵的关系

（2）自动请求重传（ARQ）

自动请求重传是一类经典的信道编码技术，在生活中，类似的场景并不少见，下面以研究生发论文投稿的过程为例，讲讲自动请求重传吧。

某年某月某日，通信专业研究生小 P 写完了一篇论文初稿，让导师帮忙修改润色下。论文初稿给导师发过去了，过了几天，导师看了一遍，给小 P 发回来一个反馈，某行某列某句话有硬伤，这个得改。看了反馈结果，于是乎小 P 就开始改，改完了这个错误，又把论文发给导师。

没过几天，导师又给小 P 反馈结果了，某行某句话中的某单词拼写错误，小 P，拿回去改！于是，小 P 又把论文拿回来，改正老师指出的错误，同时，这次小 P 学乖了，赶紧看看还有无其他的拼写错误，检查第 2 遍的时候果然发现有一个明显的错误，之后又检查了好几遍，确定没有错误了，第 3 次把论文发给老师。图 3.30 所示是导师审阅论文的全过程。过了几天，导师又来反馈了，不错，这次写得很好，这次通过了。感谢导师，hoho，过了导师这关就可以拿出去到期刊或者国际会议上投稿了。

后来小 P 投了一篇国外著名期刊——IEEE transaction on Communications，现在的投稿都是用电子投稿了，很先进的。投完稿件，接下来又是让人煎熬的漫长的等待的过程，终于熬过了 5 个月的时间，期刊给消息了，编辑发来的电子邮件上详细的列举了审稿专家的

意见，3 个审稿专家的审稿意见竟然都是 minor revision，oh yeah！

Minor revision 意味着只要稍做修改就能被录用了，太好了，人品大爆发啊，呵呵。尽管是 minor revision，但是还是要尊重审稿人的意见，认真地做出相应的修改，然后把论文反馈给期刊。期刊那边说没问题了，那一切就都 OK 了，等待着论文发表吧。论文投稿全过程如图 3.31 所示。

图 3.30　导师审阅论文全过程

图 3.31　论文投稿全过程

整个投稿的过程还是有那么一点点的复杂吧，这个过程和信道编码的自动请求重传及其类似，自动请求重传要求，如果接收的码元是正确的就要发送一个成功的确认应答 ACK，如果接收端接收的信号发现错误的时候，就要给发送端发一个 NACK 的发送失败确认应答，请求发端重传该码元，直到正确接收为止。

这就是经典的自动请求重传的概念，现在移动通信中用得较多的是混合自动请求重传（HARQ）的技术，这个技术比自动请求重传稍微复杂些，融合了其他一些技术，在先进的移动通信技术方面都有应用，甚至在 LTE、LTE-A 等中也有着它们的身影。

注意：自动请求重传技术更适合非实时的业务，实时业务往往不太适合应用此技术，因为自动请求重传有反馈的时延，不适合实时性要求很强的业务中应用。

ARQ 技术根据重传的机制不同可以分为以下 3 种类型：

- 停止等待型，如图 3.32 所示。
- 回溯型，如图 3.33 所示。
- 选择重传型，如图 3.34 所示。

（3）交织编码

在本科学通信原理的时候，经常会遇到一个熟悉的称谓 AWGN——加性高斯白噪声，然而 AWGN 信道毕竟是理想状态下的信道模型。在实际的移动通信变参信道中，持续时间较长的深衰落常会使解调输出发生突发性的错误，而突发性的错误造成的直接后果就是一连串的错误比特。

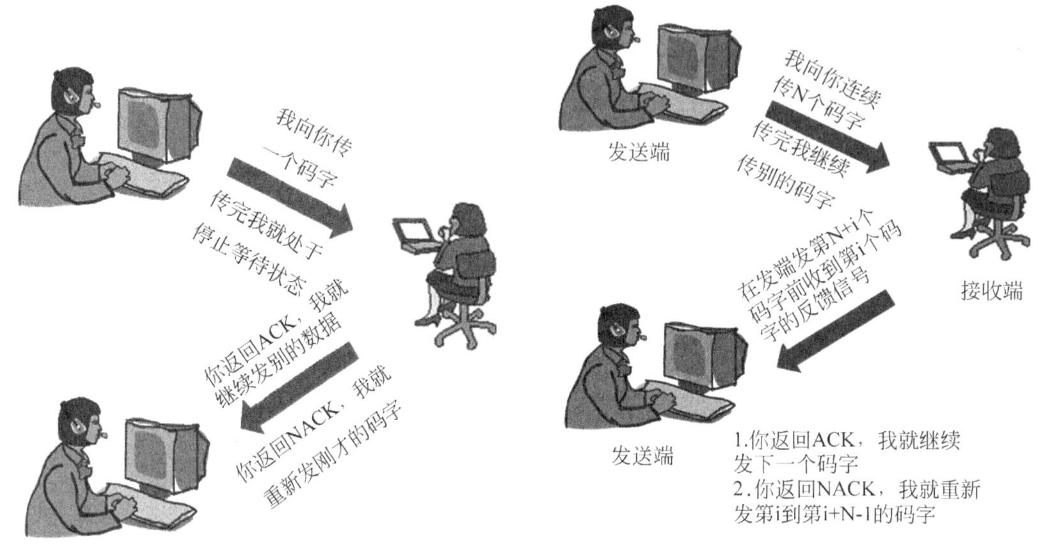

图 3.32　停止等待型　　　　图 3.33　回溯型

图 3.34　选择重传型

信道！又是信道！

前文说过，移动通信的信道是移动通信区别于有线通信等其他通信手段的固有特征之一。而移动通信之所以实现难度大于固网通信，其根本原因也就在于移动通信信道的时变性和各种衰落特性。

信道编码在检错和纠错上的能力是有限的，突发性的连串的比特错误让信道编码感到力不从心。

于是，这才有了交织技术的出现，交织技术与以往的信道编码技术都不同，如图 3.35 所示，为了说明交织的特点，继续来看山路上运输鸡蛋的例子。

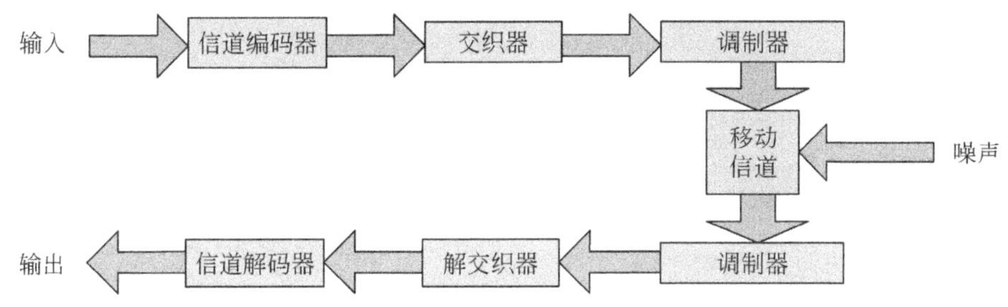

图 3.35　交织在整个系统中的位置

由于没钱交学费，小兵的母亲要去卖鸡蛋，从家到集市的崎岖山路上驴车十分颠簸，尽管小兵的母亲在盛鸡蛋的篮子里放了谷糠，但是每次到集市上还是有那么几个鸡蛋是碎的。细心的小兵母亲发现，鸡蛋每次被打破几乎都是在相同的一个地方，那就是有着乱石岗之称的那段山路，那段路上石头很大很多很密集，每次面对突如其来的石头，驴车的表现都不是很好，在连续的颠簸中，尽管小兵的母亲很小心、很谨慎了，但是突发的颠簸接二连三，让人防不胜防，鸡蛋不可避免地被打破了。

就像深衰落的信道一样，连续的突发比特串的错误让普通的信道编码无法实现很好地纠错和检错。

为了克服这个问题，小兵的父亲想了很久，以前他们总是想方设法地适应崎岖颠簸的山路（信道），为了防止鸡蛋被打破（发生比特错误），采取了很多措施，比如在鸡蛋篮子放谷糠（信道编码），但是这次效果不明显了，因为乱石岗的石头太多了而且是连续出现导致驴车连续的颠簸。既然适应山路（信道）不行，那就只有改造山路（信道）了，于是小兵的父亲带着小兵，把乱石岗连续出现的石头搬离了原来的位置，让那些石头尽量别一起出现（把连续出现比特错误的突发信道改造成随机独立差错信道）。

通过这种改造以后，每当去集市赶集卖鸡蛋路过乱石岗的时候，连续颠簸（差错串）再也没有出现过，随机独立出现的颠簸（单个或者长度很短的错误比特）对谷糠保护（信道编码）的鸡蛋篮子没有构成太大的威胁。

这就是交织编码——一种改造信道的编码，把发生连续差错串的突发信道改造成随机独立差错信道的一种编码方式。

注意： 传统的汉明码、BCH 码、卷积码等都是主动适应信道的编码方式。交织编码是改造信道的编码，与传统信道编码不同的是，它本身不具备纠错和检错的能力，只起一个信号预处理的作用。

任何技术都不是完美的，交织也是一样，在上文的交织过程（如图 3.36 所示）中可以看到，交织器和解交织器在编码处理过程中会产生一个处理时延、假设交织矩阵存储器是 a 行 b 列的，在交织器处的处理时延是 ab 个符号，在解交织器处同样是 ab 个符号的处理时延，因此，总共是 2ab 个符号的处理时延。

众所周知，实时业务会对时延非常敏感，如果交织器的矩阵尺寸过大，势必会对实时业务（比如 VOIP、视频通话等）带来负面影响，因此实时类的业务在应用交织编码时，交织编码器的尺寸不要取得太大，适度即可。

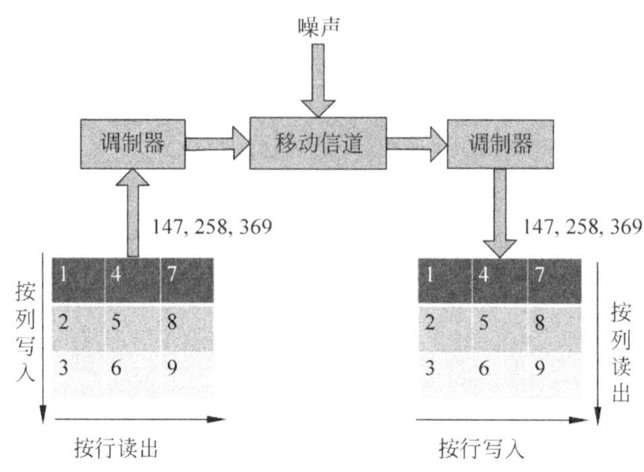

图 3.36　交织与解交织过程

当然这种情况还是可以用山路运输鸡蛋的例子来说明，交织编码就相当于改造山路的过程，把那些大石头搬开毕竟需要时间，也就是有时延。如果急着去赶集，去晚了就没有摊位可以占用了。要是因为改造山路而耽误了太多的时间，岂不是起了个大早，赶了个晚集，这种划不来的买卖是没人做的。

3.4.2　信道编码在移动通信系统中的应用

前文讲到了几个典型的信道编码技术，本节主要介绍几种信道编码技术在历代移动通信系统中的应用情况。

1．GSM中的信道编码

由于 GSM 的信道分为用于传送语音和数据业务的业务信道，以及传送多种信令和同步信息的控制信道，因此不同类型的信道编码方式也不同。

GSM 的信道编码过程如图 3.37 所示。在图中可以看到，GSM 的编码是由外编码、内编码和交织编码组成的。

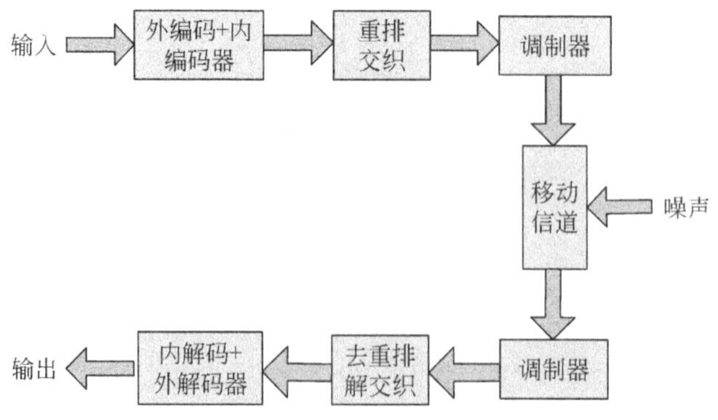

图 3.37　GSM 信道编码、译码过程

外编码主要采用的是分组循环码，内编码采用的是卷积码，交织编码负责改造深衰落信道的突发错误。

更为详细的 GSM 信道编码情况将在第 7 章介绍。

2. IS-95中的信道编码

与 GSM 类似，学习信道编码之前先来看看 IS-95 的信道都有哪些。IS-95 的信道大致可以分为导频信道、同步信道、寻呼信道、前向业务信道、反向业务信道、功率控制子信道、接入信道。

在 IS-95 的信道编码过程中，主要涉及的编码方式包括负责检错的循环冗余检验编码、负责纠错的前向纠错编码、孜孜不倦负责改造信道的交织编码。IS-95 采用的下行的卷积码的码率是 1/2，约束长度为 9；上行卷积码的码率是 1/3，约束长度为 9。

注意：IS-95 采用的交织编码的交织间距是 20ms。

更为详尽的 IS-95 信道编码情况将在第 7 章介绍。

3. CDMA2000中的信道编码

先说说 CDMA2000 的信道情况吧。

CDMA2000 的下行信道主要包括同步信道、寻呼信道、广播信道、快速寻呼信道、公共功率控制信道、公共指配信道、前向公共控制信道、前向专用控制信道、前向基本信道、前向补充码分信道、前向补充信道。CDMA2000 的上行信道主要包括接入信道、增强型接入信道、反向公共控制信道、反向专用控制信道、反向专用信道、反向补充信道等。

与 IS-95 类似，CDMA2000 的信道编码过程中，主要涉及的编码方式也是负责检错的循环冗余检验编码、负责纠错的前向纠错编码、孜孜不倦负责改造信道的交织编码。

CDMA2000 的前向纠错码大多采用的是卷积码，但是对应于不同的信道，它们的码率稍有不同。相应地，在 CDMA2000 的上下行链路中，除了导频信道外，剩下的信道基本都需要采用交织编码。

更为详尽的 CDMA2000 信道编码情况将在第 8 章集中介绍。

4. WCDMA中的信道编码

WCDMA 信道主要包括广播信道、随机接入信道、寻呼信道、公共分组信道、专用传输信道、下行共享信道、前向接入信道等。与前文的信道编码类似，WCDMA 中的信道编码中检错部分的功能由不同长度的 CRC 码来实现，长度由高层信令指定。绝大部分的纠错码用的是卷积码，特别是实时业务的信道编码，turbo 码用于非实时业务的信道编码。

更为详尽的 CDMA2000 信道编码情况将在第 8 章集中介绍。

这里只是粗略地把 3G（包含）之前的信道编码技术进行一个概览，后面分别讲述 2G 到 4G 的章节会有详细的相应信道编码技术的介绍和解读。

说到底，无论何种信道编码的方式，它们共同的目的都是为了让篮子里的鸡蛋能实现更好的传输，能够更加充分地利用篮子的容量，这里篮子的容量就是通信中著名的香农容量极限。

3.5　分集与均衡

前文已经讲过，移动通信区别于固定电话通信的一个最基本的特征是移动无线信道的动态时变特性。正是由于这个特性，才使得移动通信不得不采用了很多复杂的技术，来克服移动无线信道的动态时变而且容易衰落的特点。

看得见摸得着的技术总是容易处理的，移动信道看不见，摸不着，所以不属于容易处理的范畴，更加“变态”的还在于移动信道的“恶劣”特性还体现在它的衰落上。

本书第 2.5 节讲过移动通信的信道衰落特性，对通信质量影响最大的当属快衰落，无线信道的快衰的深度可达 30～40dB，这是个什么概念？稍等，换算一下，30～40dB 意味着信号衰减了 1000～10000 倍。

举个形象的例子，小光站在一个普通的居民区的楼下喊两栋楼后的小明过来玩。小光喊话的声音信号在无线信道中迅速衰耗，400 米以外可能就淹没在噪声中，当然，小光的嗓子发出的信号振动频率远远小于无线通信的信号频率，不过道理却是一样的。

也许有人会说，“小光太笨了，大点声音喊不就可以了吗”

恩，好吧，要小光把嗓音的发射功率提高 1000～10000 倍吗？恐怕小光的嗓子（信号发射装置）还没强大到那个程度吧，就算小光玩命呼喊，声音的发射功率达到了 1000～10000 倍，这么大的噪声（对于他人来说）不会被周围的人群起而攻之吗？

算了吧，就算你的声波功率再大，大洋彼岸的艾弗森恐怕也听不见您的呐喊声；一味地提高发射功率也不靠谱，小光还是想点其他靠谱的办法吧，如图 3.38 所示。本节要讲的分集和均衡技术就是为对抗衰落而生的。首先，先来看看分集是怎么回事。

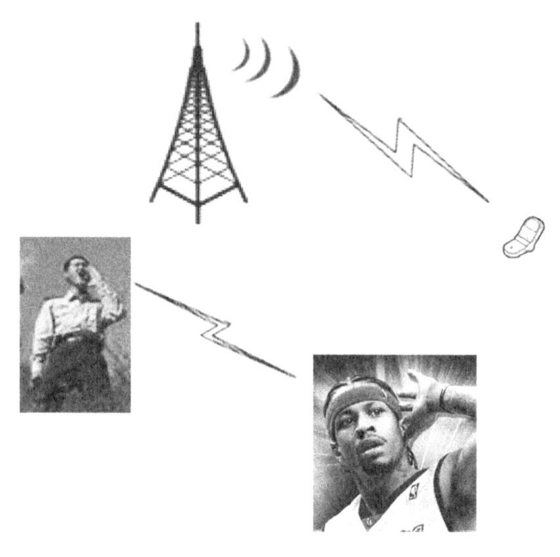

图 3.38　一味提高发射功率不是办法

3.5.1　分集——兼听则明

先来看看分集技术。从字面来看，分集就是“分开”和“集合”的意思。

学习分集之前先来看一个形象的类比。一次，小光和班级里几个同学一起爬香山，爬到一半的时候，发现小明不见了。小明这厮，每次都单独行动而不打招呼，太不像话了。怕他丢了还是找找他把，哎，无奈了。找了半天，还是没找到。这怎么办，喊吧（郑重声明，此故事纯属虚构，如有雷同，请去买彩票，没准您能中大奖）。

一开始的时候是小光一个人喊，喊了半天，小明还是没出现，估计是没听见。怎么办呢？

有了。小光又去拉上一个同学小兵，俩人同时喊，小明听到的机会是不是更大一些呢？咱俩一起喊吧，OK？

“呃，好吧，OK……陪你一起“现”一次。”

“小明……小明……”，香山上响起他们的喊声，行人纷纷侧目……

小光和小兵当时的距离是 5 米零 3 公分，当然这么做完全是为了避免干扰到对方的喊话。俩人喊就是比一个人喊管用，过了不久，小明听到呼喊的声音，闻风赶到。小明曰：“一开始并没有听到你们的喊声，后来貌似有俩人同时喊，我就听见了，好神奇耶……”

其实，一点都不神奇，咱可是学通信的，这不就是移动通信中简单的分集技术吗，呵呵。俩人同时喊小明，相当于发射分集，小光和另外一个哥们小兵就相当于发射端的两个天线，俩人呼喊相同的内容，因为小光和小兵中间隔开一段距离，所以可以认为小光和小兵的声音信号的各自的传输信道都是独立的。

而独立的两个传输信道同时经历较大衰落的几率比较小，因此能传到小明的耳朵的机会就会比较大。同时，在接收端，小明的两个耳朵就相当于接收的两根天线，而这两根天线各自独立的接收信号（这里假设小明天赋异禀，头部很大，两个耳朵离得很远……对不住小明的。被我妖魔化了。为了祖国的通信事业，暂时忍忍吧）。

小明的两只耳朵接收到小光和小兵发送的信号后，他的大脑迅速地把两个信源天线发送的声音信号给合并处理了，如图 3.39 所示。

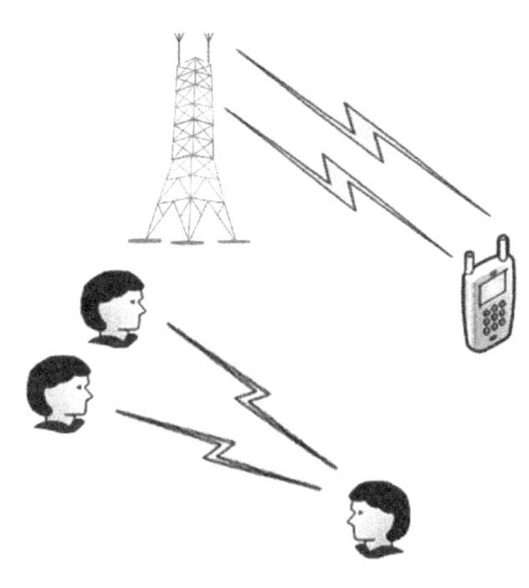

图 3.39　分集

小明每次选择声音强度比较大的信号进行接收，在分集中这个叫做选择合并。简单地说，分集就是在多个独立的衰落路径上传送相同的数据信号，多个衰落路径上同时经历深度衰落的概率相对较小，接收端按照某种原则和规律进行信号的合并即可，以对抗深衰落。

分集的“分”字可以理解为分别传输，即分别发送相同数据的意思；分集的“集”字可以认为是集中处理，也就是把收到的统计独立的信号进行选择和合并的一个过程。

3.5.2　分集技术的分类

按照不同的分类原则，分集有很多种分类方法，从分集涉及基站和接入点的数目来分类，可以把分集分为宏分集和微分集。

1．宏分集技术

宏分集有一个“宏”字，说明它比较“宏大”，它要对多个基站或接入点的信号进行选择和合并，宏分集主要是用来对抗大型障碍物等造成信号慢衰落的阴影效应的一种分集技术。可以想象一下，宏分集要对多个基站或者接入点的信号进行处理，因此这就需要多个基站或者接入点之间的协调过程。

用最直观、简单的思维来考虑这个问题，在处理宏分集信号的过程中，要涉及蜂窝移动通信网络架构的一个问题。试想，在 4G 之前的移动通信网络架构中，正常的通信过程中，每个基站之间是一个平等的关系，因此在处理分集信号的选择和合并上就需要一个凌驾于普通基站之上的一个节点，这个节点可以在选择分集涉及基站的协调上起到集中控制的作用。

于是在第三代移动通信系统的 WCDMA 中这个控制分散基站的节点就叫做无线网络控制器（Radio Network Controller，RNC）。很明显，一部手机终端通过宏分集技术可以同时和几个基站相联，只要不同方向的基站信号不同时遭遇到阴影效应的阻截（各个方向的信号同时遭遇阴影效应的概率比中彩票的概率还要低），手机的信号就不会断，通信就会继续。

注意：UMTS（通用移动通信系统）的网络架构是核心网（Core Network，CN）+无线网络控制器+基站的 3 层架构；LTE 系统中是核心网+基站的扁平化网路架构。

正是由于宏分集这个特性，毫不夸张地说，UMTS 利用宏分集技术采用了软切换——一种比硬切换性能更加优良的切换技术（将在 5.5.1 节详细介绍软切换技术）才会取得良好的性能，因此，软切换和宏分集技术也是 WCDMA 系统的一个重要特点之一，如图 3.40 所示。

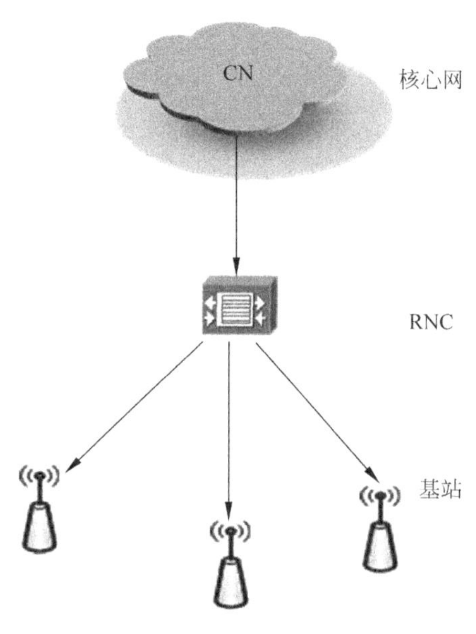

图 3.40　UMTS 的网络架构

但是在后来的 LTE 系统中，却没有采用宏分集技术，究其原因，主要是 LTE 对系统的控制面和用户面的延迟要求非常的严格。因此 LTE 需要采用扁平化的网络架构，而 WCDMA 中的宏分集技术需要无线网络控制器 RNC 来实现。无线网络控制器的出现，使得网络架构多了一层，这是 LTE 所不能容忍的。

所以，通过仔细的权衡和各大公司、技术阵营的激烈讨论，3GPP 最终决定在 LTE 技术中不采用宏分集技术，相应地，LTE 的切换技术也就选择了硬切换，可能单单就硬切换和软切换技术的对比来看，软切换的优势稍大，但是在移动通信技术的选择和标准化的过程中，要综合考虑各个方面的需求和系统的整体性能，有舍才有得。最后选择的技术不一定是最好的技术，但一定是最适合的技术。这就像年轻人结婚找对象，最帅气的帅哥和最漂亮的美女不一定是最适合的，移动通信技术的选择也是一样，就像那句广告词——只选对的不选贵的。

注意：宏分集主要用在以 CDMA 为核心技术的第三代蜂窝移动通信系统中。

2. 微分集

与宏分集不同，微分集有一个“微”字，所以它没有宏分集那么“宏大”，要涉及那么多基站。微分集不会涉及很多基站，但是它一般会涉及多个（角度分集除外）天线，看来微分集就是要处处体现和宏分集的不同啊，难道是传说中的差异化竞争，呵呵，微分集和宏分集这就较上劲了……

宏分集不是解决慢衰落的阴影效应问题吗，微分集就解决快衰落的问题；宏分集不是只用在蜂窝移动通信系统的 WCDMA 中吗，那么微分集就用在所有的无线通信系统中。

微分集技术是通过天线来实现的，因为天线可以玩出很多花样，可以在时间、频率、

空间（又可分为极化和角度）等方面来产生独立的无线通信信号，相应地，微分集技术可以分为以下几种：

（1）时间分集

前面介绍的时间分集技术在分集技术中并不能算是很主流的，学习微分集技术，先从非主流开始。

随机衰落信号只要是时间的间隔足够大，也可以满足信号的独立性，即统计上的互不相关性。一般情况下，信号发送端每次发送信号的时间间隔足够大，接收端把收到的相同的信号进行某种规则的选择和合并就可以获得增益，从而实现抗衰落的性能。分集信号的发送时间间隔要满足以下要求：

$$\Delta T \geqslant \frac{1}{2v/\lambda}$$

其中，v 为用户终端的移动速度，λ 是载波波长，$2v/\lambda$ 是用户终端在高速移动所产生多普勒频移的扩散区间，所以静止状态下的用户无法在时间分集中获得增益。

如图 3.41 所示是时间分集的示意图，其中 ΔT 是信号发送端的分集信号发送时间间隔，ΔT 取大于相干时间的值。

时间分集的优缺点很明显，尽管时间分集可以减少接收天线或者设备的数目，但是同时也占用了时隙资源、增大了开销。

注意：ARQ 技术可以认为是时间分集的一种。

（2）频率分集

频率分集是用不同的载波来发送相同的信号，载波的间隔 ΔF 要大于相干带宽 $\frac{1}{L}$，如下式：

$$\Delta F \geqslant \frac{1}{L}$$

上式中 L 是接收信号的时延功率谱扩展。

如图 3.42 所示是频率分集的示意图，其中 ΔF 是信号发送端的分集信号发送频率间隔，ΔF 取大于相应带宽的值。

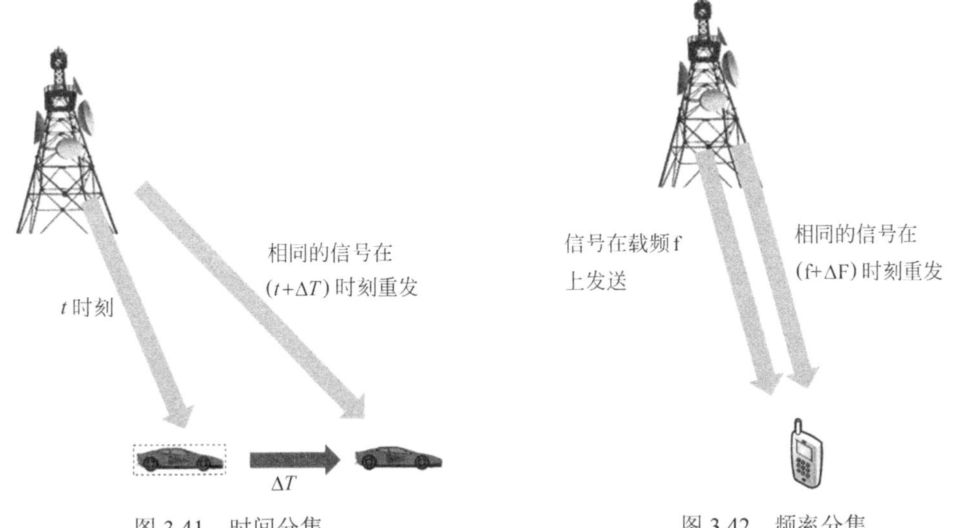

图 3.41　时间分集　　　　图 3.42　频率分集

因为频率分集要用不同的载波同时发送相同的信号，因此频率分集需要发送端用多个（大于一个）信号发射机来同时发送信号，同时也需要接收端用两个或者两个以上的信号接收机来接收信号，因此会使得发送和接收设备比较复杂，同时不利于频谱资源的有效利用。特别是到了对频谱利用率要求极高的 B3G 移动通信系统，似乎如此浪费频谱不是一个明智的选择。

注意：直接序列扩频是一种典型的频率分集。

（3）空间分集

空间分集是指信号发送端和接收端使用的是天线阵列，各个阵元之间的距离满足接收或者发送信号之间的衰落是独立不相关的。和前面举的例子一样，小光和小兵发送喊话的信号时，他们的信号发射机（震动的声带）要离开一定的距离以保证他们之间发出的信号不会互相干扰。

同时，小明的信号接收端（两个耳朵）也要满足间距大于相干距离，于是我们希望小明的两耳之间的距离要稍微大一点。

注意：信号接收端/发送端的分集信号之间的距离越大，衰落相关性就越弱，分集效果就越好。

那么这两个信号的距离大到什么程度才能实现信号衰落的独立性呢？衰落独立需要满足的条件如下：

$$\Delta D \geqslant 0.38\lambda$$

其中，ΔD 代表分集天线之间的距离，λ 是载波的波长，上式是在均匀的散射信道和全向天线的情况下要满足的条件。

更加普遍的是，天线间隔距离一般要取：

$$\Delta D \geqslant 0.5\lambda \qquad \text{市区环境}$$

$$\Delta D \geqslant 0.8\lambda \qquad \text{郊区环境}$$

假设和小兵喊话的声波是 3000Hz，λ 等于 10^5 米，小明的双耳还真是没有那么大的距离，好在移动通信中用的频率比声波的频率大得多。以 GSM 为例，假设用 900M 的频段，λ=0.333m，以 $\Delta D = 0.5\lambda$ 来算，0.16 米的间距和小明两耳的间距差不多。

事实上，空间间隔距离 0.16 米的要求使得空间分集，不但可以用在小明的耳朵上，用在基站和用户的终端（比如手机）上也是完全可以接受的。

如图 3.43 所示是空间分集的示意图，其中 ΔD 是信号接收端的分集信号发接收天线距离，$\Delta D \geqslant 0.5\lambda$，市区环境（$\Delta D \geqslant 0.8\lambda$，郊区环境）。

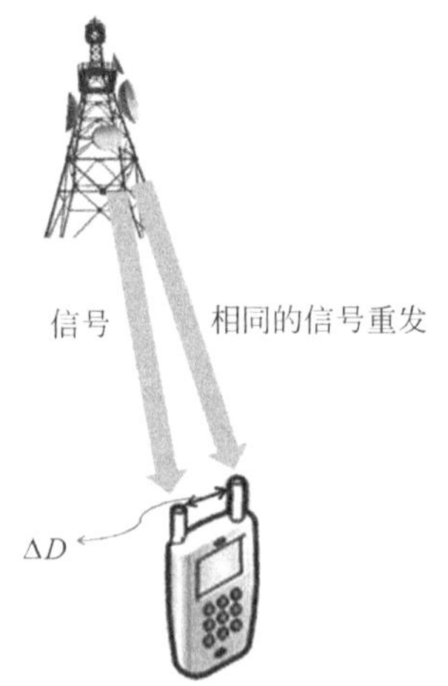

图 3.43　空间分集

注意：MIMO 是一种典型的空间分集。

（4）角度分集

角度分集是利用单个天线上不同角度到达的信号的衰落独立性来实现抗衰落的一种分集方式。

角度分集也是空间分集的一个特例，与空间分集相比，角度分集在空间利用上有独特的优势，但是不足的是性能比空间分集稍差。

如图 3.44 所示是空间分集的示意图。

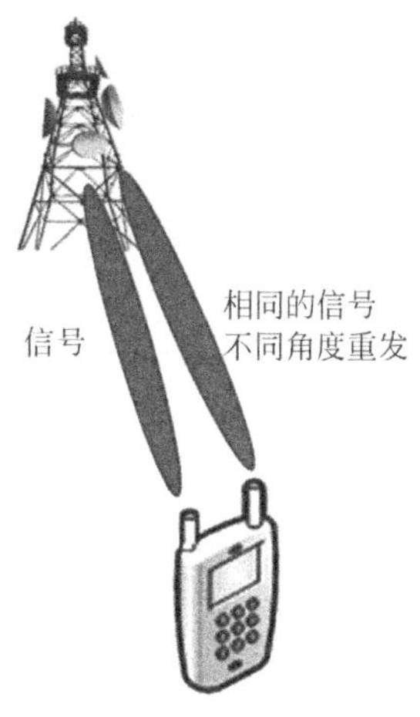

图 3.44　空间分集

注意： 智能天线是一种典型的角度分集。

（5）极化分集

极化分集在宏观上讲，是一种空间分集的方式。简单地说，极化分集就是利用天线水平极化和垂直极化的正交性来实现信号衰落的不相关性的。

极化分集的优点是空间利用率高，缺点是因为极化分集中的极化风向只有水平极化和垂直极化，因此分集支路只有两个；同时，极化分集会导致发送端功率 3dB 的损失。

3.5.3　分集的合并方式

在前面举的例子中，两个人同时向小明喊相同的内容，小明就要接收两路分集信号。如果全班同学同时喊小明的名字，小明就要对全班 N 个同学的发送分集信号进行接收，如图 3.45 所示，写成数学表达式就是：

$$R(t) = a_1 r_1(t) + a_2 r_2(t) + \cdots + a_N r_N(t) = \sum_{k=1}^{N} a_k r_k(t)$$

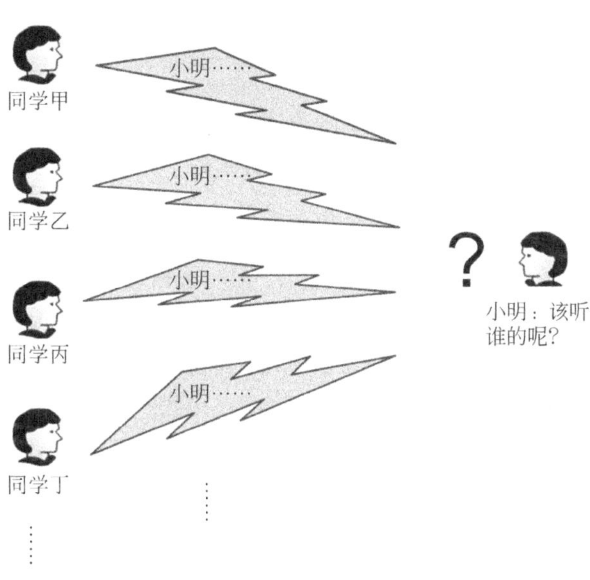

图 3.45　分集的接收

在上式中，$R(t)$ 代表在 t 时刻小明接收到的总的信号，$r_k(t)$ 表示小明的耳朵在 t 时刻接收到的第 k 个分集支路的信号，a_k 表示第 k 个分集支路信号的权重，这个权重由小明来决定，N 表示分集信号的总的路数。

现在形势明朗了，小明对分集信号的接收合并方式演变成了决定每路分集信号权重的简单数学题。

总地来说，小明有 3 种方式可以选择。

1．选择性合并

小明心想，既然这么多人喊话，听哪一路呢？还是所有的都听？算了，挑一个喊话声音最大、最清楚的一路信号吧。

在通信的角度来看，喊话的声音最清楚就是信噪比最大的那路信号，情况变得简化了不少，小明的这种选择策略体现在上面的表达式上就是，使 $r_k(t)$ 最强的那路信号对应的权值 a_k 为 1，剩下的权重都设为 0，这就是选择式合并的过程，如图 3.46 所示。

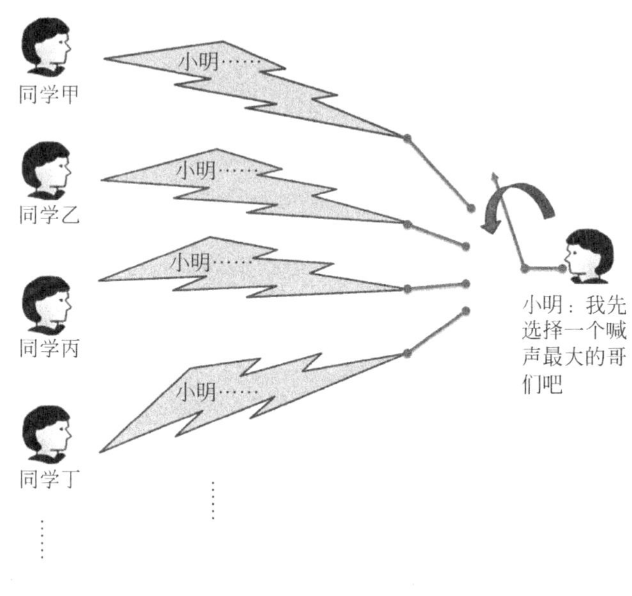

图 3.46　选择性合并

2．最大比值合并

小明心想，光听一个人的声音也没意思，不如多听几个人喊我吧，他们喊的内容要是一样的话，每个人的喊声我都听一点，应该听得更加清楚才对。

小明把接收分集信号支路的权值正比于喊话声音的强度，于是喊话声音最强的那位同学的信号的权值设成为最大的权值，声音最小的那位同学的信号权值设为最小。

小明的这种分集合并策略体现在上面的表达式上就是，使每路信号的权值都正比于信号的信噪比，$r_k(t)$ 信噪比最大的那路信号对应的权值 a_k 为最大。同理，信噪比最小的那路信号对应的权值最小，这就是最大比合并的过程，如图 3.47 所示。

3．等增益合并

小明发现在最大比合并的过程中，对每路信号进行加权的计算十分烦琐，而且要是喊自己的人过多的话，处理加权的过程会更加费劲，脑子都不够用了，“杯具”（悲剧）了，为了让杯具（悲剧）变成洗具（喜剧），小明又想出一个好办法。

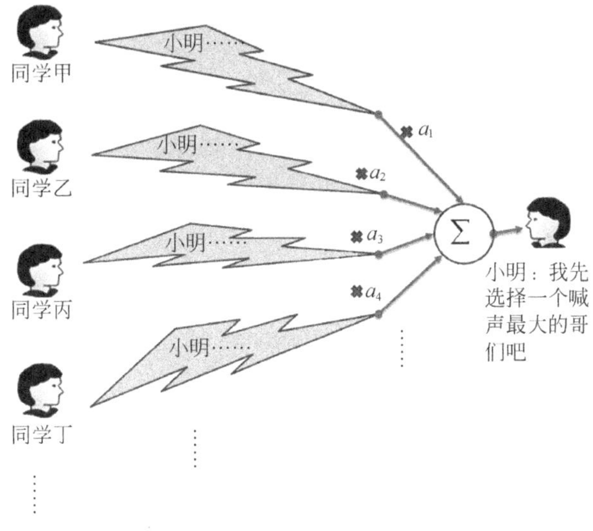

图 3.47　最大比值合并

其实这个办法也不是很高明，很容易想到，聪明的小明怎么能放过这个减轻脑力劳动的机会呢。小明的办法是把最大比合并中的每路分集信号的加权值 a_k 都置为 1，这样小明的 CPU——大脑就不用处理烦琐的加权过程了，尽管最大比值合并的加权能使最后听到的声音最大化，但是等增益的合并也不差多少。能省那么多处理的过程，还是很划算的。等增益合并的过程如图 3.48 所示。

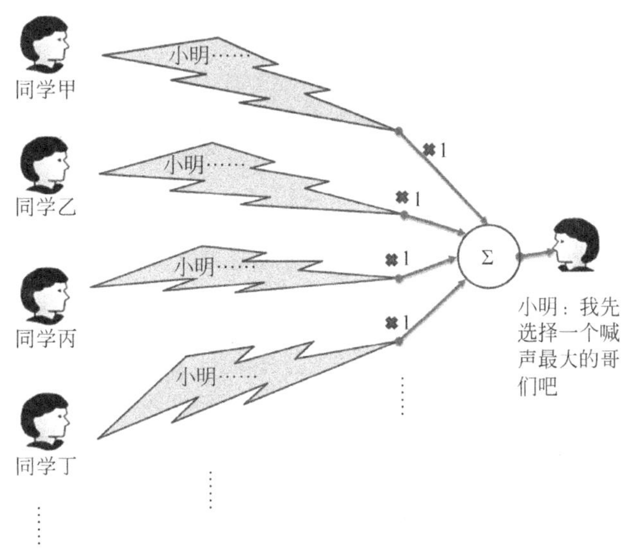

图 3.48　等增益合并

3.5.4　均衡——减少符号间的干扰

与改造信道的交织技术类似，均衡技术是一种改造信道的传递特性的手段。如果说交

织是把崎岖山路上连续出现的大石头搬开，那么均衡就是把这些石头砸碎，让信道的传递函数满足无失真的条件。

【应用条件】

与应用比较广泛的交织技术相比，均衡的应用条件稍显苛刻，一般情况下，只有最大时延扩展大于符号持续时间才可以应用均衡技术，这是因为最大时延扩展大于符号持续时间的时候，符号间干扰会比较严重，写成公式就是：

$$T_{符号} > t_{时延}$$

注意：均衡器是从固网中的频域均衡器演变而来。

均衡器有时也叫做自适应均衡器，顾名思义，这是因为它能根据信道条件自适应的实现信道均衡。

均衡与交织一样，都是为了应对移动无线信道的恶劣条件而诞生的，当然，当符号周期大于时延扩展时，就没必要采用均衡器了。

3.5.5　均衡器一览

广义上，均衡可以分为时域均衡和频域均衡，下面就来看看时域均衡和频域均衡的概念和各自的实现方式。

1. 时域均衡

时域均衡从字面上看，时域均衡是在时域上看待问题和解决问题的，事实也正是如此。时域均衡器的目标就是让时域的系统总地冲击响应函数满足没有码间串扰的条件。容易理解的是，在时变衰落信道中，时域均衡器得到了很好的应用，传统的数字通信中，时域均衡技术用得比较多。

从实现上来说，一般时域均衡采用的是横向滤波器技术。

横向滤波器的构成主要是由延迟器、可变权值乘法器等组成。横向滤波器的结构如图 3.49 所示。

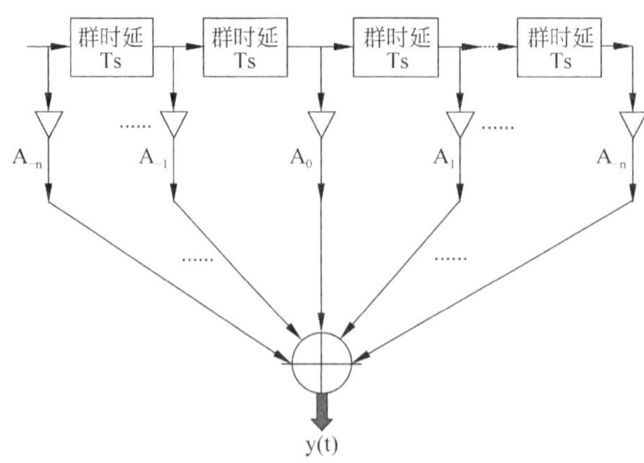

图 3.49　横向滤波器

A_{-n}横向滤波器的作用就是要 $2n+1$ 个符号内的符号间的干扰（ISI）为 0。可以看到上述的横向滤波器中唯一可以调节的因子就是可变权重，没错，横向滤波器就是通过调节可变权值来实现符号间干扰为 0 的。随之而来的问题是，要采用什么样的可变权值才能让符号间的干扰消除？这个过程有一个专业名词叫做均衡器的调节准则，下面就以均衡器最常用的一个准则为例，说说调节准则。

【峰值失真准则】

生活中，在做很多事情的时候人们喜欢假设这个事情最坏的情况是什么，能预见到最坏的情况。人们尽量为这个最坏的情况做充分的准备，一旦最坏的情况都克服了，那么其他的情况就不在话下了。

峰值失真准则就是遵循这个思路，把均衡器效果最差的符号间的干扰作为一个目标值，通过优化均衡器的可变权值的参数来寻求目标值的最小。

简单地说，峰值失真准则就是让码间干扰的最大值最小。

2. 频域均衡

可能有人会问，既然时域均衡技术在数字通信中用得还不错，为什么还考虑这个曾经最早出现在模拟固网通信中的频域均衡呢？

任何技术都有其使用范围，时域均衡技术也不例外，在 2G 时代的移动通信中，数据速率比较小，因此不用太多的均衡器抽头就能实现性能的提升，但是在未来的移动通信技术中，数据速率越来越大，需要的均衡器抽头就越来越多，抽头多了，均衡器的实现就会更加的复杂。

随着均衡器的复杂度的提高，它的稳定性也会越来越差。因此，一些比较先进的频域均衡技术，比如 SC-FDE 就应运而生了。

本节的最后，来看看均衡技术在移动通信中的应用，均衡器最典型的应用当属在 GSM 中的应用，GSM 最常用的两种均衡算法是快速卡门自适应均衡算法与最大似然序列估计自适应算法。

北美的 IS-54 采用的是递归最小二乘法的判决反馈滤波器。采用 CDMA 技术的 IS-95 和 3G 系统，由于 CDMA 用特有的扩频码来区分复用，从而使得信号持续时间远远大于多径时延，因此在 CDMA 系统中不采用均衡技术。

到了 B3G 时代， HSPA（快速分组接入）系统因为调制的阶数比较高，致使时延扩展小于信号持续时间，因此 HSPA 系统采用了均衡技术。

在基于 OFDM 的准 4G 和 4G 系统中，OFDM 的基本原则就是要把串行数据流转换成并行数据流来分别调制传输，因此每路信号的持续时间就会变大，使得时延扩展远远小于信号持续时间，因此基于 OFDM 的系统没有必要采用均衡技术。

3.6　小　　结

1．学完本章后，读者需要回答：

- ❑ 什么是多址技术，常用的多址技术有哪些？
- ❑ 多址与复用有哪些区别和联系？

- OFDMA 的基本原理是什么？
- 调制的基本原理是什么？
- 移动通信常用的调制方式有哪些？
- 信源编码的概念与常用的编码方式？
- 信道编码的概念与常用的编码方式？
- 分集是怎么回事？都有哪些种常用的分集方式？
- 均衡技术的基本原理是什么？

2. 在第 4 章中，读者会了解到：

- 生活中常见的信息安全威胁；
- 移动信息安全中的鉴权与加密技术；
- 2G 中的信息安全；
- 3G 中的信息安全；
- 4G 中的信息安全。

第 4 章　鉴权与加密——安全性的考虑

你是否因为个人信息被泄露而苦恼？你是否经常收到垃圾短信？你是否曾接到过诈骗短信？你的父母是否接到过你遭遇车祸急需汇款的诈骗电话？你是否因为游戏账号被盗而郁闷不已？

相信你肯定经历过上面的情况，生活中，信息的安全是如此的重要以至于怎样强调都不过分。不但网络上有黑客盗号、网站被黑的信息安全被威胁的事情发生，在移动通信中，信息安全也是不可或缺的。

本章首先结合生活中的 QQ 被盗号等常见的信息安全威胁，对移动通信信息安全做一个白话的解释，接着介绍移动通信信息安全中的基本技术——鉴权与加密，随后讨论从第二代移动通信系统到第四代移动通信系统的移动通信信息安全技术。本章对移动通信信息安全的基本概念进行“水煮式”的解读。

本章主要涉及的知识点有：

- 移动信息安全初体验：生活中常见的信息安全威胁。
- 移动信息安全中的鉴权与加密技术。
- 2G 中的信息安全。
- 3G 中的信息安全。
- 4G 中的信息安全。

4.1　移动通信信息安全初体验

相信很多中国人都用过 QQ——一款中国最流行的网络即时通信软件，每天有很多人都要用到 QQ 来聊天、收发邮件等。但是如果 QQ 号被盗，后果似乎就不是很乐观了。笔者就“有幸”被盗过。

那是多么惨痛的经历啊，不但资料被修改、头像被恶搞、个人说明被篡改，更严重的是对方冒充本人对 QQ 好友进行经济诈骗。笔者的经历告诉人们，信息安全很重要！

密码不要设置得过于简单，最好不要用生日、电话号码等很容易被人猜测到的数字组合做密码。

数字＋字母、字母大小写结合等简单的反盗号方法正在逐渐地被采用，人们似乎也更加了解信息安全的重要性，为此 QQ 软件推出的查杀 QQ 盗号木马不失为一个防止盗号的好办法，如图 4.1 所示。

不但网络上有黑客盗号、网站被黑的信息安全被威胁的事情时有发生，在移动通信中，信息安全也是不可或缺的。用过大哥大的人很多都有这样的经历：大哥大被盗打，莫名其妙的话费多了不少。模拟时代的移动电话的信息安全做得是很差的，大哥大被盗号、被盗

打的现象十分突出，这也是后来被数字移动通信取而代之的原因之一。

到了 2G 移动通信的 GSM 时代，信息安全有了不少改观，手机被盗号的现象已经少了很多。但是近些年来各种手机诈骗、垃圾短信等有所抬头，对于这些威胁信息安全的现象，下面做一个简单的分类。

4.1.1　手机窃听

手机被窃听？这个似乎只能在谍战电影中看到的场景，现在在生活中已经出现，2009 年 8 月 9 日中央电视台的《新闻 30 分》，如图 4.2 所示，对手机窃听器的销售买卖情况进行了曝光。手机窃听大概分为两种：一种是类似手机类型的监听设备。还有一种最常用的是通过在被窃听的用户手机上安装窃听软件，然后通过远程监听实现窃听。

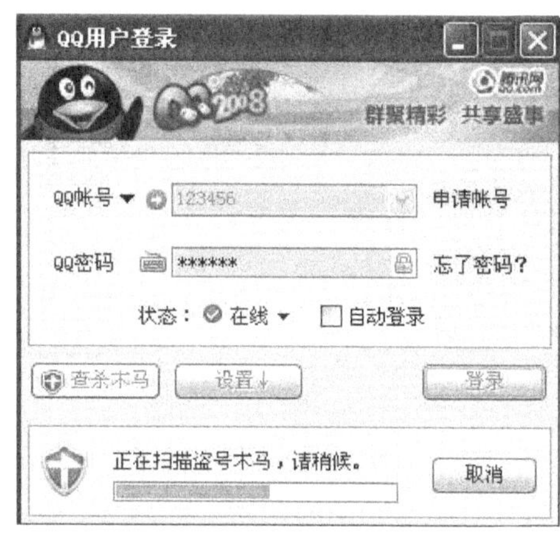

图 4.1　查杀 QQ 盗号木马

图 4.2　手机遭窃听上央视

窃听软件植入手机的过程大概又分为两种情况：

一种是以病毒的方式诱惑手机用户点击网页或彩信等，一旦用户登录含有手机窃听病毒软件的网站，该用户的手机就会被自动安装病毒软件。

另一种窃听软件的植入过程就是人为的安装，一般这种情况容易发生在用户去维修手机，或者手机被别人拿去私自安装了窃听软件。手机被窃听后，用户的银行账号、密码等一旦被窃听，后果不堪设想。目前手机窃听事件多发生在商业窃密、情感纠葛、离婚取证等方面，如图 4.3 所示。手机一旦被窃听，窃听者甚至可以通过指令在用户不知情的情况下打开用户手机的话筒，这样在用户手机 3 米以内的一切声音响动都会被监听。

手机的安全威胁，已经到了不可不防的地步，为了防止手机窃听的发生，专家建议用户要注意以下几点：

（1）首先不要随意打开不安全的网站，一种保险的方法是安装手机杀毒软件、打开防火墙。

（2）其次要注意蓝牙等短距离通信技术的使用，不用的时候一定要关闭蓝牙，特别是在公共场合的时候。

（3）最后，尽量随身携带手机，不要让陌生人随便接触你的手机。

手机窃听的技术手段主要涉及窃听软件或者窃听器伪装成用户，来非法获取用户终端与基站及核心网的交互信令与数据信息等。

图 4.3　手机窃听多发领域

4.1.2　手机盗号

前段时间笔者去北京某电子市场淘货，上二楼，大声的吆喝声、拉客叫卖声、音乐噪声，声声入耳，好一副欣欣向荣的景象。

"克隆手机 SIM 卡啦啊，150 元，大甩货喽……"

什么？诧异的笔者不敢相信自己的耳朵，手机卡都能被复制啦，这还得了，手机卡被复制了，后果不堪设想啊。怀着好奇的心理，笔者到叫卖的摊位上，摊主见到笔者很是热情，一再介绍产品的质量，笔者试探地问："真的能复制 SIM 卡吗？"

"没问题啊，不好用你可以找我退回来！"

"我的摊位一直在这，深圳进货，美国技术！质量绝对有保障！"

老板热情地解释着，似乎想要打消笔者的疑虑。接着，老板把货拿出来摆在柜台上，所谓的 SIM 卡复制器是由一个光盘、一个类似 U 盘的即插即用 SIM 卡复制器和一个空白 SIM 卡组成，如图 4.4 所示。

图 4.4　SIM 卡复制器

老板说用配套的复制器可以复制 10 个号码在一个空白的 SIM 卡上面，复制的过程很简单，按照说明书的操作流程，复制一个号码到 SIM 卡上只需 2 个小时即可，笔者不禁为手机的信息安全捏了一把汗。

比起前面的手机窃听，手机盗号似乎更加直接地威胁着每个普通用户的经济利益和信息安全。手机盗号是非法用户终端假冒合法用户的身份，通过打电话进行诈骗、敛财等非法活动的一种手段。值得庆幸的是，移动运营商目前大都采用了可查询的网络计费模式，用户可以自行查询自己的详细通话记录，不给骗子们可乘之机。

当用户的手机有如下表现时，就要注意了，你很可能被盗号了：

（1）用户觉得自己的话费在一段时间内明显偏多。可能是有人盗打了你的电话，导致了话费短时间内激增。

（2）手机来电铃声（或者震动时间）很短，用户还没来得及接听就挂断了，若此种情况经常发生，那么你要小心了，可能是诈骗者接了你的电话。

（3）手机关机后，用别的电话呼叫此手机的时候，提示音并不是“对不起，您拨打的电话已关机”。

（4）大量的陌生电话号码的呼入。

（5）经常出现信号很好或是电话打不出去的现象，此时有很可能是被复制的 SIM 卡处于通话状态或者关机状态。

以前，手机被盗号经常出现在第一代移动通信系统的大哥大身上，当时的大哥大盗号更加简单，只要大哥大处于通话中，电话的信息就可能很容易被不法分子用专用的仪表截获。20 世纪 90 年代，大哥大的盗号屡见不鲜。

目前的手机防盗功能还不错，但是用户们还是要小心，为了防止手机被盗号，可以遵循以下几点：

（1）手机话费短时间内激增的时候，一定要去查查最近几个月的话费账单、通话记录。若有很多自己不熟悉的号码，则很可能被盗号。

（2）和手机被窃听的防范办法类似，修手机的时候一定要把 SIM 卡取出。

（3）手机尽量不要长时间地放于陌生人的手中，随身携带是个不错的主意。

4.1.3　短信诈骗

最近这两年，短信诈骗可以说是移动通信安全的首席通缉要犯。短信诈骗以其被骗人群的广泛性、诈骗内容的花样翻新而闻名于世。笔者就以自己的亲身经历来讲述短信诈骗的详细过程：

一日，正在上自习中，忽然收到短信一条，曰：“尊敬的用户，您好，您已于 2014 年 10 月 1 日在辽宁沈阳乐购商场刷卡消费 5600 元整，如有疑问，请与中国 xx 银行联系，电话 024-6228xxxx。”

话说笔者当时就有点晕，好久没去沈阳了啊，还刷卡了？貌似笔者在国内的时候一般不会刷卡买东西的啊。难道这个是传说中的诈骗短信？怀着疑惑的心情，笔者打通了 xx 银行的官方咨询电话 955xx，电话那头工作人员告诉笔者，接到的短信肯定是诈骗短信，遇到此类情况，千万别上当。短信诈骗模拟流程，如图 4.5 所示。

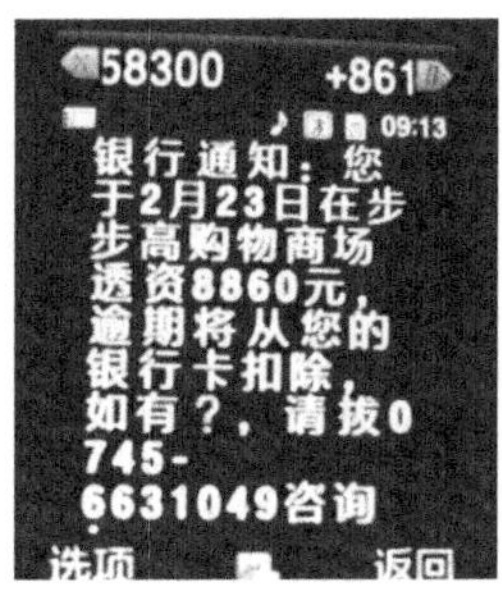

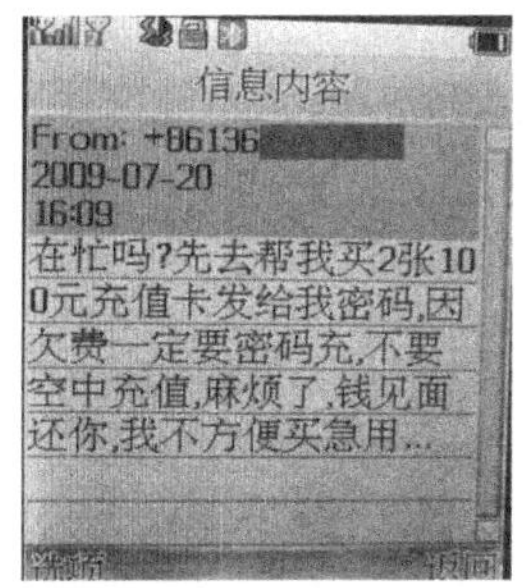

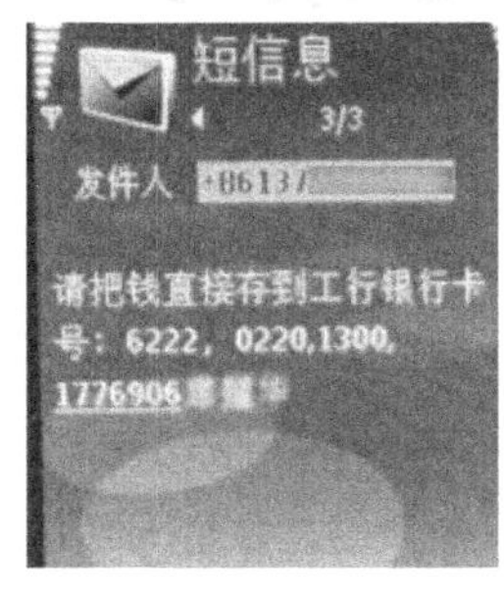

图 4.5　各类诈骗短信

还有一次，地点在实验室，笔者接到一个电话，对方似乎和笔者很熟悉，上来就直呼本人名讳："xx，最近忙啥呢？"由于对方的号码比较陌生，于是笔者问道：

"不好意思，我这没您的号码，请问您是哪位？"

对方和笔者卖起了关子。

"太不像话了，连我是谁你都忘记了啊？"

"不好意思，您是？"，笔者还是没想起来对方是谁。

"我的声音你还听不出来吗？"

"听不出来"

"你猜？"

和对方周旋了半天，对方还是不肯说他是谁。由于对方迟迟不说他的来历，笔者就挂了电话。后来实验室的同学提醒，这人是不是骗子啊？

笔者心里一琢磨，还真有可能，对方的号码区号是东莞，东莞笔者似乎没有同学。闲来无事，想逗逗那个骗子，于是就给那个号码回拨过去了。笔者说"你是不是高中同学狗娃子啊？"

对方愣了一下，马上反应过来"哎呀，是啊是啊，你看你真是贵人多忘事啊，当初毕业的时候还说，苟富贵勿相忘呢？现在都忘记了，哎!"

"实在对不住啊，狗娃子，最近在写一本书，忙的晕头转向的，连你狗娃子的声音都听不出来了。"

"我最近啊，手头有些紧啊……"

对方要开始行骗了，当时就赶紧打住他，具体如何与骗子周旋省略，大家可以发挥想象力。

"狗娃子啊，……"

对方实在没忍住，愤恨地挂了电话。笔者和实验室的同学们终于大声地笑了出来。

现在的骗子确实是无所不用其极，典型的诈骗手段还有以下几种：

（1）银行卡丢了，请将钱打到这个银行卡号上：xxxxxxxxxxxxxxxxxxxx，户名：李明。

（2）爸妈：我的银行卡丢了，速汇学费和生活费至我同学的银行卡账户，xxxxxxxxxxxxxxxxxxx，户名：张三。

（3）我是某公安局（电信局、检察院），您的电话已欠费，而由于您的银行账户涉嫌洗钱，请将话费打入 xx 账户，请您配合。

（4）恭喜您获得**庆典抽奖活动一等奖，详情请咨询************，如图 4.6 所示。

图 4.6 “中奖”短信

前面讲到的是日常生活中手机经常面对的信息安全领域的威胁，只是移动通信信息安全领域面临的诸多威胁的冰山一角，移动通信核心网和数据库等也面临着安全威胁，由于篇幅原因，这里不做展开讲解。

为了应对上述移动通信中的安全威胁，现有的移动通信系统都采取了一系列的安全措施。

为了应对犯罪分子的攻击行为，比较常用的安全措施为：认证与鉴权技术、加密与解密技术；同时为了防止合法用户的一些非法行为，移动通信采用了数字签名的技术。

前两条措施很容易理解，但是后一条很多人可能会不理解，为什么对合法用户还采取安全措施呢。

举个简单的例子，生活中，很多人会说手机费怎么用了这么多啊，是不是移动（联通）多收钱了？不行，得去北邮西门营业厅找他们评理去，这运营商真是太黑了！到了营业厅，

和工作人员说明了来意，工作人员耐心地讲解，同时给不明真相的用户看了本月的账单，确实是自己的电话打得过多了。要是没有这数字签名技术，运营商每天得背多少黑锅啊，就事论事地说，运营商收错钱、多收钱的现象在近些年来还是不太多见的。

4.2　牛刀小试——2G 中的信息安全

前文讲到，由于无线信号通过开放的空中电磁波传播，不法分子可以采用技术手段收集、截获、破解、处理空中信号数据，因此移动通信的面临的信息安全的威胁比固定有线电话的威胁大得多。

特别是第一代移动通信的大哥大基本不具备抵抗信息安全威胁的能力，因此在第二代移动通信的设计中着重考虑了信息安全的问题，下面就来看看 2G 中的 GSM 和 IS-95 的安全措施。

4.2.1　GSM 的信息安全——潜伏和风声的故事

前文讲过移动通信的基本信息安全措施包括鉴权和加密技术，鉴权是为了保障只有合法用户才可以接入系统；对信号的加密是为了防止非法用户的破解、窃听等。

1. 鉴权——特工接头

鉴权包括基站对手机终端的鉴权、手机终端对基站的鉴权、基站与核心网之间的鉴权、基站之间的鉴权等。在 GSM 中典型的鉴权是基站与用户之间的鉴权过程，如图 4.7 所示。

鉴权过程可以简单地理解为革命战争时期地下党员接头时的情景：接头的一方叫基站，另一方叫终端，代号叫做基站的同志是久经考验的老地下党员了，一般在书店做掌柜，白天负责卖书、记账，晚上负责和前来交换情报信息的各个地下党员接头。前来接头的各个地下党员有一个统一的代号——终端，终端们都尊敬地管老掌柜叫基站，如图 4.8 所示。

代号为什么叫基站和终端这两个奇怪的名字呢，据说当初组织上负责给他们起代号的领导是学无线电搞窃听出身的，对无线电的热爱让他对通信技术有着莫名的好感时候，这位领导要不是全身心投入到中国人民的解放事业中去，没准他能成为一个技术精湛的高级通信工程师。

这位学通信的领导留过洋，有学识，有技术，思想前卫，有创新意识，他认为将来的通信必将是移动通信的天下，而将来的移动通信系统必然是由一个负责为移动的电话发射和接收信号的发射塔，也就是一个不动的高塔——基站，和可以移动的电话——终端所组成。没想到，这位地下党的情报科科长还是蛮有预见性的，在成功预见了通信行业的发展趋势之后，在生活中的他也喜欢把一些专业名词用于特工的命名上，比如负责接待前来接头的老掌柜，科长给他起了个代号叫基站，这是因为他觉得基站是负责给终端们发送和接收信号的。

而老掌柜在接头中的职责就是要把来自上头领导、组织（可以叫做核心网）的信息传达给前来接头的地下党员们，同时负责接收他们传达给组织的情报，在这个过程中，老掌柜是不是有点现代通信中的基站的角色了呢？

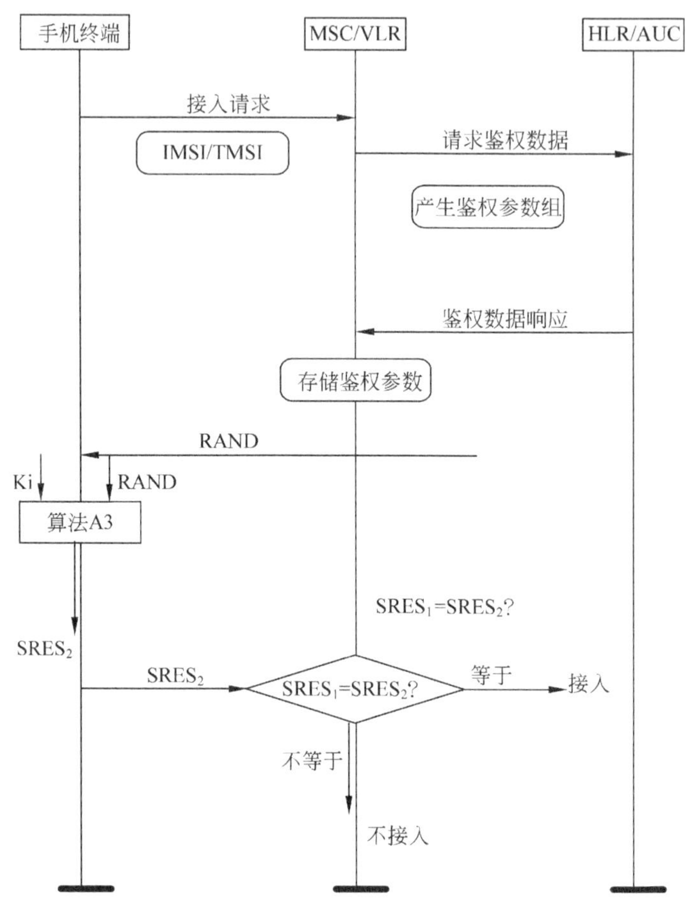

图 4.7　GSM 鉴权过程

呵呵，好玩的在后边呢。

领导之所以给前来接头的地下党员们起代号叫做终端，是因为这些年轻的地下党们负责收集情报，然后把情报通过交给代号叫做“基站”的老掌柜，由老掌柜来负责把情报传送给上级组织。基站和终端这两个代号的来历讲清楚了，后边就是老掌柜和地下党员们之间的接头方式了。

图 4.8　特工接头

每天很多个代号叫做终端的地下党前来传送情报，老掌柜为了区分他们，给他们每人发了一张卡——SIM 卡。SIM 卡的功能十分强大，主要作用是为了区分不同的终端，以期正确地进行通信。

每个 SIM 卡都有一个唯一的号码叫做 IMSI——国际移动用户身份号，对应于每个身份号码还有一个个人用户密码。之所以叫做国际移动用户身份号是因为全球遍地都是地下党员，这么做是为了方便统一管理。国际移动用户身份号和今天的身份证号码差不多，区别在于身份证没密码，但是国际移动用户身份号有密码。

具体的基站和终端的接头过程是这样的：

"基站"老掌柜首先掷骰子产生一个点数，然后根据点数对应的一个随机数（这里只是产生一个），根据这个随机数来从密码本中得到一个见面接头的鉴权响应符号——$SRES_1$，同时把这个随机数（发送）给前来接头的"终端"。

注意：GSM 实际的加密过程中，随机数是一个 7 位的二进制比特串，看来，老掌柜的骰子需要一个加肥加大型的喽。

"终端"根据"基站"给的随机数结合自己的国际移动用户身份号的密码来从密码本中取出一个见面接头的暗号——鉴权响应符号 $SRES_2$。

接下来，"终端"把鉴权响应符号 $SRES_2$ 发送到"基站"，"基站"对比鉴权响应符号 $SRES_2$ 与鉴权响应符号 $SRES_1$。如果两个鉴权响应符号相同，则通过鉴权的"终端"是合法用户——是我党的地下工作者，可以接入；否则，终端是非法用户——敌人的奸细，不能接入，如图 4.9 和图 4.10 所示。

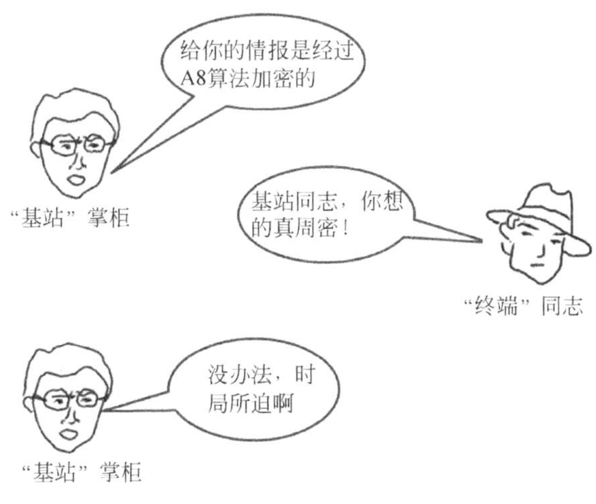

图 4.9　接头对暗号

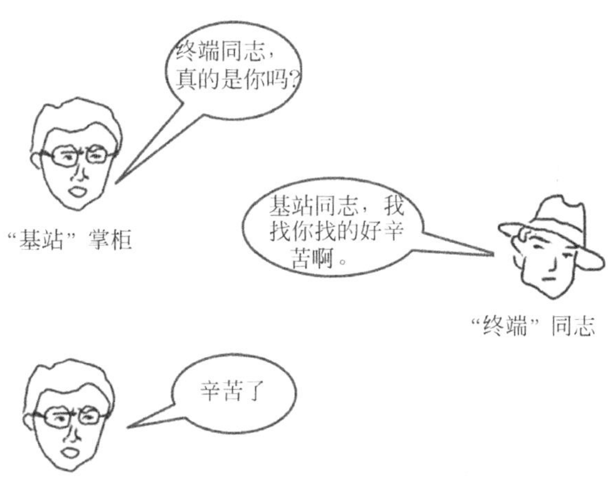

图 4.10　同志相认

2．加密——特工传递情报

总地来说，GSM 的加密是为了防止非法用户窃听合法用户的数据信息。简单地说，就是在手机终端和基站两端对想要传递的语音或者数据业务进行加密，同时提供加密和解密密钥用于解密。

举例来说明加解密的过程，还是地下党的故事。话说书店掌柜“基站”与前来接头的地下党的特工“终端”见面后，就准备交换情报了。但是为了防止他们的秘密情报被敌人截获后破解，他们想出了一个办法来解决这个问题，那就是——加密，如图 4.11 所示。

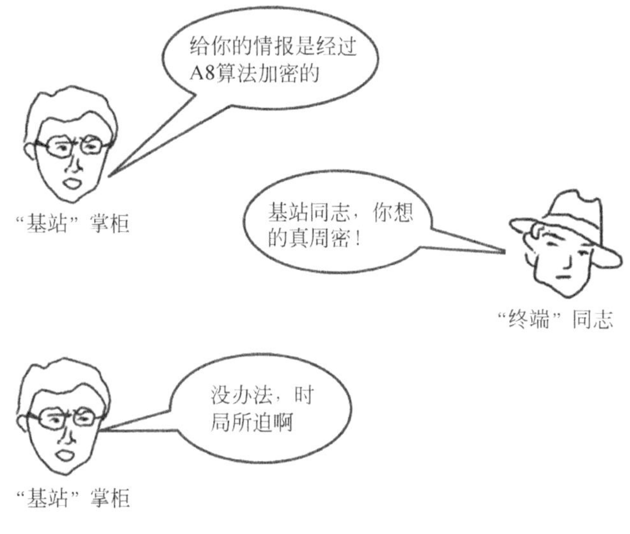

图 4.11　地下党传情报

普通的情报是明文写的，虽然明文使得我方人员能够读得轻松，但若是落在敌人手里，敌人也能读懂，这样一来，安全性就会受到威胁。

为了防止情报被截获，特工们对情报进行了加密，加密的过程如下：

首先“基站”的掌柜先来掷骰子，这里不是要打麻将啊，掷骰子是为了产生一个随机数，然后掌柜的“基站”把这个随机数告诉了地下党的特工——“终端”同志。“终端”同志收到这个随机数后，用一直带在身上的终端密钥一起同 A8 算法产生了加密和解密的密钥，接着把这个密钥存起来。

同时，“终端”同志小心翼翼地把终端密钥经过 A2 算法加密后，通过和掌柜的秘密通道送给掌柜“基站”同志。“终端”同志把自己的 SIM 卡上的 K'_c 与传送业务信息的数据帧号一起，通过 A5 算法产生最终的也是最最重要的加解密的密钥 K_c，并且实时地通过序列加密方式进行加解密。

“基站”掌柜那边通过一系列的复杂运算产生加密、解密的密钥，这样掌柜和地下党前来接头的人员之间通过口头暗语或文字形式的密文，进行交流情报和信息交换，如图 4.12 所示[4]。

看来加密真的很重要啊，GSM 的加密似乎做得已经很好了，但是为什么还会出现 GSM 的 SIM 卡被复制、被破解的情况呢？这就要看传说中的信息安全中加密算法的表现了，加

密算法的选取直接关系着 SIM 卡能否被破解。

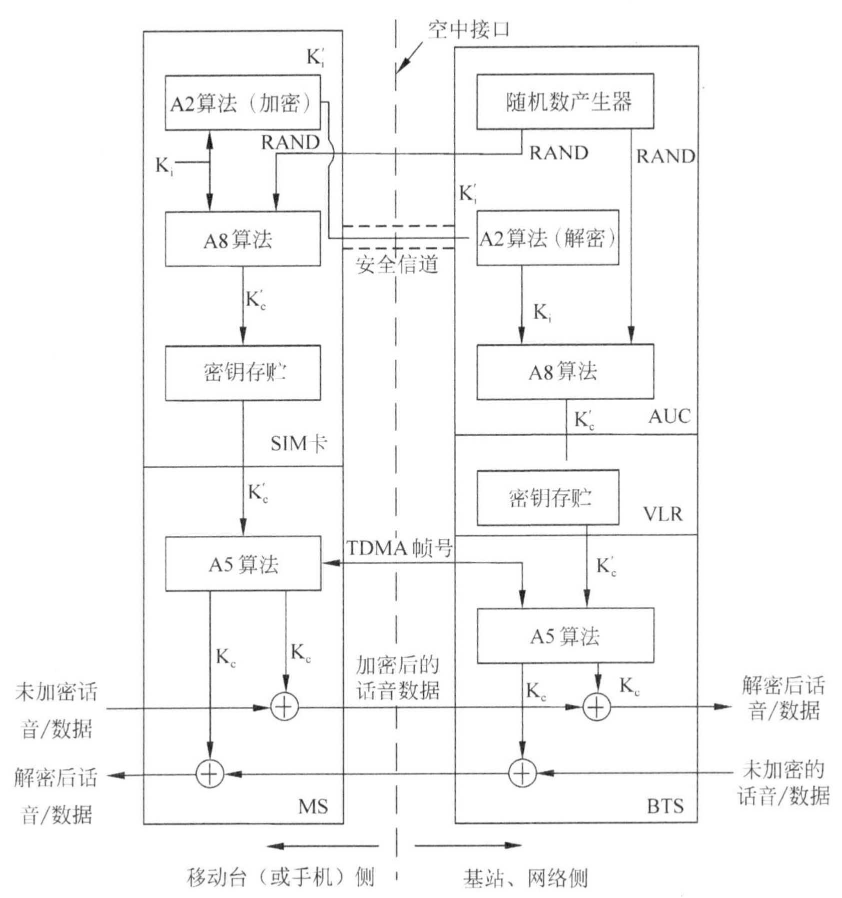

图 4.12　GSM 加密过程

前面讲到笔者在北京某著名电子市场遇到卖 GSM 手机 SIM 卡复制器的神奇经历，那么 SIM 卡复制的原理是什么呢？为什么 SIM 卡这么容易就被破解了呢？在这里，先来看一下 GSM 系统设计上的一些小缺陷，正是这些缺陷让不法分子和黑客们有了可乘之机。

用过手机的朋友都知道，手机卡很容易地就可以从手机上卸下来，同时也能很容易地装上。假如你是黑客，你要破解 GSM 手机卡上的数据，你会怎么做呢？直接砸碎？恐怕不行吧！

如果能制造一个假的高仿真手机，然后把 SIM 卡插到高仿的假手机上，然后把手机与 SIM 卡接口之间的交互信息截获，岂不美哉？事实证明，这是一个不错的办法，原来破解 SIM 卡这么简单啊？吼吼~~

这是 GSM 系统在信息安全上的第一个缺陷，SIM 卡与手机终端之间没有得到系统应该有的保护，因此，信息被截获似乎并不足为奇。然而，这只是 GSM 系统信息安全悲剧的一个序幕，后边的漏洞会更加致命。让我们把自己想象成黑客，继续破解 GSM，如图 4.13 所示。

截获 SIM 卡和手机之间的交互信息只是破解的第一步，截获的消息被加密了，前文讲到过，GSM 的加密算法采用的是 A2、A3、A5 和 A8 等算法。

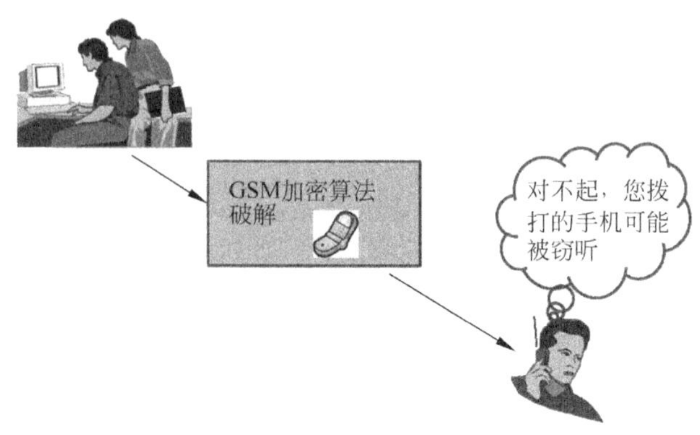

图 4.13　破解 GSM 密码

加密算法和破解过程简直就是一副矛和盾，不是要攻击吗，我偏要防守得天衣无缝；对方也不示弱：你不是防守得天衣无缝吗，那我非要破解得你漏洞百出。双方你来我往，想要大战三百回合？但是，这场战争还是有些不对劲儿。咋就不对劲儿呢？

战争都是互有攻防，“矛”要破解“盾”，那么“矛”就是进攻的一方，“盾”主要用来防守。就像打拳击一样，你光防守不进攻的话，防守的再好恐怕也终究要被打倒，因为你是任人宰割，是被动的！而加密算法就是这样一个只会防守很少进攻的一个拳击手，不同的是，这个拳击手的防守能力还不错，比普通拳击手抗击打的时间稍微长一些。

于是，自从 GSM 宣布采用这些加密算法一来，想破解的人就没停过，终于，有一天，Wagner 和 Gold Berg 等人破解了 GSM 系统中的 A3 和 A8——comp128 算法。他们宣称只要收集了 16000 个随机鉴权响应符号，就可以获得 SIM 卡保存的用户密钥，想要破解普通用户的手机卡，仅需要 10 个小时就够了[4]。

好可怕啊，能想象手机被人窃听了吗？和女友在手机里说的悄悄话被人听见了，商业机密被人听取了，个人隐私没了……

Oh，my god！

这真是太疯狂了，脆弱的心灵有些接受不了。别急嘛，更加疯狂的在后边。

接下来，来自以色列魏兹曼研究所的 Alex Biryukov 和 Adi Shamirxx，以及来自伯克利的 David Wagner 破解了 A5 算法，而且最快只需要 2 秒钟，这个对 GSM 的打击太大了。确实有点接受不了了，2 秒钟……也太不给 GSM 设计者面子了吧。然而，后边还有更加让 GSM 设计者抓狂的。

来自 IBM 的研究人员发现，采用分割攻击的办法，SIM 卡可以很快被复制，真相大白于天下，这就是北京某电子市场 SIM 卡复制器的出处，再怎么坚固的盾还是要被锋利的矛所刺伤。

所以在体育界有一句名言——进攻是最好的防守，尽管不是百分百的正确，但还是能说明一下问题。至少光防守不进攻，让人家揍，总扛着还是不太靠谱的，谁也不是金刚之躯。

但是在另一个角度来说，加密算法终究是要被破解的，只不过是需要时间罢了。

要知道，在美国加州圣巴巴拉召开的 2004 年国际密码学会议上，一位巾帼不让须眉的中华奇女山东大学王小云教授，做了破解 MD5、HAVAL-128、MD4 和 RIPEMD 算法的报告，这标志着由于美国国家标准技术研究院与美国国家安全局设计的，早在 1994 年就被

推荐给美国政府和金融系统使用的密码算法都被破解了。

2009 年 12 月 29 日，一个 28 岁的德国工程师——卡斯滕·诺尔成功破解了 GSM 的加密算法，并将算法在网上共享，如图 4.14 所示。这意味着全球 200 多个国家和地区的 30 多亿用户，将面临着手机被窃听的危险。

Karsten Nohl
Former Graduate Student
Computer Science Department
University of Virginia

Contact Information

E-mail: nohl@virginia.edu
PGP: 0ECC 358C 2595 1058 7861 4400 7DE2 766E 787C 2265

About me

CV, Research Statement

I've been a graduate student at the University of Virginia from 2005 to 2008. At the moment, I live and work in Berlin. My PhD thesis proposes techniques for realizing *Implementable Privacy for RFID Systems*. My current research focuses on cryptography for small devices and touches on microchip security, privacy protection, and the economics of information. My advisor is David Evans.

GSM Security

Following our previous research of disclosing vulnerabilities in widely deployed systems, we are currently investigating several aspects of the GSM cell phone standard. The first major stream of this research computes a rainbow tables code book to decrypt A5/1.

图 4.14　卡斯滕·诺尔在弗吉尼亚大学的个人主页

既然美国政府和金融系统使用的密码算法都被王教授破解了，那么 GSM 被破解就很正常了吧，别再纠结了，呵呵。

3．设备ID寄存器——移动设备纪检委

生活会经常听到某某纪律检查委员会的名字，这个名词经常出现在政府、党委、军队、高校，甚至国有企业中。它一般是监督官员、党员、军人、领导、普通公民的违法违纪行为的一种机构，它的存在对于个别贪污腐败、违法犯罪的国家蛀虫造成震慑和惩戒作用。

设备 ID 寄存器的地位如同纪律检查委员会，如图 4.15 所示。

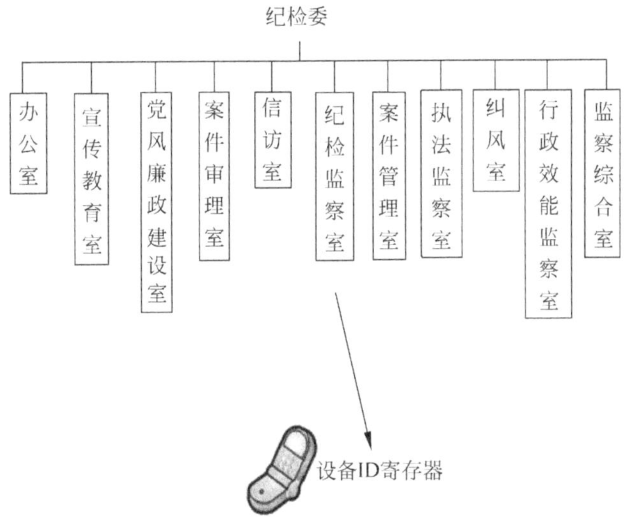

图 4.15　移动设备的纪检委

在 GSM 系统中，也有这么一个纪律检查委员会，它就是设备 ID 寄存器（EIR，Equipment Identity Register），这个设备 ID 寄存器是怎样起到纪检委的作用的呢？

在学习设备 ID 寄存器的原理之前，先来看看生活中真实存在的纪律检查委员会是怎样工作的，他们首先要有一个纪律检查对象的一个名单，只有列在这个名单里的用户才是纪律委员会的检查用户范围。如果发现谁有违法犯罪行为，在经过群众检举、调查后，对违法违纪的党政官员等检查对象做出相应的处理。

设备 ID 寄存器的原理与之类似，首先它也要建立一个数据库来存储要管理对象的名单，在党政机关中的纪律检查委员会的名单是以人名的花名册的形式存储的，在设备 ID 寄存器中的名单是以国际移动台设备 ID（IMEI，International Mobile Equipment Identity）来存储的。

在这里简单地介绍一下国际移动台设备 ID，国际移动台设备 ID 是与每个手机一一对应的一个号码，也就是说这个号码是唯一的，存储在 SIM 卡中。也许会有人问，貌似手机的识别号码不止是一个国际移动台设备 ID 吧。

说对了，就像每个人都同时拥有好几个身份标识一样，一个普通学生的标识就有好几个——身份证号码、学生证号码、护照号码、考试的考号、借书证号码、饭卡的卡号等。手机的标识也不止一个，GSM 系统中为移动终端提供 3 个可以用来验明其正身的识别号码，分别是 IMSI、TMSI 和前面提到的 IMEI。

IMSI 的中文翻译是国际移动用户身份号码（International Mobile Subscriber Identity），IMSI 也是与每个移动终端一一对应的号码。值得注意的是，IMSI 一般都是出现在移动终端第一次接入到网络中的时候。当然，传递的方式肯定是加密之后在空口传递的，很少出现传两次 IMSI 的情况，除非第一次传错了，但传错的几率还是蛮小的。

TMSI 是 Temporary Mobile Subscriber Identity 的缩写，翻译成中文就是临时移动用户身份号码。

注意：TMSI 翻译成中文是临时移动用户身份号码。这里突出“临时”二字，绝对不是哗众取宠。临时就意味着变动。临时工意味着随时要走人，临时教室意味着以后随时可能换教室。因此临时的移动用户身份号码就像大一刚入学，学生证还没办下来，可是出去玩也要出示身份证啊，进入校园有时也需要一个证明是某某大学的学生的证件啊，于是学校给每个学生发了一个临时的学生身份证明。

TMSI 就像个临时身份证一样，也是用来临时证明移动台的身份的。因为可能随时要变动的缘故，TMSI 的更新过程如图 4.16 所示[4]。

介绍了 IMSI 和 TMSI 的内容之后，言归正传，继续来说设备 ID 寄存器的工作原理。还是用纪律检查委员会的类比来说明问题，纪律检查委员会对平时表现比较优秀很少出错，没人告他的状，没人写他的匿名信，很少出现经济问题和生活作风问题的腐败绝缘体列到一个安全的名单中，这个名单的人都是可信赖的。

同时，对那些平时表现很差劲、经常有人告他的状、揭发他的罪状的人，纪律检查委员会直接把他们列为重点“考察”黑名单，组织人力物力对其进行调查取证。如果确实是贪污腐败的，则绝不姑息，严肃查处，杀一儆百，以儆效尤。

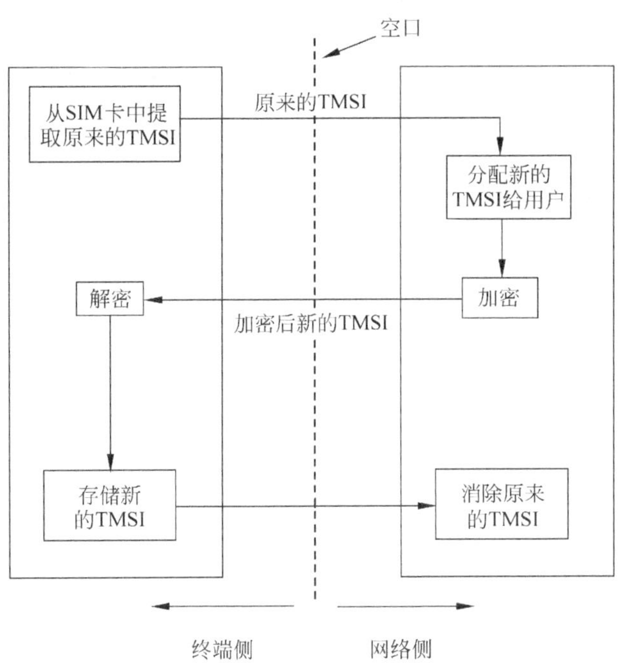

图 4.16　TMSI 的更新过程

还有一种人呢，是介于这两者之间的，说他表现好吧，他不如白名单中的那些优秀分子，偶尔犯点小错；说他表现不好吧，他不如黑名单中的那些腐败分子的罪行严重。对于这种人，组织上采取警告、提醒，本着治病救人的态度，能拉就拉一把，他们大多被列入灰名单。如图 4.17 所示。

图 4.17　黑白名单

ID 寄存器的工作原理与纪律检查委员会极其相似，首先给每个移动用户的 IMSI 分类。

- 白名单：表现较好的终端，无不良记录、手机正常工作。
- 黑名单：表现较差的终端，有不良记录（非法移动台），或者手机正常不工作“存在故障”等。
- 灰名单：表现较中等的终端，较少不良记录、手机可能不能正常工作。

对于以上 3 种类型的终端，GSM 对其采取不同的态度。白名单的用户，系统对其比较放心，可以执行继续接入的操作。谁让他们平时都表现优秀呢，说他们干坏事，谁信啊，所以系统对他们的检查会比较少，也不会太严。

处于黑名单的用户，GSM 系统禁止其接入。害群之马一定要清除出去。处于这个名单中的用户，系统对他们的检查会比较频繁，同时也比较严格，并不是非要歧视他们，谁让他们有前科呢，没办法。处于黑名单中的用户，GSM 系统对其采取系统内警告处分，记录和跟踪他的活动，对其发出口头警告，如果犯罪，马上拿下。

对于处在灰名单中的用户，系统对他们既没有白名单中的用户那样明显的好感，也没有黑名单中表现差劲的劣等生的鄙视。系统对灰名单总是持既不会很热情也不会很冷漠的中间的态度，所以在对他们例行检查的时候也会相应地表现出来：既不会对他们频繁地检查也不会不检查，检查的频繁程度介于黑、白名单之间。

4.2.2　IS-95 的信息安全

与 GSM 的加密类似，IS-95 系统的信息安全措施也包括鉴权和加密两部分。与 GSM 不同的是，IS-95 的鉴权与加密更加关注数据用户的信息安全。

与 GSM 系统一样，IS-95 的鉴权也是为了保证用户的合法身份，防止合法用户的数据信息被篡改等；IS-95 的加密也是为了防止非法用户窃听合法用户的数据信息等。

1. 鉴权——特工接头

IS-95 的鉴权包括全局查询鉴权和唯一查询鉴权，其中全局查询鉴权又包括注册鉴权、发起呼叫鉴权，以及寻呼响应鉴权等。

注意：唯一查询鉴权只在全局查询鉴权失败的情况下使用。

IS-95 鉴权的基本原理是通信的双方都要产生一组鉴权认证参数。

IS-95 的鉴权与 GSM 的认证过程大同小异，先是产生一个随机数，通过这个随机数，基站和移动终端分别将这个随机数和移动台的识别号码 MINT、ESN 一起各自输入到自己那一侧的鉴权算法中，分别抽取一个 18 比特的鉴权认证数据 AUTHBS；然后基站将基站侧的 AUTHBS 发到终端侧，终端侧将基站发过来的 AUTHBS 与自己这一侧产生的 AUTHBS 做比较，如果相同则认证成功，否则鉴权失败。

鉴权的过程类似特工接头的过程，两边的暗号对上了，就实现了认证鉴权，否则就是鉴权失败。如图 4.18 是 IS-95 中鉴权认证的一个基本过程。

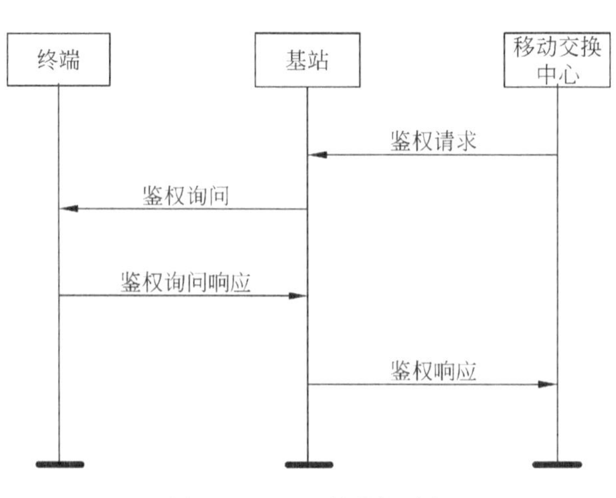

图 4.18　IS-95 的鉴权过程

这里有一个值得注意的地方是鉴权认证算法，这也是 IS-95 与 GSM 鉴权认证过程中的最大差异所在。IS-95 的鉴权认证算法是单向哈希（Hash）函数，而 GSM 用的是 A2、A3、A5、A8 算法。

2. 消息加密的过程

IS-95 系统的加密过程的特别之处在于，它能够对不同的消息实现不同的

加密，所以按照不同的业务类型可以将 IS-95 系统的加密分为 3 种：

- 信令加密：信令的加密对于移动通信系统来说是至关重要的，甚至对鉴权的过程也会造成影响。
- 语音加密：IS-95 系统语音业务的加密是通过为序列进行掩码来完成的。
- 数据业务加密：IS-95 系统更加注重数据业务的加密，这也是与 GSM 的一个区别，如图 4.19 所示。

图 4.19　消息加密

除了按照不同业务区分的加密方式之外，还有一种分类办法——按照加密的位置来划分。简单地说，这种分类办法就是看加密是在通信过程中的哪个环节实现的，如果在信令、语音、数据没有调制之前加密，就被称为信源加密。如果在信令、语音、数据调制之后马上输入信道的信号进行扩频，则是信道加密。

注意：按照信道编码和加密的先后顺序来分类，还可以把加密分为外部加密和内部加密。

4.3　登堂入室——3G 中的信息安全

如果说 2G 中信息安全的应用还是牛刀小试的话，到了 3G 时代，信息安全则是得到了人们更多的关注和重视。当然和 3G 对 2G 业务的兼容性类似，在信息安全领域，3G 也是和 2G 完全兼容的，只不过 3G 修补了 2G 中的安全漏洞，在信息安全上做得更加出色，真正做到了信息安全在移动通信领域应用中的登堂入室。

2G 中的一些安全漏洞已经在 4.2 节中提到过，比如 GSM 中的手机卡与手机之间的接口不受保护、A2/A3/A5/A8 算法被破解、SIM 卡被复制、伪装基站的攻击、网络侧重数据与信令的明文传输。

第三代移动通信技术针对第二代移动通信系统中上述的问题，采取了相应的安全防范措施。下面就依次介绍 3G 中的 3 大标准——WCDMA、CDMA2000、TD-SCDMA 在安全领域的措施。

4.3.1 3G 信息安全概览——保镖升级

随着移动通信从第二代到第三代的更新换代，第三代移动通信区别于第二代移动通信的一个突出的特点就是数据业务的普及与应用，特别是各种增值业务的应用成为 3G 盈利的主要增长点之一。比如手机报、手机银行、手机炒股、视频电话、手机电视、手机游戏、移动电子邮件、手机搜索、手机 IM（即时通信，比如手机 QQ、手机飞信等）业务的开展将会为 3G 带来良好的商机。这些也是第二代移动通信仅提供 WAP 上网业务、基本的语音通话、短信业务所无法比拟的。

然而，上述数据业务的提供却十分需要信息安全为其保驾护航，没有信息安全技术的保证，手机银行、手机炒股这种对信息安全要求十分严格的业务就无法开展。

如果说第三代移动通信提供的这些业务都是移动运营商赖以生存和发展的金饭碗的话，那么信息安全无疑就是保护这些业务不受任何敌人侵犯的全职保镖。在用户们使用这些业务的时候，不会感受到这些"武力高强"的保镖们（如图 4.20 所示）的存在，但是如果没有这些隐性的保镖，游戏账号被盗、手机银行账号被窃、手机电子邮件被黑客侵入，将会是每天伴随的梦魇。

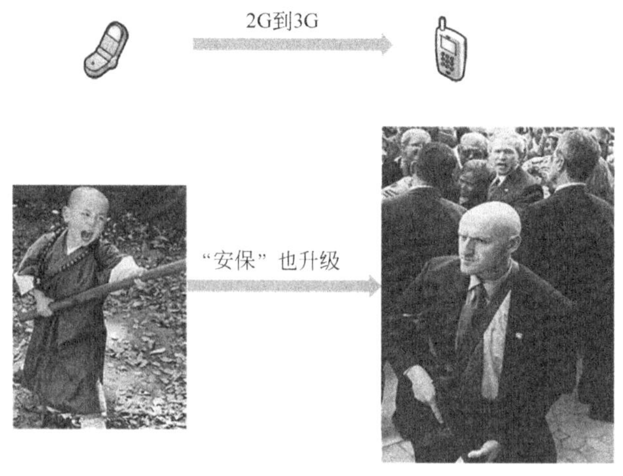

图 4.20　3G 的安保措施

下面就来历数第三代移动通信信息安全面临的更加严峻威胁的几个打劫的"路霸"和"山贼"，以及这些"路霸"与"山贼"比第二代移动通信掌握的更多的杀手锏究竟体现在什么地方。

1. 首当其冲——手机病毒和木马

第二代移动通信的手机病毒相对第三代移动通信来说还没有泛滥，只是星星之火。这是因为纯 2G 的移动通信数据业务极少，直到 GPRS、EDGE 的使用使得手机上网有所加强，手机病毒这才刚刚起步。

然而，到了第三代移动通信，智能手机大范围推广。所谓智能手机，就是有独立的操

作系统，像目前用的电脑一样，可以自由安装第三方提供的软件。

注意：判别一部手机是否为智能手机的一个明显特征就是有无操作系统。

有了操作系统的智能手机就像个人电脑一样，功能会更加强大，游戏会更加好玩，但是随之而来的还有类似于个人电脑一样的病毒和那该死的木马。

这里要澄清的一点是木马与病毒的关系，从广义上来说木马也属于病毒，但是由于其特征更加鲜明，所以被单列出来作为一个“人民公敌”来单独批判。几乎所有的病毒都是使电脑或者手机反应变慢、操作系统死机，以及出现各种各样莫明其妙的错误来让你无法正常使用电脑（手机）。

但是木马与普通的电脑病毒还是有区别的，木马的名字来源于古希腊传说和《荷马史诗》，古希腊传说中有一个特洛伊王子名叫帕里斯，他去访问古希腊，结果这小子不怎么老实。挖墙脚挖到了古希腊国王的头上，特洛伊把人家古希腊国王的老婆（海伦）抢走了。此仇不报誓不为人啊，这次特洛伊王子玩大发了，在本国怎么玩都行，古希腊可不是说来就来，说走就走，走的时候还带走王后。

希腊人民二话不说，把咱们国母给拐跑了，他还想混吗，拿下特洛伊，把那流氓的帕里斯剥了皮。但是这个特洛伊也不是那么好攻下来的，既然帕里斯选择了挖希腊国王的墙脚，至少说明他还是有胆量的，正所谓“没有三把神沙，不敢倒反西歧”。希腊攻打特洛伊 9 个月未果，大家很郁闷，难道要出师未捷身先死，长使英雄泪满襟了吗？

关键时刻，也就在希腊攻打特洛伊的第十个年头，希腊的一个智多星将领奥德修斯献出一个举世闻名的奇计，特洛伊木马闪亮登场。希腊人佯装撤退，但是把一个巨大的木马留了下来，在木马的肚子里，留下了很多勇敢的士兵，特洛伊不知是计，以为敌人撤退了，就把木马作为战利品搬进了特洛伊城里，到了晚上，马腹中的勇士们跳出来，打开了城门，希腊军队入城，特洛伊城破，城中男丁悉数被杀。

这就是特洛伊木马的故事，到了 20 世纪末，电脑的发展使得电脑病毒也得到了前所未有的泛滥，如图 4.21 所示。有一种病毒善于把自己伪装成人们经常搜索的搜索词或者常用软件、好玩的游戏等，诱惑用户们去点击，一旦有人点击，病毒就会把它的服务端的程序自动安装到用户的电脑上，这个过程就是人们常说的“我中了木马”，如图 4.21 所示。

相应地，木马的拥有者会在木马的客户端通过网络控制服务端的电脑，中了木马的电脑上的文件、程序、资料、密码账号等，都可能会遭到篡改或者盗用，这就是传说中的木马。

可能有人会说，有杀毒软件，还怕木马吗？记住，电脑杀毒软件一般都是木马出来以后才会对木马做出相应的布防。有些木马的拥有者——黑客，他们的技术超强，以至于他们制作的木马有时能逃过杀毒软件的布防。

笔者就“有幸”中过这种超级厉害的木马，一次拿着 U 盘去学校的打印室打印，不幸染了木马回来，在插入自己的笔记本的时候中毒了。话说这个病毒的厉害之处就在于，先不发作，等中毒者下次开机的时候让杀毒软件无法工作，然后它再为所欲为。电脑反应会变慢，文件夹被篡改，一气之下使出了必杀技——拔网线、关机。

拔网线是防止木马继续偷盗电脑上的资料，但只是权宜之计，这次之后笔者知道了木马的厉害，以后用 U 盘都格外的小心。要知道笔者用的杀毒软件可是当今世界用得最广泛、口碑最好的、号称俄罗斯军方使用的某杀毒软件。此事带来的教训是，有时候杀毒软件也并不一定完全保险，再厉害的盾也有防不住锋利的矛的时候。

图 4.21　特洛伊木马与木马病毒

因为那些厉害的木马都是和最新最“毒”的病毒一起使用的，它们利用的都是计算机操作系统，特别是世界上用得最多的那款美国产的操作系统安全性不好的特点，利用它的漏洞，这样的病毒真是让人防不胜防。

说了这么多，就是为了突出病毒和木马的危害性。手机要是中了病毒将会更加郁闷，因为手机的防病毒能力和电脑不是一个级别的，同时用了手机杀毒软件后，用户的感知体验会变得很差。因为装了杀毒软件后，电脑都会变慢，何况是运算速度不如电脑的手机呢。于是有很多人宁愿裸机也不装杀毒软件，这让病毒入侵的几率大大增加。套用一句名言，杀毒软件不是万能的，没有杀毒软件是万万不能的。

据称，目前的手机病毒已经达到 1000 余种，但是随着智能手机的普及和 3G 的推广，这个数字恐怕会呈现出几何增长的态势。前些年风靡一时、让人闻风胆寒的病毒“熊猫烧香”已经有了手机版本，如图 4.22 所示，在不远的将来，也许会发生更多的手机中毒事件。

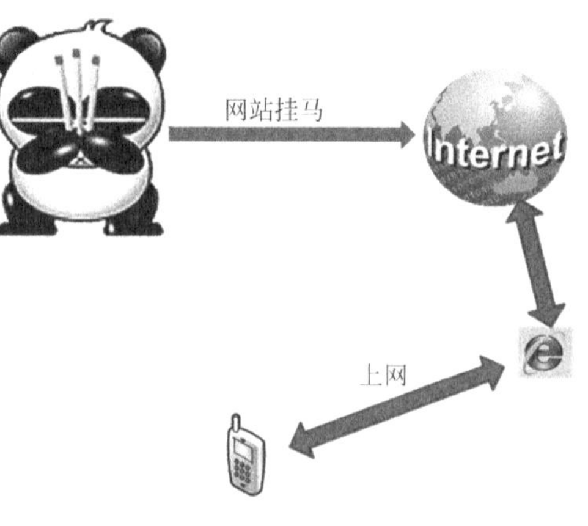

图 4.22　熊猫烧香

2. 紧随其后——手机隐私

第二代移动通信的手机可能会遭遇窃听、SIM 卡复制等安全性的问题，在第三代移动通信中仍然会有这方面的威胁。不仅是手机窃听，在手机的隐私上，3G 要走的路还很长，垃圾短信很多情况下都是私人信息外泄的后果，而有时候泄露信息的并不一定是用户本人，进一

步规范手机隐私具有重要意义。

对于手机上私人信息和商业机密的泄露，在技术上和非技术上都有着很大的提升空间来改善隐私泄露可能造成的烦恼。现在大部分的智能手机都有手机定位功能，只要手机一开，用户的位置可能马上就被锁定，如图 4.23 所示。1996 年，俄罗斯车臣头目杜达耶夫就是因为手机泄密被打死的。手机保密，任重而道远。

3. Last but not least——账户安全

第三代移动通信在业务上增加了手机电邮、手机支付、手机钱包、手机银行、手机游戏等内容。如图 4.24 所示。

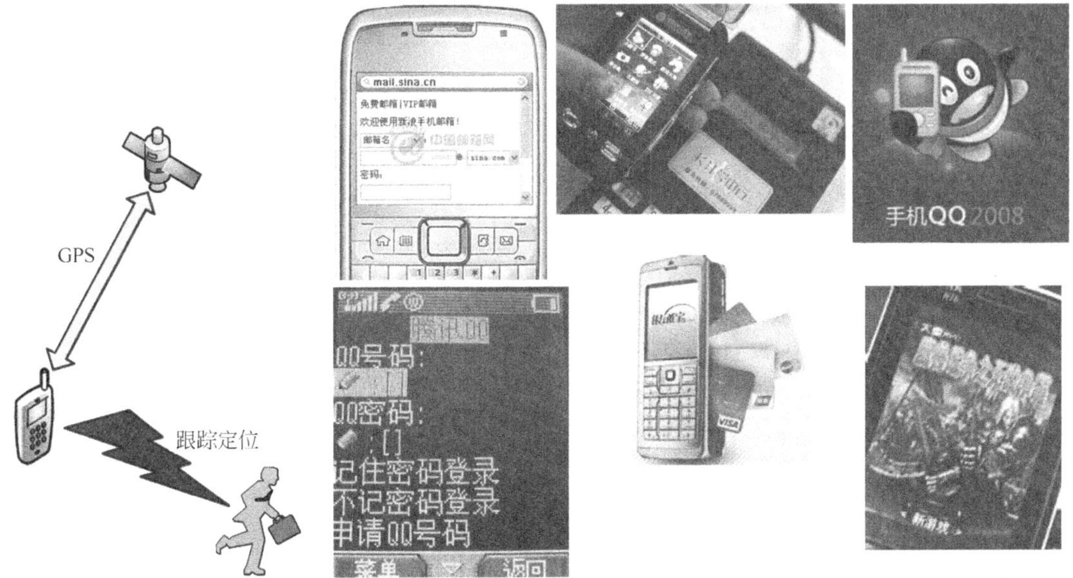

图 4.23　手机与隐私

图 4.24　手机账户安全

这些业务的提供在一定程度对信息安全造成一定的挑战，无论是手机电子邮箱，还是手机游戏、手机银行等，它们都有一个共同的特点——都有账号和密码，而对于它们的账号安全的保护，将是 3G 一个重点保护对象之一。

下面就具体的 3G 技术来介绍信息安全的保障工作吧。

4.3.2　WCDMA 的信息安全

在 2G 的移动通信系统中，存在着诸多信息安全的隐患，比如鉴权认证的单向性（只有用户到网络的鉴权，没有网络到用户的鉴权）、核心网中缺乏加密使用明文传输数据、密钥长度不够导致的加密算法易于被破解等。WCDMA 的安全架构就是要在 GSM 的基础上，增加新的信息安全功能。

GSM 中，用户到网络需要鉴权，但是网络到用户就不需要鉴权了。这就好比是警察查证件，在北京奥运会期间经常遇到上地铁的时候被警察查证件，这样做是为了防止恐怖分子干坏事等。

但是大家有没有想过，警察查证件是为了社会安定、民族团结，是为了揪出没有证件或者持假证件的人，就像 GSM 系统对用户的鉴权，用户持有合法“证件”才准许被接入，否则被拒绝。

但大家有没有想过，警察查证件的前提是什么？前提是他的警察身份是合法的！但是人们往往会忽略这一点。查证件的警察是合法的警察吗？换句话说，他们是真的警察还是假的警察呢？如图 4.25 所示。

图 4.25　警察查证

如果他们是假的警察的话，他们还有查证件的权利吗？就像 GSM 系统，如果不法分子为了盗取用户的信息，伪造了假的 GSM 基站来骗取合法手机用户的接入，终端是不是很危险呢？退一步讲，就算警察是真的、具备合法身份的，就有权利查人们的证件了吗？警察执法的时候给人们看他们的工作证件了吗？没有工作证件的话，就算是真的警察他就可以随便要人们拿出证件吗？

GSM 系统也是一样，就算是真的基站，就可以随随便便的接入用户吗？用户对基站不需要一个鉴权认证的过程吗？

正是由于类似这些情况的出现，WCDMA 对信息安全方面做了不少的改进措施，以弥补 GSM 缺陷和适应自身的一些新特性。关于 3G 中信息安全的阐述在 3GPP 的规范中已经有定义[7]，3G 系统安全策略整体架构如图 4.26 所示。

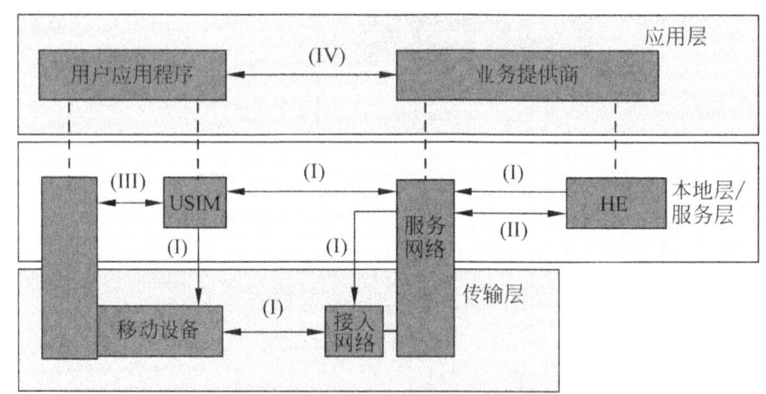

图 4.26　3G 安全架构

1. 用户身份识别

在 WCDMA 中，用户的识别通过 TMSI（临时用户识别码）、IMSI（国际移动用户身份码）来实现。其中，TMSI 的使用主要为了防止非法用户通过监听无线链路的信令，来窃取用户的国际移动用户身份码。TMSI 是由 VLR（访问位置寄存器）或者 MSC（移动交换中心）来分配的，而且 TMSI 是不断更新的，更新的周期可以由运营商来设置。

注意：TMSI 更新的周期越短，系统保密性越好，但是 SIM 卡的寿命会越短。

TMSI 的技术并非新技术，在 GSM 中就已经得到了应用。WCDMA 中继承了 GSM 信息安全中的此项技术。

注意：USIM（Universal Subscriber Identity Module，全球用户身份模块）是 2G 升级版的 3G 系统中的 SIM 卡。

2．互鉴权与密钥协商

互鉴权是指在鉴权和密钥的分配过程中，为克服 GSM 中单向认证的缺点，WCDMA 相互鉴权和密钥协商（AKA）技术。前文讲过，在 WCDMA 的安全机制中，无论是语音、数据业务，还是信令都是经过加密的。WCDMA 中鉴权认证和密钥协商的过程，如图 4.27 所示[7]。

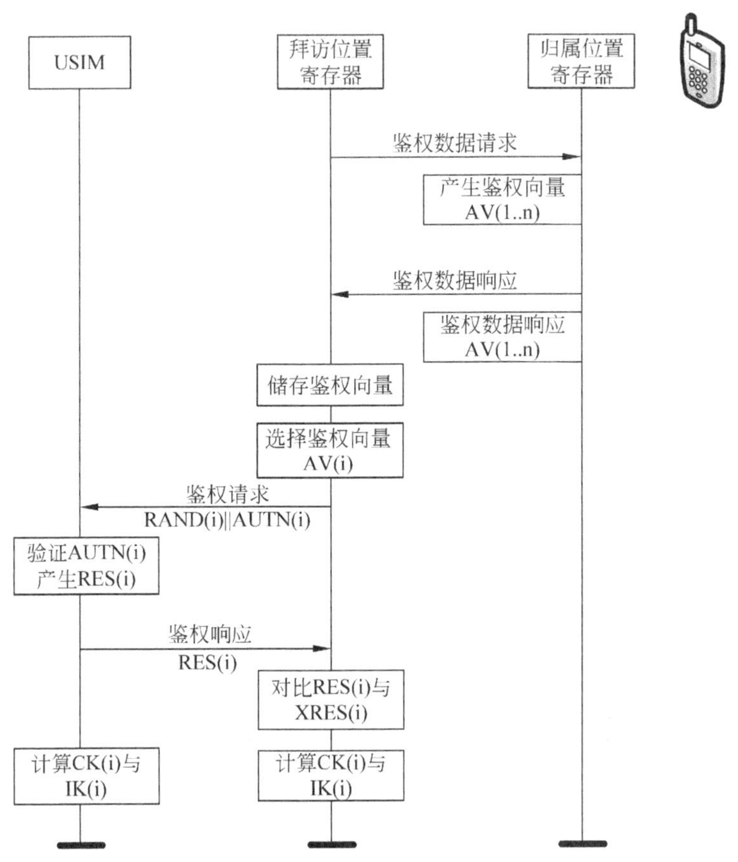

图 4.27　鉴权和密钥协商

在鉴权和密钥协商的过程中，拜访位置寄存器和归属位置寄存器之间的鉴权向量的产生过程，如图 4.28 所示[7]。

在图 4.27 中 USIM 卡根据 AUTN 和随机数 RAND，认证函数的产生过程如图 4.29 所示[7]。

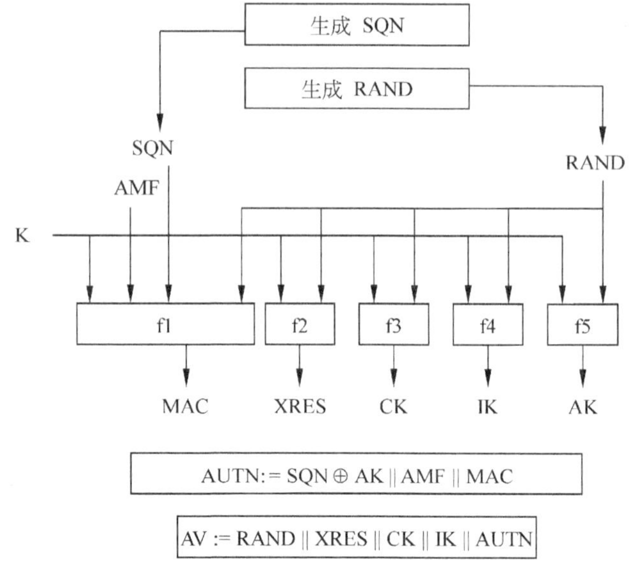

图 4.28　鉴权向量的产生

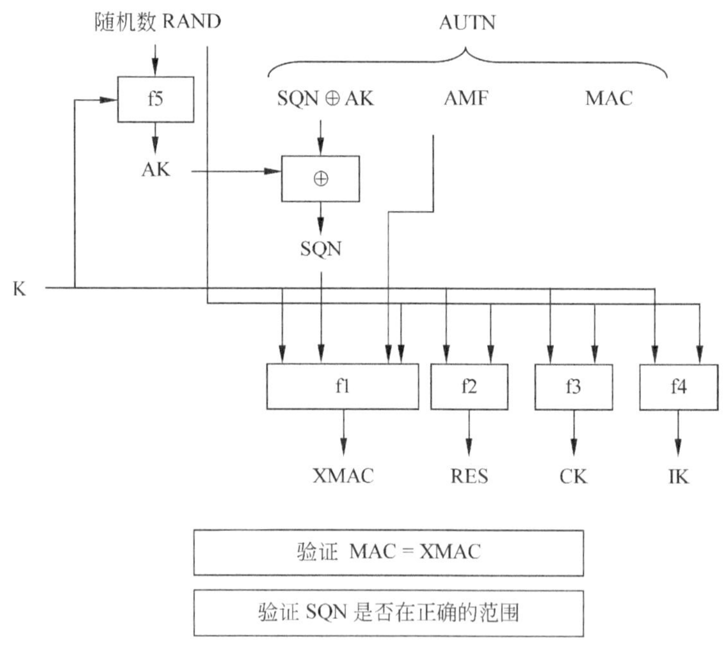

图 4.29　USIM 卡中认证函数的产生

3．空口加密算法

WCDMA 中空口加密的算法，主要用于信令完整性保护和用户数据、信令的加密等，用于信令完整性保护的是 f9 算法，用于数据和信令加密的是 f8 算法。值得注意的是，3GPP 对这两个算法进行了标准化，目的是为了满足第三代移动通信系统全球漫游的需要，同时也是为了实现 3GPP 对 WCDMA 信息安全实现标准化的愿望。

（1）完整性保护

先来看看用于完整性保护的 f9 算法。信令的完整性保护，顾名思义，其目的就是信号发送端和接收端的信令的完整性，以防止被篡改、攻击等。

信令完整性保护的 f9 算法的实现，如图 4.30 所示。其基本原理是：在信号的发送端（用户终端或者无线网络控制单元）用 f9 算法产生一个消息认证鉴权编码 MAC-I，在信号的接收端（用户终端或者无线网络控制单元）也用 f9 算法产生一个消息认证鉴权编码 XMAC-I，在接收端比较 MAC-I 与 XMAC-I，以此来实现信令的完整性保护[7]。

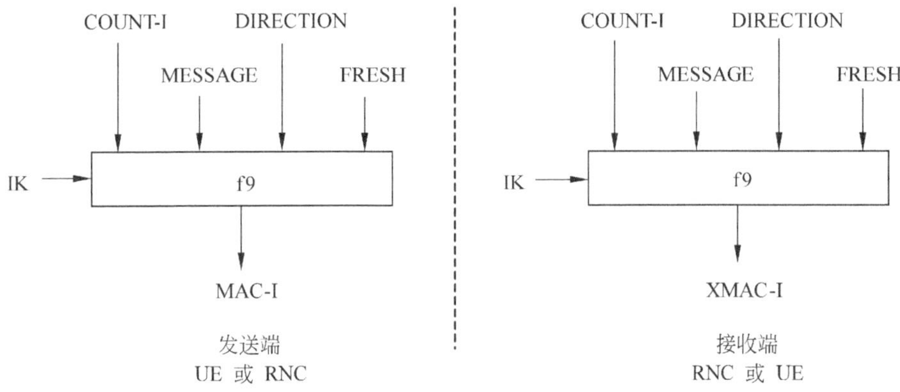

图 4.30　MAC-I（XMAC-I）的产生

用于信令完整性保护的 f9 算法的输入是 128 比特的完整性密钥（IK，Integrity Key）、32 比特的完整性序列号（COUNT-I）、网络侧生成的用于防止重传攻击的 32 比特随机数 FRESH、1 比特的方向位 DIRECTION（所谓方向位，就是传送的方向，用 1 和 0 分别表示信令在用户终端和无线网络控制单元的传送方向。在 WCDMA 中规定 0 表示从用户终端到无线网络控制单元的方向，1 表示从无线网络控制单元到用户终端的方向），最后一个也是最重要的一个输入参数是 MESSAGE，也就是进行 f9 运算的主角——信令消息。在接收端和发送端用户的输入参数都是相同的。

（2）数据加密与解密

WCDMA 中用户的数据和信令是“保镖们”重点保护的对象，而用户的临时标识 TMSI 更是重中之重的保护对象，在 WCDMA 中 TMSI 的传送就是经过重点加密之后才发送的。很多初学者都会对何时使用永久标识 IMSI（国际移动用户码），何时使用 TMSI（临时移动用户码）产生疑惑。

在 WCDMA 中，大 BOSS——永久性标识 IMSI，网络通常不会直接使用，而是使用一些其他的标识，比如已经比较熟悉的临时移动用户标识 TMSI 和随机接入网络临时标识——RNTI 等。但是，IMSI、RNTI 和 TMSI 之间有何区别，它们又是各自在何种场合使用的呢？

答案是：

（1）WCDMA 中，手机用户终端与业务 GPRS 支撑节点 SGSN（Serving GPRS Support Node）之间进行通信时，使用的是 SGSN 分配给用户终端的分组临时移动用户识别码 P-TMSI（Packet Temperate Mobile Subscription Identity）。

（2）在用户终端与全球地面接入网 UTRAN（Universal Terrestrial Radio Access Network，UMTS 中接入网的称呼）进行通信时，使用随机接入网络临时标识 RNTI。RNTI 接入层的标识，RRC 建立之后由无线网络控制器分配，在 MAC 层传输的分组数据单元的包头中传输，包括 32 位的 U-RNTI 和 16 位的 C-RNTI。

（3）IMSI 是非接入层的标识，在 RRC 建立之前或者非接入层信令传输的时候使用，IMSI 又分为电路域的 C-IMSI 和分组域的 P-IMSI。

上面所述的这些临时标识都是可以周期性更新的，这样是为了对付企图通过监听信令交换窃取用户标识的不法分子。

说明：在位置更新、呼叫建立等过程中经常出现临时标识的更新。

在 WCDMA 中用户的数据加密与解密的过程如图 4.31 所示[7]。

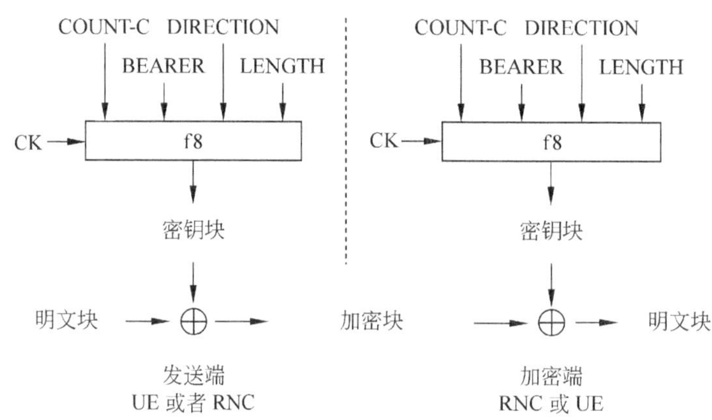

图 4.31　用户数据与信令的加密发送

4．WCDMA与GSM互操作中的鉴权

在 3G 系统部署初期，经常会出现 2G 与 3G 系统共同存在的一种情况，比如在用 3G 手机的时候，可能会遇到和 GSM 手机通信的场景。

那么，在 GSM 和 UMTS 共同部署下的通信场景中，鉴权和认证的过程是怎样实现的呢？

（1）UMTS 用户的鉴权与密钥协商

先来看看 UMTS 用户的鉴权与密钥协商的过程，如图 4.32 所示。

（2）GSM 用户的鉴权与密钥协商

再来看看 GSM 用户的鉴权与密钥协商的过程，如图 4.33 所示。

4.3.3　CDMA2000 的信息安全

众所周知，WCDMA 是在 GSM 在第三代移动通信标准中的演进，相应地，WCDMA 中信息安全策略基于 GSM 的演进；而 IS-95 在第三代移动通信中的演进是 CDMA2000，因此 CDMA2000 中安全策略的演进路线也是基于 IS-95 的安全策略。

1．CDMA2000信息安全的目标

与 WCDMA 相似，CDMA2000 立志于实现两个层次的安全目标：接入网的信息安全、

核心网的信息安全。举个不太恰当的例子，最近发生了很多不法分子冲进校园伤害学生的不和谐事件，这里就以小学生上学的安全为例来说明 CDMA2000 乃至移动通信的信息安全。

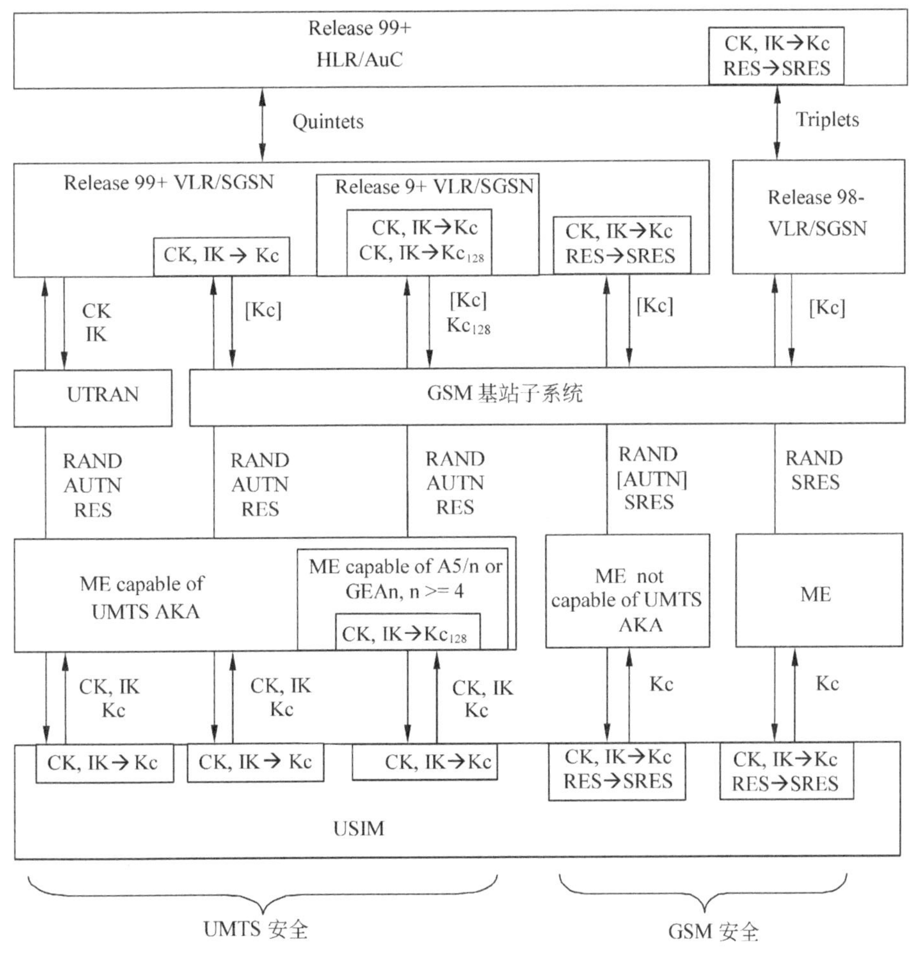

图 4.32　UMTS 用户的鉴权与密钥协商

之所以举小学生的例子是因为小学生，特别是低年级小学生的自我保护能力较差，同时也是社会上不法分子威胁学校安全的首选目标。

学校要保证小学生上学的安全，小学生上学的安全分为两个方面，一个是小学生在上学路上的安全，另一个是小学生在校期间的安全。学生在上学路上的安全主要由家长负责，不少家长采取全程接送的措施来保证学生的安全；学生在学校期间的安全则主要由学校来负责。

这就像 CDMA2000 中的信息安全保护模式，CDMA2000 中用户接入的过程就是学生上学的过程，CDMA2000 也希望自己能扮演好家长的角色，保证接入用户的信息不受侵害；在用户接入以后，CDMA2000 希望自己能像学校保证学生们正常上课时的安全一样，保护已经接入用户的数据与信令交互过程不被窃听和泄露。

2. 鉴权认证过程

与 WCDMA 相似，CDMA2000 的认证鉴权过程如图 4.34 和图 4.35 所示。

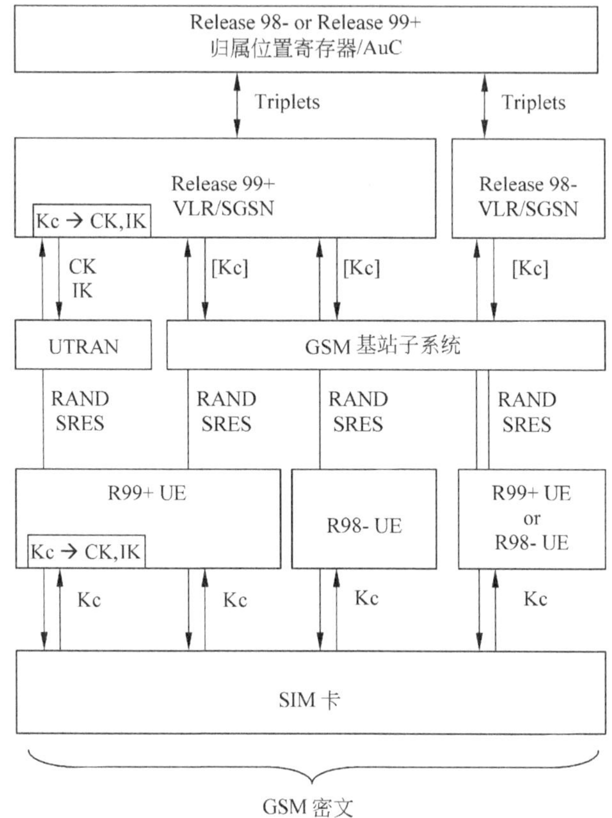

图 4.33　GSM 用户的鉴权与密钥协商

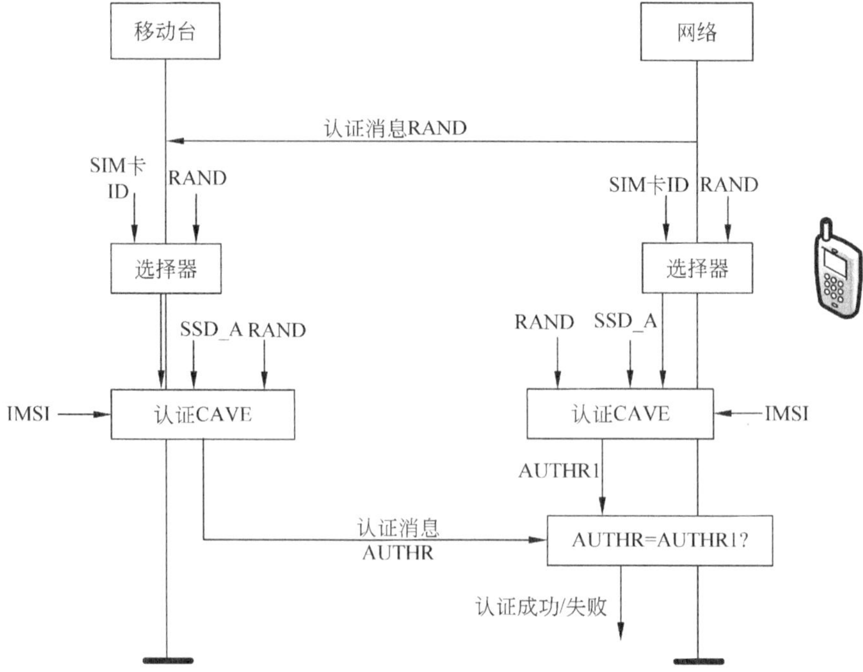

图 4.34　IMSI 对移动台的认证

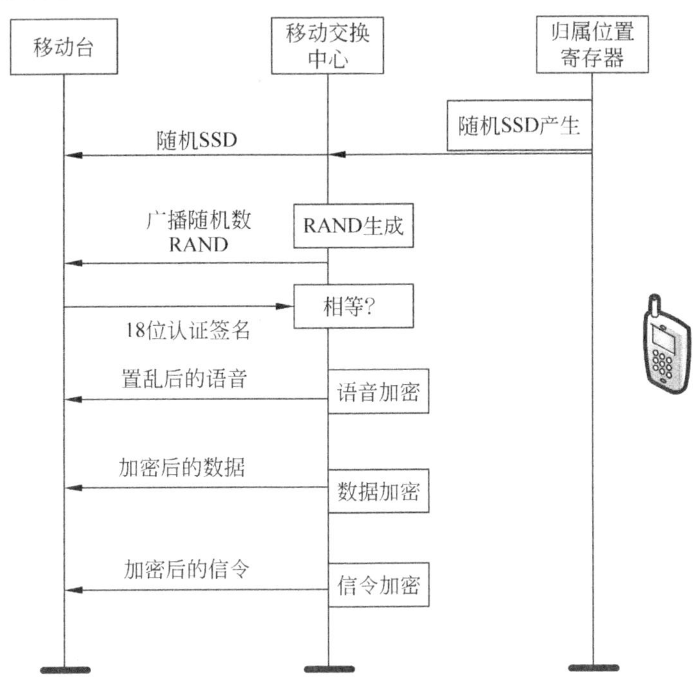

图 4.35　CDMA2000 的接入安全

4.3.4　TD-SCDMA 的信息安全

TD-SCDMA 作为中国自主知识产权的 3G 标准与 WCDMA 一样，都是 GSM 的演进，因此在 3GPP 标准化过程中，采用了类似的信息安全技术。

在鉴权和密钥协商过程中，WCDMA 和 TD-SCDMA 采用了相同的 AKA 过程；在信令消息的完整性保护上它们都采用了同样的算法——f9 算法；在数据的加密和解密过程中，它们采用的都是 f8 算法；为“掩护”用户的真实身份（IMSI），两者采用的都是替身战术——使用“代号”TMSI 作为接头的称呼，而且还要定期地更换代号；为保证用户和网络的合法性，采用双向鉴权的问询-响应机制。

既然 TD-SCDMA 和 WCDMA 在安全策略上大同小异，这里就不再赘述 TD-SCDMA 的信息安全措施。

4.3.5　3G 的安全漏洞——缺憾美

总体上来说，3G 的信息安全机制要优于 2G，主要表现为以下 3 个方面：

- ❑ 双向认证机制，消除了假冒基站的威胁。
- ❑ 3G 采用的认证算法与加密算法都比 2G 的性能好。
- ❑ 3G 引入了数据完整性保护，对于打击非法用户企图中间截获和发端攻击起到了良好的作用。

世界上本来就不存在完美的事物，第三代移动通信系统也是如此。3G 的信息安全整体思路明确，对 GSM/IS-95 的信息安全策略进行了很多的改进，但是智者千虑，必有一失，

3G 的信息安全也是如此，与其预定的目标还有一段差距。

由于种种原因，尽管 3G 的安全措施较以往已经有很大改观，但是仍然存在一些漏洞。也许这就是所谓的缺憾美吧。要是一个事物太完美了，人们往往就觉得没意思了，就像断臂维纳斯，人们从来不会因为她缺了一条胳膊就无视她的美丽。同理，人们也不会因为 3G 在某些地方存在一些漏洞就全盘否定这个系统。

这里并不是想为 3G 的信息安全漏洞开脱，任何技术都是慢慢改进的，想一蹴而就往往事倍功半，作为一名移动通信科研人员，往往喜欢看到技术的漏洞，因为有漏洞才会有他们发挥特长的空间。

下面就 3G 的一些明显的安全漏洞进行简要的分析。

1. 数据完整性保护

在完整性保护上，用户数据的确有“哭诉”的权利，因为第三代移动通信系统只是在用户终端设备和无线网络控制单元之间提供了信令交互信息传输的完整性保护，3G 系统过于“偏心”，没有提供用户数据的完整性保护。

在未来的通信服务中，安全性要求较高的业务不会满足于信令信息的完整性保护，对于业务端到端的完整性保护成为大势所趋，如图 4.36 所示。

2. 核心网的怨言

在完整性保护上，用户数据觉得自己所受的待遇不公，另一方面，核心网也在抱怨自己没有空中接口那样受重视，如图 4.37 所示。

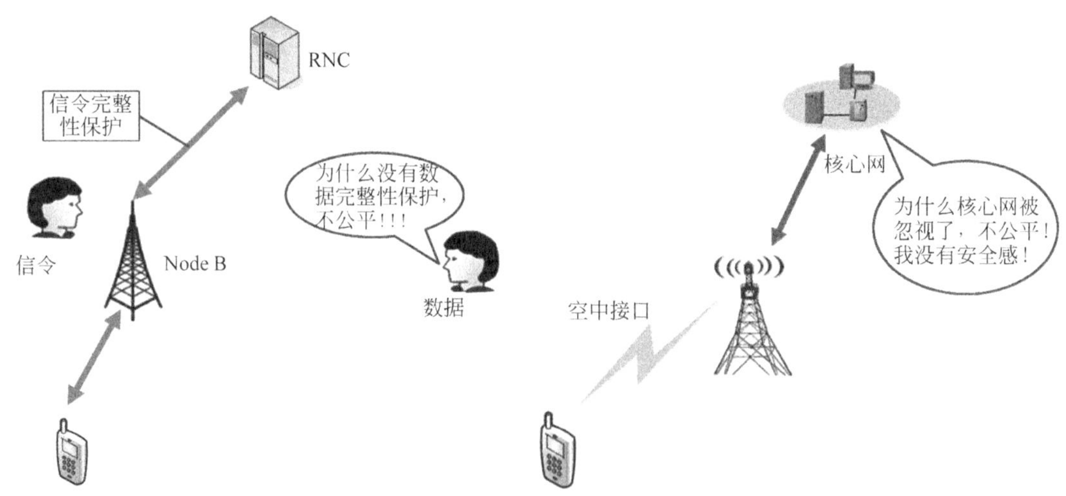

图 4.36 完整性保护　　图 4.37 核心网觉得自己没安全感

运营商认为，空中接口是最容易受到攻击的，也是最容易被攻破的薄弱环节，所以对空中接口的信息安全采取了很多措施。同时运营商过于区分“敌我矛盾”，在不同运营商之间的互联上下大力气保护信令的安全，但是他们却忽视了一点——堡垒是最容易在内部被攻破的。倘若内部员工要是“卧底”或者因为“误操作”等原因一不小心“拿到”了用户的信息，运营商将会付出巨大的代价。

3. 用户设备的真实身份泄露

前文讲到，3G 系统为了防止用户设备身份的泄露，特意用“代号”——TMSI 来代替用户的“真实姓名”——IMSI，但是这个貌似完美的计划似乎还是有缺陷的，当用户开机的时候或者由于各种原因系统无法从代号中恢复终端设备的真实姓名时，用户将向 UTRAN 发送 IMSI！而且是用明文来发送！

知道事态有多严重了吧，明文就意味着此时的 3G 系统和 1G 的大哥大一样，非常容易被窃听，如图 4.38 所示。

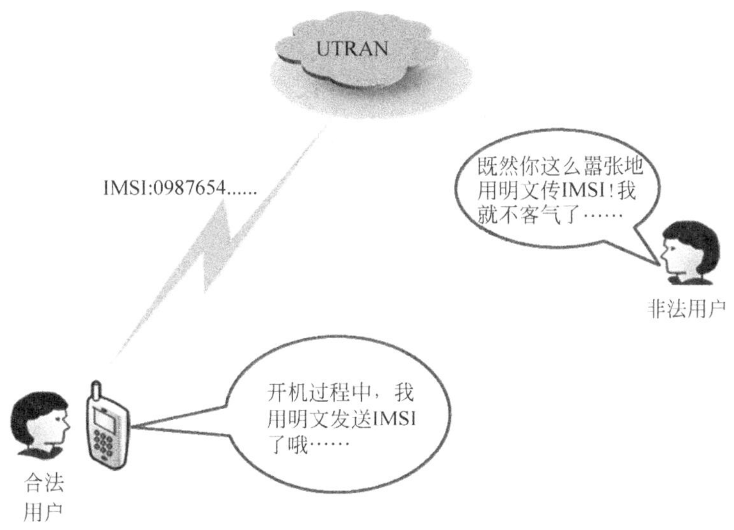

图 4.38　明文传 IMSI 恐遭窃听

4. 密钥，还是那个密钥

在 GSM 中，系统的加密算法（无论是 A2、A3 还是 A5、A8）都已经被人破解，卡斯滕·诺尔宣布破解 GSM 系统的那一刻起，3G 系统被破解的日子就已经不远了。不妨大胆地预言一下，任何手机加密算法被破解都只是时间问题。

对策：可以考虑定期更新 3G 密钥。

革命尚未完全成功，同志尚需努一把力，3G 的信息安全工作依然任重而道远，相信随着时间的推移，3G 的信息安全必将更加完善。

4.4　轻车熟路——B3G 与 4G 的信息安全

在前文介绍完 2G 和 3G 的信息安全机制之后，本节将对 B3G 乃至 4G 的移动通信安全略加着墨。

3G UMTS 的长期演进——LTE（Long Term Evolution，长期演进）作为 3GPP 主推的准 4G 技术将是本节关注的重点。众所周知，在 LTE 中，电路域将会消失，取而代之的是分组域，也就是全 IP 承载的网络架构。而 IP 技术在多年的因特网应用中被证明并不是安全级别很高的一种技术。

无论是前文所说的上网中木马、病毒，还是频繁发生的网站被攻击、DNS 被劫持，在被广泛使用的 IP 承载的网络——因特网的身上，看到了太多 IP 技术的安全隐患，以至于笔者不禁为 LTE 的网络安全捏一把汗。

既然是这样，LTE 为什么还要使用全 IP 的结构呢，这说明使用 IP 的好处大于使用 IP 的坏处，技术一流的通信标准工程师们绝对想到了这个问题，而且经过了认真的权衡才下定决心去掉用了这么多年的电路域（Circuit Switched，CS）技术，而全部使用 IP 技术的分组域（Packet Switched，PS）来承载 LTE 的网络。

总这么干说，似乎不是特别的形象，举例来说。

以打电话为例，在传统的 2G 和 3G 网络中，打电话的时候，信号走的是传统的电路域，而用 GPRS 或者 EDGE 上网的时候信息数据流使用的是分组域。但是在 LTE 系统中，无论是打电话的语音业务，还是上网、在线游戏、视频通话等数据业务，走的都是分组域。使用分组域的语音业务又叫 VoIP（Voice over IP），字面理解就是在 IP 上的声音，一如它的名字，VoIP 就是在 IP 上承载的语音业务。

电路域的打电话过程就是目前使用的普通的手机通话过程，而分组域的打电话过程似乎并不是每个人都经历过的。这里就以在前文提过的一款经典的 Skype 为例，说说分组域的通话过程。

基于分组域的语音业务的最大特点是走的 IP 网，所有的数据都封装成 IP 包在 IP 数据网上传输。它能够广泛利用 IP 互联网互联互通的特点，提供比传统的电路域交换更好的服务体验。

2G 中的 GSM 在信息安全中很注重接入无线链路的加密，很少关注核心网的安全。而 3G UMTS 更加关注的是无线接入的鉴权等方面，对核心网的信息安全较注意，但还有很多值得改进的地方。在准 4G 的 LTE 中，由于核心网剔除了电路域，取而代之的是分组域，全 IP 的网络让 LTE 不得不对核心网的信息安全投放更多的精力。

注意： 在 LTE 中，核心网又被称为演进分组系统 EPS（Evolved Packet System）。

为了提高网络的鲁棒性和安全性，采用全 IP 承载的 LTE 系统在信息安全领域需要付出更多的努力。

关于 LTE 的安全架构在 3GPP 的标准中已有定义，下面主要讲 LTE 中的信息安全技术。

4.4.1　WiMax 的系统安全架构

WiMax（World Interoperability for Microwave Access，全球微波接入互操作性），系统整个安全架构如图 4.39 所示。

在 LTE 中定义了 5 个安全特征组，每个特征组都面临着一定的威胁，同时也要完成相应的安全目标。

（1）网络接入安全

为用户业务的安全接入提供用户安全特性，为无线接入链路可能遭受的安全攻击提供

安全保护。

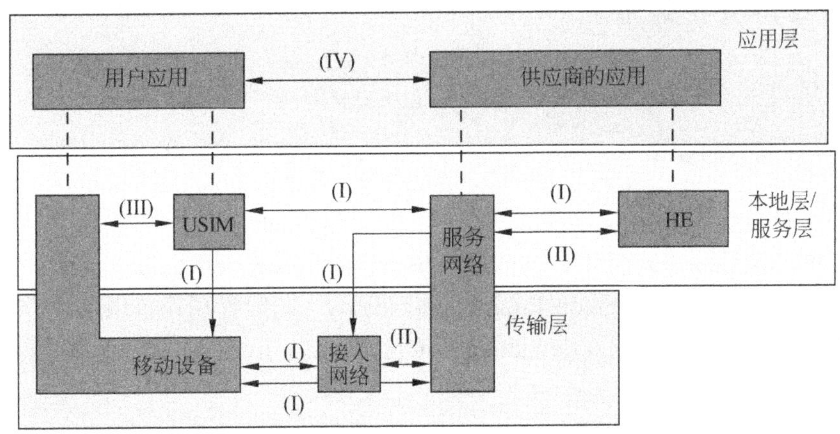

图 4.39　系统安全架构

（2）网络域安全

为了网络节点之间信令交换数据、用户数据（接入网络与服务网络之间、接入网络之间的），来抵御来自有线链路的攻击。

（3）用户域安全

保证移动台的安全接入。

（4）应用域安全

应用域安全用于保证用户与应用服务提供商之间的信息交互的安全。

（5）可视化和配置的安全

可视化和配置安全用于保证用户对自己是否处于安全保护的知情权，是否使用该业务取决于安全性，如图 4.40 所示。

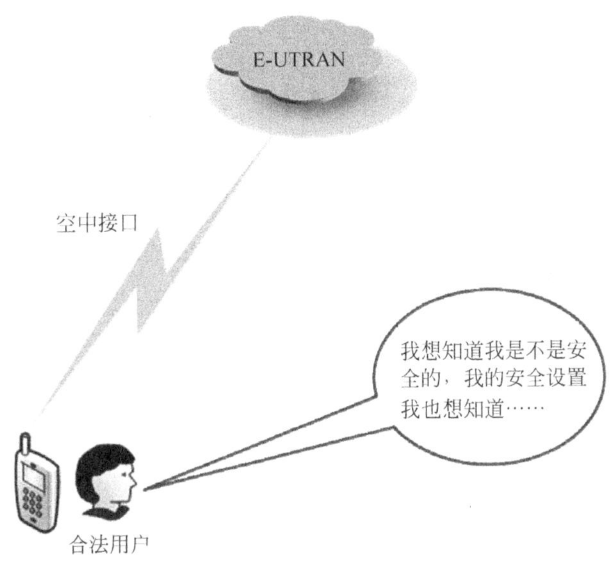

图 4.40　我安全吗

4.4.2　LTE 的安全需求

LTE 系统对于安全方面的需求主要有以下几点：

1．用户到网络的安全

（1）用户身份与设备安全

从用户的私密性来讲，MSIN（Mobile Station Identification Number，移动台识别码）、IMEI（International Mobile Station Equipment Identity，国际移动设备识别码，也称手机串号）、IMEISV（International Mobile Station Equipment Identity and Software Version Number，IMEI 软件版本）都应该受到保护。

（2）用户数据与信令安全

无线资源控制层的信令应该被加密以防止不法分子用小区级别的测量上报、切换数据映射，以及小区级别的身份链接来跟踪合法用户。

同时，非接入层的用户也应该得到保护。

注意：用户平面的加密是很有必要的。

（3）用户数据与信令完整性保护

LTE 系统应该提供无线资源控制协议信令与非接入层信令的完整性保护。

2．安全可视性和可配置性

在 LTE 系统中，用户希望安全特性对自己来说是透明的、可见的。比如，用户希望系统通知自己用户数据在接入链路上有没有被加密等。

信息安全的可配置性是 LTE 区别于 UMTS 的一个安全上的特征之一，比如，用户可以自己决定是否要对移动台和 USIM 之间进行加密，如图 4.41 所示。

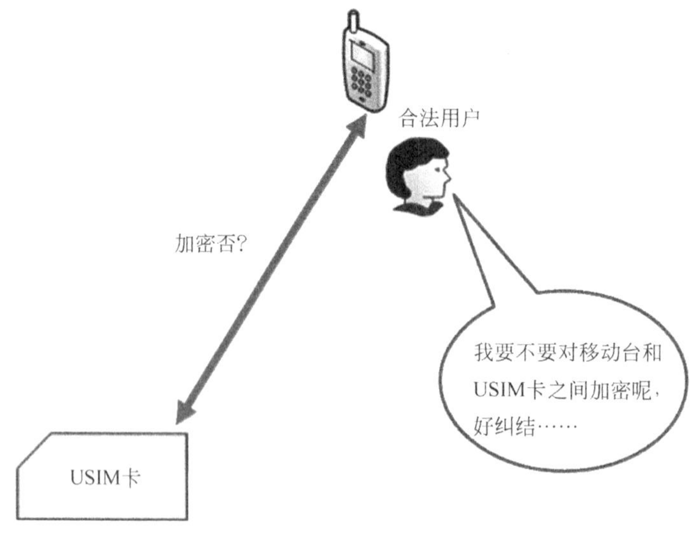

图 4.41　我要不要加密呢

3．基站（eNB）安全

（1）基站的启动与配置

基站的启动和配置进行加密，是为了防止非法用户在基站的启动和配置过程中，通过本地接入或者远程接入控制或者修改基站的设置和软件配置等。所以基站启动与配置过程应该得到授权才能进行。

到底要保护基站的哪些启动和配置选项呢？

要保护的地方还真挺多的，随便举几个例子。首先，基站的启动和配置方面的安全特性与核心网和周围的临近基站息息相关，相邻基站还应通过 X2 接口之间的互相鉴权来保证安全性，如图 4.42 所示。

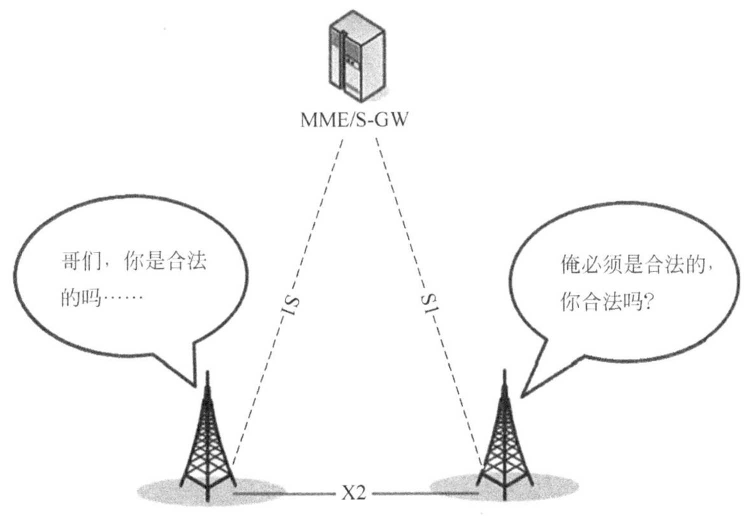

图 4.42　基站之间的互相鉴权

🔔注意：本地或者远端的运维系统也应该和基站之间相互鉴权。

基站软件和数据的变化应该是经过鉴权的；同时，基站应该用经过授权的软件，盗版软件要坚决打击；敏感部分的启动过程应该是在一个安全的环境中；软件的完整性应该得到保证，如图 4.43 所示。

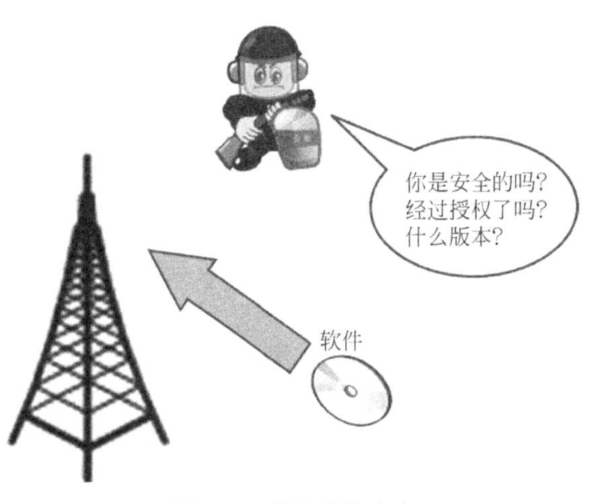

图 4.43　基站软件安全

🔔注意：对基站中密钥的保存要特别注意安全。

（2）用户平面数据的处理

在 Uu 接口参考点和 S1/X2 接口参考点用户平面数据加解密时，需要在基站中进行。

（3）控制平面数据的处理

在 S1/X2 接口参考点控制平面数据加解密，也需要在基站中进行。

（4）用户平面数据的处理

在 Uu 接口参考点和 S1/X2 接口参考点用户平面数据加解密时，需要在基站中进行。

（5）控制平面数据的处理

在 S1/X2 接口参考点控制平面数据加解密时，也需要在基站中进行。

4.4.3　LTE 中 UE 与 EPS 之间的保密流程

本节主要介绍 LTE 中 UE 与 EPS 之间的保密流程。

1．鉴权与密钥协商

（1）鉴权与密钥协商过程

就像前面讲到的地下特工接头，这一次，特工接头的场景再次出现，只是这次接头的双方发生了一点小小的变化。负责接头的“掌柜”由 GSM 系统中的基站变成了 LTE 中的移动性管理实体——MME，前来接头的特工变成了升级版的终端——ME。用户设备与核心网之间的鉴权过程，如图 4.44 所示。

鉴权和密钥协商过程应该在 E-UTRAN 中进行，在鉴权与密钥协商的过程中，移动性管理实体首先通过移动设备给 USIM 卡发送随机数 RAND，用于网络鉴权的身份验证令牌 AUTN 和用来确定 K_{ASME} 的 KSI_{ASME}。

接收到移动性管理实体发送来消息后，如果通过鉴权，则 USIM 卡计算出一个响应——RES，在此过程中，USIM 卡计算出 CK（Cipher Key，加密密钥）和 IK（Integrity Key，完整性密钥）发送给移动设备。移动设备再将 USIM 卡计算的 RES 发送给移动性管理实体。

当鉴权没有成功的时候，用户发给移动管理实体一个拒绝响应，并告知理由。

（2）HSS 与 MME 之间的鉴权流程

在 HSS 与 MME 之间的鉴权过程的目的，是为移动性管理实体提供一个或者更多的 EPS 鉴权向量（RAND, AUTN, XRES, K_{ASME}）来认证用户设备，如图 4.45 所示。

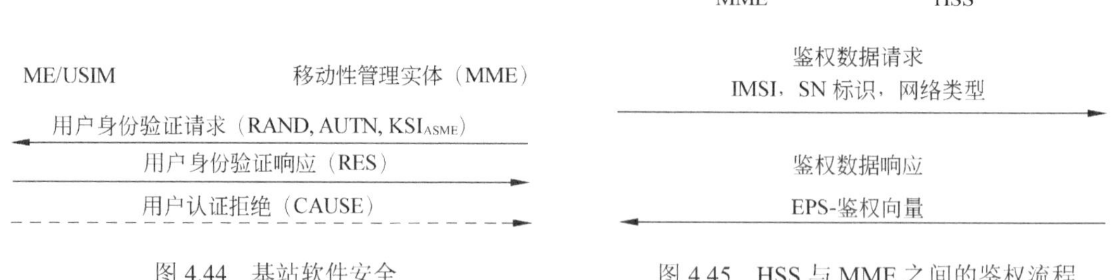

图 4.44　基站软件安全　　　图 4.45　HSS 与 MME 之间的鉴权流程

（3）用户设备永久标识的鉴权

在 HSS 与 MME 之间的鉴权过程的目的，是为移动性管理实体提供一个或者更多的 EPS 鉴权向量（RAND、AUTN、XRES、K_{ASME}）来认证用户设备。

当用户无法通过临时标识（GUTI）鉴权的时候，替补的用户鉴权机制应该被网络唤醒。特别地，这种情况应该发生在服务网络无法从临时标识 GUTI 中获得永久用户标识 IMSI 的时候。

在无线链路上通过永久身份标识认证用户的过程，如图 4.46 所示，移动管理实体向用户发送身份请求，移动设备给出一个包含 IMSI 的响应。

图 4.46　HSS 与 MME 之间的鉴权流程

（4）相同服务网络域下的不同 MME 之间的鉴权

在同一个网络中，从用户原来主流的移动管理实体到新的移动管理实体之间也需要一个鉴权的过程，在之前的 2G 和 3G 安全架构中，对核心网的鉴权总是显得那么单薄，在准 4G 的 LTE 中，核心网的安全架构得到了全面增强。

注意：这里讲述的鉴权过程是基于跟踪区更新过程的，同时不同 MME 之间的鉴权也可以应用到用户设备的附着过程（Attach procedure）中。

不同移动管理实体之间的鉴权流程如图 4.47 所示。

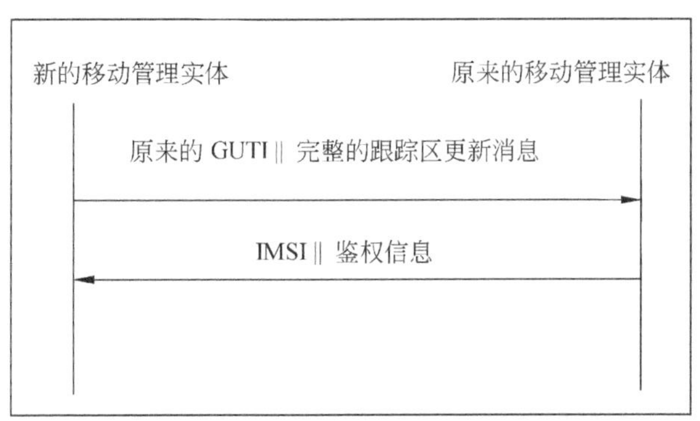

图 4.47　不同 MME 之间的鉴权流程

不同 MME 之间的鉴权流程，在新的移动管理实体接收到新的跟踪区更新请求时唤醒。整个鉴权的流程如下：

（1）新的移动管理实体发送一个包含原来的 GUTI 和跟踪区更新请求的消息，给原来的移动管理实体。

（2）旧的移动管理实体在数据库中找到用户的数据，然后检查跟踪区更新消息的完整性保护。如果能找到用户而且跟踪区更新消息的完整性保护成功，那么旧的移动管理实体就发送一个响应。

如果不能找到用户或者鉴权失败，那么旧的移动管理实体就发送给新的移动管理实体一个响应，告知对方不能获知用户标识。

（3）如果新的移动管理实体接收到一个包含 IMSI 的响应，那么它就会保存可能包含的 EPS 鉴权向量和 EPS 安全性上下文。

2. 鉴权与密钥协商

对演进型核心网和 E-UTRAN 的密钥需求：

（1）EPC and E-UTRAN 应该允许接入层和非接入层的加密及完整性保护算法，使用长度为 128 字节的密钥，同时为了将来考虑，网络接口应该准备好支持 256 字节大小的密钥。

（2）用于用户平面、非接入层和接入层的保护密钥应该由它们使用的算法来决定。图 4.48 是 LTE 的密钥分级结构。

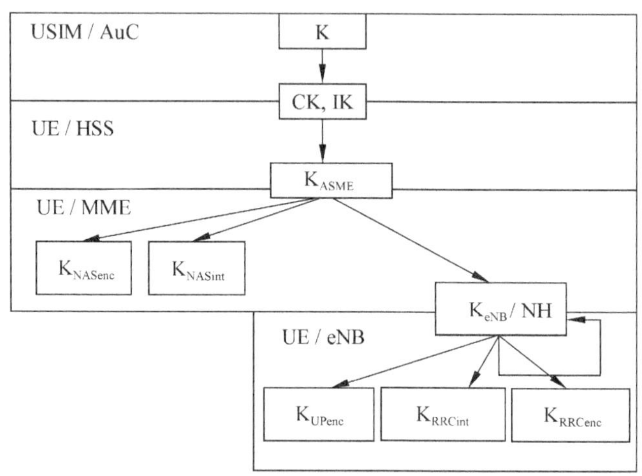

图 4.48　密钥分级结构

在图 4.48 的密钥架构中包含了如下密钥：K_{eNB}、K_{NASint}、K_{NASenc}、K_{UPenc}、K_{RRCint} 和 K_{RRCenc}，其中：

- ❑ K_{eNB} 是由移动设备和移动管理实体（或者移动设备和目标 eNB）从 K_{ASME} 中获得的密钥。

非接入层数据流的密钥：

- ❑ K_{NASint} 是仅用于对非接入层数据流进行特定完整性保护的密钥。这个密钥是由移动设备和移动管理实体从 K_{ASME} 中派生的，同时也是完整性算法的标识符。
- ❑ K_{NASenc} 是仅用于对非接入层数据流进行特定加密保护的密钥。这个密钥是由移动设备和移动管理实体从 K_{ASME} 中派生的，同时也是加密算法的标识符。

用户平面数据流的密钥：

- ❑ K_{UPenc} 是仅用于对用户平面数据流进行特定加密保护的密钥。这个密钥是由移动设备和 eNB 从 K_{eNB} 中派生的，同时也是加密算法的标识符。

RRC 数据流的密钥：

- ❑ K_{RRCint} 是仅用于对 RRC 数据流进行特定完整性保护的密钥。这个密钥是由移动设备和 eNB 从 K_{eNB} 中派生的，同时也是完整性算法的标识符。
- ❑ K_{RRCenc} 是仅用于对 RRC 数据流进行特定加密保护的密钥。这个密钥是由移动设备和 eNB 从 KeNB 中派生的，同时也是加密算法的标识符。

中间密钥：

- ❑ NH 是从移动设备和移动性管理实体中获得用来提供前向安全的。

- K_{eNB} 是移动设备和 eNB 获得的密钥。

图 4.49 显示了不同密钥之间的依赖关系，此图是从网络节点的角度观察密钥的生成过程。

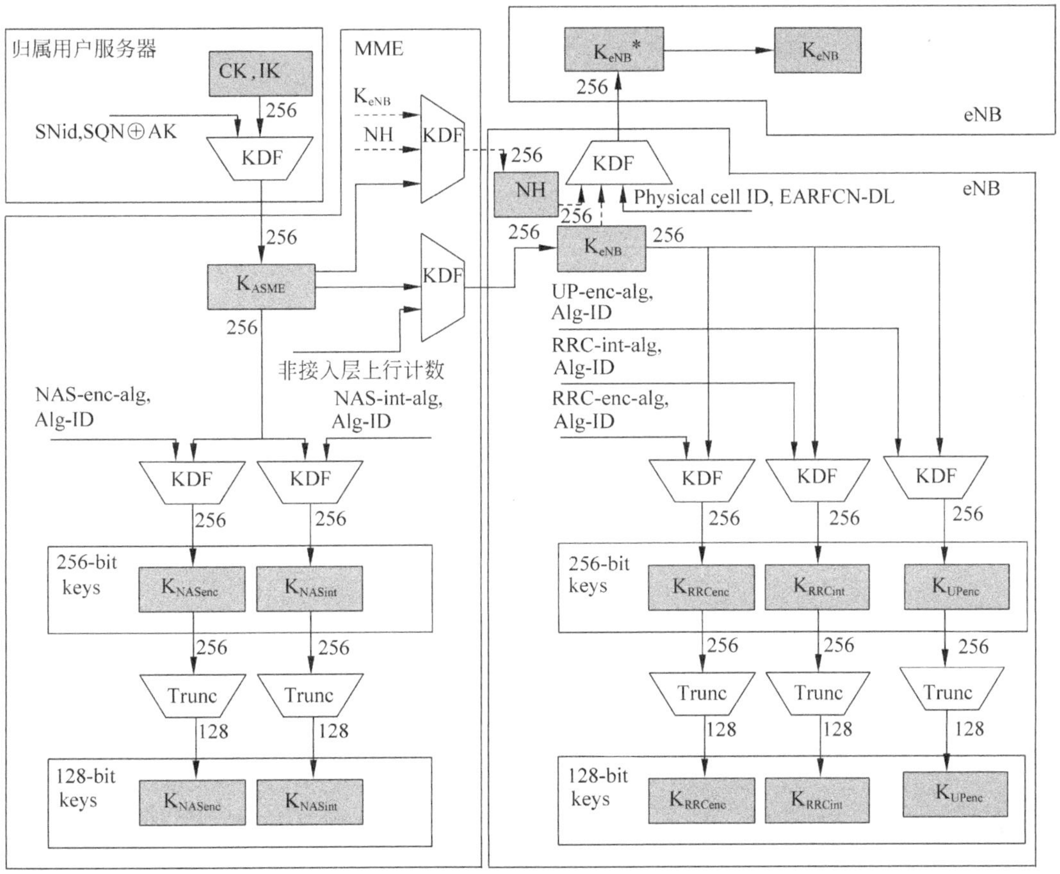

归属用户服务器
CK, IK
256
SNid,SQN⊕AK
KDF
256
MME
K_{eNB}
NH
KDF
256
NH
256
K_{ASME}
KDF
256
非接入层上行计数
NAS-enc-alg,
Alg-ID
NAS-int-alg,
Alg-ID
KDF
KDF
256
256
256-bit
keys
K_{NASenc}
K_{NASint}
256
256
Trunc
Trunc
128
128
128-bit
keys
K_{NASenc}
K_{NASint}
K_{eNB}*
K_{eNB}
256
eNB
KDF
Physical cell ID, EARFCN-DL
eNB
256
256
K_{eNB}
256
UP-enc-alg,
Alg-ID
RRC-int-alg,
Alg-ID
RRC-enc-alg,
Alg-ID
KDF
KDF
KDF
256
256
256
256-bit
keys
K_{RRCenc}
K_{RRCint}
K_{UPenc}
256
256
256
Trunc
Trunc
Trunc
128
128
128
128-bit
keys
K_{RRCenc}
K_{RRCint}
K_{UPenc}

图 4.49　网络侧的密钥生成

图 4.50 揭示了移动台侧的不同密钥之间的相互关系和生成过程。

注意：图 4.49 和图 4.50 两幅图中的 KDF 表示密钥生成函数（Key Derivation Function）。

3. EPS加密与完整性算法

前面讲到关于演进型分组系统 EPS 的鉴权与加密技术，那么 LTE 采用了什么加密算法呢？这些算法又是怎样实现的呢？

在本章 4.3.2 节中，介绍了 WCDMA 用于信令完整性保护的 f9 算法及用于数据和信令加密的是 f8 算法。

对应于 WCDMA 中数据和信令加密的 f8 算法，在 LTE 中用户演进型分组系统的 128 比特的加密算法 EEA（EPS Encryption Algorithm）如图 4.51 所示。

其中，演进型分组系统的 128 比特的加密算法的输入参数是 128 比特的加密密钥——KEY、32 比特的计数器——COUNT、5 比特的承载标识——BEARER、1 比特的发送方向——DIRECTION、密钥的长度——LENGTH。其中传送方向 DIRECTION 为 0 表示上行，

1 表示下行。

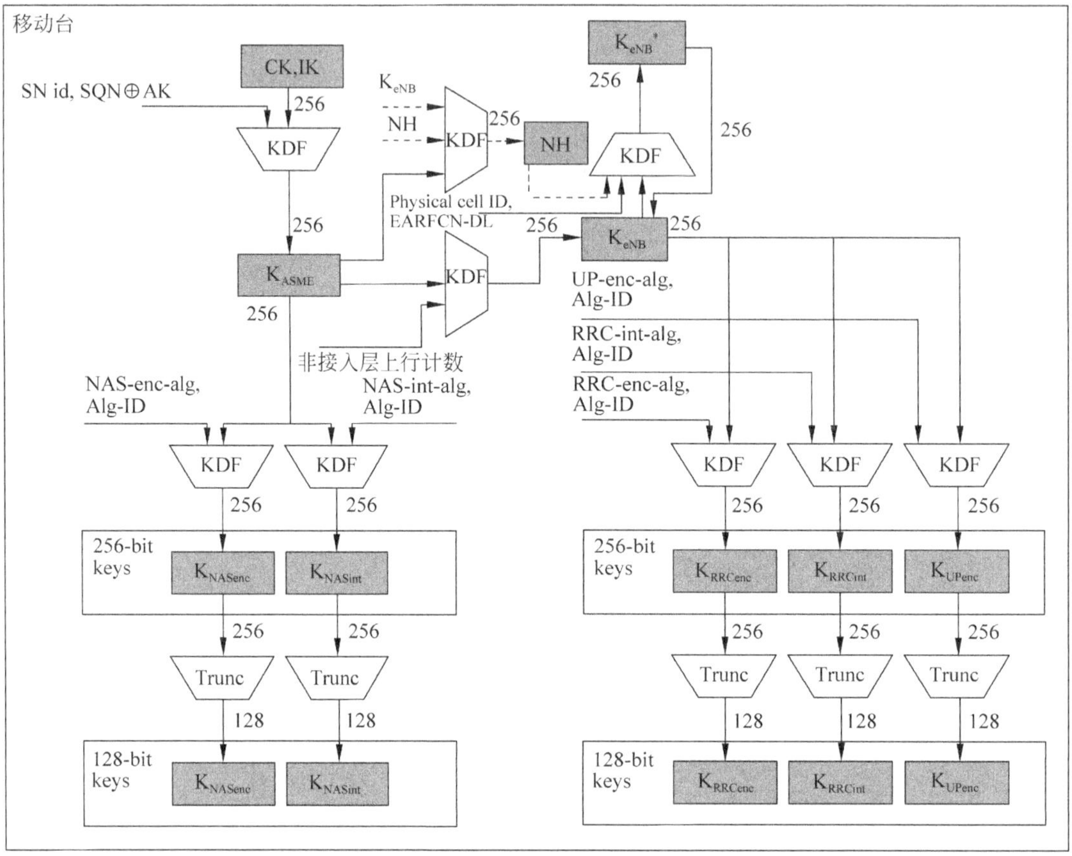

移动台
CK,IK
SN id, SQN⊕AK
256
KDF
256
K_{ASME}
256
K_{eNB}
NH
KDF
256
NH
Physical cell ID,
EARFCN-DL
KDF
K_{eNB}^{*}
256
256
KDF
256
K_{eNB}
256
非接入层上行计数
NAS-enc-alg,
Alg-ID
NAS-int-alg,
Alg-ID
UP-enc-alg,
Alg-ID
RRC-int-alg,
Alg-ID
RRC-enc-alg,
Alg-ID
KDF　KDF
256　256
256-bit keys　K_{NASenc}　K_{NASint}
256　256
Trunc　Trunc
128　128
128-bit keys　K_{NASenc}　K_{NASint}
KDF　KDF　KDF
256　256　256
256-bit keys　K_{RRCenc}　K_{RRCint}　K_{UPenc}
256　256　256
Trunc　Trunc　Trunc
128　128　128
128-bit keys　K_{RRCenc}　K_{RRCint}　K_{UPenc}

图 4.50　基站侧的密钥生成

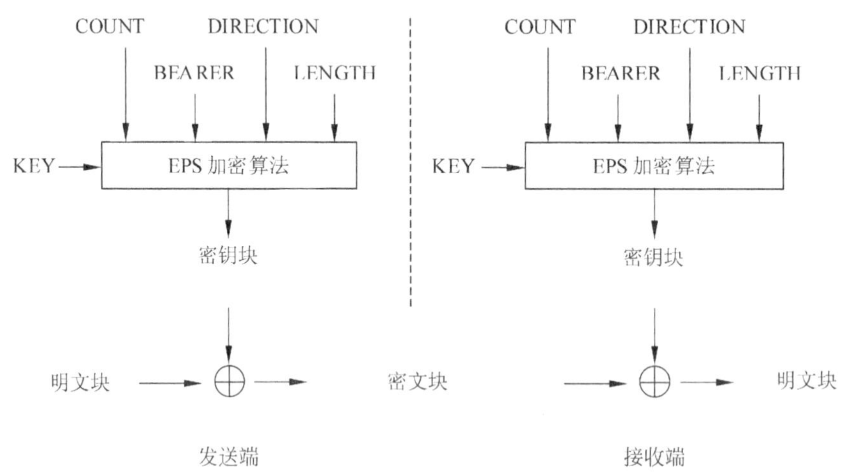

图 4.51　加密算法

基于这些输入，算法产生输出密钥块——KEYSTREAM，用来给输入明文 PLAINTEXT 加密产生密文块——CIPHERTEXT。

输入密钥的长度 LENGTH 仅仅会影响到输出的密钥块——KEYSTREAM BLOCK。

对应于 WCDMA 中信令完整性的 f9 算法，在 LTE 中用户演进型分组系统的 128 比特的完整性算法 EIA（EPS Integrity Algorithm）参见图 4.50 所示。

注意：与 3G 不同的是，LTE 对数据和信令都进行完整性保护。

其中，演进型分组系统的 128 比特的完整性保护算法的输入参数是 128 比特的完整性密钥 KEY、32 比特的计数器 COUNT、5 比特的承载标识 BEARER、1 比特的发送方向 DIRECTION、要保护的传送消息 MESSAGE、消息的长度 LENGTH。其中传送方向 DIRECTION 为 0 表示上行，1 表示下行。

基于这些输入参数，发送端完整性算法 EIA 计算出 32 比特的消息认证码（MAC-I/NAS-MAC），然后把消息认证码附加到消息中发送。同样地，接收端也通过完整性算法 EIA 计算出相应的消息认证码（XMAC-I/XNAS-MAC），通过比较收发端的消息认证码来实现数据的完整性保校验，如图 4.52 所示。

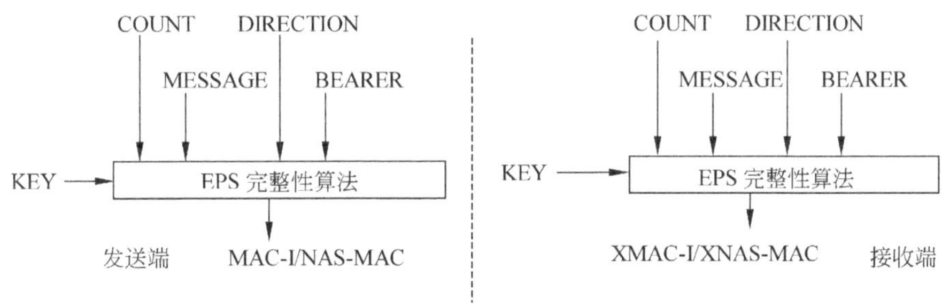

图 4.52　MAC-I/NAS-MAC（或者 XMAC-I/XNAS-MAC）的生成

4．切换过程中的密钥处理

在移动通信中，切换是一个绕不开的话题，在切换的过程中，如何实现信息的保密成为关键。在切换中的密钥处理过程如图 4.53 所示。

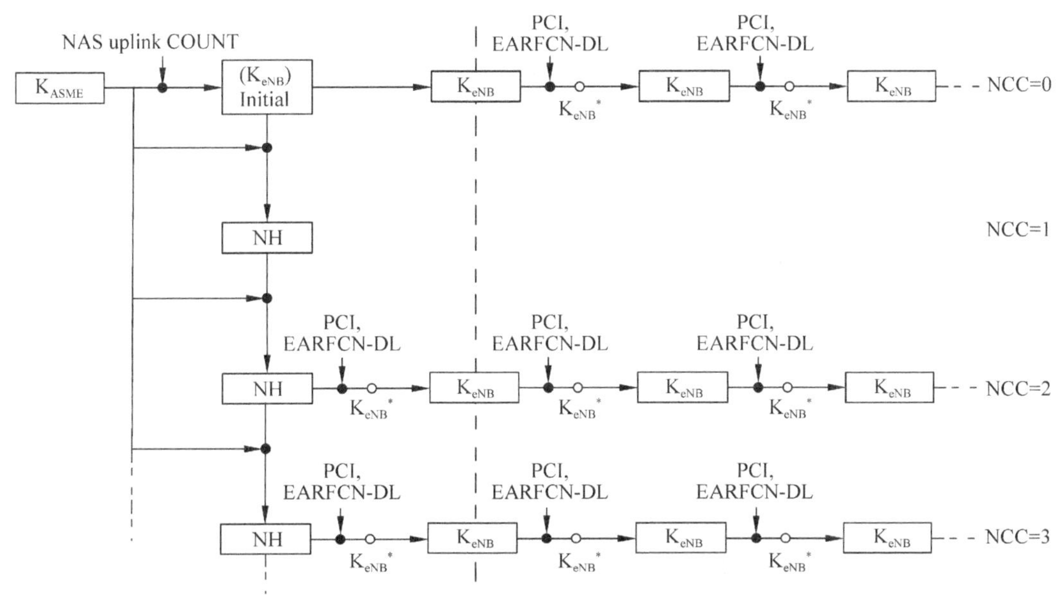

图 4.53　切换中的密钥链模型

当初始化接入层加密上下文在用户设备和基站之间确立时，移动性管理实体和用户设备就会派生出 K_{eNB} 和下一跳参数（Next Hop parameter，NH）。K_{eNB} 和 NH 都是从 K_{ASME} 中派生的，一个 NCC（NH Chaining Counter）与每个 K_{eNB} 和 NH 参数相关联。在初始化时，K_{eNB} 直接根据 K_{ASME} 得出。

4.4.4 WiMax 的系统安全架构

WiMax（World Interoperability for Microwave Access，全球微波接入互操作性）是一种低成本、高效率的宽带无线接入技术标准。在 2009 年 10 月，IEEE802.16m 成为和 LTE-Advanced 一起呈交国际电联（ITU）的第四代移动通信技术标准候选技术之一。

在 WiMax 技术中，安全问题一直是制约其发展的一个“短板”，因此安全问题也一直是备受 WiMax 研究者关注的一个技术要点。WiMax 中的信息安全主要由 MAC 层的安全子层来实现，下面将对 WiMax（IEEE 802.16）的安全架构进行简要的介绍。

WiMax 的安全子层主要为用户提供隐私、鉴权和加密服务，同时为运营商提供强有力的安全保护。WiMax 的安全子层主要由两方面的协议组成：

（1）BWA 中加密分组数据的封装协议。这个协议定义了一系列的密码套件，也就是成对的加密与鉴权算法，还有应用这些算法到 MAC PDU 有效负荷的一些规则。

（2）密钥管理协议（PKM）为从基站到用户站（subscriber station, SS）提供密钥数据的安全分发。通过密钥管理协议，基站和用户站同步了密钥数据，同时，基站用这个协议加强了对网络服务的有条件访问。

图 4.54 是安全子层的协议栈结构。

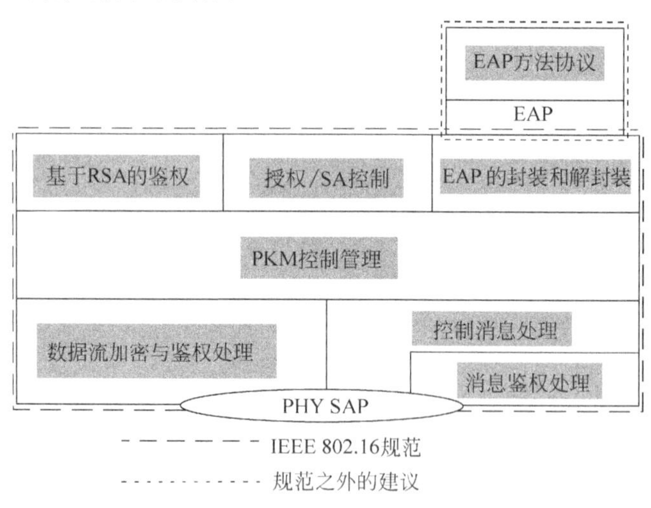

图 4.54　安全子层的协议栈

在上图中各个部分的功能如下所述。

- PKM 控制管理：这个栈控制所有的安全部分，各种各样的密钥都是从这个栈产生和推出的。
- 数据流加密/鉴权处理：这个栈对数据流进行加密、加密和鉴权功能。
- 控制消息处理：这个栈处理各种 PMK 相关的 MAC 消息。
- 消息鉴权处理：这个栈执行消息鉴权功能，HMAC、CMAC、short-HMAC 都支持。

- 基于 RSA 的鉴权：当基于 RSA 的鉴权被选做基站和用户站之间的鉴权策略时，这个栈用用户站的 X.509 证书和基站的 X.509 证书执行基于 RSA 的鉴权功能。
- EAP 的封装和解封装：当基于 EAP 的鉴权被选做基站和用户站之间的鉴权策略时，这个栈提供与 EAP 层的接口。
- 授权/SA 控制：这个栈控制授权状态机和流机密密钥状态机。
- EAP 和 EAP 方法协议：这个栈暂时没在此标准的范围内[9]。

WiMax 的信息安全关键技术主要包括：数据加密与加密算法、密钥管理和安全关联（SA）[10]。

（1）数据加密与加密算法

只要是通信的信息安全技术，很少有不涉及加密和加密算法的，就像地下特工接头没有不使用暗语是一个道理，IEEE 802.16 主要采用的加密算法包括 RSA、DES-CBC、AES-CCM 和 3-DES 算法等。

在基站分配给用户站鉴权密钥 AK 时，采用的是 RSA 算法。对数字证书进行签名的过程中使用的也是 RSA 加密算法。

对业务数据进行加密时采用的加密算法是 DES 和 AES 算法。基站分配给用户站的 TEK 的加密采用 3-DES 加密算法。

（2）密钥管理

如果说，开锁的钥匙很重要，那么钥匙的保护也就不容忽视。在 WiMax 系统中，如果密钥是开启数据保护的钥匙，那么这把钥匙的管理过程也就不可避免地牵动着科研者敏感的触觉。

在 WiMax 中，基站和用户站之间的密钥交换的过程需要严格保护，WiMax 把这个保护密钥的过程交给了龙门镖局的总镖头——PKM 协议。

作为总镖头，这么多的活，要是全都是自己干，那还不得累死，所以，聪明的总镖头选择了放权，他选用了龙门镖局几个年轻力壮、武功高强而又经验丰富的镖师替他完成这趟镖。

于是，X.509 证书、RSA 公共密钥算法和镖局里最强壮的镖师——3-DES 算法，被总镖师指派来共同完成保护密钥的交换过程。

注意：密钥管理协议支持单向认证和双向认证，同时还支持定期的重新认证与密钥更新。

（3）安全关联（SA）

最后一个是安全关联，一个基站和它的一个或者多个用户站为了支持加密服务而共享的安全信息集就叫安全关联。这些共享信息包括了信息加密密钥和密文块链初始向量。

4.4.5 WiMax 的 PKM 协议

WiMax 标准中有两种私钥管理协议：PKM 版本 1 和 PKM 版本 2，PKM 版本 2 有很多增强的特性，比如新的密钥分层、AES-CMAC、AES 密钥包和 MBS。

1. PKM版本1

在这里，特别介绍一下授权状态机，授权状态机包含了 6 个状态和能触发状态转换的 8 个不同的事件（包括接收信息）。授权有限状态机如图 4.55 所示[9]。

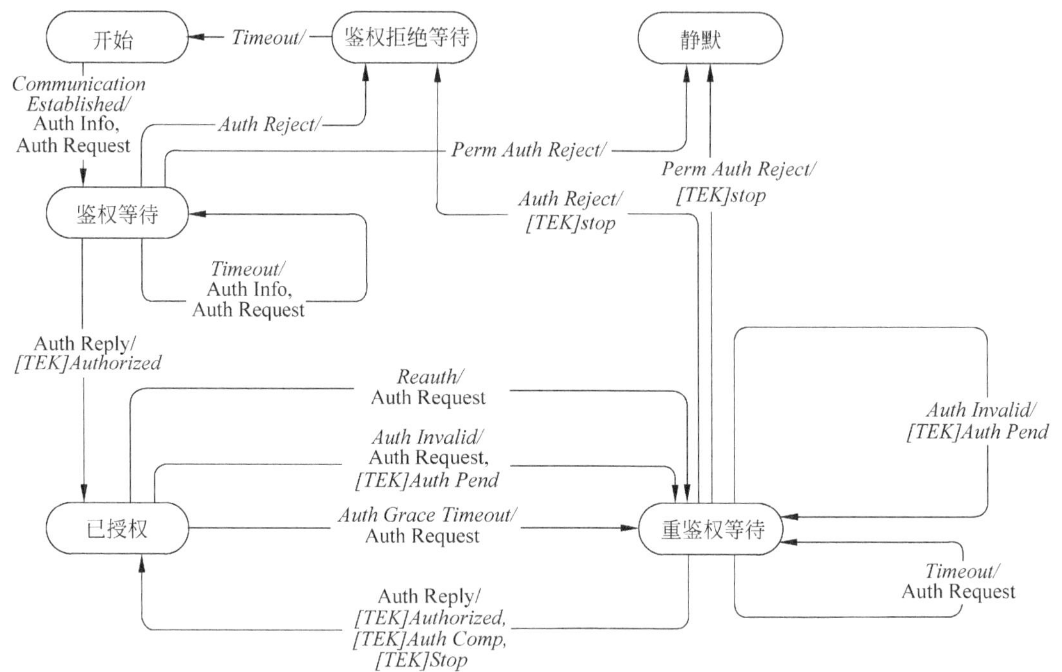

图 4.55　授权状态机流程图

状态机流程图就像前面讲到的马尔科夫链，有其状态和状态转移的触发条件。但是这个流程图中对于状态转移过程中的具体动作没有详细的描述，内部的具体状态可以参考图 4.56[9]所示的转移矩阵。

State *Event or Rcvd Message*	(A) Start	(B) Auth Wait	(C) Authorized	(D) Reauth Wait	(E) Auth Reject Wait	(F) Silent
(1) *Communication Established*	Auth Wait					
(2) *Auth Reject*		Auth Reject Wait		Auth Reject Wait		
(3) *Perm Auth Reject*		Silent		Silent		
(4) *Auth Reply*		Authorized		Authorized		
(5) *Timeout*		Auth Wait		Reauth Wait	Start	
(6) *Auth Grace Timeout*			Reauth Wait			
(7) *Auth Invalid*			Reauth Wait	Reauth Wait		
(8) *Reauth*			Reauth Wait			

图 4.56　授权 FSM 状态转移矩阵

在前面讲到的授权状态机转流程图中提到流加密密钥 TEK（traffic encryption key），这里对 TEK 状态机做个简单的介绍。

TEK 状态机如图 4.57 所示[9]，包含 6 个状态和 9 个可以触发状态转移的事件。和前面介绍授权状态一样，为了方便理解，这里也会对 TEK 的状态转移矩阵，如图 4.58[9]所示一

并列出。

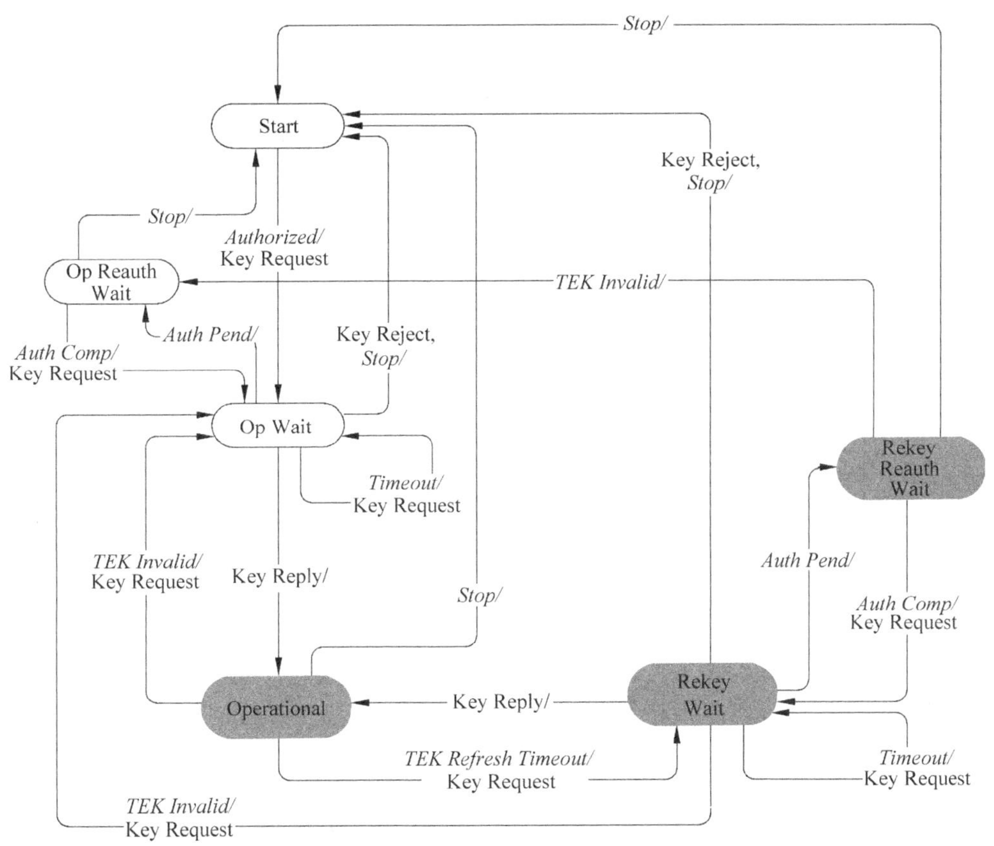

图 4.57　TEK 状态机

State ***Event or Rcvd*** ***Message***	**(A)** **Start**	**(B)** **Op Wait**	**(C)** **Op Reauth** **Wait**	**(D)** **Op**	**(E)** **Rekey** **Wait**	**(F)** **Rekey** **Reauth** **Wait**
(1) *Stop*			Start	Start	Start	Start
(2) *Authorized*	Op Wait					
(3) *Auth Pend*		Op Reauth Wait			Rekey Reauth Wait	
(4) *Auth Comp*			Op Wait			Rekey Wait
(5) *TEK Invalid*				Op Wait	Op Wait	Op Reauth Wait
(6) *Timeout*		Op Wait			Rekey Wait	
(7) *TEK Refresh Timeout*				Rekey Wait		
(8) Key Reply		Operational			Operational	
(9) Key Reject		Start			Start	

图 4.58　TEK 状态转移矩阵

2．PKM版本2

在密钥管理协议中，主角是密钥，而密钥的分层架构更是密钥管理的一个要点。图 4.59[9]列出了 PKM 版本 2 中当发生了基于 RSA 的授权过程，但是基于 EAP 的授权过程没有发生时，或者使用 EAP 方法但还没有生成 MSK 时，计算出 AK（授权密钥）的过程，这话说得稍微有些绕弯，下面对照图慢慢捋捋。

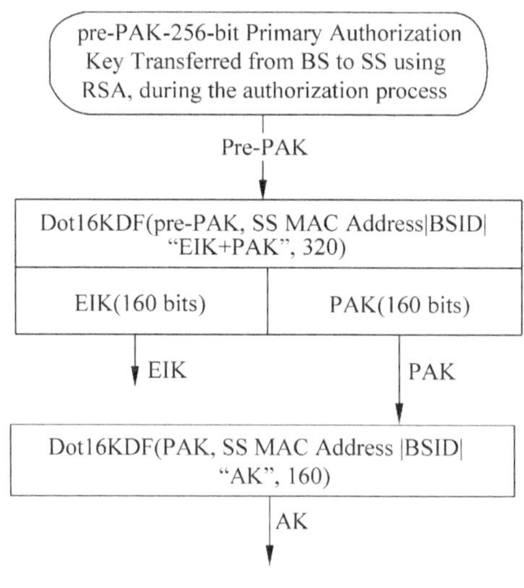

图 4.59　仅由 PAK 生成的 AK

图 4.60[9]列出了当发生了基于 RSA 的授权交换过程生成 PAK，同时基于 EAP 的授权交换过程生成 MSK 的计算 AK（授权密钥）的过程。

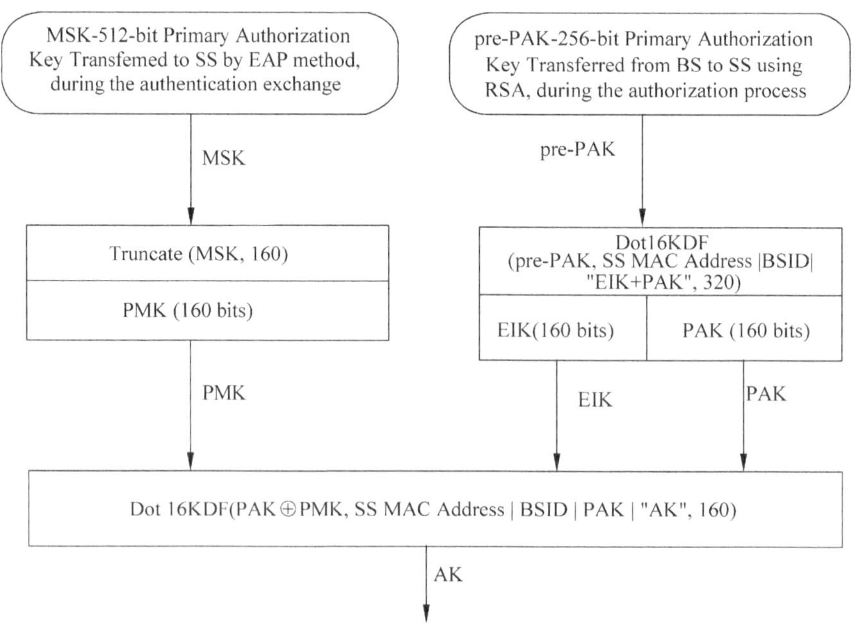

图 4.60　由 PAK 和 PMK 生成 AK 的过程

图 4.61[9]列出了当发生基于 EAP 的授权交换时生成 MSK 计算 AK（授权密钥）的过程。

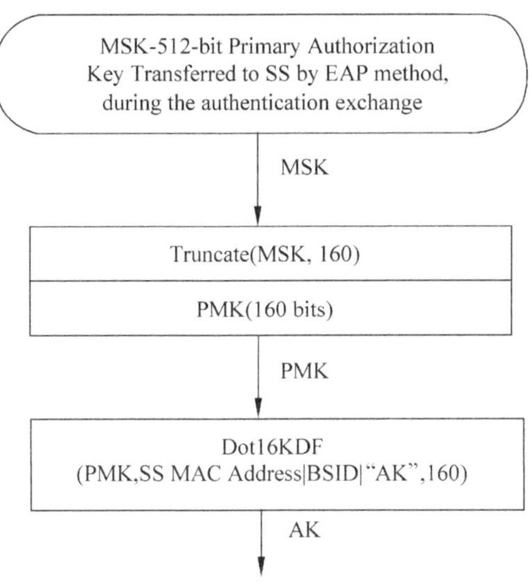

图 4.61　由 PMK 生成 AK 的过程

图 4.62[9]列出了从 AK 开始的单播密钥分层架构。

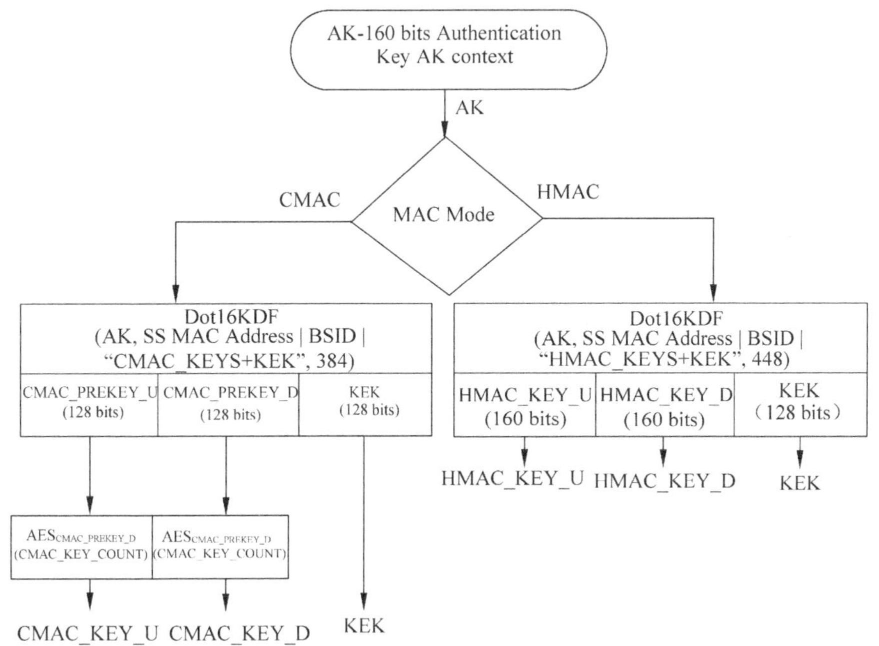

图 4.62　由 AK 生成 HMAC、CMAC、KEK 的过程

图 4.63[9]列出了从 MAK 开始的 MBS 密钥分层架构。

安全相关的有限状态机系统间的关系，如图 4.64[9]所示。

PKM 版本 2 中的授权状态机如图 4.65 所示。

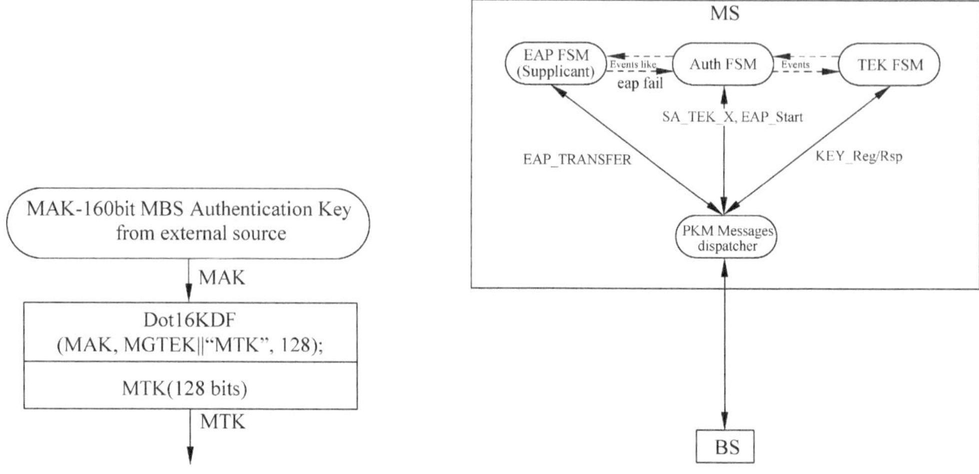

图 4.63　由 MAK 推出 MTK 密钥的过程

图 4.64　安全相关 FSM 中的系统关系

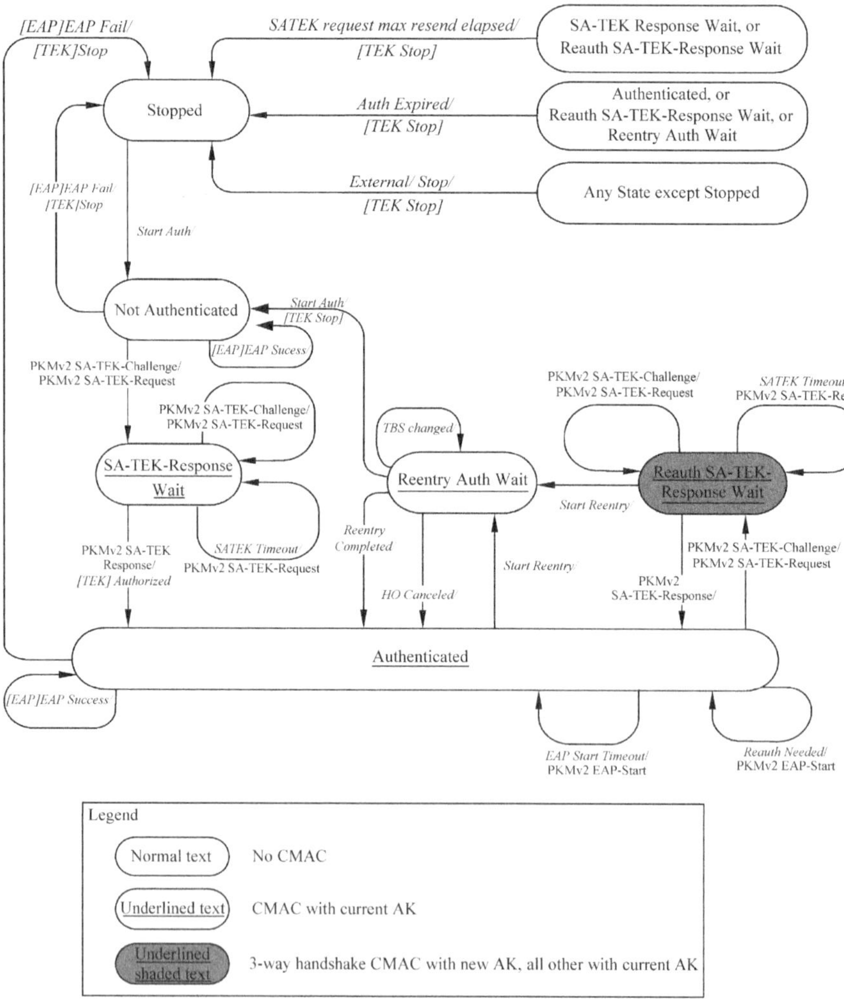

图 4.65　PKM 版本 2 中的授权状态机

PKM 版本 2 中的授权 FSM 状态转移矩阵，如图 4.66 所示。

State Event or receive message	**(A)** ***Stopped***	**(B)** ***Not Authenticated***	**(C)** ***SA_TEK Rsp Wait***	**(D)** ***Authenticated***	**(E)** ***Reauth SA-TEK-RSP Wait***	**(F)** ***Reentry Auth Wait***
(1) *Start Auth*	Not authenticated					Not authenticated
(2) *PKMv2 SA-TEK-Chal-lenge*		SA-TEK-Rsp Wait	SA-TEK-Rsp Wait	Reauth SA-TEK-Rsp Wait	Reauth SA-TEK-Rsp Wait	
(3) *PKMv2 SA-TEK-Response*			Authenticated		Authenticated	
(4) *EAP Suc-cess*		Not Authenticated		Authenticated		
(5) *SATEK Timeout*			SA-TEK Rsp Wait		Reauth SA-TEK-Rsp Wait	
(6) *SATEK req max resend elapsed*			Stopped		Stopped	
(7) *ReAuth needed*				Authenticated		
(8) *Start Reentry*				ReentryAuth Wait	ReentryAuth Wait	
(9) *EAPStart timeout*				Authenticated		
(10) *HO cancelled*						Authenticated
(11) *TBS change*						Reentry Auth Wait
(12) *Reentry Completed*						Authenticated
(13) *Auth Expired*				Stopped	Stopped	Stopped
(14) *EAP Fall*		Stopped		Stopped		
(15) *Externall Stop*		Stopped	Stopped	Stopped	Stopped	Stopped

图 4.66　PKM 版本 2 中的授权 FSM 状态转移矩阵

4.4.6　WiMax 的密钥使用

WiMax 标准中授权密钥在基站和用户站的管理，如图 4.67 所示。

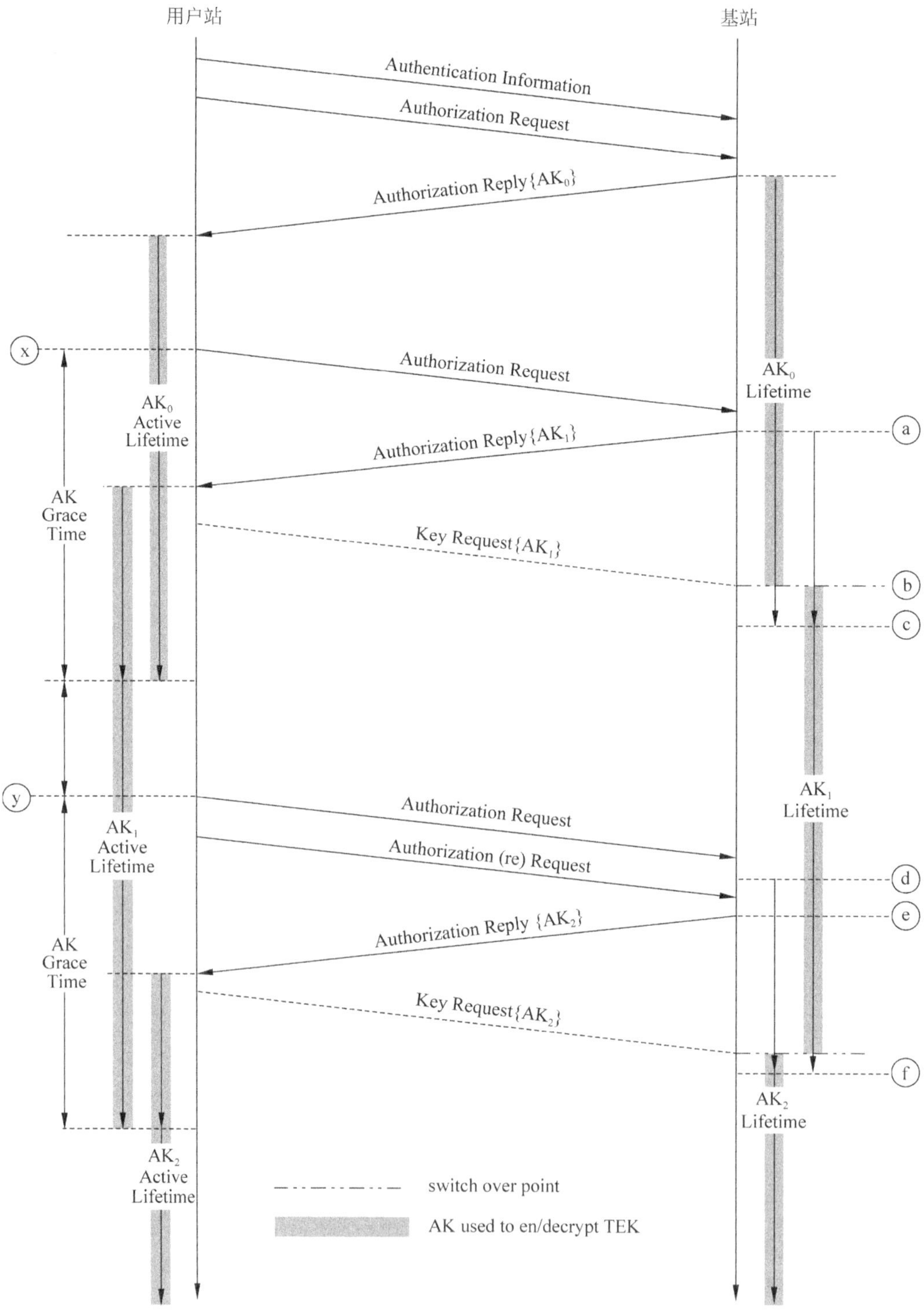

用户站
基站
Authentication Information
Authorization Request
Authorization Reply{AK_0}
AK_0 Lifetime
x
Authorization Request
AK_0 Active Lifetime
Authorization Reply{AK_1}
a
AK Grace Time
Key Request{AK_1}
b
c
y
Authorization Request
AK_1 Lifetime
AK_1 Active Lifetime
Authorization (re) Request
d
Authorization Reply {AK_2}
e
AK Grace Time
Key Request{AK_2}
f
AK_2 Lifetime
AK_2 Active Lifetime
switch over point
AK used to en/decrypt TEK

图 4.67　授权密钥的管理

TEK 在基站和用户站中的管理，如图 4.68 所示。

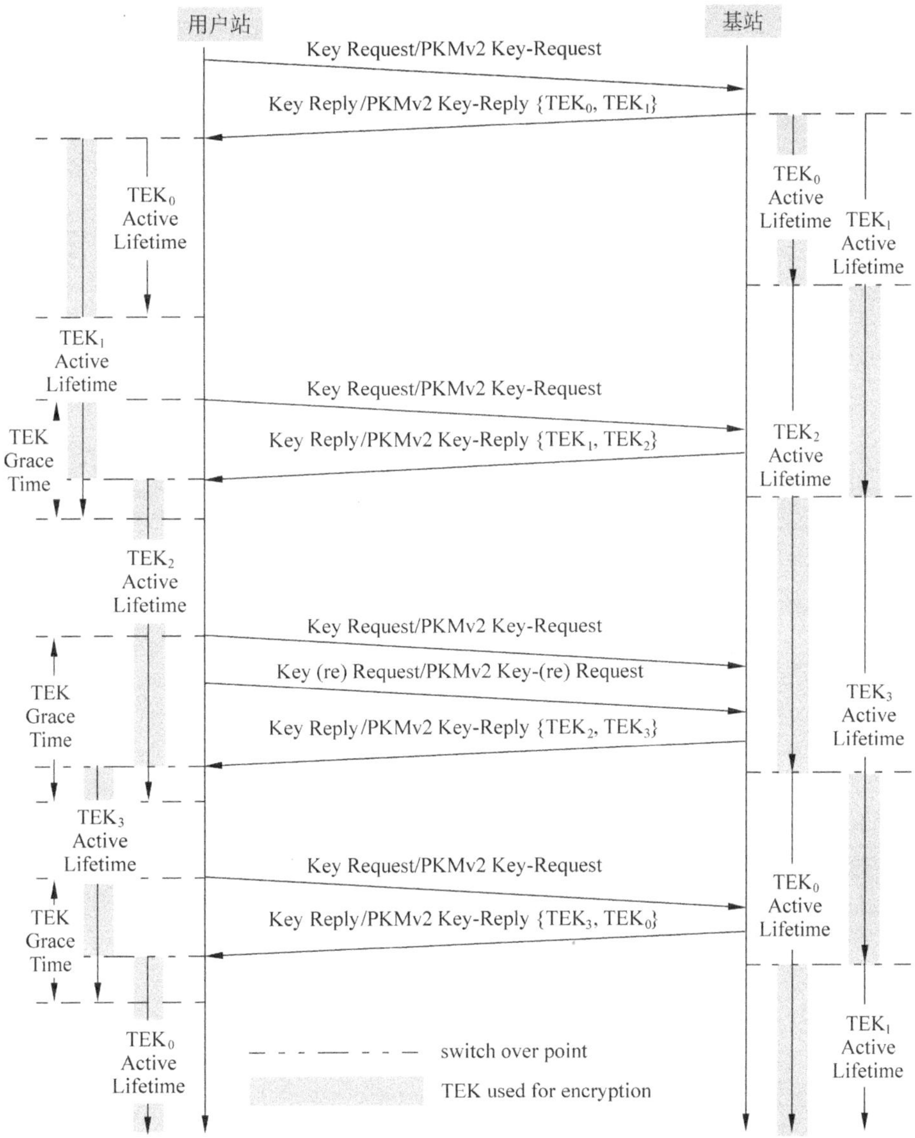

用户站

基站

Key Request/PKMv2 Key-Request

Key Reply/PKMv2 Key-Reply {TEK_0, TEK_1}

TEK_0 Active Lifetime

TEK_0 Active Lifetime

TEK_1 Active Lifetime

TEK_1 Active Lifetime

Key Request/PKMv2 Key-Request

TEK Grace Time

Key Reply/PKMv2 Key-Reply {TEK_1, TEK_2}

TEK_2 Active Lifetime

TEK_2 Active Lifetime

Key Request/PKMv2 Key-Request

Key (re) Request/PKMv2 Key-(re) Request

TEK Grace Time

Key Reply/PKMv2 Key-Reply {TEK_2, TEK_3}

TEK_3 Active Lifetime

TEK_3 Active Lifetime

Key Request/PKMv2 Key-Request

TEK Grace Time

Key Reply/PKMv2 Key-Reply {TEK_3, TEK_0}

TEK_0 Active Lifetime

TEK_0 Active Lifetime

TEK_1 Active Lifetime

switch over point

TEK used for encryption

图 4.68　TEK 的管理

4.4.7　多播广播密钥更新算法

当系统支持多播广播密钥更新算法（Multicast and broadcast rekeying algorithm，MBRA）时，多播广播密钥更新算法用来为多播、广播服务更新流密钥，而不是单播服务。多播广播密钥更新算法的管理，如图 4.69 所示。

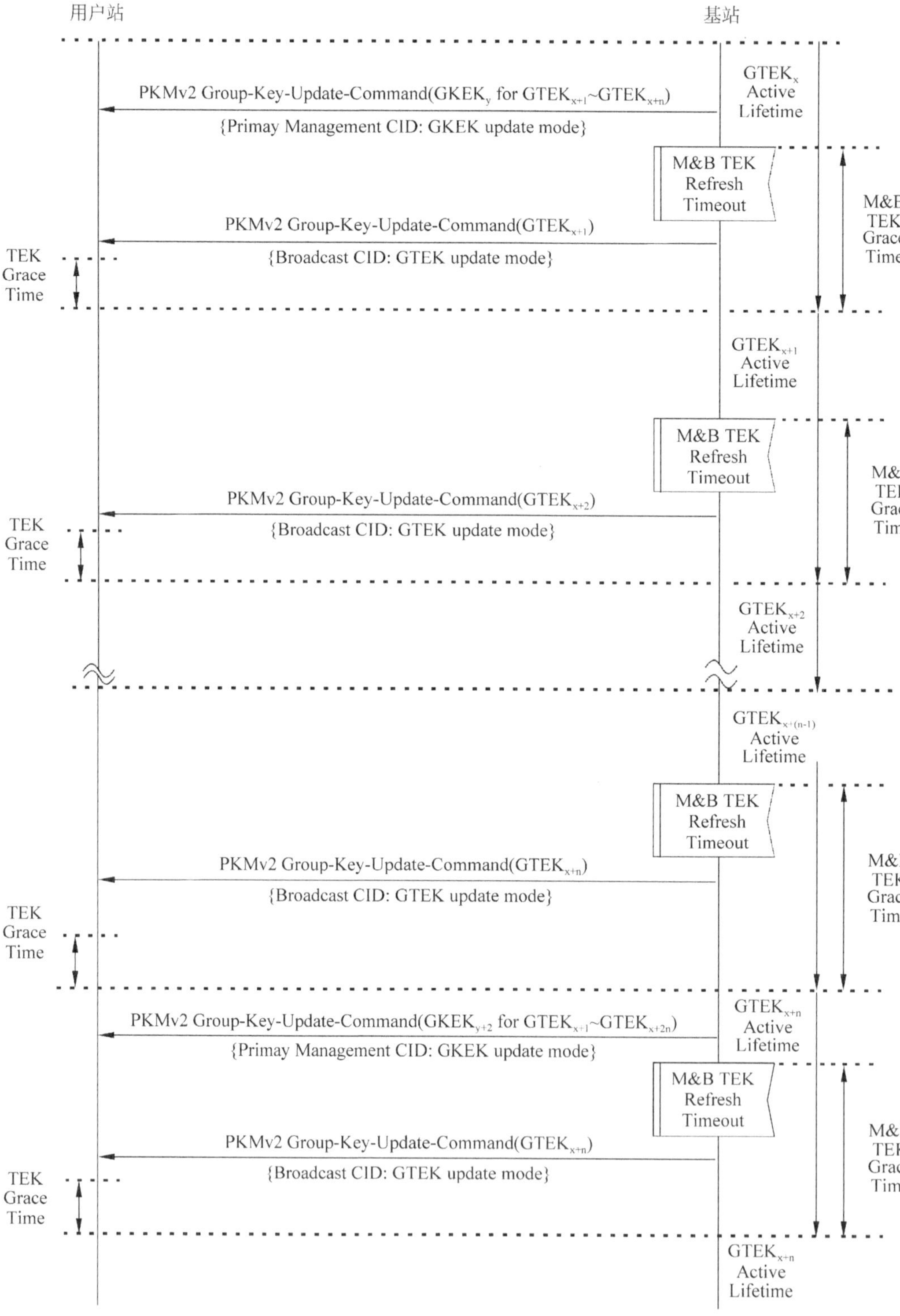

图 4.69　多播广播密钥更新算法的管理

4.5　小　　结

1．学完本章后，读者需要回答：

- ❑ 为什么要在移动通信中引入信息安全技术？
- ❑ 移动通信中的信息安全主要包括哪两大块内容？
- ❑ GSM 系统信息安全架构都包括哪些内容，具体是怎样实现的？
- ❑ IS-95 与 GSM 信息安全架构的主要异同点是什么？
- ❑ 以 WCDMA 为例，说说 3G 系统信息安全的特征。
- ❑ 4G 系统（以 LTE 为例）信息安全架构都包括哪些内容，具体是怎样实现的？
- ❑ 2G 系统信息安全存在哪些缺陷？
- ❑ 3G 系统信息安全存在哪些漏洞？
- ❑ 4G 系统（以 LTE 为例）信息安全有哪些需要改进的地方？

2．在第 5 章中，读者会了解到：

- ❑ 无线资源的分类：时间、空间、码字、频率、功率；
- ❑ 功率分配与注水定理；
- ❑ 接纳控制技术；
- ❑ 无线承载的选择与动态资源的分配；
- ❑ 功率控制技术；
- ❑ 空闲和连接状态下的小区重选与切换技术；
- ❑ 位置管理技术；
- ❑ 负载均衡技术。

第 5 章 无线资源管理——管理无线资源

在经济浪潮席卷全球的今天，各行各业都很难离得开“资源”，石油大佬们玩的是石油资源，山西煤老板们玩的是煤炭资源，汽车能跑靠的是汽油资源，电话、电脑、电饭煲等家用电器消耗的是电力资源，高新技术企业发展靠的是人力资源，可见，无论是资源密集型行业，还是技术密集型行业都要靠资源。

各行各业都有资源的身影，连日常生活中都有资源的影子，于是移动通信技术中也不能免俗的有了资源的介入。不同于煤炭、石油、人才等资源的“可见性”，移动通信中的资源是频率、时间、空间、功率等“不可见”的无线资源。

既然有这么多的资源，那么资源的管理也就成了头等大事，于是国家有了调控成品油油价的国家发改委（国家发展和改革委员会），企业也有管理人才的人力资源部，移动通信也顺理成章的有了管理无线资源的无线资源管理（Radio Resource Management，RRM）技术，如图 5.1 所示。

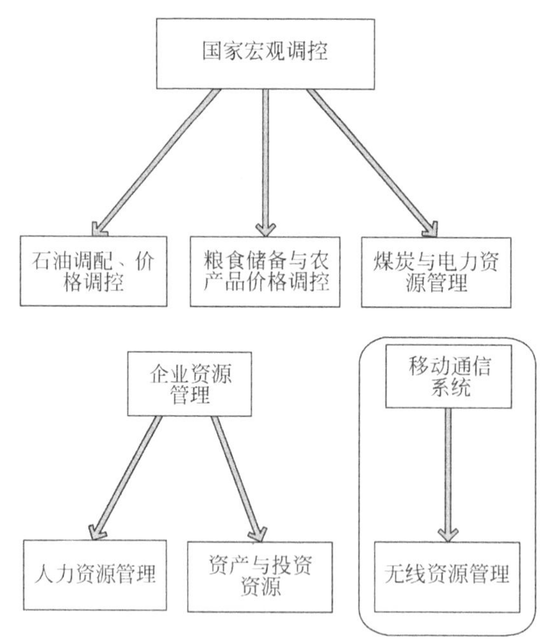

图 5.1 无线资源管理

本章首先结合生活中的常见实例对移动通信中的无线资源的分类和功率的分配做一个白话的阐释，接下来介绍移动通信中的接纳控制技术，随后将分别大话分组调度、移动性管理（包括空闲状态下的小区选择与重选和连接状态下的切换）、位置管理与更新、功率控制、负载均衡等无线资源管理的核心技术。5.1 节，将先对无线资源管理的基本概念

进行“水煮式”的解读。

本章主要涉及的知识点有：

- 无线资源的分类：时间、空间、码字、频率、功率。
- 功率分配：顾名思义，指功率资源的分配。
- 接纳控制：对新呼入请求的接入控制。
- 分组调度：无线承载的选择与动态资源的分配。
- 功率控制：对功率进行控制减小干扰来保证服务质量。
- 移动性管理：空闲和连接状态下的小区重选与切换技术。
- 位置管理：网络需要知道用户的大概位置。
- 负载均衡：均衡不同小区间的负载，确保系统不过载。

5.1　无线资源分配——资源的稀缺性

电影《天下无贼》中葛优扮演的黎叔有句经典的台词：世界上什么东西最贵——人才！模仿葛大爷的句式咱也问一句：移动通信中什么东西最贵？答曰：无线资源！

可能细心的读者会发现，在本书 3.1.2 节提到过，移动通信中最贵的是频率啊，这里怎么变成资源了，作者喝多了吧？笔者真没喝多，因为频率也是无线资源的一种。

呵呵，在 3.1.2 节中还提到“寸金难买寸频率”的说法，可见频率这种无线资源的珍贵，其实别的资源也不怎么便宜。既然无线资源如此珍贵，对这些资源的使用就显得尤其重要了。平时我们经常会在电视上看到保护耕地资源、保护稀有矿产资源、限制低生产率的小煤窑的生产，国家控制关系国民经济命脉的资源等，如图 5.2 所示。

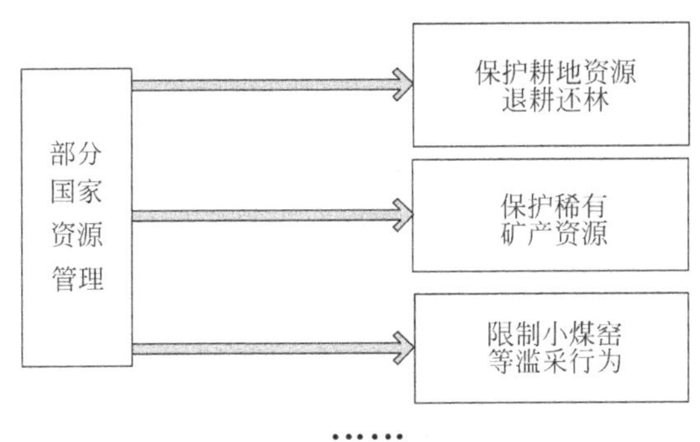

图 5.2　不可再生资源管理

国家对资源如此重视，为的就是好好利用资源，提高资源的利用效率，用有限的资源创造更多的价值，实现资源的高效利用。

与之相似，移动通信技术的无线资源管理就是利用网络的无线资源管理功能对空中接口的各种无线资源进行有效管理的一种技术，它提供一些有效的机制，在资源有限这一大前提下通过动态分配资源、优化调整资源的分配方式，提高系统吞吐量、容量、覆盖、信号质量等来保证用户的服务质量（QoS）。

5.1.1　无线资源分类

社会中的资源是多种多样的，在移动通信系统中资源同样有其多样性，这里对移动通信中的无线资源进行简单的分类，如图 5.3 所示。

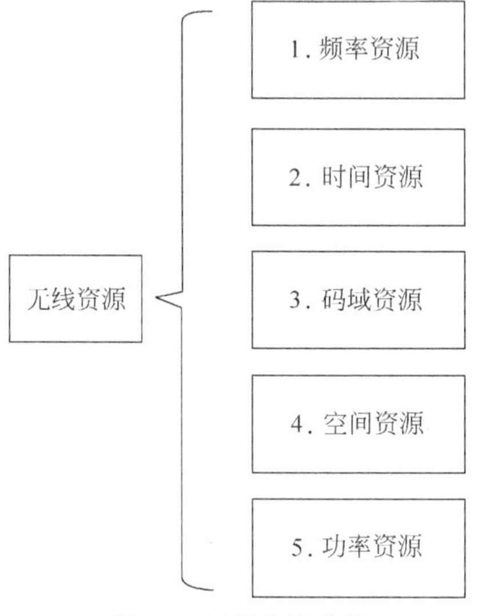

图 5.3　无线资源分类

1. 频率资源

在 3.1.2 节中已经提到过珍贵的频率资源，移动通信中的无线资源按道理说应该是平等的，但是有些事情就是不平等的，比如无线资源，同样是无线资源，频率资源就远比那 3 个资源重得多，何出此言呢？

听笔者慢慢道来。运营商可以控制时间资源，而且大家的时间都是一样的，没有所谓的 A 有时间，B 没时间这一说法，所以时间资源是公平的。空间资源大家也是平等的，人们尽可以利用多天线等技术来更加充分地利用资源，所以空间资源也没有天生的不平等。功率资源也是同理，该如何用，怎么用都是运营商选择移动通信技术来决定，没有谁可以买来功率而让对方失去功率这么一说，所以功率资源也是较为平等的。那么最后就是频率资源了，关于频率资源为什么变得珍贵的具体论述，请参见 3.1.2 节，这里将不再讨论。

2. 时间资源

移动通信中，时间资源主要指的是时隙资源，以 TDD-LTE 为例，无论是常规时隙还是上下行导频时隙、保护间隔的特殊时隙，都是时间域资源。

3. 码域资源

码域资源的首先出现是在 CDMA（码分多址）中，码域资源是继时域和空域资源之后人们发掘的第三维的移动通信资源。码分多址应用比较广泛的 3G 之后，在准 4G 技术的 LTE 中，扰码也是码域资源的一个典型应用。

4. 空间资源

在移动通信中，空间资源可以是天线数目、天线角度、极化方向甚至包括网络拓扑结构等。以 LTE 为例，MIMO 就是空间资源的典型利用。LTE-Advanced 中的基站间协同的 COMP（Coordinative Multiple Point，协同多点）技术也是为了更好地利用空间资源的一个典型例子。

在 1G 和 2G 中更加关注时间资源与频率资源的使用，关于空间资源的使用并不特别的充分，直到 3G 中的波束赋形，空间资源才得到了一些重视。在后来的 LTE 中，多天线 MIMO 技术的引入带来了移动通信的一场变革，让人们意识到原来移动通信不仅只有时、频资源，还有空间资源待开垦。

出于同样的目的，在 LTE-A 中有了协同多点技术的引入，人们希望更好地利用基站间

的协同开发更多的空间资源。

5. 功率资源

在移动通信系统中，任何技术的实现都离不开能量的支持，而能量的提供一般都是采用电能的方式。电能可以用功率来表示，基站与用户之间通信需要发射功率，因此功率是资源分配中首要考虑的因素。

下面对功率分配的问题做一些简要阐述。

5.1.2　功率分配——传说中的注水定理

在功率分配的过程中，需要很多的算法来实现。事实上，功率分配的最优算法是注水定理（water filling algorithm）的应用。

在社会大生产中，有这样两种企业，一种是采用先进的经营管理模式，充分发掘人才潜力，充分利用现有资源，采用现在管理制度的大企业，比如海尔、联想等；还有一种是采用家族式管理，不任人唯贤，而是任人唯亲，不尊重人才，不发掘人才，坐吃山空，比如各地的小煤窑、小矿山、小作坊等。

在这两种企业中，采用现代经营管理模式的大企业利用自己的规模优势、管理优势、资金优势、技术优势等获取更多的资源，从而实现更大的利润；而那些在各方面都处于绝对劣势的小企业、小工厂由于在和大企业的竞争中没有优势，逐渐败下阵来，手头的资源也越来越少。如图 5.4 所示。

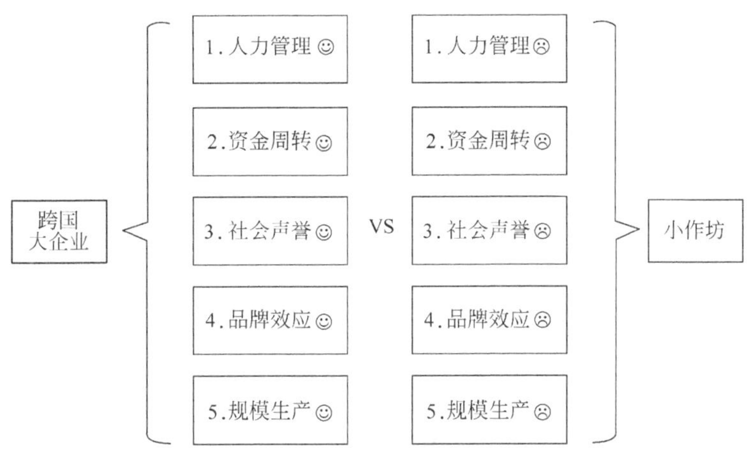

图 5.4　企业差距的拉大

这种有钱人/企业越来越有钱，没钱人/企业越来越没钱的现象，可以用通信中的注水定理来解释。

这里首先就注水定理进行一个简单的推导：

在一个通信系统中，在加性高斯白噪声信道（Additive White Gaussian Noise，AWGN）的条件下，设噪声的功率谱为 $N(f)$、输入信号功率谱为 $G(f)$、信道带宽为 F、噪声功率为 $\int_0^F N(f)df = \sigma^2$、信号总功率不是无限的—— $\int_0^F G(f)df \leqslant S$。

由著名的香农定理可以得到加性高斯白噪声信道的容量：

$$C = B\log_2(1+\frac{S}{N})$$

其中，B 表示信道带宽（单位为 Hz），S 表示接收信号功率（单位为 W），N 表示输出噪声功率（单位为 W）。

利用香农公式，得到信道的容量为：

$$C = \int_0^F \log\left(1+\frac{G(f)}{N(f)}\right)df$$

这里，如果想要使信道容量最大，则这个优化问题可以写成：

$$\max_{G(f)} C = \int_0^F \log\left(1+\frac{G(f)}{N(f)}\right)df$$

$$subject \quad to: \ \int_0^F G(f)df \leqslant S$$

问题明确了，接下来就是要采取的解决方法了。学过高等数学的读者都知道，求最大值最小值的时候有一个简单的方法叫做拉格朗日乘数法。

这道信道容量的最大化问题也可以用拉格朗日乘数法来解：

令

$$\begin{aligned} F(x) &= C - \lambda\int_0^F G(f)df \\ &= \int_0^F \log\left(1+\frac{G(f)}{N(f)}\right)df - \lambda\int_0^F G(f)df \end{aligned}$$

在上式中对 $G(f)$ 求导，并令导数为 0，得：

$$\begin{aligned} \frac{\partial F(x)}{\partial G(f)} &= \frac{\partial}{\partial G(f)}\left(\int_0^F \log\left(1+\frac{G(f)}{N(f)}\right)df - \lambda\int_0^F G(f)df\right) \\ &= \frac{\frac{1}{N(f)}}{1+\frac{G(f)}{N(f)}} - \lambda \\ &= 0 \end{aligned}$$

则由上式得

$$\frac{\frac{1}{N(f)}}{1+\frac{G(f)}{N(f)}} - \lambda = 0$$

$$\frac{1}{N(f)+G(f)} - \lambda = 0$$

$$\frac{1}{N(f)+G(f)} = \lambda$$

$$N(f)+G(f) = \frac{1}{\lambda}$$

$$G(f)=\frac{1}{\lambda}-N(f)$$

在这里，把上式带入信号总功率限制条件中，并取信号总功率为最大值 S 时：

$$\int_0^F G(f)df=\int_0^F\left(\frac{1}{\lambda}-N(f)\right)df$$

$$=\frac{F}{\lambda}-\sigma^2$$

$$=S$$

所以，

$$\lambda=\frac{F}{\sigma^2+S}$$

将上式带入$G(f)=\frac{1}{\lambda}-N(f)$中，得：

$$G(f)=\frac{\sigma^2+S}{F}-N(f)$$

上式中，$G(f)$的值需要大于 0，否则信道容量将会为负数。将上式带入信道容量公式中，得：

$$C=\int_0^F\log\left(1+\frac{G(f)}{N(f)}\right)df$$

$$=\int_0^F\log\left(1+\frac{\frac{\sigma^2+S}{F}-N(f)}{N(f)}\right)df$$

$$=\int_0^F\log\left(\frac{\sigma^2+S}{F*N(f)}\right)df$$

在上式中，得到了功率受限加性高斯白噪声信道的最大容量，条件是：

$$N(f)+G(f)=\frac{1}{\lambda}$$

也就是说，信号的功率谱和信道的噪声功率谱之和为常数时，信道的容量才能达到最大值，这也是功率分配中信道容量最大值的条件。

因此，在功率受限的信道中执行功率分配，在信噪比大的子信道中，分配大的功率，在信噪比小的子信道中分配小的功率。

可以看出，注水定理和后面要讲的功率控制正好相反，功率控制要做的是把干扰大，也就是信噪比差的子信道上发送较大的功率，在信噪比较小的子信道上发送较小的功率，以此来达到信噪比的恒定。

功率控制是在注重效率的时候兼顾公平——满足用户 QoS 的条件下的系统容量最大化；注水定理则是通过分配功率一味地追求系统容量最大化。

因此可以把注水定理看做西方资本主义市场经济——一味地追求剩余价值，而功率控制则是具有中国特色的社会主义制市场经济——注重效率的同时兼顾公平。

这里可能有人会问，为什么叫注水定理呢？

既然注水定理是功率与噪声之和为定值，则噪声大功率就小，噪声小功率就大。在这里也做一个白话的解释，首先把系统看成一个器皿，器皿的底部凹凸不平，突起的地方认为是噪声，然后往这个器皿中倒水，瓶底突起比较大的地方对应的水就比较浅，瓶底突起比较小的地方对应的水就比较深，把水看做功率的话，水的深浅就对应着功率的多少。

于是，注满水的器皿盛了这个器皿所能承受的最多的水，因此，系统也就实现了容量的最大化。

这就是注水定理的物理意义和通俗解释，如图 5.5 所示。

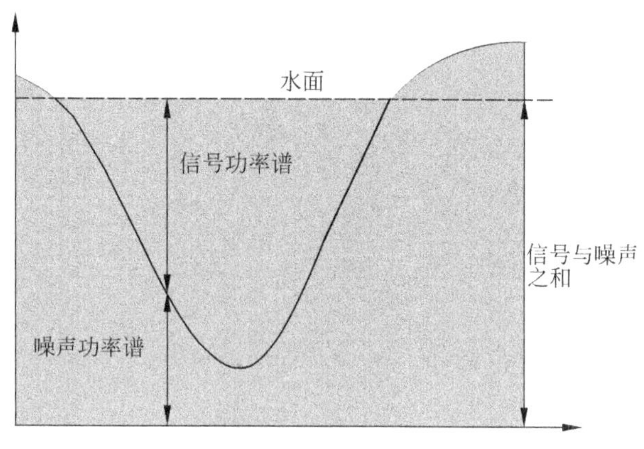

图 5.5　注水定理

上述的注水定理只是在普通多频段上的一个应用，在多载波系统（比如采用 OFDM 的 4G 和准 4G 系统）和多天线系统（还是采用 MIMO 的 4G 和准 4G 系统）中，还有着类似的应用，这里不再赘述。

5.2　接纳控制——名校招生在行动

每年的 6 月份的 7、8、9 号，一年一度的决定千万考生（2014 年全国过高考人数 939 万，2013 年高考人数 912 万）命运的高考开始了。清华、北大是每个考生的梦想，港大等香港高校在内地招生也是异常火爆。高等学校，特别是一些名校的准入门槛都非常高，不是省内前百名高考志愿肯定不敢报清华、北大，港大等香港高校更是牛，非省市状元基本别考虑。

高校希望入学的学生都具备高智商、高素质来保证学校的生源质量，因此他们的招生名额都是有限的。而报考这些高校的高考学生会有人落榜，有人录取，正所谓几家欢喜几家愁啊。高考招生的过程和移动通信中的接纳控制过程很相似，下面就白话一下接纳控制。

5.2.1　接纳控制初识——录我还是他

接纳控制（Admission Control），也叫接入控制、呼叫接入控制（Call Admission Control，CAC），接纳控制可以理解为系统对用户终端的接入。这就和高校招生制度非常类似，系

统有自己的容量（高校招生有名额限制），系统对接入请求的接受与否，取决于系统是否有足够的资源满足用户的服务质量请求（高校招生看考生能否满足学校的分数与素质考试的要求），如图 5.6 所示。

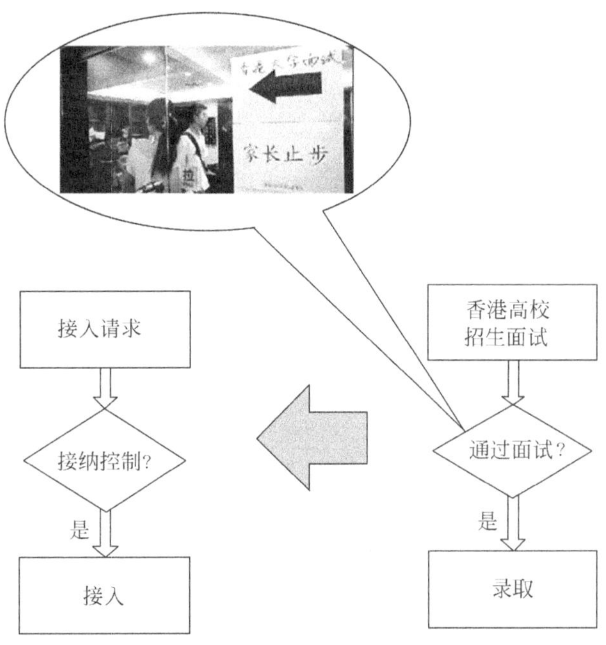

图 5.6　入学面试与接纳控制

高校的招生是要判断是否录取报考的考生，而接纳控制是要判断是否接入新的呼叫请求或者业务请求，如果接入新的用户，则是为新用户分配资源的整个过程。接纳控制的职责是不但要满足新接入用户的服务质量请求，还要满足已接入用户的服务质量要求，最终实现网络的容量最大化。

接纳控制是调节系统负载的有效手段，与切换和负载均衡技术紧密相连。总之，接纳控制是移动系统不可或缺的一项基本技术。

既然接纳控制技术这么重要，那么接纳控制对新人的接入与否采用的是什么策略或什么准则和标准呢？下面请看某名牌高校的招生简章——接入原则与策略。

5.2.2　接纳准则——招生原则

高校在招生的时候要按照一定的原则招生，清华、北大的招生必然是靠分数（包含加分）取胜，当然参加各大竞赛报送名校者也不在少数。香港的高校除了对考生的高考分数有一定要求以外还需要面试，笔试和面试的综合表现决定了最后的幸运儿。

既然高校招生都有招生简章，移动通信接入控制也要有一个接入原则。这里以 CDMA 为例对几个基本的常用接入准则做一个简单的划分[11][4]。

1. 基于信干比的CAC

信干比（SIR）是信号干扰比的简称，基于信干比的接入准则就是要首先测量准备接入用户的信号强度也就是功率、干扰电平，以此来计算信干比，然后估测出接入用户后的信干比，如果这个接入后的信干比大于门限值，就接入用户。

还是以高校招生为例白话此准则。高校首先“测量”考生的实力，一般这个过程由国家普通高等招生办公室通过高考的形式来代劳，高考的成绩作为高校接收此考生入学与否的标准。

如果该考生的高考成绩还不错，高校的本科招生办公室通过对此学生高考成绩的估测，认为该生在入学后能听得懂学校的课程，通过学校的考试，那么就接收此学生入学。怎样认定这个学生能通过学校的期末考试呢？

不妨设定一个高考分数门限，这个门限就是高校的录取分数线。如果考分高于这个分数线，那么认为有能力在该高校学习，能通过该高校各门功课的期末考试。这个门限就是接纳控制准则中的信干比，如图 5.7 所示。

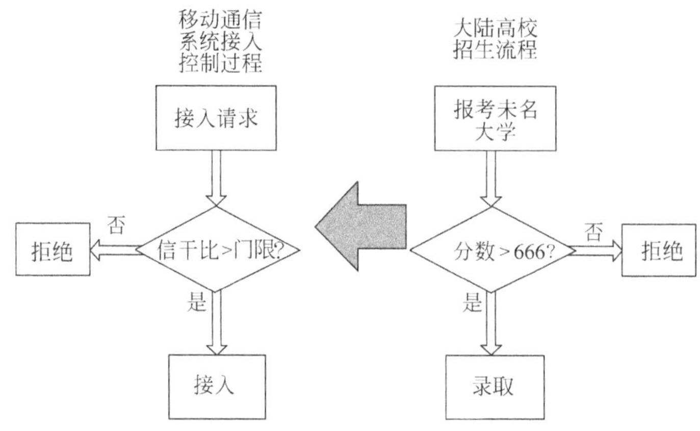

图 5.7　基于信干比的接入控制

2. 基于系统容量分析模型的CAC

系统的容量一般与系统信道状况、资源使用情况等有关，用数学建模的知识对系统的容量做一个分析，并建模。比如最大负载就是这么大，如果没超过这个负载，就允许接入，如果超过了这个负载，就不允许被接入。

同理，如果系统的最大呼叫用户数没有达到门限值，就允许其接入，否则拒绝。

不好意思，这个原则还是能和高校的招生工作扯上关系。众所周知，高校每年的招生名额是有限的，比如 2014 年著名高校水木大学在辽宁省招生 80 人，那么水木大学招生办公室只需要在辽宁省报考水木大学的考生中，分数从高到低排一个序，录取前 80 名即可。这个原理就是这里要讲的基于系统容量的接纳控制算法，在日常生活中的一个简单的演绎过程，如图 5.8 所示。

3. 基于等效带宽的CAC

码分多址系统中，基于等效带宽的接纳控制准则是基于系统资源受限且总资源固定的特性，算出要接入满足一定服务质量要求的用户所需要的归一化资源。

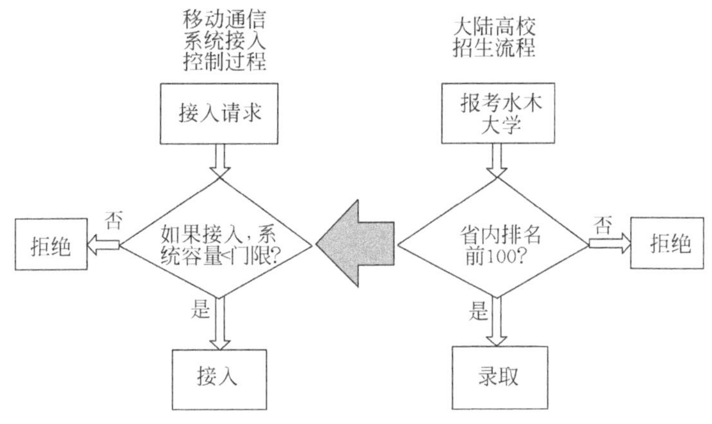

图 5.8　基于系统容量的接入控制

这个归一化的资源也可以叫做等效带宽，等效带宽可以基于请求接入用户的服务要求等计算出。很不好意思的是，这个接纳控制算法还是可以用高校招生理路来解释。在高校的招生过程中，由于学校的桌椅板凳、澡堂水龙头、食堂、自习室、教师资源等都是有限的，也就是说总量是一定的，因此在招生的过程中要量力而行，招生人数要与学校的资源相互匹配才行。如图 5.9 所示。

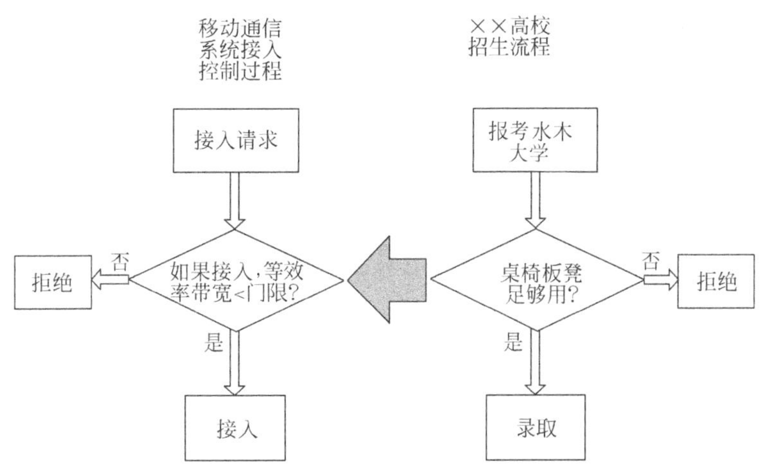

图 5.9　基于等效带宽的接入控制

于是，高校计算每个考生所需要的归一化“带宽”——每个学生满足其基本需要所要占用的学校资源。学校在招生时要考虑到考生对学校资源的占用情况，对请求入学的学生进行判定是否让其加入或者拒绝。

5.2.3　怎样判断接纳控制准则的好坏

前面给出了几个接纳控制的准则或者说是算法，那么怎样判定它们的好坏呢？基于一个什么样标准去判断呢？

在这里，对几个常用的评价算法[4]做一个大话的点评。

1. 中断率——挂科率

如果高校录取了某个学习很好的学生，然而很不幸的是，这个学生呢，在入学后就堕落了，不学习了，他迷上了上网打游戏。于是在期末考试中，此考生不幸有考试科目“挂红灯”。而每个班级或者每门课的挂科率也反映了招生质量的一些问题，也就是接纳控制算法的性能。

在移动通信中，接纳控制算法也以中断率来表示其由于接纳算法的不合理，导致的链路失败和掉话现象等，如图 5.10 所示。

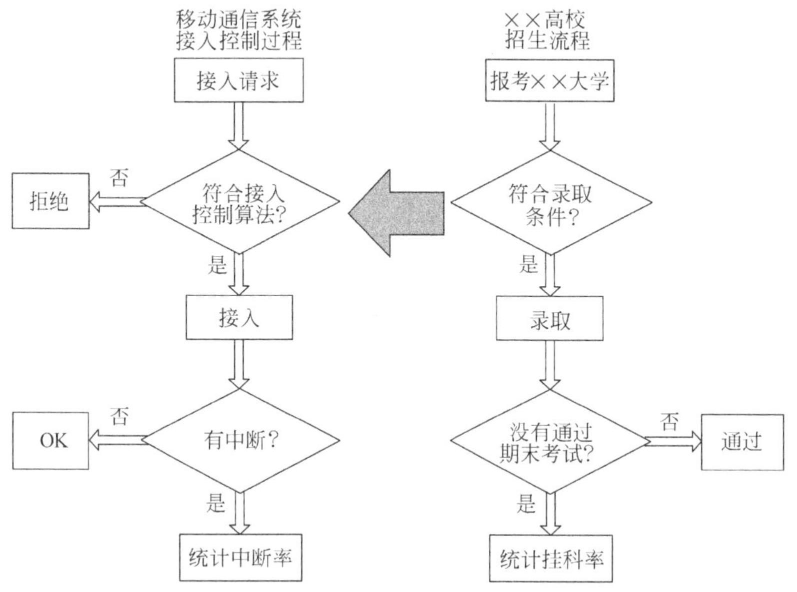

图 5.10　挂科率与中断率

2. 阻塞率——落榜率

在高考中，有录取的同学就会有没被录取的同学，落榜的同学心情苦闷可以理解，如果学校尚有资源的时候就拒绝了用户的接入，这种行为可以认为是接纳控制算法性能评价中的阻塞率，如图 5.11 所示。

也就说，由于接纳控制算法的不当，导致了像唐寅唐伯虎这样的风流才子没能考中进士，不得不说是人才的浪费，由此也对封建科举制度的接纳控制算法提出了一些质疑。

3. 吞吐量——在校生表现

高考过后，被录取的同学在象牙塔中度过了美好的第一个学期。在第一个学期末，辅导员们就开始对本学期同学们的表现情况进行总结，某某得了年级第一，某某获得了国家奖学金等。

吞吐量就是在移动通信系统中，由于系统的接纳控制算法的优劣导致吞吐量大小的一个判决标准，吞吐量既可以是系统的吞吐量（班级整体表现），也可以是一个用户终端的吞吐量（个人表现）。如图 5.12 所示。

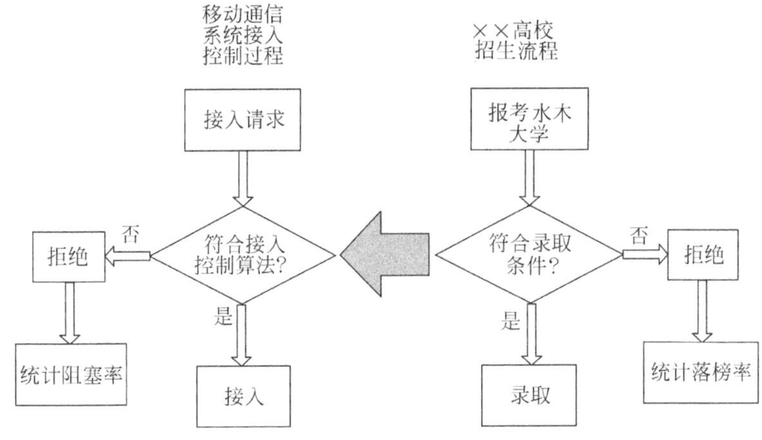

图 5.11　阻塞率与落榜率

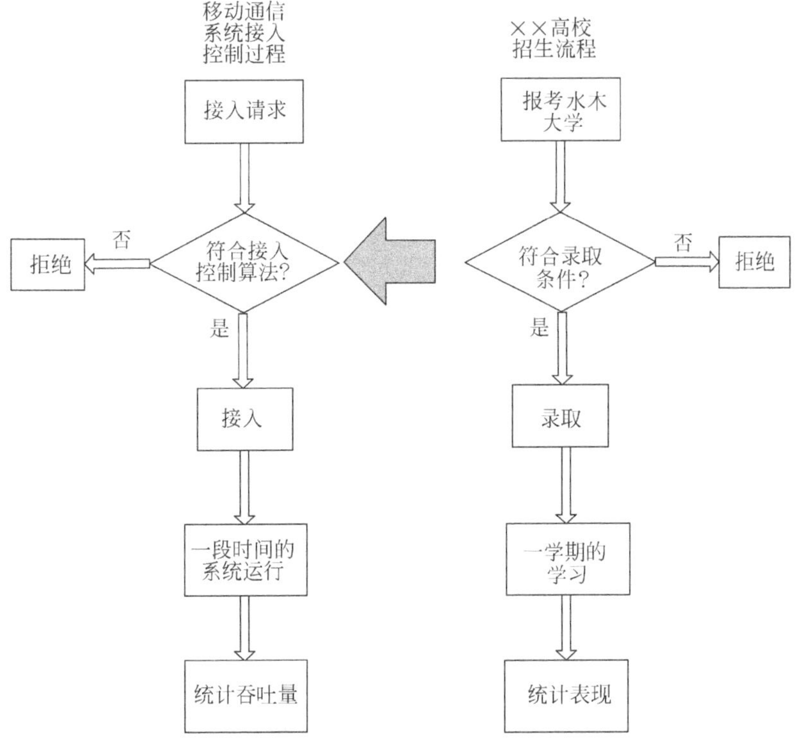

图 5.12　吞吐量与学生表现

5.3　分组调度——军事指挥中的兵力调配

2014 年的某天，美韩联军在西太平洋海域举行联合军事演习，为了应对他国针对我军的军事演习和保卫南海的主权和领海完整，同时也是检验我海军实力，扬我军威，我军也在南海举行了一系列的海军作战演习。无论是军事演习还是在实际作战的过程中，兵力的部署与调配都是个关键问题，部署得好可以使军队战力得到最大化的发挥；反之，兵力调配若出现问题，可能会导致整个战役失败。

在无线资源管理中的分组调度和兵力调配十分类似，以至于可以利用军事理论来指导无线资源的调度问题。

5.3.1　分组调度初识——兵力分配的学问

有人可能会问，分组调度和兵力调配究竟在哪些方面相似呢？别急，相似点分析如下。

1. 分组数据与士兵分组

在移动通信的调度中，无线数据要通过数据包来发送、传输，而在军事演习中，兵力的发送也可以通过以小组的兵力投递到战场上。比如特殊先遣队可以打乱建制，分散出击，然后在某目的地集合再攻击敌方目标。在无线资源的调度中也有类似的方式，比如 LTE 就可以以资源块（Resource Block，RB）为单位来调度资源。

士兵的调度可以单个调度，也可以成班、成排、成连、成集团军地调度，每次调度的单位可以不同；在无线资源的调度中，每次调度的数据包可以是不同的，一次可以调度一个资源块，也可以调度多个资源块。

在战场中的兵力调度过程中，可以根据运输能力、交通状况、调度成本、战事的轻重缓急等来调度兵力。在无线资源的调度过程中，也可以根据用户服务质量要求、系统的负载等来安排调度的资源块大小。

战场上有指挥权高度集中的调度方式，比如军长亲自指挥每个连，甚至每个班的作战；也有的指挥官愿意指挥到师长、营长级别，把权力下放，让下面的军官自己来发挥作战想象力。

2. 调度的不均衡性

在军事领域，兵力的投放可能需要有的放矢，有的军事重镇可能需要放重兵把守，防范敌人的来袭；而在一些掩护任务中，就不需要那么多兵力了。

在无线资源的调度中也是这样，下行数据可能会很多，上行数据量一般会少些。正在看视频的用户需要的资源多些，在浏览网页的用户需要的资源少些，在业务数据的不平衡性上，兵力投放和资源调度再次展现了惊人的一致性。

3. 准确性的要求

在军事领域，兵力的投放要准确无误，保证士兵被投放到了指定的位置，如果士兵在调度的过程中走失或者发生了意外状况，这个是绝对不允许的。类似的要求在资源调度的过程中也是如此，如果调度的过程中发生了丢包，可能就需要重传数据或者其他补救措施，对系统的效率会产生一定的影响。

5.3.2　调度算法——怎样分配兵力

在 WCDMA 中，调度的主要执行者是无线网络控制器（Radio Network Controller，

RNC），无线网络控制器的功能很强大，几乎所有的无线资源管理功能都在它的职权范围以内，无论是分组数据的调度、接入控制，还是软切换等。而它在调度的过程中，主要关注的是在系统吞吐量最大化和满足用户服务质量要求前提下的公平性之间做一个平衡[4]。

与 WCDMA 的调度器不同，在采用 OFDMA+MIMO 和准 4G 技术 LTE 中，实现无线资源管理的主要实体是基站——eNB，当然有时也有移动性管理实体（MME）的参与，如图 5.13 所示。还有一个不同点在于，调度的领域有所不同，在 WCDMA 中，无线网络控制器主要调度时域和频域的资源，但是在 LTE 中，由于 MIMO 的引入，系统需要调度时域、频域、空间域等多维资源实现系统性能的最优化。

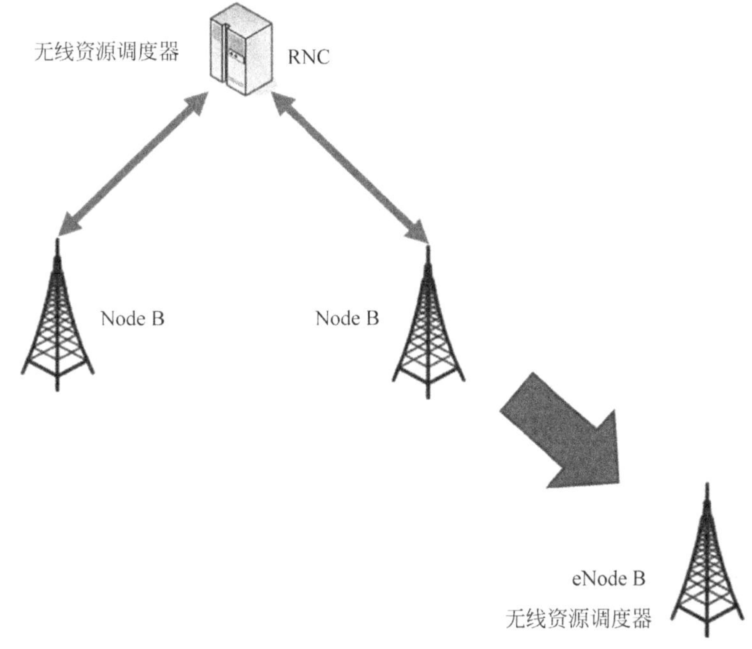

图 5.13　无线资源管理器的转移

注意：TD-SCDMA 由于智能天线的引入会有空域资源的调度。

说了这么多，光说外围的一些东西了，资源调度究竟怎么实现呢？这里就资源分配的常见算法做个简单的介绍。无论是 3G 还是 4G，在资源调度算法上大致都可分为以下 3 种常用的算法。

1．轮询算法（RR）

在军事战争中，在把军队调往哪里的问题上，有着诸多不同的意见，有的将领喜欢集中优势兵力歼灭敌人有生力量，有的统帅则喜欢和敌人一对一、实打实的“兑子”式的集团军作战。而后者与轮询算法极其相似，如图 5.14 所示。

轮询算法（Round Robin，RR），顾名思义，就是轮着为用户分配资源。这是一种最为公平的分配资源的方法，就像战场上的均分兵力，分别对付来犯之敌这样的做法是公平地对待每个来犯的敌人，不歧视任何敌军，等同对待他们，虽然这种算法很对得起天地良心、对敌人很公平，但是敌人似乎还是不领情啊，对我军还是该杀就杀，该打就打，没有一丝放水的意思。

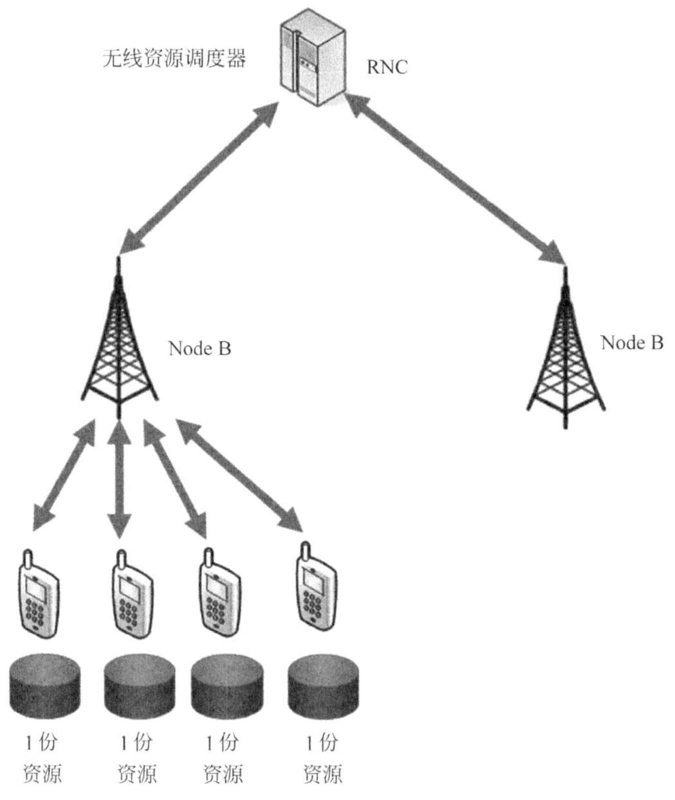

图 5.14　轮询算法

换句话说，轮询算法的公平性虽然很好，但是效率似乎不是很高啊，杀敌不多，系统容量没有达到最大化。

下面就看一个注重效率的算法。

2．最大载干比算法（Max C/I）

一对一、实打实的打法似乎在战场没有取得很好的效果，于是人们想到了另一个极端的战术打法，这种战术就是集中优势兵力消灭敌人的办法——看见哪块的敌人实力薄弱，我军就集中几倍于对方兵力往死里打，直到完全歼灭。但是这种打法也有一个缺点，集中了优势的兵力歼敌没错，在敌人实力强劲的地方就只能任人宰割了。

在无线资源的调度中，这种战术叫做最大载干比算法（Max C/I），谁的载波干扰比最大就把资源给谁，载波干扰比较小的用户，只能对他们说抱歉了，不好意思。最大载干比算法的优势是实现了小区的容量最大化，劣势是无法保证用户的公平性，离基站较近的、信道条件好的给足够的资源，于是他们越来越好；离基站较远的、信道差的就少给资源，结果他们越来越差，于是“贫富差距”越拉越大，人民群众（用户）很不满意，长此以往，国将不国（系统将不系统）！如图 5.15 所示为最大载干比算法。

3．比例公平算法（PF）

在军事打仗的过程中，并不总是哪个敌人好打就打谁（最大载干比的作风），也不是排好队挨个敌人打（轮询的做法）。实际上往往采取一个折中的办法，首先给敌军排一个顺序，按照敌人挨打的优先级排序，先打优先级较高的，再打优先级较低的，优先级的设定可以是好打的敌人优先级高一些，刚刚已经打过的敌人优先级低些。

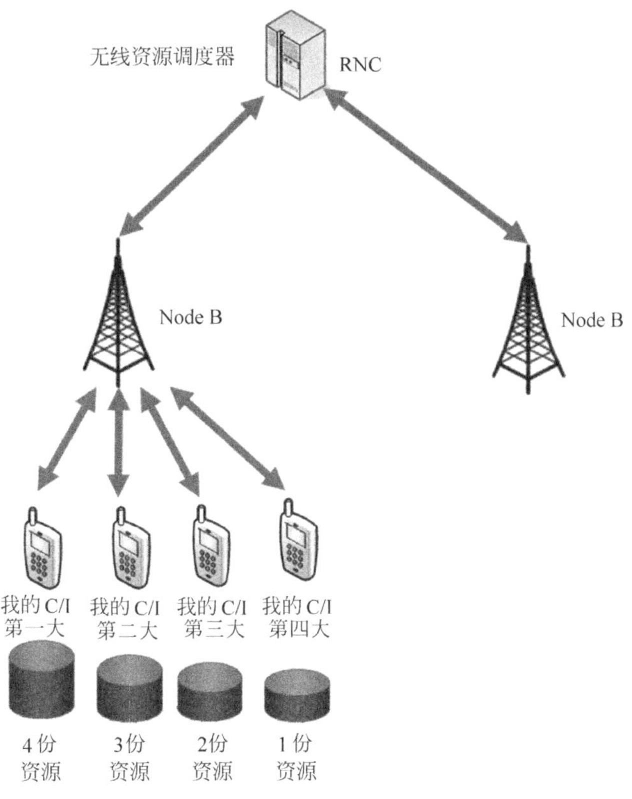

图 5.15　最大载干比算法

在无线资源的分配中也是如此。注重效率的同时还要兼顾公平，用户的载波干扰比较大的用户可以将优先级排得高些，而刚刚接受过资源的吞吐量已经很高的用户可以把优先级排低些，通过这样的调整来优化资源的分配，实现效率与公平的统一，如图 5.16 所示。

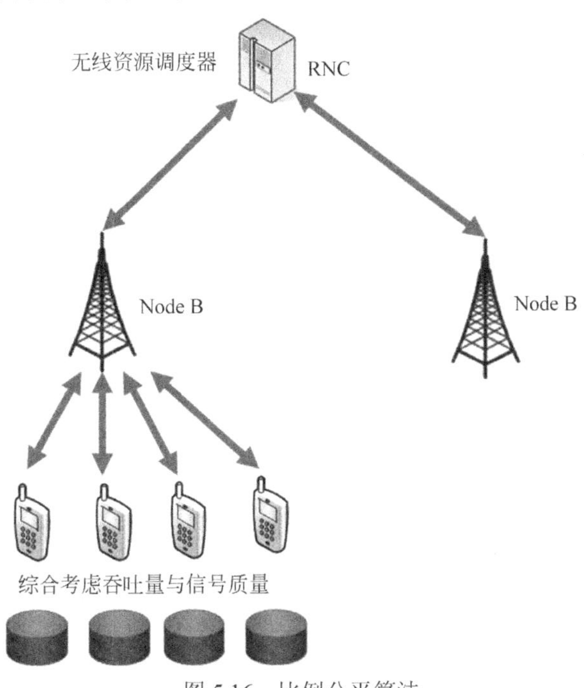

图 5.16　比例公平算法

无论是 3G 的 WCDMA 还是 4G 的 LTE-A，尽管它们的底层技术有差别，但是无线资源的分组调度仍然大同小异，差别不大，基本的算法还是前面讲的 3 种，其他算法都是基于这 3 种算法的衍生品。

5.4　功率控制——别吵，我听不见了

在目前已有的移动通信技术中 ，功率控制技术一直是个常客，无论是2G的GSM、IS-95还是 CDMA 风行天下的 3G 时代，亦或是 OFDMA 主导的 4G 时代，功率控制总是以其稳定的表现赢得人们的赞誉。

那么移动通信一定、必须需要功率控制吗？把它踢了可以吗？

从第二代移动通信系统开始，有功率的地方就有功率控制的身影，只有一个例外——LTE 的下行没有采用功率，具体原因在本书的后面有详细的说明。为了揭开功率控制如此受欢迎的原因，从功率控制的必要性中寻找答案吧。

5.4.1　功率控制的必要性——为啥俺就这么受欢迎呢

闲话少叙，这次咱们直奔主题看看那功率控制何德何能得到如此多的移动通信系统的喜欢。

1. 隔着一栋楼，你听不见我说话？那我大点声

在移动通信中，阴影效应是非常常见的，甲在一栋大楼前面对乙说话，乙在大楼的后面，尽管乙的听力还不错（接收机很灵敏啊），但是这个听起来确实有点费劲。甲那本来就不是很有爆发力的声音经过大楼的阻挡，乙是没办法听清楚了，甲还是大点声吧，好不？

怎么样，发射机发出的信号经过阴影效应这么一挡，一点辙都没有。怎么办，把大楼强拆了？不太好啊，所以最好的办法还是甲放开嗓门大声喊吧，嗯嗯，这时就需要功率控制了吧，俺功控来也！如图 5.17 所示。

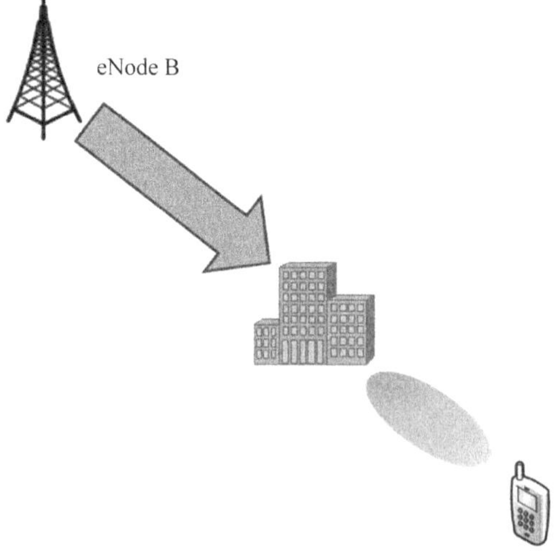

图 5.17　阴影效应惹的祸

2. 大伙小点声说话，哥们我还得听课啊

在高中和大学的课堂上，学生上课说话一直是老师们最头疼的一个问题。为什么？因为，在课堂上，学生一说话，老师会听得很清楚，这个是对老师最大的不尊重，很多年轻的老师会经常抱怨，哎呀，这群孩子怎么这么不听话啊，上课说个不停，哪有那么多可说的啊，受不了了。

有时不但老师讲课的心情受到影响，坐在旁边的同学都受不了了，听老师的话听不清

楚，被老师提问了，那就更郁闷了，说什么老师根本听不见。这就是移动通信中所谓的干扰。说到底还是因为咱们学校的资源有限啊，要是老师资源比较多，一人配一个老师讲课，看还会不会受到干扰了？

什么？没有那么多老师啊。

好吧，那咱们就空间复用一下吧，复用一下教室的空间资源和老师的讲课资源，为了维持课堂纪律，让大家听课听得清楚，老师严肃地的和同学们说：

“说话的同学都小点声，认真听讲，另外，在同学回答问题的时候，大家更应该自觉点，特别是前排的同学一说话，老师什么都听不见了！”。老师的话还是起了一些作用，噪声小了，老师和同学的对话大家听得更加清楚了。感谢功率控制技术。

在移动通信中，离老师较远的同学回答老师提问的时候，声音被前排离老师近的同学的声音所干扰甚至淹没，这个现象叫做远近效应。远近效应是 CDMA 中特有的现象，专指离基站较近的用户说话发射功率过大影响了离基站较远的用户，有时近处的用户觉得很冤枉，在远处的时候功率也是这么大的啊，怎么到了离基站近的地方就打扰你们交流了呢。他不知道的是，远处的基站路径损耗更大，基站接收到的功率更小些，更容易被近处的发射信号所淹没，如图 5.18 所示。

图 5.18　远近效应

5.4.2　功率控制也要讲原则

功率控制最根本的就是调低功率，或者提高功率，就这俩动作，二选一。当然了，这些动作都是基于接收信号的情况来定的。那么在功率控制的过程中，按照什么原则来调节功率呢？或者说，调节到什么时候为止呢？这里面就涉及一个功率控制的原则问题。

1. 功率平衡原则——我听到的声音要一样大

功率控制的第一个原则就是功率平衡原则，所谓功率平衡就是接收到的信号功率要一样大。在课堂上，音乐老师上课的时候，让两个同学一起站起来合唱一首歌，这两个同学唱了半天，老师发现她只听见了一个同学的声音，另一个同学的声音像蚊子一样小。定睛一看，嗨，一个坐在第一排距离最近，另外一个距离老师最远——在最后一排，难怪了。

音乐老师是个聪明人，为了方便同时考察两个人的音乐水平，她让最后一排的那个同学大点声音唱，对，再大一点，好的，第一排的同学小点声音唱，对，再稍小一点点，好的。就这样，保持的声音在老师这里就一样大了，这样就能同时考察了，如图 5.19 所示。

图 5.19　功率平衡原则

在移动通信的上行链路中，通过功率控制实现在基站接收端每个用户的信号功率都一样大；而在下行链路中，通过功率控制实现在用户侧每个用户接收到的基站信号功率都一样大。

2．信干比平衡原则——我听到的声音要一样清楚

功率控制的第二个原则是信干比平衡原则，所谓信干比平衡原则和功率平衡原则相似，就是要接收到的信号干扰比要一样大。

还是以音乐老师为例，音乐老师在采用了功率平衡原则的时候发现了一个问题，那就是在那两位同学应老师的要求唱歌的时候，某些同学没有认真听他们唱，而是在说话，这就影响了老师接收俩人声音的质量。

为了使听到的声音更加清楚，也为了两位被提问的同学的公平起见，老师决定不要求俩人的声音在老师那里一样大了，她改为让他们的说话声音在老师那里听得一样清楚，如图 5.20 所示。

通过这个改革，老师发现效果还不错。

于是，在前向链路中，通过基站的功率控制来实现每个用户接收到的信干比要一样大，相应地，在后向链路上，通过手机的功率控制来实现基站侧接收到的每个用户的信干比一样大。

3．功率与信干比混合平衡原则——既要强度也要质量

有了前两个的铺垫，功率平衡和信干比平衡的原则分开看可能更好理解。但是可能也有人不理解，为什么功率平衡与信干比平衡的原则要混合起来呢？

图 5.20　信干比平衡原则

单个使用有什么缺陷吗？

还真有缺陷，要不为什么两者混合呢。

在前文的分析中，可以很清晰地得出，单纯的功率平衡原则是不如单一的信干比平衡原则的，毕竟功率算作信号强度的话，信干比就是信号质量。以生活中的经验，质量一般都比强度靠谱一点儿。

但是单一的信干比平衡原则也存在一定的问题。还是以回答老师问题的两个同学为例，假设同学甲为了达到信干比平衡的原则，他把发射功率（声音）提高了一些，但是这样做会增大对其他用户的干扰，同学乙就是受害者。本来同学甲提高功率为了实现信干比和同学乙一致，但是由于自己的功率提高对同学乙造成了干扰，此时，同学乙的信干比降低了。

同学乙为了实现和同学甲一样的信干比，他也要增加自己的功率以提高信干比，于是对同学甲造成了干扰。如此往复，俩人抬杠一样的提高功率，最终造成的后果就是俩人第二天嗓子都哑了，在通信上，这个叫做系统崩溃了……

专业术语这个叫做不断循环导致的正反馈使得系统崩溃，如图 5.21 所示[4]。为了克服这个缺点，移动通信系统引入了功率平衡和信干比平衡混合的原则来反制信干比平衡的原则。

图 5.21　“抬杠”导致的正反馈

在实际的移动通信系统中，CDMA 系列的系统（窄带 CDMA 的 IS-95、WCDMA、CDMA2000、TD-SCDMA）等均采用了信干比的平衡原则，但是信干比的参考阈值都是由系统的误帧率来决定的[4]。

5.4.3　功率控制分类——掰指数一数

在移动通信中，功率控制技术的分类有多种，按照上、下行链路来划分，功率控制可分为上行（反向）功控、下行（前向）功控；从功控的类型来划分可以分为开环功控、闭环功控、外环功控；从功控的实现方式来划分，还可将功控分为集中式功控与分布式功控。本节主要对前两种划分方式进行一个通俗的解读。

1．上行功控

上行功控，也叫反向功控，顾名思义就是上行链路的功率控制，因为上行链路也叫反向链路，所以上行功控也叫反向功控。

上行功控的实现方式是控制手机的发射功率，使得在基站侧收到的每个手机的信号功率一样或者信干比 SIR 相同。

前面讲的例子中，音乐老师为了同时考察两个同学的音乐学习情况，让两人合唱一首歌曲，远处的同学（用户设备甲）声音大些，近处的同学（用户设备乙）声音小些，这样在老师的耳朵（基站的接收机）里，听起来声音大小（功率平衡原则）或者清晰度（信干比原则）一样大，达到了考察的效果。如图 5.22 所示。

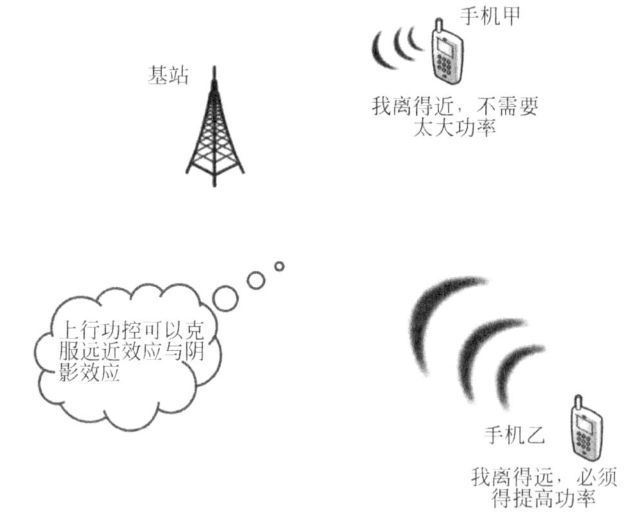

图 5.22　上行功控

采取反向功控的好处有以下几点：

（1）功控可以减少用户之间的互相干扰，可以避免两位同学的说话声音大小差距太大，老师听不见的现象。

（2）如果是在 CDMA 系统中，上行功控能够克服“远近效应”，这是 CDMA 系统中功控的最大贡献。

（3）还以 CDMA 系统说事儿，CDMA 系统是干扰受限的，功控可以使干扰减少，所以功控可以增大 CDMA 系统容量。

（4）功率就是电，直观地表现为手机的电池耗电量和电池使用时间，功控能使用户们的功率达到一个最优的配置，可以使用户设备减少电池耗电。

（5）在 LTE 中，上行功控主要用于弥补信道路径损耗与“阴影效应”的信号损失，同时还可以抑制小区间干扰。

2. 下行功控

与上行功控对应的是下行功控，也称前向功控，前向功控是控制基站的发射功率，其使得所有的用户设备接收到的信号功率相同或者信干比大致相等，如图 5.23 所示。

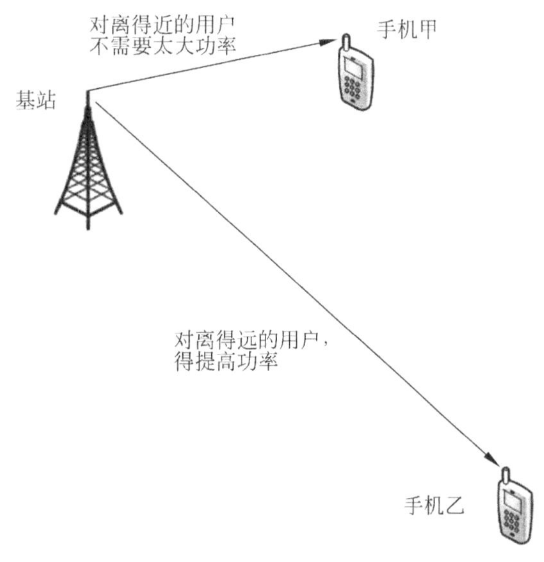

图 5.23　下行功控

下行功控与上行功控有所区别，这是因为：

首先，上行功率控制是要控制小区内所有用户的上行发射功率，以期实现在基站侧的各个用户的接收功率相同，是多对一的关系；而下行功控是要控制基站的发射功率，确切地说是基站根据接收到的每个用户设备参导频信号的强弱，重新分配基站侧每个用户发射功率的过程。

注意：上行功控多对一，下行功控一对多。

其次，上行功控与下行功控的干扰源不同，上行功控试图减少的干扰是用户之间说话互相影响造成的，下行干扰的主要来源却不一样，它来源于其他小区的基站信号对本小区用户的干扰。

根据上面的第一条不同点，下行功率控制的更确切的说法是下行功率（重新）分配的过程。

在 LTE 中，由于 LTE 采用的是 OFDMA 技术，因此同小区内发送给不同用户的信号是相互正交的，因此不存在远近效应。没有了远近效应，LTE 要是采用下行功控的话，也只能是为了对付那些路径损耗和阴影效应。与此同时，下行功控还与调度存在一定的冲突，这是因为在频域调度中，用户可以不采用那些路径损耗比较大的资源块，而选择那些路径损耗比较小的资源块进行传输。另外，如果想要知道下行的信道状态信息（CQI）时，系统却用下行功控补偿了下行路损，那得到的信道状态信息岂不是不准确了吗？权衡再三，LTE 没有对物理下行共享信道（PDSCH）采用功率控制[12]。

物理下行共享信道没有采用功控，那控制信道们呢？

物理下行控制信道、物理控制格式指示信道、物理 HARQ 指示信道不采用频域调度，所以可以考虑采用下行功控来弥补路径损耗和阴影效应的影响。

与 CDMA 的功控相比，LTE 的功控频率比较慢。与其说是功率控制，不如说是功率分配更贴切些。

3. 开环功控

学过自动控制原理的同学应该知道，开环控制与闭环控制是自动控制中两个常用的控制技术。在功率控制中用到的开环功控和闭环功控的原理与之非常类似，开环就是没有直接反馈的控制，特点是实现简单但不精确；而闭环控制是有直接反馈闭合回路的，特征是精确但复杂、有时延，如图 5.24 所示。

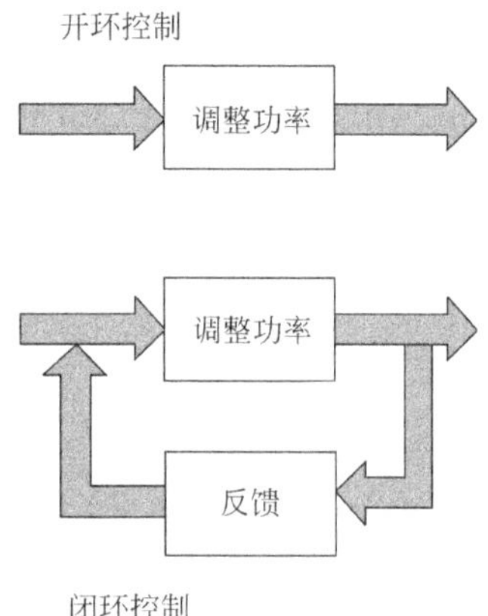

图 5.24　开环控制与闭环控制

回到移动通信上来，首先来看开环功率控制技术。简单地说，上行功控是用户设备（以手机为例）利用接收到的下行信号的强弱，判断手机与基站之间链路的好坏。手机接收的信号强，就认为手机与基站之间信道质量好，于是减小上行发射功率，反之就增加上行发射功率。在基站侧的下行功控也同此理，如果基站接收到的手机发送的上行信号强度高，就认为手机与基站间的信道质量较好，于是减少基站发射功率，反之增大发射功率。这里认为的信道条件好分为两种情况，要么是手机与基站之间的距离比较近，要么是手机与基站间的传播路径比较好，没有大的衰落，当然也可能是兼而有之。以上是简单的开环功控过程，如图 5.25 所示，怎么样，一目了然了吧。

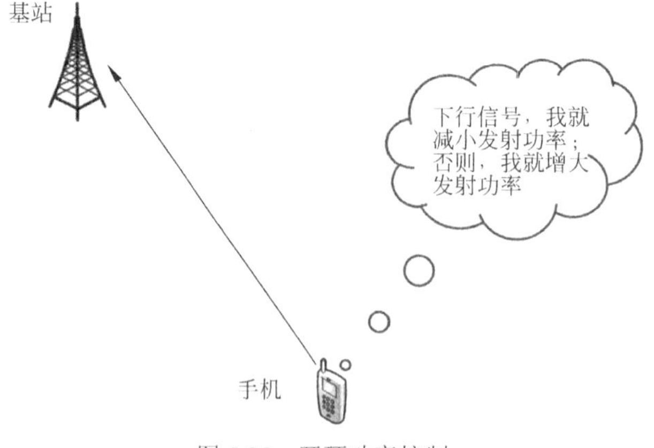

图 5.25　开环功率控制

聪明的读者可能会发现，在上面所述的开环功控中有一个明显的漏洞，或者说是不太严谨的地方，那就是开环功控的功率调整过程，都是基于上、下行链路具有相同或者非常

相近的信道条件的基础上的。

那么在实际中，上、下行链路的信道衰落情况具有所谓的一致性吗？

马克思主义哲学告诉人们：具体问题具体分析。

在移动通信中，阴影效应导致的慢衰落具有上下行的对称性，阴影效应一般是由大型建筑物的遮挡等导致的。由于用户的移动速度一般在毫秒级别而不会移动太大的距离，所以如果上行的链路由于建筑物的遮挡造成了“阴影”，那么下行的链路也会因此造成阴影，所以对于阴影效应导致的慢衰落，上下行链路一般具有一致的信道衰落特性。因此，开环功控对付这种轻量级的慢衰落还是绰绰有余的，如图 5.26 所示。

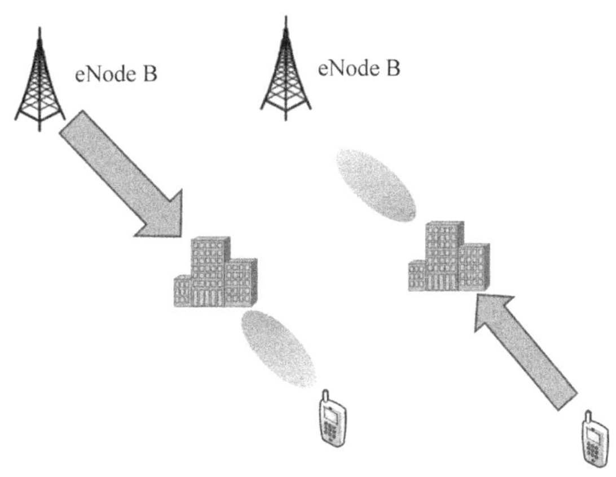

图 5.26　阴影效应的上下行一致性

慢衰落分析完了，该分析快衰落了。空间选择性衰落（也就是多径效应）会导致平坦瑞利衰落，而且它和阴影效应不一样的是它不具备上下行的对称性，因此开环功控在与空间选择性衰落的对抗中处于了下风[4]。

开环功控所利用的上下行信道的对称性与系统的双工方式有着很大的关系，在 FDD（Frequency Division Duplex，频分双工）系统中，因为上下行链路信号在两个频段发送，为了防止上下行链路之间的干扰，上下行频段之间有频段保护间隔。因为 FDD 中上下行信号可以同时发送，减少了时延，但是由于上下行频段之间的频段间隔导致上下行链路的不对称性，因此造就了上下行快衰落的不相关性，而对阴影效应的慢衰影响会较小些。

总之，由于 FDD 系统信道的不对称性，开环功控的精度会比较差，相对来说，闭环功控的精度会好一些。

在 TDD（Time Division Duplex，时分双工）系统中，上下行信号的发送和接收在同一频段内时，为了区分上下行信号，使上下行信号分别在不同的时隙中发送，这样就给了开环功控利用信道对称性的机会。开环功率控制在 TDD 移动通信系统中的应用比在 FDD 移动通信系统中的应用精度会提高很多，如图 5.27 所示。

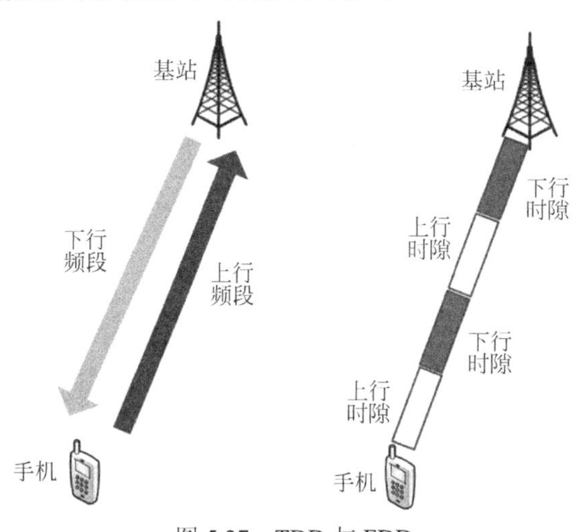

图 5.27　TDD 与 FDD

4．闭环功控

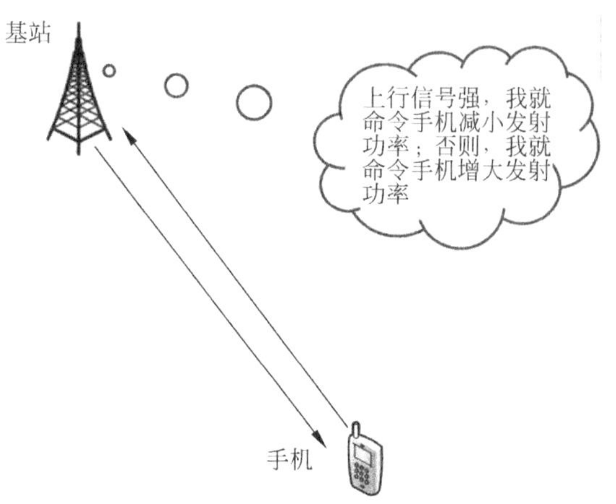

图 5.28　闭环功控

闭环功控是相对于开环功控而言的，开环功控直接利用信道对称性控制发射功率，闭环为了提高功控的精度，克服开环功控的缺点，在手机-基站-手机上建立一个反馈回路来实现精确的功率控制，如图 5.28 所示。

注意：功控模式是开环还是闭环，可以通过基站的参与与否来判断。

具体来说，闭环功控是基站利用上行链路接收到的信号强度大小或者信干比的大小，产生功率控制的命令（增大功率、减小功率、步长的大小等）。基站把这些功控命令通过前向下行链路发送到用户终端，用户终端通过增加一个步长的功率，或者减少一个步长的功率，实现基站侧接收到的信号强度或者信干比 SIR 相等。

闭环功控的主要优点是精度高，然而世界上没有免费的午餐，闭环功控的精度高也是要付出一些代价的。

（1）实现复杂，开销较大，当然这两个缺点都是和开环功率控制比较而言的。

（2）时延的问题，基站发送了功控命令时刻到用户终端接收到命令改变发射功率时需要一段时延，毕竟闭环反馈比没有反馈的开环多一个反馈时间。

（3）“乒乓”功控，与“乒乓”切换类似，乒乓功控也是出现在相邻小区边缘，手机在两个相邻小区间切换时，信号的强度会产生一定的波动。如果功控对信号波动的处理不够理想，就会对系统的稳定性产生影响，如图 5.29 所示。

为了改善闭环功控中的种种缺点和不足，人们研究出自适应功控、模糊功控、基于神经网络的功控、基于博弈论的功率控制等。

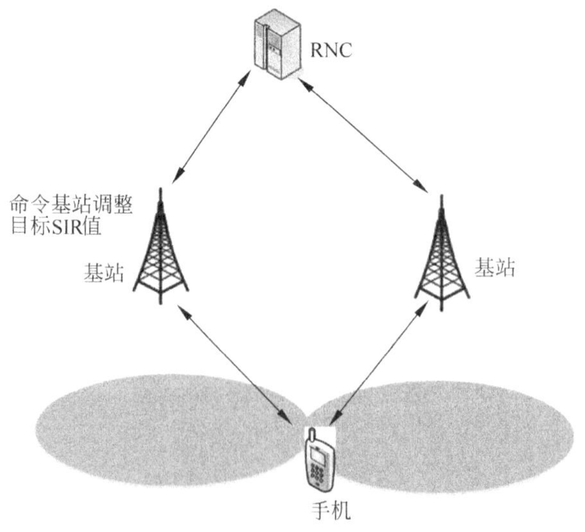

图 5.29　乒乓功控的产生

5．外环功控

WCDMA 的闭环功控又可分为内环功控和外环功控，在 WCDMA 中讲的闭环功控可以理解为内环功控，这里对外环功控做个简单的介绍。

外环功控是相对内环功控而言的，内环功控是手机-基站-手机之间的回路，也就是手机与基站之间的上、下行链路组成的“环”，在 WCDMA 中，所谓的外环是无线网络控制器（RNC）与基站之间的“环”。

那么为什么要在无线网络控制器与基站之间再加一个环呢？

这事还得从通信的本质说起。手机通话过程中，人们希望听到的通话质量最好是恒定的，通俗地说，人们希望手机通话稳定，“信号好”、声音清楚。

WCDMA 也不能免俗，于是 WCDMA 的功控目标也是为了保持一个恒定的无线链路质量。

在 WCDMA 中，无线链路质量是用什么衡量的呢？

WCDMA 的无线接入网（UTRAN）提供给非接入层（NAS）的服务质量 QoS 的表征量为误比特率（Bit Error Rate，BER）与误块率（Block Error Rate，BLER），信干比与服务质量之间没有直接的关系。由于用户的移动速度及多径的分布不同，在误比特率恒定的条件下，信干比可能不同。

为了维持误比特率的恒定，需改变信干比的值，所以在闭环功控的过程中，需要根据链路来调控目标信干比的值，如图 5.30 所示。

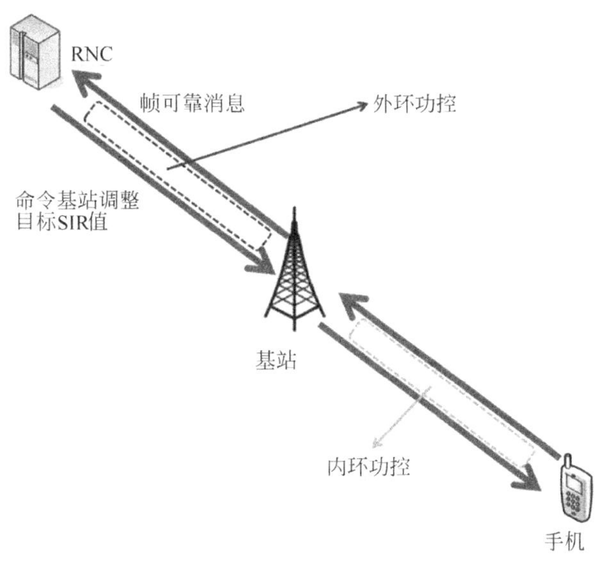

图 5.30　外环功控

具体来说，外环功控的过程如下所述。

（1）基站把用户的帧可靠消息发送给无线网络控制器 RNC ，这个帧可靠消息是基站从上行链路中获得的。

（2）如果无线网络控制器觉得帧可靠消息指示出链路质量较差，误比特率在增大，无线网络控制器就指示基站提高目标信干比的值。反之，如果帧可靠信息指示出链路质量较好，误比特率在下降，就降低信干比的目标值。

（3）基站比较目标信干比与实际信干比，如果实际信干比比较低，就使手机提高发射功率；反之，如果实际信干比比较高，就使手机降低发射功率。

5.5　移动性管理——也谈跳槽的艺术

生活中、工作中的人们，特别是都市白领们，除了少数人是因为兴趣和爱好去工作之外，相信大多数的人们都是为了养家糊口才工作的。说白了就是为了挣工资而工作（请原谅笔者说的这么直白），否则为什么还要发工资呢？

既然是为了工资，如果哪天接到猎头的电话，对方给的工资很高，你会不会动心呢？或者公司给的钱实在太少了，会不会主动寻找一份高于目前工资的工作呢？一切的一切都指向了那两个字——跳槽！如图 5.31 所示。

图 5.31　找工作的网站

跳槽，你准备好了吗？两年前，徐静蕾给智联招聘做的广告中说得非常好：想跳槽？看好了你再跳！

说了半天，跳槽和移动通信有什么关系呢？

移动通信的本质是“移动”的通信，那么如果移动的范围稍微大了一点，超过了目前基站所覆盖小区的范围，信号质量急剧下降，怎么办？

任凭通话断掉？不太好吧，中断实在让人难以忍受啊。

什么？小区边缘附近还有一个基站？

那接入到新的基站好了，新基站的信号还很强呢。

说了半天，这里讲的这个技术在移动通信中叫移动性管理，当处于通话、手机上网、视频电话等连接状态时，此时的移动性管理技术由切换技术来掌控。当没有用手机时，手机处于一种空闲状态时，此时的移动性管理由小区重选技术帮忙打理。总之，只要是在移

动通信中的移动，都交给移动性管理来解决。

5.5.1　切换——看好了你再跳

跳槽的过程和移动通信中的切换如此的类似，以至于人们总是拿跳槽的过程来比喻切换的流程，笔者这次也没能免俗。

1．一个IT白领的典型跳槽流程——切换

首先来看一个典型的 IT 白领的跳槽过程。

时间：2010 年 8～9 月。

地点：北京。

人物：一个准备跳槽的 IT 白领——马农，身高 173，体重 140 斤，肤黑有光泽，貌似何润东，人送外号“码农”，字挨踢，号挨踢民工，毕业于京城某著名 IT 技工学院通信专业，小硕，如图 5.32 所示。

图 5.32　马农简历

注意：IT 民工、码农是从事 IT 技术开发（比如程序员）的一种自嘲的说法，坦率地说，IT 行业的工资是高于其他行业的平均值的，中等偏上吧，但是工作稍微辛苦，因此才有了所谓码农的说法，不含贬义，请勿对号入座。

背景：IT 白领马农同学在目前的公司——新信心通信有限责任公司（私企，成立没几年，做 3G 起家）工作 3 年了。记得 2007 年刚来新信心通信时，和大多数的通信应届小硕一样，马农的工资税前 6500 元，在同学中，马农的工资算是低的。一个实验室的小王去了著名的北欧外企爱信不信公司，月薪+车补=7800+1000=8800 元，出差补助一天 200 元（工资照发），年底奖金 2 月工资；同学小李去了美国软件行业著名企业巨硬公司，巨硬公司的操作系统及办公软件风靡全球，工作环境舒适，年薪 20 万不算奖金。差距啊！图 5.33 所示。

同学的工资都是这个级别的，马农能平衡吗？必然是 imbalance 啊。

但是话说回来，工资的事情也是事出有因。马农之所以去了新信心公司，据说是因为当时只有新信心公司承诺解决北京户口，而马农为了孩子能在北京上学有北京户口，有幼儿园上，高考能好考点，毅然决然地选择了北京户口。

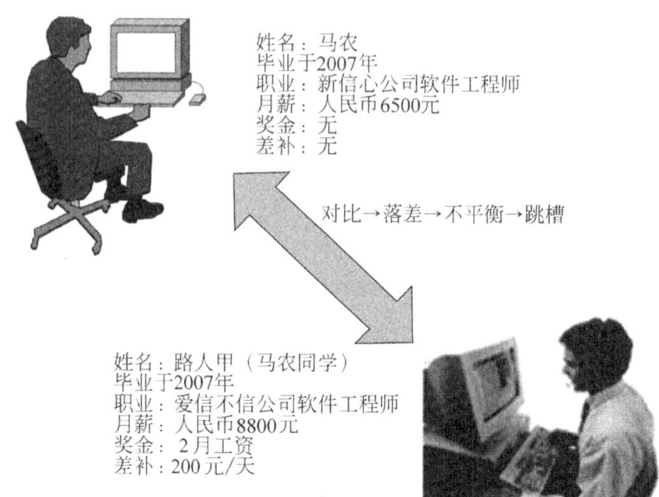

图 5.33　对比 → 落差 → 不平衡 → 跳槽

凡事都要讲究代价，鱼与熊掌不可兼得，既然马农选择了户口，那放弃的就是高薪。马农之所以现在这么羡慕、嫉妒、恨，还有一些其他的原因，比如，那些本来不承诺解决户口的外企，包括爱信不信公司、巨硬公司都解决了户口，这让马农更加不平衡了。当年马农的成绩实验室第一，论文发了，专利也有，要技术有技术，要情商有情商，说白了就是技术牛还会来事儿。这样的人毕业 3 年了工资还不到同学工资的三分之一，他能忍吗？

恐怕这次真的忍不了了。

忍不了了怎么办？

跳吧！

这里还得爆个料，马农这次之所以这么坚决，还有一个极其重要的原因。当初他选择新信心公司是为了户口，但是户口现在不是问题了。去年马农就用自己的积蓄和父母的资助买了一套房子，付了首付，如图 5.34 所示。

图 5.34　房子与户口

马农一房在手，别无所求，没有了后顾之忧。现在，马农户口有了，房子也有了。目前的主要矛盾变成了家人日益增长的物质文化需要与落后低廉的工资之间的矛盾。为了解决这个主要矛盾，只有一条出路：

跳槽！

剧情：跳槽的过程总体来说还算顺利，但是期间也经历了一些小的波折。也许干惯了 IT 行业，马农习惯性地把自己的跳槽流程整理如下，如图 5.35 所示。

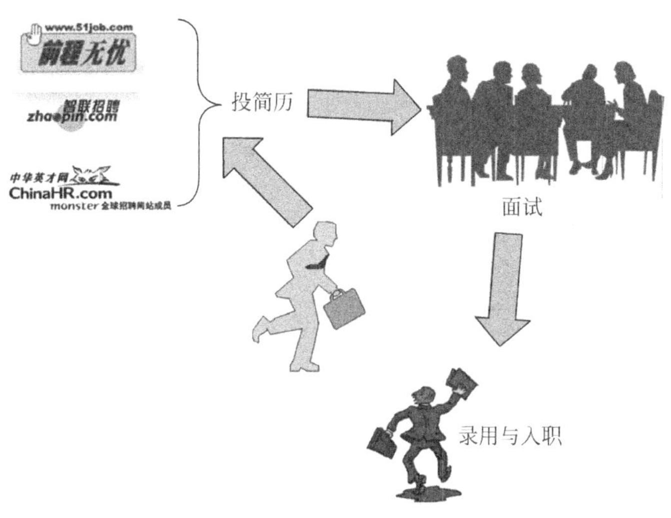

图 5.35　跳槽三部曲

（1）马农工作的这 3 年，他无时无刻不在惦记着各大通信公司工资与社招的信息，同时他还叫他的同学帮他留意着这方面的信息，让他们定期向自己“汇报”或者是遇到紧急情况直接“报告”他的方式。

（2）一旦马农发现，在给他的信息中，有一些公司的待遇真的很不错，比现在的公司好得多，而且还在大量招人。这个时候马农会根据自己的小算盘来计算一下跳槽与留守的成本估计，权衡利弊后，做出决定。

（3）一旦做出跳槽的决定，马农就把自己在原来公司的工资结了，然后去未来的公司报到。

整个跳槽的过程，顺风顺水，马农如愿来到爱信不信公司，开始了他的外企生涯。总地来说马农对现在的工作还算满意，特别是工资还不错。那天，马农偷偷地给笔者透露一个秘密，他说在爱信不信公司，他也没有打算一直在这待着，他准备骑驴找马，万一哪天哪个公司开的价码比爱信不信公司的高，马农说他可能还会跳的。

笔者也想跳，于是笔者问马农，怎么样才能找到合适的公司呢？马农神秘地伏在笔者耳边说：“跳槽啊，就一句话，瞅准了，你再跳，准没错！”。笔者暗自记下。

切换也是这样的原理，基本流程与马农跳槽的过程极其类似。以常见 LTE 的硬切换为例，简单说下切换的过程。

（1）切换测量

马农跳槽的时候，每天对其他公司的薪金情况等进行打探，获得情报。在移动通信中，移动台对每个相邻小区也要进行打探。

在 LTE 中，基站控制移动台的测量，规定了测量的周期，同频测量、异频测量、不同的系统的测量等测量的类型，对常见的切换测量是对周围相邻小区的测量。

（2）测量上报

马农不但自己打探其他公司的招聘信息，还让他的朋友帮忙探听其他公司的跳槽信息，一旦有好的适合马农的公司，朋友们就“汇报”马农，让他来选择。

在切换的过程中，移动台一旦发现周围的小区符合测量的规则，就会把相邻小区的信息上报给基站。

测量上报的规则有这么几种：周期性触发的测量上报，也就是隔一段时间（上报周期）上报一次；事件性触发的测量上报，发现信号强度大于规定门限的小区，就把测量结果上报；混合式触发上报，这种上报规则是把周期性触发与事件性触发结合起来的一种测量上报规则。

（3）切换判决

经过笔试、面试之后，马农收到了好几个 Offer，他在备选的几个公司之间选择了一个待遇和工作环境都不错的公司。选择跳槽单位的过程是与移动通信中切换判决的过程非常类似。

切换判决过程中，宏基站（eNB）会判断目标小区是否符合切换算法。一个最简单的切换算法如图 5.36 所示。

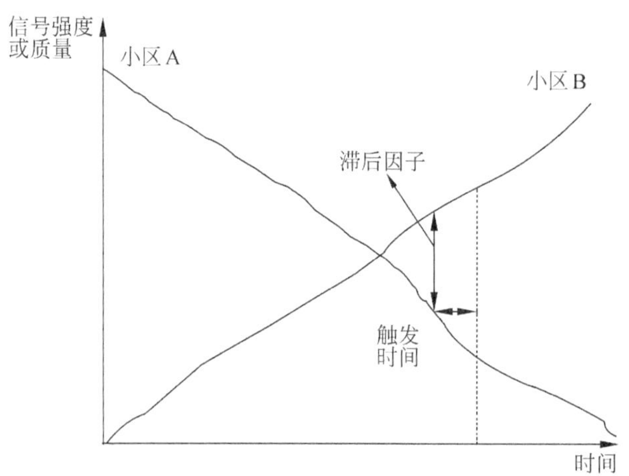

图 5.36　切换判决

目标小区的信号强度大于源小区的信号强度吗？如果大于，就切换，否则就不切换。与跳槽还是很类似的，面试的公司要是给的工资比目前的多，就跳槽，否则就不跳。

（4）切换的执行

马农权衡利弊，决定了准备跳槽的公司之后，马不停蹄地办理了离职手续，领了最后一个月的工资，给以前的同事们发了一封感人至深的离职邮件，第二天，就直奔新公司报道了。

类似地，步骤 2 中决定了切换到目标小区，因此这里做的就是执行的过程，切呗。如图 5.37 所示。再见了，旧基站，谢谢对我的好，只是这里的信号实在不好，这都快掉话了，现在我要去新基站了。Bless all！

2. 切换的分类

前面说了半天的切换了，这里对切换做一个简单的分类。从大的方面来说，以切换的

过程由谁来控制的角度来划分，切换可以分为下面几种。

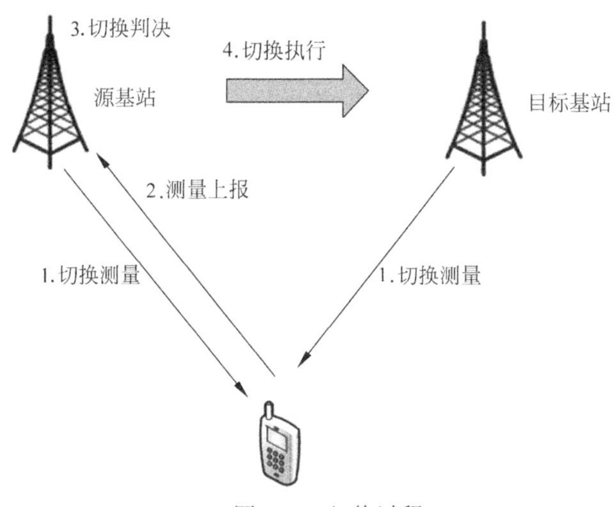

图 5.37　切换过程

（1）完全由网络控制的切换

在上班族的跳槽经历中，有时候的跳槽是完全被迫的，比如老板与你为难，直接炒掉咱的鱿鱼，悲剧了吧，直接离职。在移动通信中，也有这种类型的切换发生，只是发生在早期的移动通信系统中。

顾名思义，完全网络控制的切换就是切换过程完全由网络来控制，用户设备只能处于听之任之的状态。在此类切换过程中，测量也是由基站来完成的，基站实时监测用户设备的信号强度。如果信号的强度低于门限值，就向核心网的移动交换中心（Mobile Switching Centre，MSC）报告，请求切换，移动交换中心就会指示请求基站周边的基站把对用户设备的信号参数发到移动交换中心。移动交换中心增加上报的测量结果，进行切换判决的过程，此类切换时间较长，可能会有几秒，如图 5.38 所示。

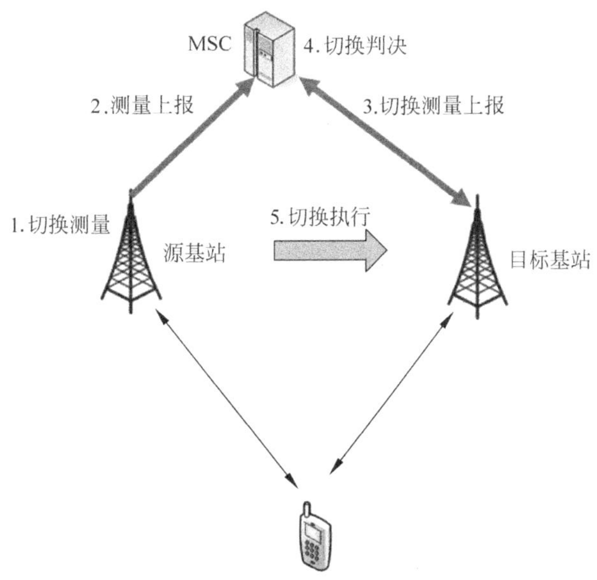

图 5.38　网络控制的切换

此类切换主要应用在第一代移动通信系统中，比如美国的高级移动电话系统 AMPS（Advanced Mobile Phone Service）、北欧的 NMT（Nordic Mobile Telephony）、英国的全接入通信系统 TACS 等。

（2）用户设备控制的切换

在上班族的跳槽经历中，多数时候的跳槽是员工自己决定的，比如看老板不爽，或者工资不高，于是就直接跳到了别的公司。不过在移动通信中，由用户设备自己决定的切换却不如员工自己决定的跳槽那么常见。

在此类切换中，用户设备和基站都进行信号的测量工作，但是基站会把测量的结果发送给用户设备，由用户设备来完成切换，这样的老板（基站）真的好民主啊。

此类切换发生在欧洲的 DECT（Digital European Cordless Telephone）系统中，用过 Wi-Fi 的人们可能会遇到 Wi-Fi 的切换过程。比如在图书馆中，附近两个信号发送设备，笔记本接收一个发射端的信号，但是有时，这个发射端关闭了，或者信号质量下降了，于是就需要手动选择切换的目标，这个过程一般是由人来完成。这个过程和用户设备控制切换十分类似，但它们之间还是有区别的，Wi-Fi 目前的切换是手动，而移动通信中的切换是由用户设备自己完成的。

用户设备控制的切换优点是切换时间短，反应速度快，但是缺点也同样突出，控制的过程由用户设备说了算，有的时候并不是很靠谱。分布式的控制不利于网络资源的管理，因此目前的移动通信系统很多都不采用此类切换方式，如图 5.39 所示。

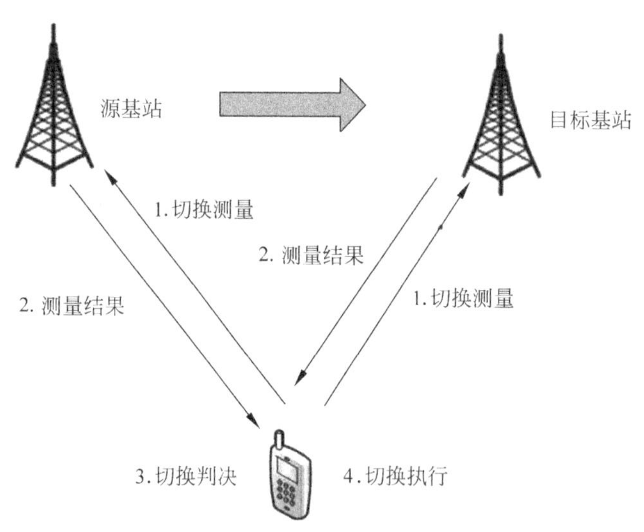

图 5.39　移动台控制的切换

（3）用户设备辅助基站控制的切换

此类切换指的是，用户设备负责信号的测量和测量的上报，基站负责切换的判决与执行（当然了，执行的过程也离不开用户设备的参与），如图 5.40 所示。

还是以 LTE 为例，用户设备把测量的信号质量（RSRQ）和信号强度（RSRP）传给基站，基站负责做切换的判断和执行过程。

因为此类切换的灵活性更好，人们对于此类切换的使用也更多。比如在第二代移动通信中的 GSM 系统、IS-95 系统，在第三代移动通信中的 WCDMA 系统、CDMA2000 系统、

TD-SCDMA 系统，在第四代移动通信中的 LTE/LTE-Advanced 系统中，采用的都是用户设备辅助基站控制的切换方式哦。

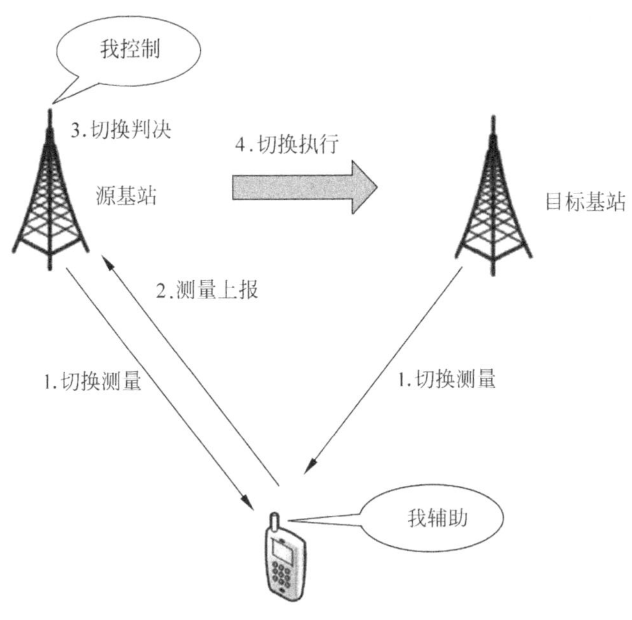

图 5.40　移动台控制的切换

在白领辞职的过程中，有这样几种做法，一种是先辞职，赋闲在家，然后再找工作，应聘成功后，就去新的公司工作；一种是还在原公司工作，就找了另外一家工作，先在那边做兼职，等时机成熟就跳过去，兼职变成全职了；最后一种也是最保险的跳槽，与其叫跳槽不如叫换岗更加合适。还是以马农为例，马农刚去新信心公司时，在移动通信标准化部门工作，后来领导觉得他更适合去另外一个职位，于是把他调到了新信心公司的系统架构部去研究算法了，如图 5.41 所示。

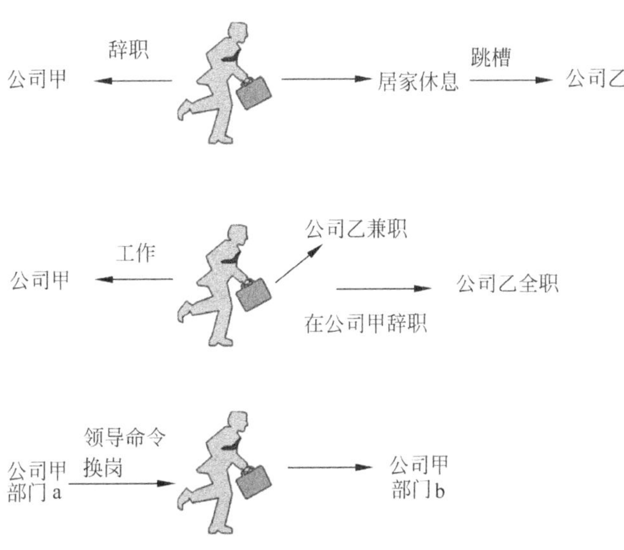

图 5.41　3 种辞职方式

根据以上 3 种不同的跳槽方案，这里也有对应的切换分类办法。

（1）硬切换——先离职后找工作

在上班族的跳槽经历中，有一种情况比较特殊。特殊在哪里呢，有这样一些员工，他们大多对生活品质要求比较高，在一个公司干得累了，同时待遇等方面也没能对他们有足够的吸引力，于是他们选择了辞职。这类员工牛气的地方就在这里了，他们还没拿到其他公司的 Offer 呢，就跳槽了。

一般这种情况有两种原因，一种是此员工实力极强，技术大牛级别的。各大公司争先恐后地准备挖他过去，于是他不害怕没有工作，于是“无所谓，谁会爱上谁！”。另一种就是心态极好型，此类人心理承受能力特别强大，他们关注的主要是自己的感觉，在原公司感觉很不好，于是要辞职，而且说辞就辞，根本不会婆婆妈妈的。找工作？再说吧，先给自己放个假，休息几天……休息没错，但是如果休息完了之后找不到工作，那就郁闷了。正所谓“看好了，你再跳”，此言非虚。

在切换的过程中，也有这种情况发生，有一种切换叫做硬切换，此类切换执行的时候，用户设备先和原来的小区断开，再接入目标基站小区。此类切换正如跳槽里的先离职后找工作一样需要勇气，因为接入目标基站的过程如果发生了掉话，那就得不偿失了，如图 5.42 所示。

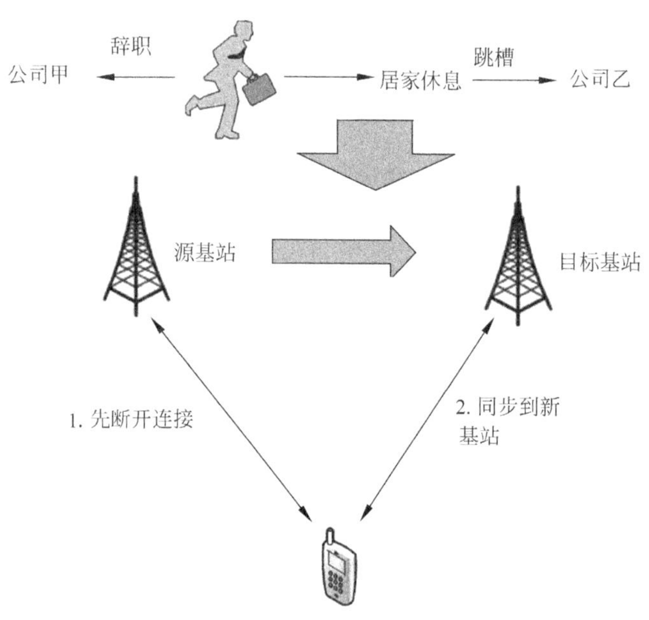

图 5.42　硬切换

采用硬切换多为异频切换，比如 GSM，每个小区的频点不同，于是切换的时候要转换载频，那么没办法，只能是先断开再切换的硬切换了。

使用硬切换的还有 LTE 的基站间切换和其他移动通信系统中一切需要在不同载频间的切换。

（2）软切换——骑驴找马

在应届毕业生的找工作过程中，经常听到一句话叫做——骑驴找马。大致的意思是说，毕业了，找工作的时候，不太好找，怎么办呢，先找一份工作干着。尽管这份工作可能不是那么理想，但还是先干着，等哪天遇到好工作，再跳槽。这就是骑驴找马。

闲言少叙，继续说切换，这种骑驴找马的状态和移动通信中 CDMA 系统中特有的软切换十分类似。软切换就是要先不断开和原来基站的连接，再与目标基站同步上以后再切换到目标小区，如图 5.43 所示。

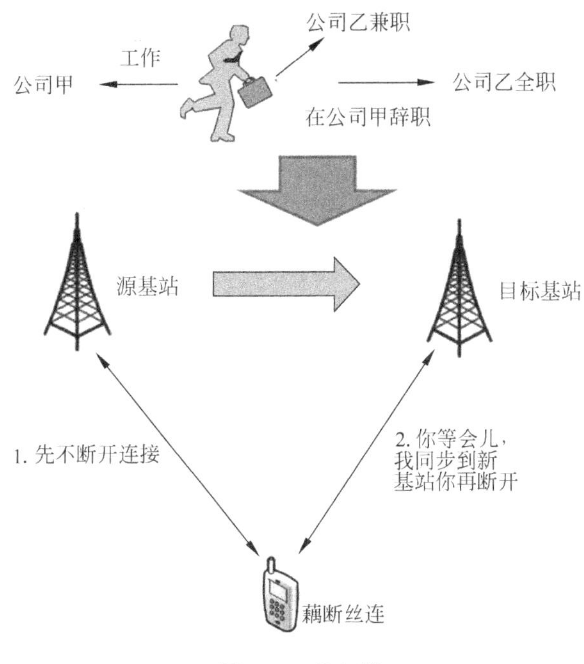

图 5.43　软切换

目前软切换广泛应用于 CDMA 系统中，第二代移动通信中的 IS-95 系统，在第三代移动通信中的 WCDMA 系统、CDMA2000 系统都采用了软切换技术。

在 LTE 系统中没有了软切换技术，主要是因为 LTE 和 UMTS 的系统架构发生了变化，UMTS 采用的系统架构中有无线网络控制器 RNC，有了 RNC 就可以采用宏分集技术了，软切换也就水到渠成。但是 LTE 采用的是扁平化的网络架构，去掉了 RNC，没有采用下行的宏分集技术，因此软切换也就无从谈起。

（3）更软切换——换岗

马农刚去新信心公司的时候，在移动通信标准化部门工作，后来领导觉得他更适合去另外一个职位，于是把他调到了新信心公司的系统架构部去研究算法。这个过程就和软切换非常类似。

WCDMA 中不同扇区之间的切换就是这样的，一个基站对应着 3 个扇区，用户设备在两个扇区之间的切换就是更软切换，如图 5.44 所示。

切换还有很多分类方法，比如前向切换与后向切换，前向切换指的是用户设备与目标基站之间的无线链路是由用户设备直接和目标基站之间的信令交互来实现的；而在后向切换的过程中，这个信令的交互过程是在已有链路上实现的，比如 LTE 系统的切换就是后向切换。

此外还有很多切换分类方法，以 LTE 为例，按照基于不同接口切换可以分为基于 S1 的切换、基于 X2 的切换；按照系统划分可以把切换划分为系统内切换与系统间的切换；还有服务网关变化的切换、服务网关没变的切换等。

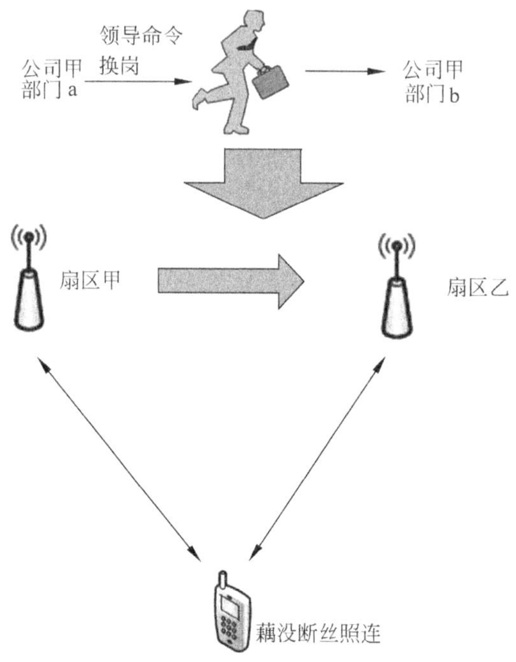

图 5.44　更软切换

3．切换判决的参数

切换判决过程中，要不要切换，怎么切换，依据的是切换算法。简单地说，切换算法就是看测量结果满不满足切换条件的过程。切换算法中不可避免地会涉及切换的参数，这里涉及的参数就会比较多，下面就以 UMTS 和 LTE 中常用的 3 个参数切换门限、滞后因子、触发时间为例来大话一下。

（1）切换门限

切换门限（threshold）在切换中用得最广泛，不管是何种类型的切换，也不管是哪个移动通信系统的切换，只要是切换就离不开切换门限。因为任何切换在判决时都要用到测量结果与切换门限的比较，所以有切换的地方就有切换门限的出现。

还是以跳槽为例，在公司中，跳槽需要笔试和面试才能进入新的公司，笔试要求答对的题目要超过公司的分数底线，面试的要求是看到申请者是否和申请的职位相匹配。而这个允许加入到新公司的笔试最低分和面试表现最低分就是跳槽的进入门限。换句话说，只有申请者的表现高于这个底线，才可以进入公司成为一名新的员工哦。

移动通信中，切换也需要门限。以 LTE 的切换为例，只有测量到的邻小区的信号强度或者信号质量高于一个门限值，才允许用户设备上报基站。当用户设备上报的邻小区信号强度或者信号质量高于了一个门限值，才允许用户设备切换到这个宏基站小区，所以切换门限是最常用的切换参数，如图 5.45 所示。

（2）滞后因子

在跳槽的过程中，去目标公司笔试、面试通过了之后，剩下的就是目标公司对求职者的评估了。如果他们认为求职者很靠谱，就要了。否则就会很悲剧地被鄙视。通常目标公司的录用标准都是这样的：笔试和面试表现要比公司现有员工的笔试和面试表现要好，如

果求职者的表现和现有员工的实力差不多，或者能力还不如现有的员工，那还招人干嘛呢？毕竟公司为了盈利，追求的就是员工技术熟练程度等，要是不比现有的员工强一些，那就不会辞退一些员工来招新人了。

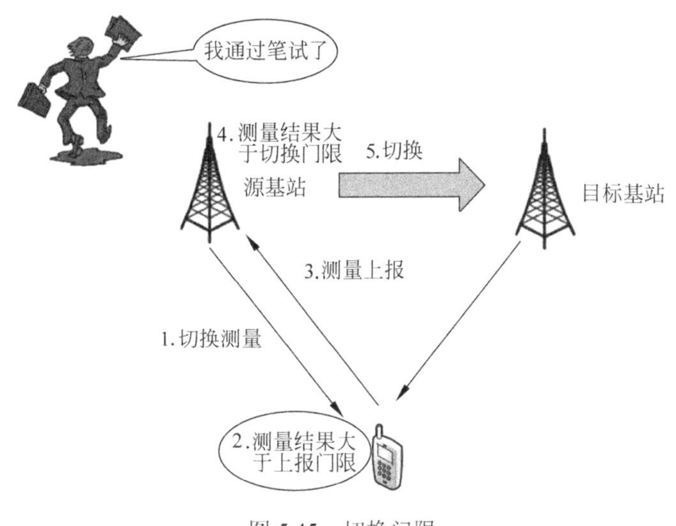

图 5.45　切换门限

在移动通信中亦是如此，用户设备把用户设备的测量结果上报给基站，基站发现应聘者貌似还不错，但是还要对其进行考察。考察的内容就是比较目标小区的信号强度或者信号质量，减去源小区的信号强度或者信号质量比滞后因子（Hysteresis）还要大，写成公式的形式就是：

$$\text{RSRP}_{\text{源小区}} - \text{RSRP}_{\text{目标小区}} > \text{Hysteresis}$$

$$\text{RSRQ}_{\text{源小区}} - \text{RSRQ}_{\text{目标小区}} > \text{Hysteresis}$$

（3）触发时间

马农刚去爱信不信公司的时候，有一个实习的过程，入职的前 3 个月是实习期，所谓实习期就是要考察应聘者是否能胜任他的工作，看其在面试的过程中有没有吹牛，简历有没有水分。

如果能顺利地通过实习期的考验，在实习期结束的时候对实习生的考核也通过了的话，说明实习生真的适合公司，公司是如此的匹配怎么能不留下工作呢？呵呵，实习期结束的考核还是要采取笔试加面试的流程。

笔试就是看应聘者的基础知识在这段实习期内有没有长进，是不是还满足比大部分员工的考分多滞后因子那么多的分数。如果应聘者的笔试和面试都合格了，那么无话可说，冲破重重阻力的都是高手，正式录用没有问题！

这个过程也是为了考验应聘者是不是具备持之以恒的能力的一个考验。是不是只是在刚来的几天表现好，过了几天就开始迟到早退了。为了防止这种情况的出现，实习期的引入还是很必要的。

在切换过程中，也是如此。尽管应聘者通过了滞后因子的考验，就说明其暂时已经适合切换了，但是为什么没有马上切换呢？就是怕目标小区过一会信号强度或者质量突然下降了，目标小区的信号强度或者质量还不如源小区的信号强度了，这该怎么办啊？终于，触发时间的引入解决了这个问题。

如果用户设备上报的目标小区的信号强度或者信号质量暂时已经大于源小区了，那么就对目标小区再考察一段时间。如果在这段时间内，目标小区的信号强度或者信号质量一直是大于源小区的信号强度或者信号质量，那么就正式决定切换了。这里的这个考察时间就是切换的重要参数——触发时间（Time-To-Trigger，TTT），如图 5.46 所示。

图 5. 46　触发时间

5.5.2　小区重选

切换与白领们的跳槽过程类似，那么小区重选呢？

白领的跳槽是在工作状态下的工作环境的变换，或者说是所服务的公司的变换。在不工作空闲的时候，白领们一般对自己的住宿环境要求比较高。小资嘛，都比较注重生活品质的追求。马农刚毕业的时候没有买房子，所以就租住在公司附近的小区。然而过了一段时间，他发现他所租住的房子条件不是很好，房子漏水，采光也不好，而且隔壁的邻居大晚上不睡觉，大喊大叫的不让人休息。马农很郁闷就想换个地方租房子，于是他找到了望京附近的房子，那边的房子条件很好，不但采光好，邻居的素质也高，清净，这个换地租房的过程就和小区重选十分类似。

用户设备发现在现有的小区中，信号质量不太好，有的时候还掉话，这让人十分不能容忍。于是他就萌发了一个念头，换个小区吧，反正现在没处于连接状态，人家处于连接状态的用户还切换呢，本人一个空闲状态怕啥啊。于是触发了小区重选，触发的条件可能是小区信号强度或者信号质量低于某门限值，于是就跑到另一个小区去了，如图 5.47 所示。

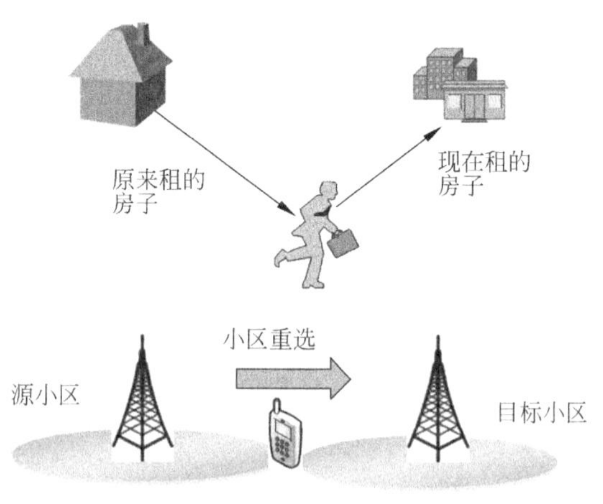

图 5.47　租房子与小区重选

5.5.3　LTE 系统内的移动性管理

这里以 LTE 为例，讲讲移动性管理的过程，在 LTE 的移动性管理中既有 LTE 系统内的移动性管理，也有 LTE 与其他系统间的移动性管理[14][15]。

LTE 系统内的切换，又可以分为空闲状态下的移动性管理和连接状态下的移动性管理，

空闲状态指的是 ECM-IDLE 状态，连接状态指的是 ECM-CONNECTED。ECM 是英文 EPS Connectivity Management 的缩写。

1. 小区选择

在 LTE 中，PLMN 的选择过程遵循 3GPP 的 PLMN 选择原则。一般来说，从 EMM_DETACHED 状态跃迁到 EMM-REGISTERED 状态的时候需要执行小区选择。这里的 PLMN 是公共陆地移动通信网络，生活中的每个移动运营商的网络就是一个 PLMN，比如中国移动、中国联通、中国电信的网络。

（1）小区选择的基本过程

小区选择的过程[16]需要用户对哪个射频信道是 LTE 接入网载波没有先验知识，用户设备扫描 LTE 所在频段的所有射频信道，然后用户设备根据自己的能力选择一个合适的小区。在每个载频中，用户设备只要检查最强的小区，一旦找到合适的小区就选之。

用户设备能找到合适的小区驻扎就会选择合适的小区，如果没有合适的小区，就选择可以接受的小区。同时，以前存储在用户设备中的信息对于小区的选择也有帮助。

（2）小区选择标准

小区选择的标准如下：

$Srxlev>0$　且　$Squal > 0$

在上式中，

$Srxlev=Q_{rxlevmeas}-(Q_{rxlevmin}+Q_{rxlevminoffset})-P_{补偿}$

$Squal=Q_{qualmeas}-(Q_{qualmin}+Q_{qualminoffset})$

这里给出小区选择参数，如表 5.1 所示。

表 5.1　小区选择参数

Srxlev	小区选择接收强度（dB）
Squal	小区选择质量(dB)
$Q_{rxlevmeas}$	小区信号接收强度测量值（RSRP）
$Q_{qualmeas}$	小区信号接受质量测量值（RSRQ）
$Q_{rxlevmin}$	小区信号强度最小要求(dBm)
$Q_{qualmin}$	小区信号质量最小要求(dB)
$Q_{rxlevminoffset}$	信号强度偏移值
$Q_{qualminoffset}$	信号质量偏移值
$P_{补偿}$	$\max(P_{EMAX\_H}-P_{PowerClass}, 0)$ (dB)

如图 5.48 所示为 RRC 空闲状态下的状态转移图，当需要执行 PLMN 选择的时候，跳到 1。

2. 小区重选

在 LTE 中，小区重选的标准定义如下：

$$R_s = Q_{meas,s} + Q_{Hyst}$$

$$R_n = Q_{meas,n} - Q_{offset}$$

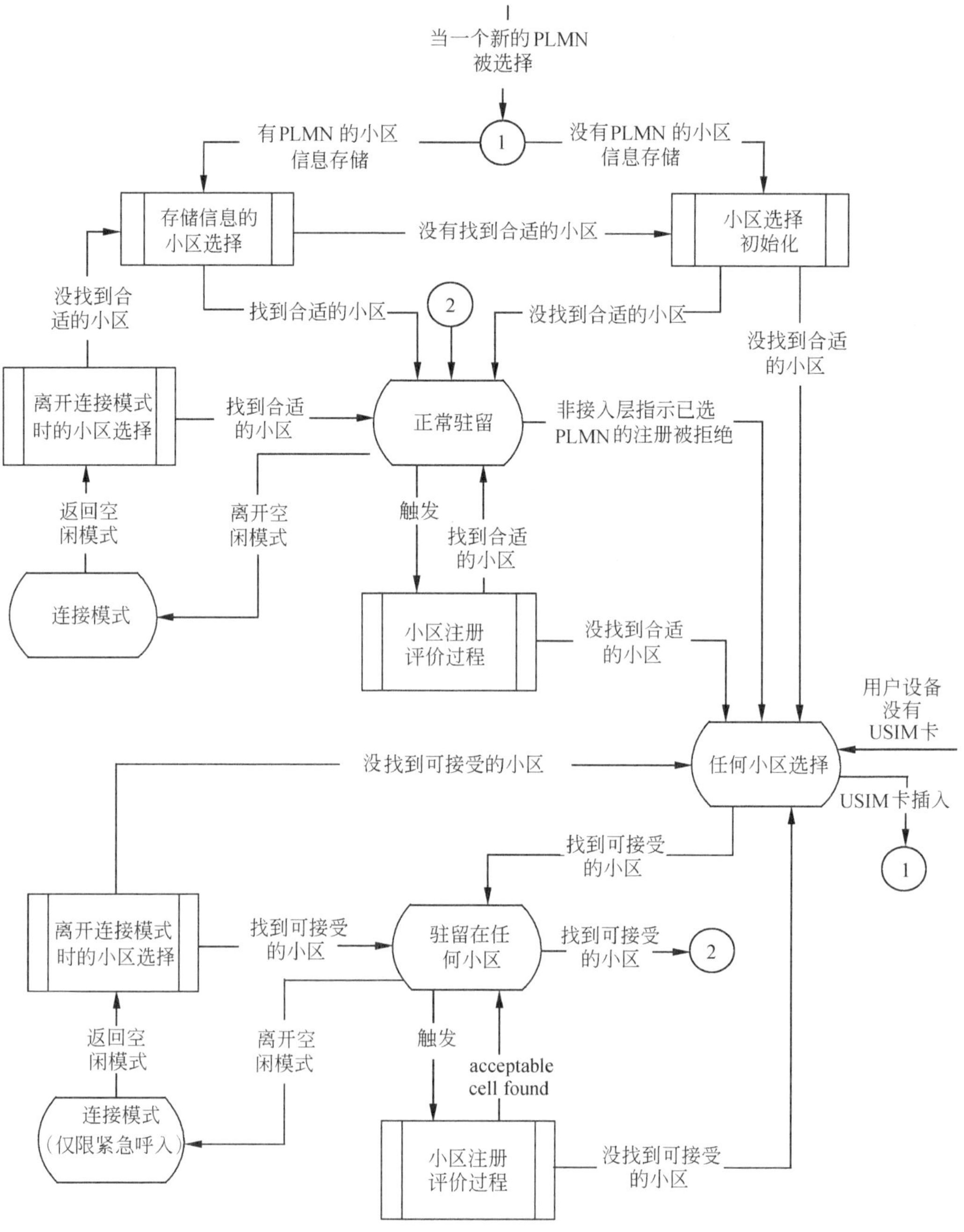

图 5.48 空闲状态下的小区选择与重选

上式中的 R_s 表示当前服务小区的信号强度或者信号质量，R_n f 代表邻小区的信号强度或者质量。这里面，Q_{meas} 和 Q_{offset} 的介绍如下：

- ❑ Q_{meas}：小区重选的 RSRP 测量。
- ❑ Q_{offset}：频率内：如果 $Q_{offset_{s,n}}$ 有效，$Q_{offset}=Q_{offset_{s,n}}$，否则为 0。频率间：如果 $Q_{offset_{s,n}}$ 有效，$Q_{offset}=Q_{offset_{s,n}}+Q_{offset_{frequency}}$，否则为 $Q_{offset_{frequency}}$。

LTE 中小区选择和小区重选的大部分原则都是采用了 UMTS 的原则。但是 LTE 的硬

切换却与 CDMA 系统的软切换完全不一样。

3. 切换

LTE 中的切换采用的是网络控制，移动台协助的方式，为了实现无损无缝切换，采用了数据转发技术，切换的过程分为切换准备、切换执行和切换完成 3 个步骤。

（1）不涉及服务网关重定位的小区间切换

首先来看一下用户设备在源 eNodeB 切换到目的 eNodeB 的过程，也就是 eNodeB 之间的切换。这里的切换不涉及核心网的部分，也就是说移动管理实体和服务网关都没有变化情况下的切换。

同一个移动管理实体下的切换信令是基于 X2 接口的，触发者是源 eNodeB。如图 5.49 所示是切换的整个流程图。

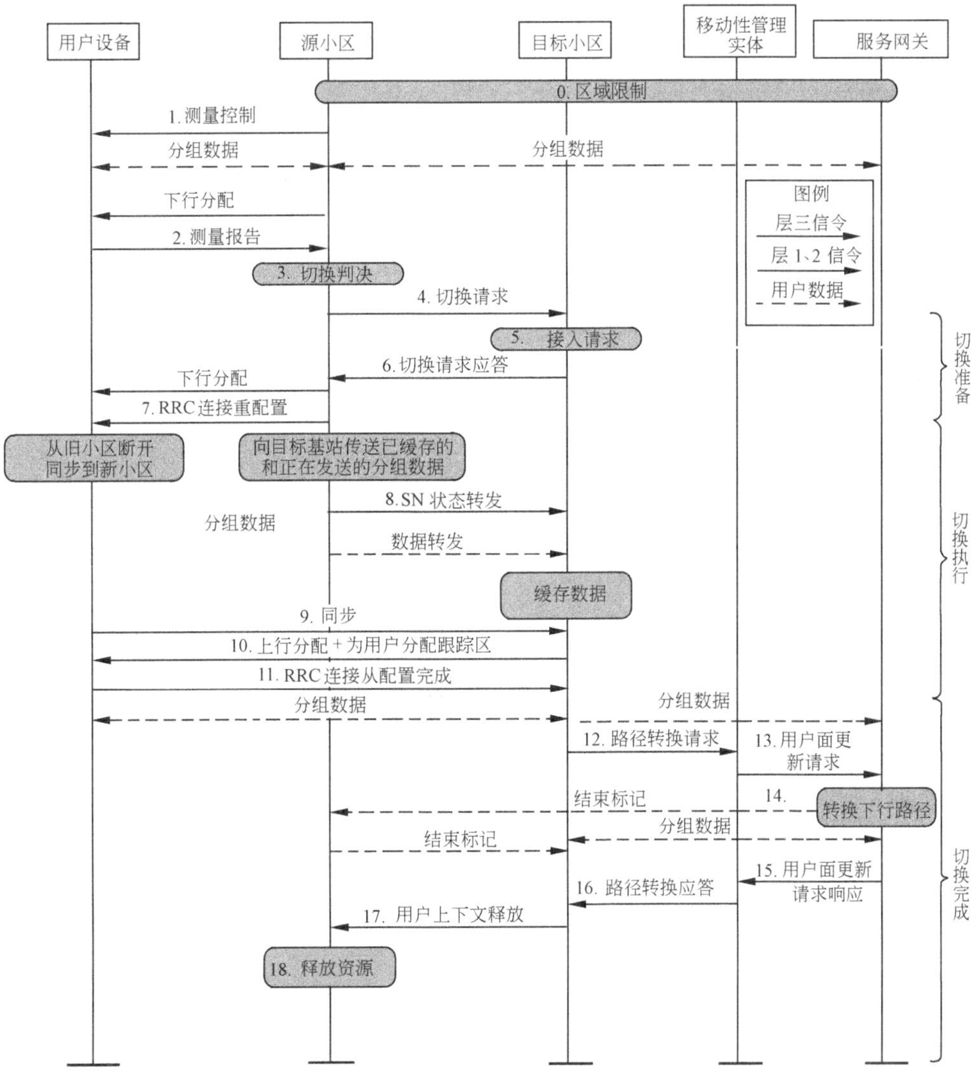

图 5.49　移动管理实体/服务网关内的切换

在上边的切换过程中，更多的是控制面的处理过程，关于用户平面的处理过程，主要涉及的是数据转发的过程。

（2）涉及服务网关重定位的小区间切换

这里涉及的切换是移动管理实体不变但是服务网关重定位条件下的切换，在这里假定源服务网关与源基站之间、源服务网关与目标基站之间、目标服务网关与目标基站之间都是有 IP 链接的。如图 5.50 所示。

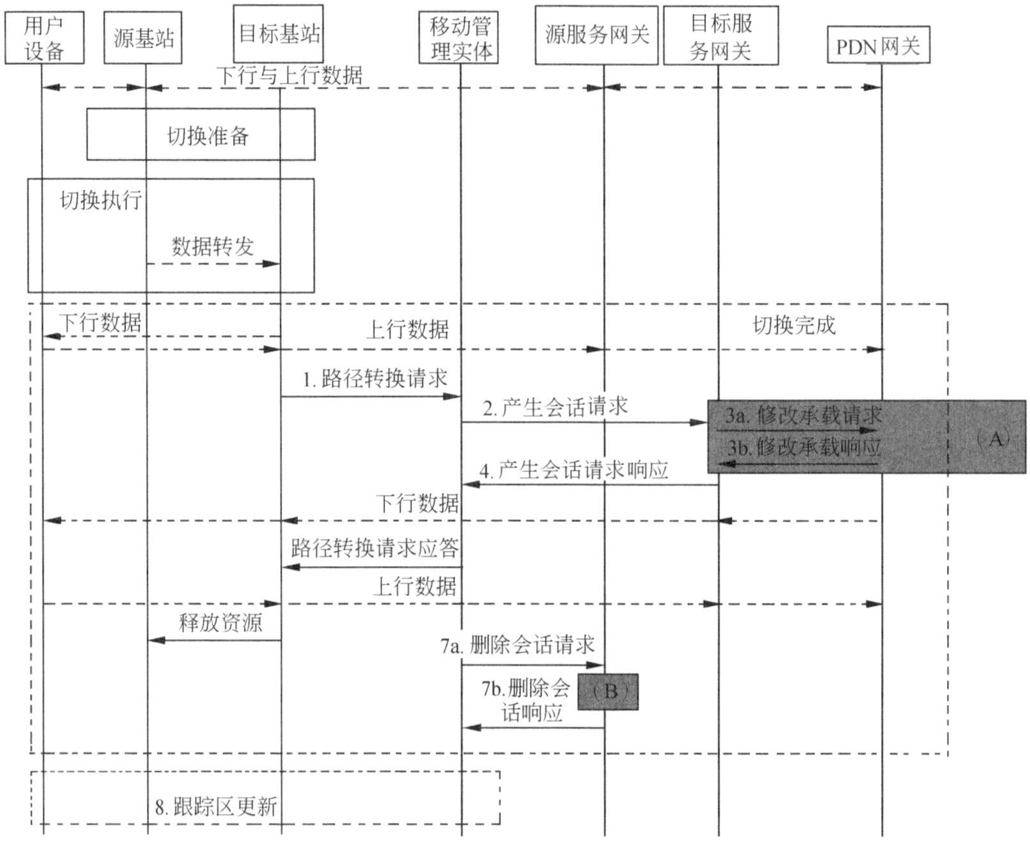

用户设备
源基站
目标基站
移动管理实体
源服务网关
目标服务网关
PDN 网关
下行与上行数据
切换准备
切换执行
数据转发
下行数据
上行数据
切换完成
1. 路径转换请求
2. 产生会话请求
3a. 修改承载请求
3b. 修改承载响应
(A)
4. 产生会话请求响应
下行数据
路径转换请求应答
上行数据
释放资源
7a. 删除会话请求
7b. 删除会话响应
(B)
8. 跟踪区更新

图 5.50　服务网关重定位的小区间切换

（3）正常情况下，基于 S1 接口的切换

基于 S1 接口的切换，如图 5.51 所示。

（4）被拒绝的情况下，基于 S1 接口的切换

在基于 S1 接口的切换中，目标移动管理实体并不是一直都接受切换请求的，切换请求被拒绝的情形如图 5.52 所示。

5.5.4　LTE 的测量

上面的切换准备过程中，涉及切换的测量，可以说切换的测量是切换的基础和切换判决的依据[14]。

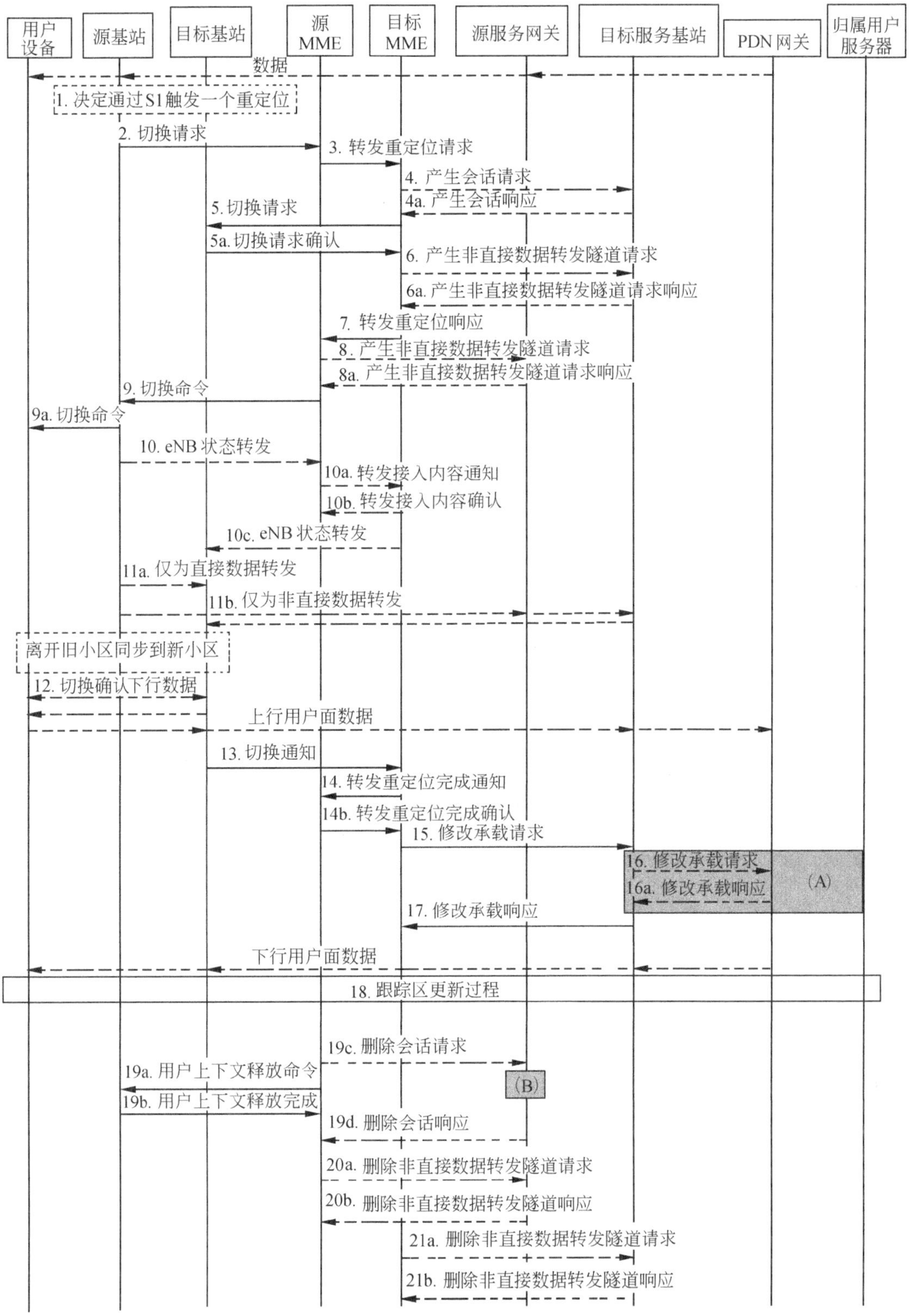

图 5.51　基于 S1 接口的切换，正常情况

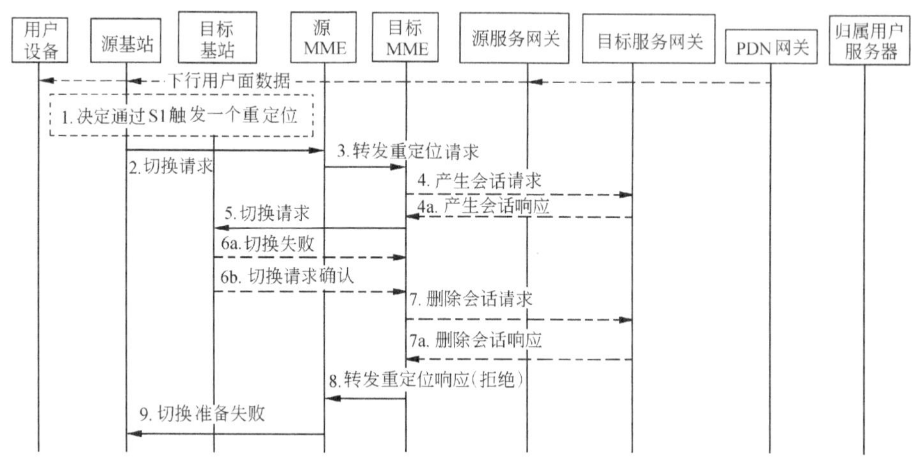

图 5.52　基于 S1 接口的切换，被拒绝

切换测量可以分为如下两种。

- 同频测量：源小区和邻小区工作在同一载频，此时用户设备的测量就是同频测量。此时没有测量间隔，终端也能执行切换测量。
- 异频测量：源小区和邻小区工作在不同载频，此时用户设备的测量就是异频测量。此时的切换测量应该涉及测量间隔，如图 5.53 所示。

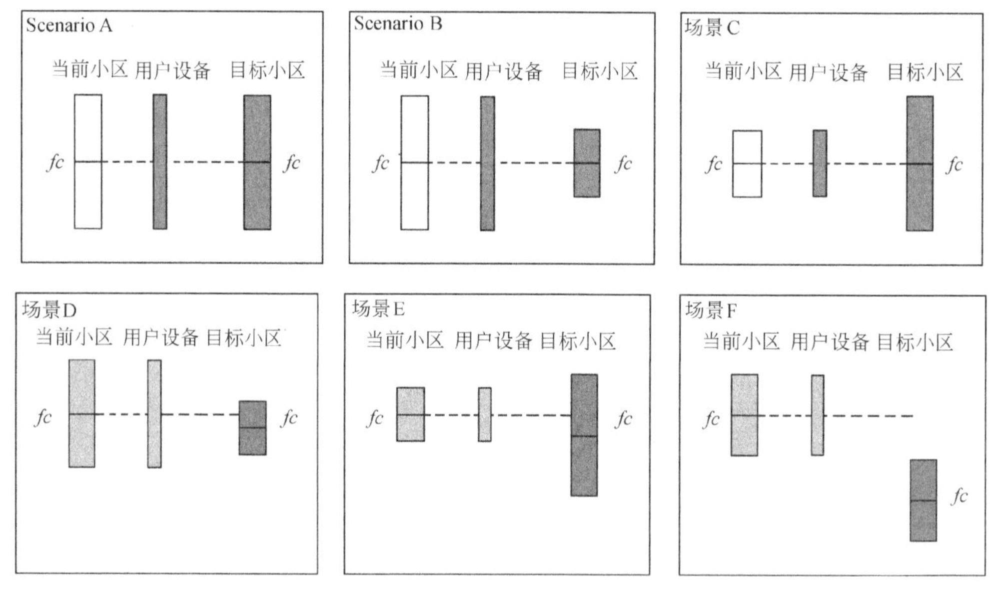

图 5.53　同频测量与异频测量

5.5.5　LTE 的随机接入过程

在切换的过程中还涉及随机接入的过程。LTE 中随机接入的特征如下所述。

- 同时适用于 TDD 和 FDD 的过程；
- 不管小区大小和服务小区数目的过程。

执行随机接入的触发事件为：

- 从 RRC 空闲状态下的接入；
- RRC 连接重建立的过程；
- 切换；
- 下行数据在 RRC 连接状态到达要求执行随机接入的过程；
- 上行数据在 RRC 连接状态到达要求执行随机接入的过程。

随机接入有两种形式：

- 基于竞争的随机接入（应用于以上 5 种情况）；
- 基于非竞争的随机接入（仅应用于切换、下行数据到达和定位）。

注意：正常的上下行传输在随机接入过程之后进行。

5.5.6　LTE 与其他接入网间的移动性管理

前面看了 LTE 接入网内部基站间的切换，在一个接入网技术部署期间，往往是与其他接入网一起共存的，因此 LTE 的部署也要与目前的网络技术共存，比如在上海世博会期间，场馆附近部署的 TD-LTE 系统与外面的 2G 和 3G 系统之间的切换就会长期存在。这里主要以切换为例，介绍关于 LTE 的接入网 E-UTRAN 与其他接入技术之间的切换流程[15]。

1．E-UTRAN到UTRAN的切换

先来看看 LTE 到 3G 网络，也就是 E-UTRAN 到 UTRAN 的切换流程。

（1）准备阶段，如图 5.54 所示。

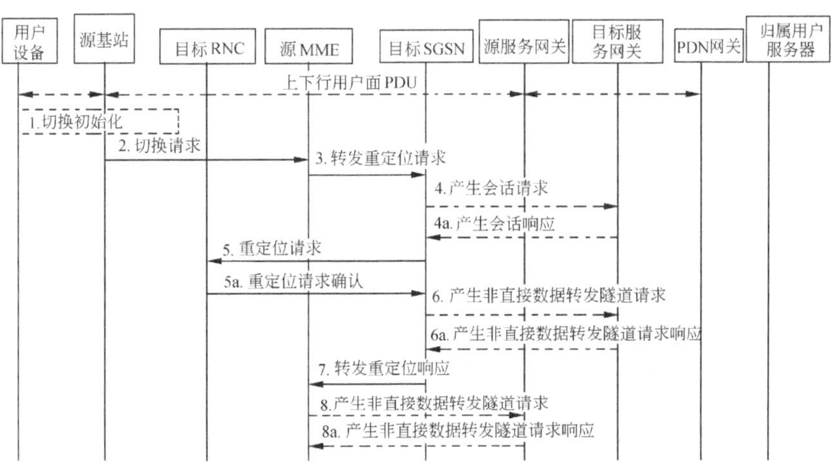

图 5.54　E-UTRAN 到 UTRAN 的切换准备

（2）执行阶段，如图 5.55 所示。

（3）切换拒绝，如图 5.56 所示。

2．UTRAN到E-UTRAN的切换

下面是 3G 的接入网 UTRAN 到 LTE 的接入网 E-UTRAN 的切换流程。

（1）准备阶段，如图 5.57 所示。

（2）执行阶段，如图 5.58 所示。

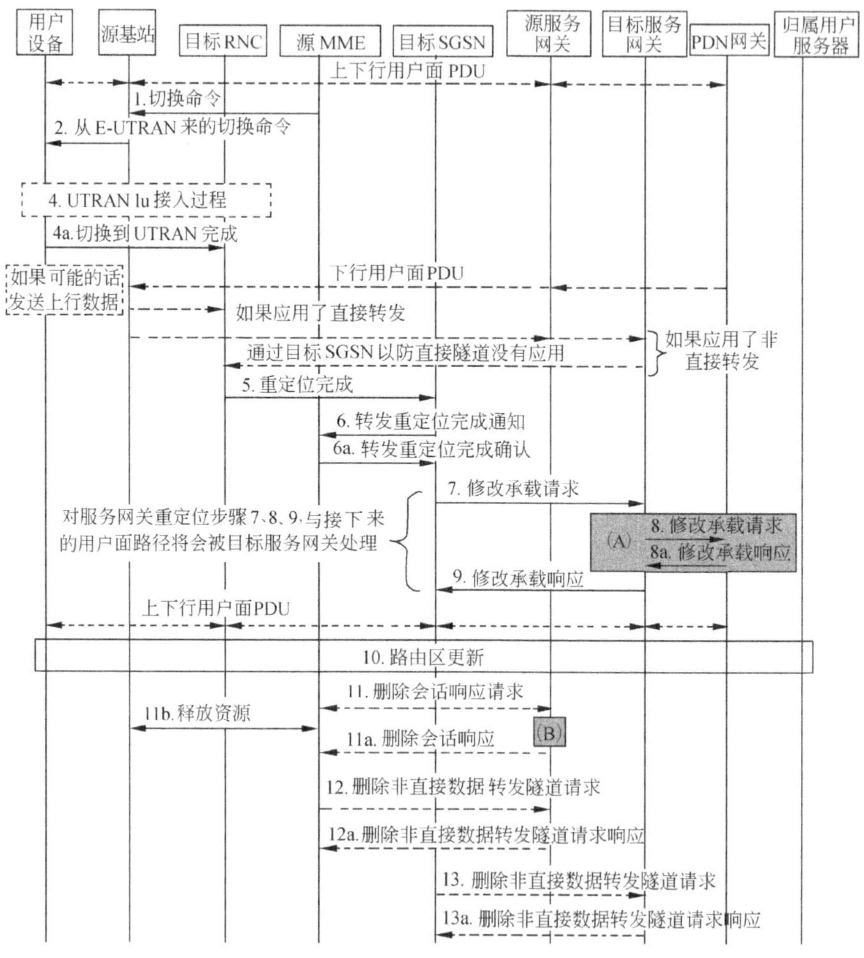

图 5.55　E-UTRAN 到 UTRAN 的切换执行

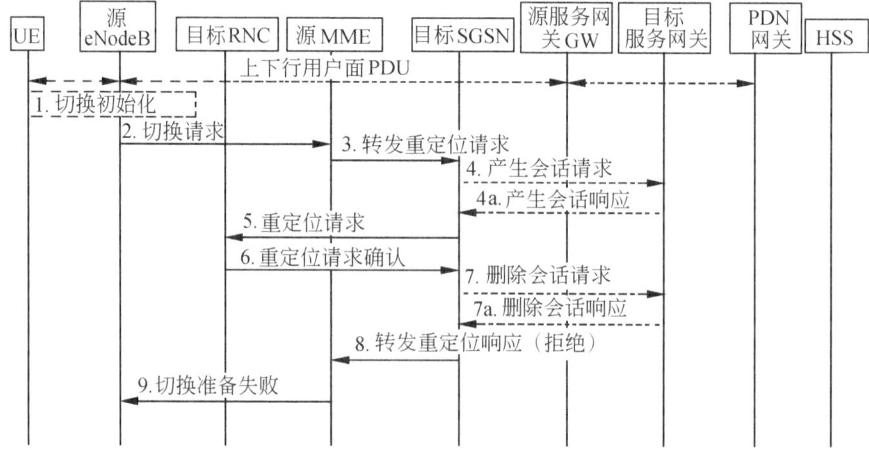

图 5.56　E-UTRAN 到 UTRAN 的切换拒绝

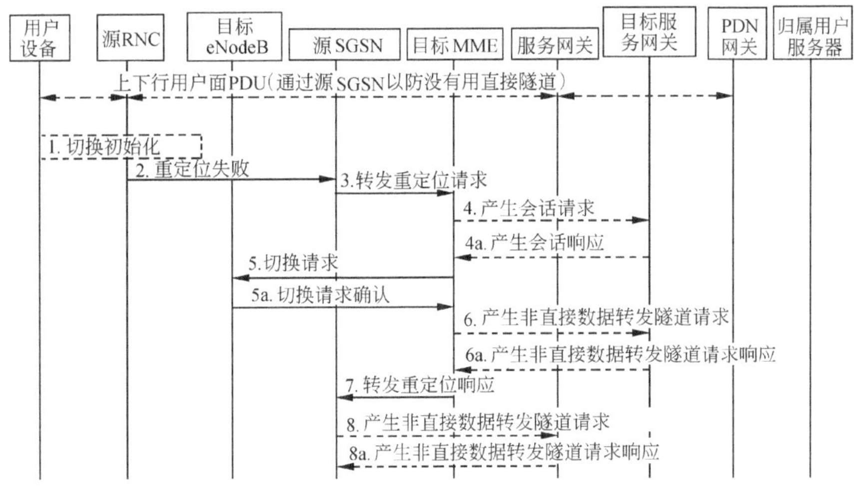

图 5.57　UTRAN 到 E-UTRAN 的切换准备

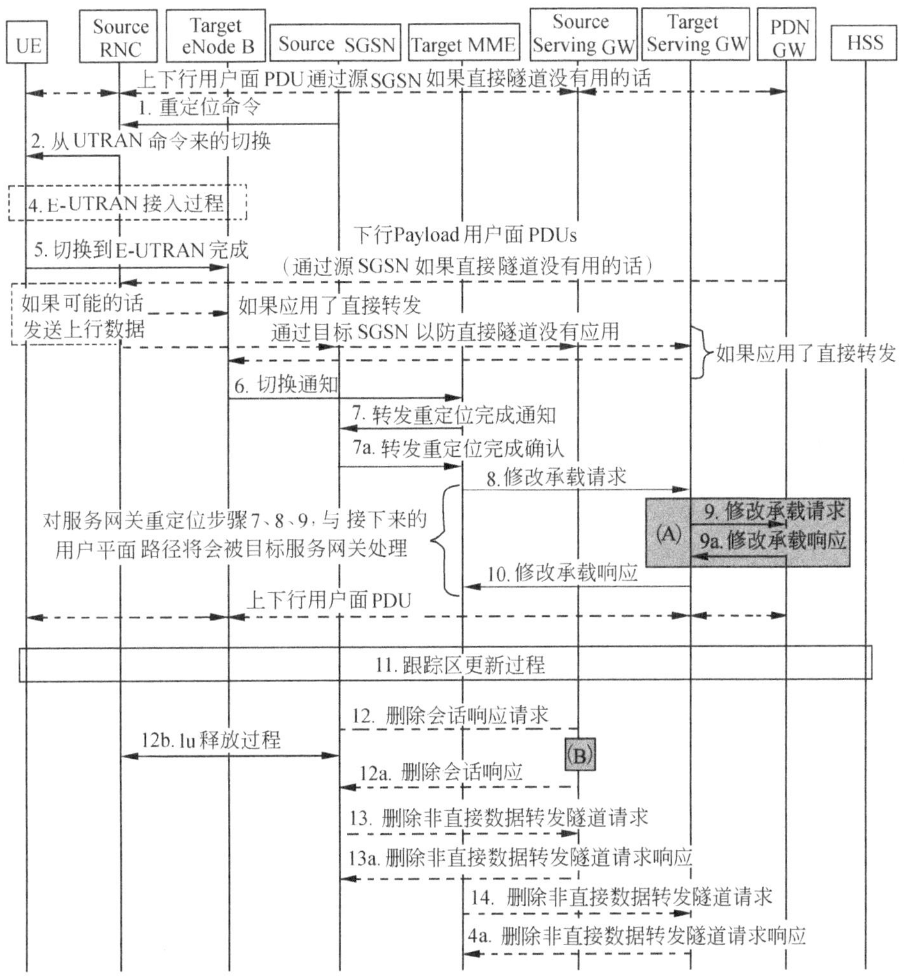

图 5.58　UTRAN 到 E-UTRAN 的切换执行

（3）切换拒绝，如图 5.59 所示。

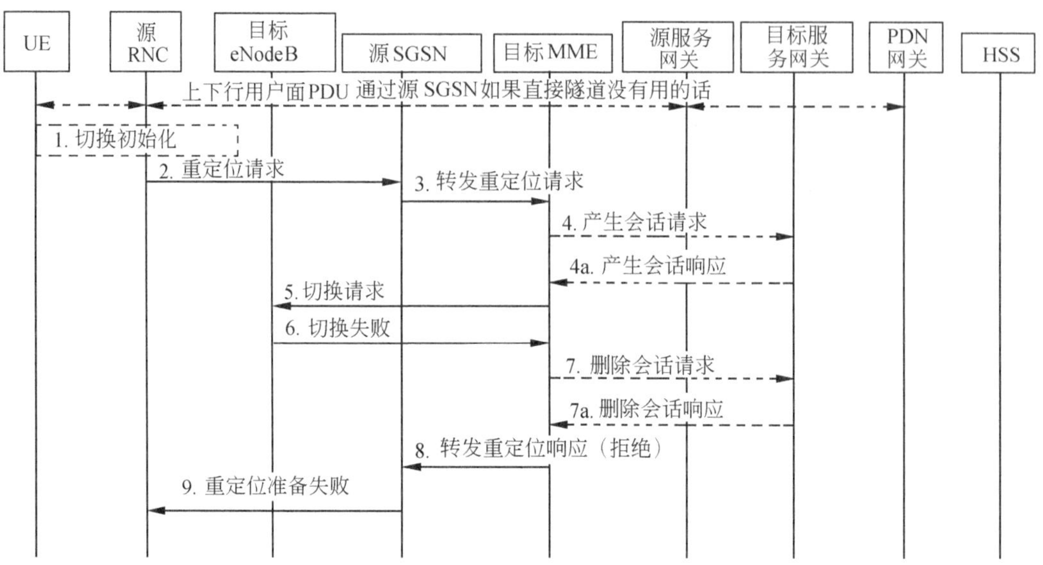

图 5.59　UTRAN 到 E-UTRAN 的切换拒绝

3．E-UTRAN到GERAN的切换

下面是 LTE 的接入网 E-UTRAN 到 2G/2.5G 的接入网 GERAN 的切换流程。

（1）准备阶段，如图 5.60 所示。

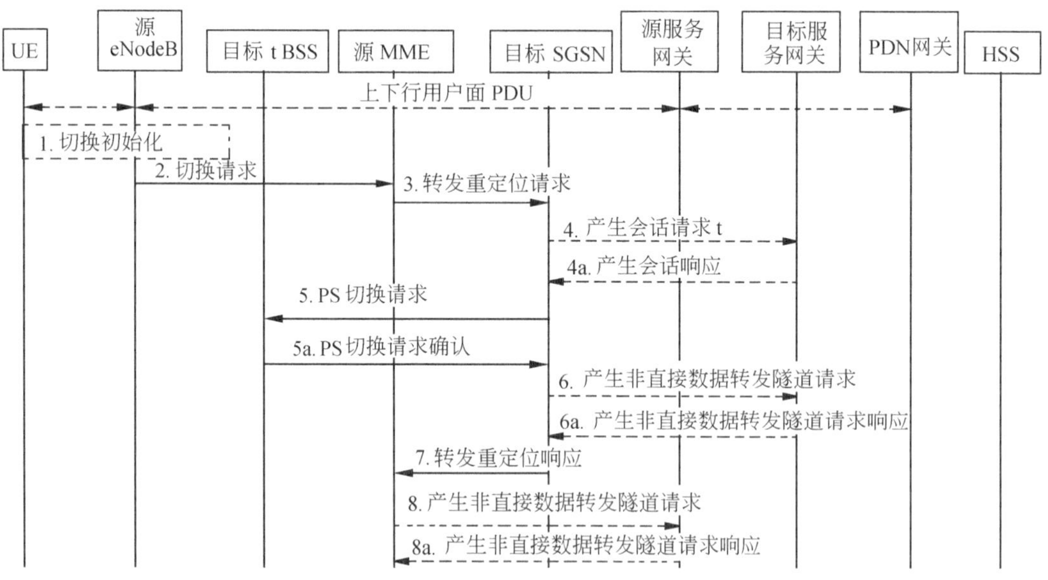

图 5.60　E-UTRAN 到 GERAN 的切换准备

（2）执行阶段，如图 5.61 所示。

（3）切换拒绝，如图 5.62 所示。

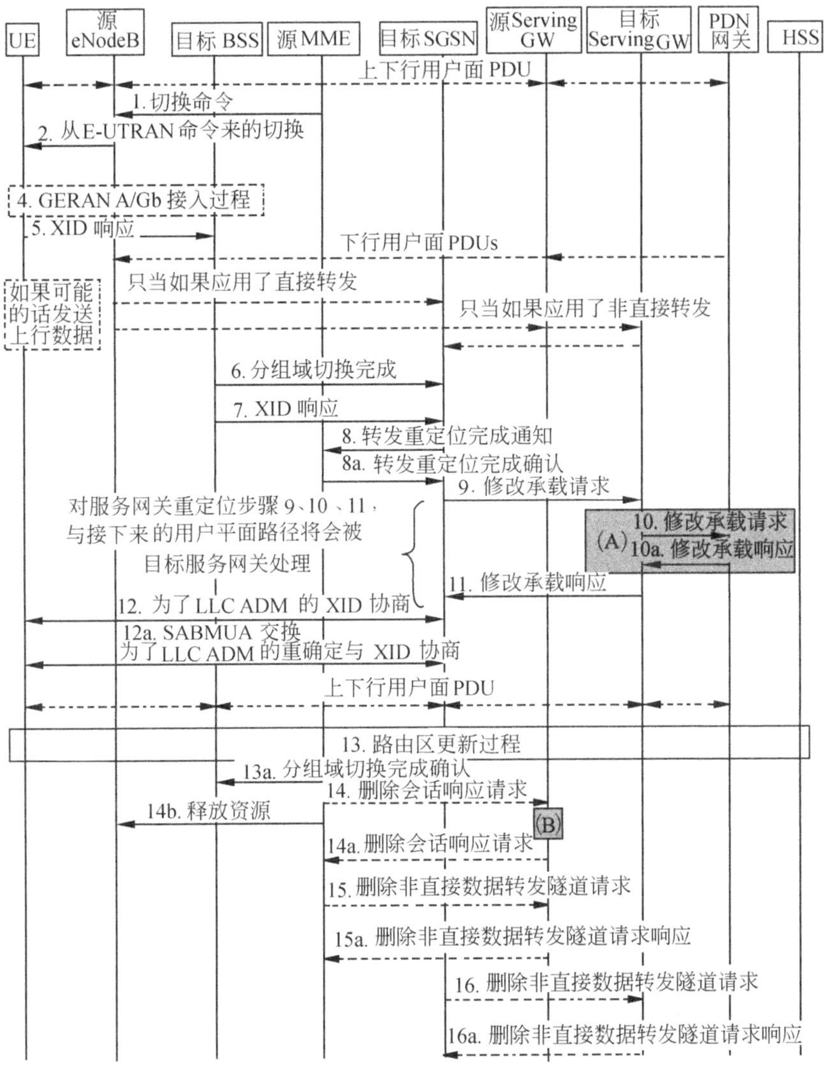

UE
源 eNodeB
目标 BSS
源 MME
目标 SGSN
源 Serving GW
目标 Serving GW
PDN 网关
HSS
上下行用户面 PDU
1. 切换命令
2. 从 E-UTRAN 命令来的切换
4. GERAN A/Gb 接入过程
5. XID 响应
下行用户面 PDUs
如果可能的话发送上行数据
只当如果应用了直接转发
只当如果应用了非直接转发
6. 分组域切换完成
7. XID 响应
8. 转发重定位完成通知
8a. 转发重定位完成确认
9. 修改承载请求
对服务网关重定位步骤 9、10 、11，与接下来的用户平面路径将会被目标服务网关处理
(A)
10. 修改承载请求
10a. 修改承载响应
11. 修改承载响应
12. 为了 LLC ADM 的 XID 协商
12a. SABMUA 交换 为了 LLC ADM 的重确定与 XID 协商
上下行用户面 PDU
13. 路由区更新过程
13a. 分组域切换完成确认
14. 删除会话响应请求
14b. 释放资源
(B)
14a. 删除会话响应请求
15. 删除非直接数据转发隧道请求
15a. 删除非直接数据转发隧道请求响应
16. 删除非直接数据转发隧道请求
16a. 删除非直接数据转发隧道请求响应

图 5.61　E-UTRAN 到 GERAN 的切换执行

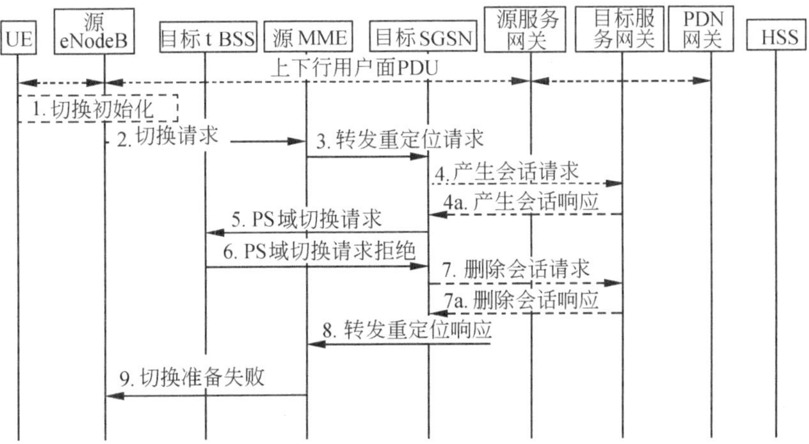

图 5.62　E-UTRAN 到 GERAN 的切换拒绝

4．GERAN到E-UTRAN的切换

下面讲的是 2G/2.5G 的接入网 GERAN 到 LTE 的接入网 E-UTRAN 的切换流程。

（1）准备阶段，如图 5.63 所示。

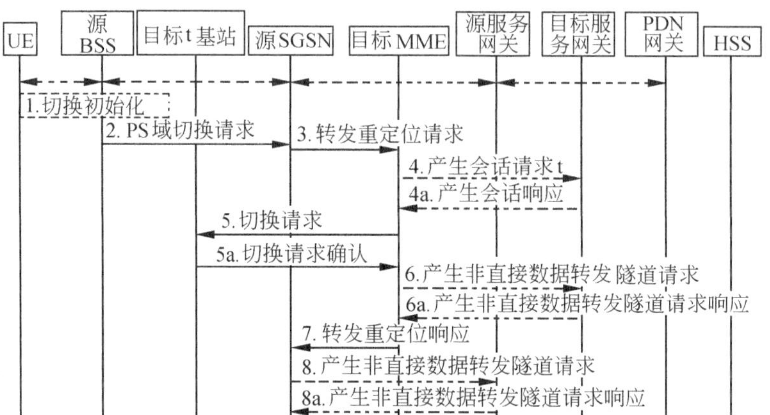

图 5.63　GERAN 到 E-UTRAN 的切换准备

（2）执行阶段，如图 5.64 所示。

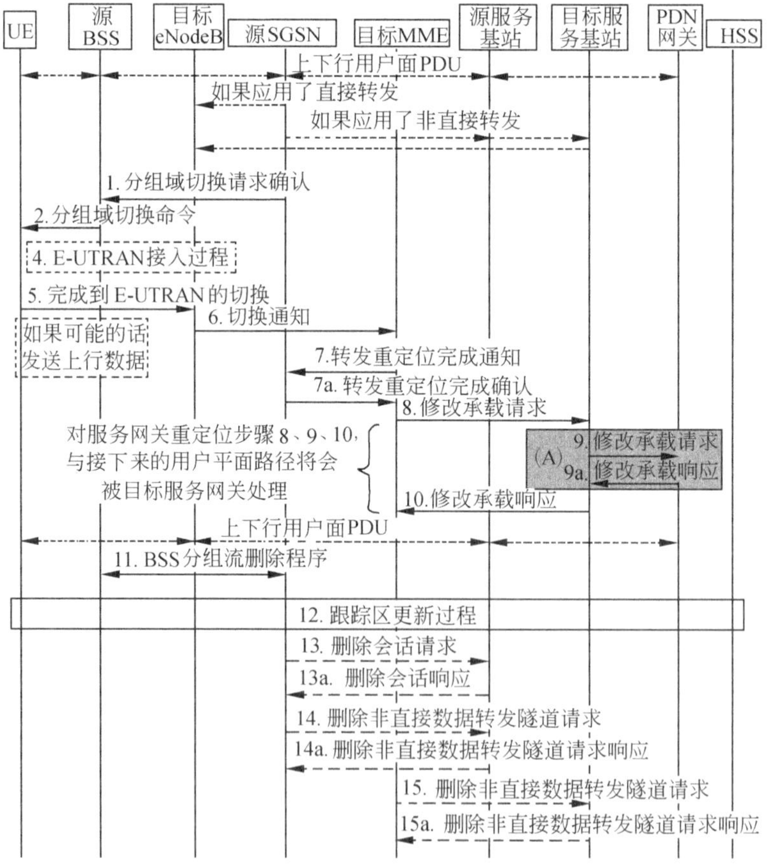

图 5.64　GERAN 到 E-UTRAN 的切换执行

（3）切换拒绝，如图 5.65 所示。

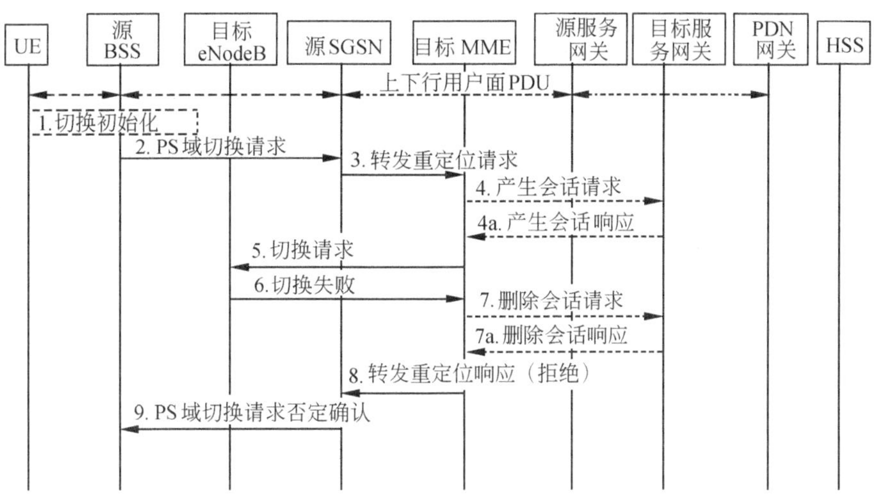

图 5.65　GERAN 到 E-UTRAN 的切换拒绝

5．不同接入网之间的切换取消

下面是不同接入网之间的切换取消流程，如图 5.66 所示。

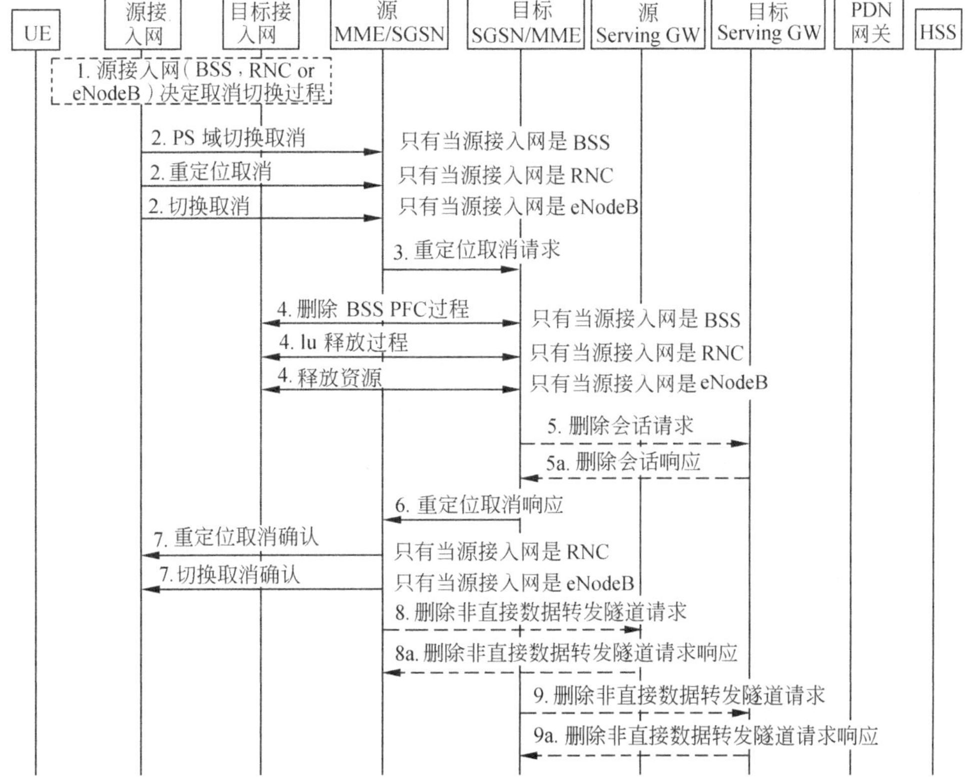

图 5.66　不同接入网间的切换取消

5.5.7 LTE 宏基站与家庭基站间的切换

前面讲述了 LTE 宏基站与其他基站之间的切换，但是随着未来网络架构的扩展，家庭基站已经出现在 LTE 版本 8 的网络架构中，关于家庭基站会在后面的章节中讲到。LTE 中家庭基站相关的切换主要包括宏基站小区到家庭基站小区的切换，以及家庭基站小区到宏基站小区的切换[13]。

1. 宏基站小区到家庭基站小区的切换

宏基站小区到家庭基站小区的切换，如图 5.67 所示。

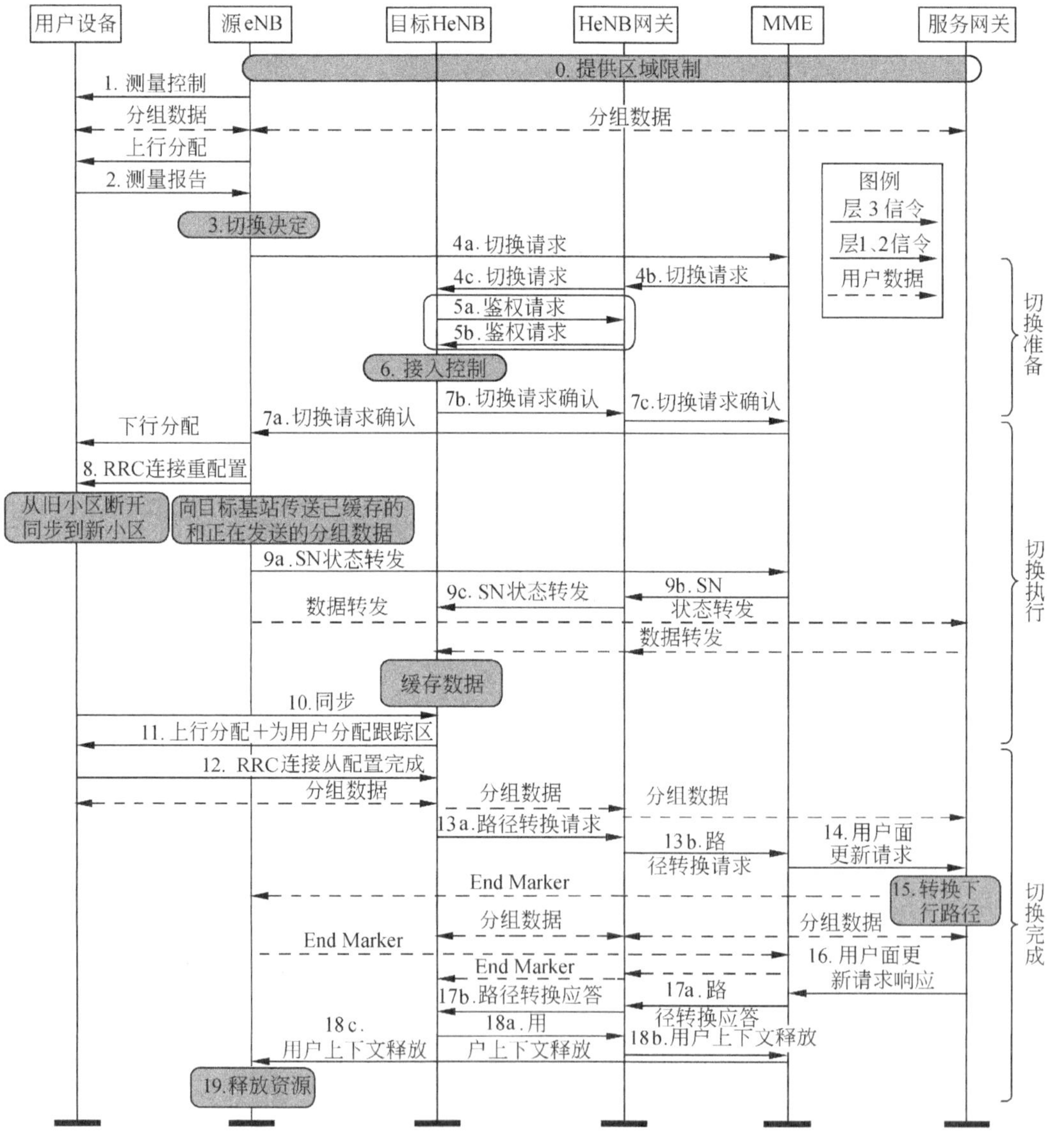

用户设备
源eNB
目标HeNB
HeNB网关
MME
服务网关
0. 提供区域限制
1. 测量控制
分组数据
分组数据
上行分配
2. 测量报告
图例
层 3 信令
层1、2信令
用户数据
3. 切换决定
4a. 切换请求
4c. 切换请求
4b. 切换请求
5a. 鉴权请求
5b. 鉴权请求
6. 接入控制
7b. 切换请求确认
7c. 切换请求确认
下行分配
7a. 切换请求确认
切换准备
8. RRC连接重配置
从旧小区断开同步到新小区
向目标基站传送已缓存的和正在发送的分组数据
9a. SN状态转发
9c. SN状态转发
9b. SN状态转发
数据转发
数据转发
切换执行
缓存数据
10. 同步
11. 上行分配+为用户分配跟踪区
12. RRC连接从配置完成
分组数据
分组数据
分组数据
13a. 路径转换请求
13b. 路径转换请求
14. 用户面更新请求
End Marker
15. 转换下行路径
分组数据
分组数据
End Marker
16. 用户面更新请求响应
End Marker
17a. 路径转换应答
17b. 路径转换应答
18c. 用户上下文释放
18a. 用户上下文释放
18b. 用户上下文释放
19. 释放资源
切换完成

图 5.67　宏基站小区到家庭基站小区的切换

2．家庭基站小区到宏基站小区的切换

家庭基站小区到宏基站小区的切换过程，如图 5.68 所示。

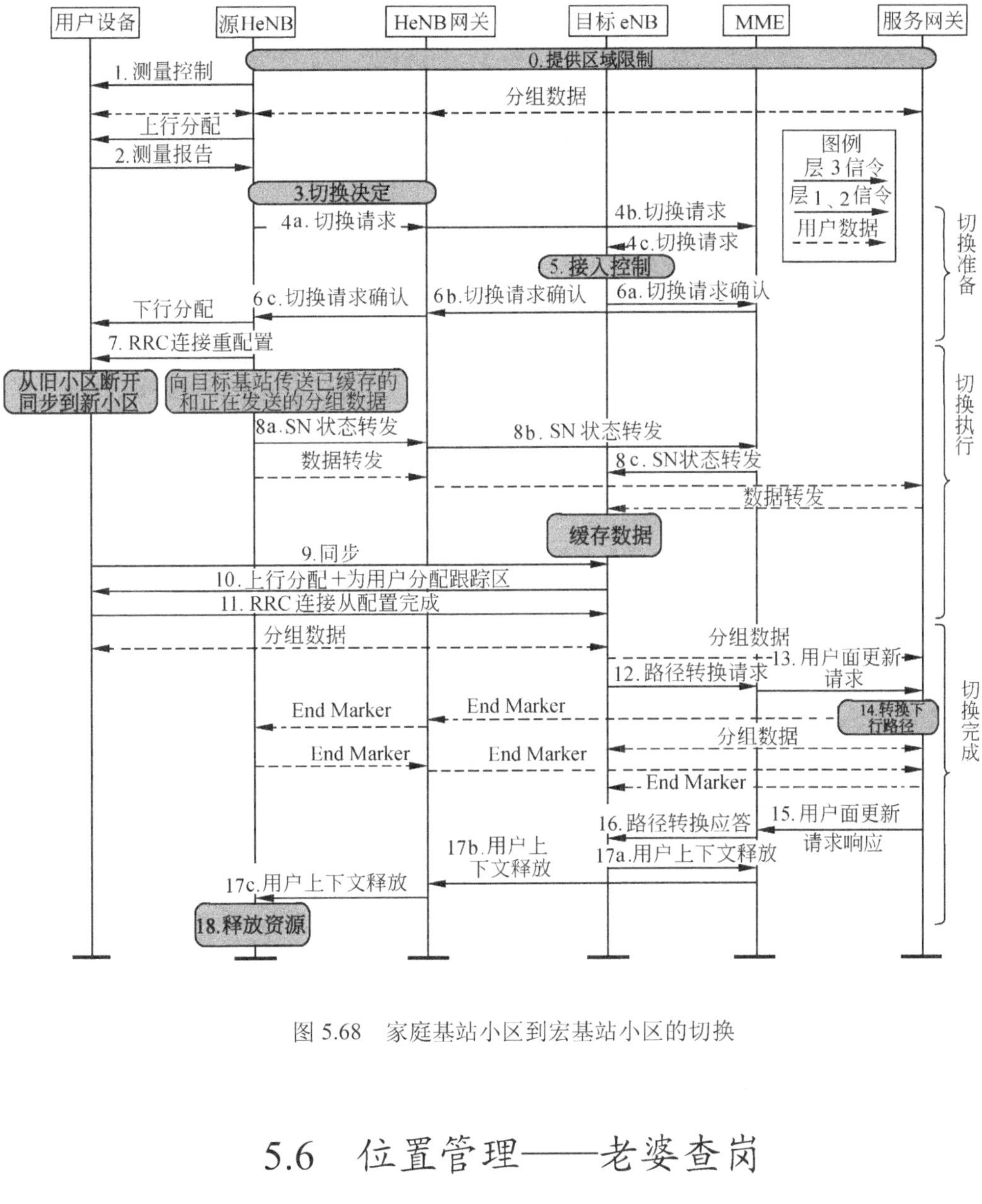

用户设备
源HeNB
HeNB网关
目标 eNB
MME
服务网关
0.提供区域限制
1.测量控制
分组数据
上行分配
2.测量报告
图例
层 3 信令
层 1、2 信令
用户数据
3.切换决定
4a.切换请求
4b.切换请求
4c.切换请求
5.接入控制
切换准备
下行分配
6c.切换请求确认
6b.切换请求确认
6a.切换请求确认
7. RRC连接重配置
从旧小区断开同步到新小区
向目标基站传送已缓存的和正在发送的分组数据
8a.SN 状态转发
8b. SN 状态转发
8c. SN状态转发
数据转发
数据转发
切换执行
缓存数据
9.同步
10.上行分配+为用户分配跟踪区
11. RRC 连接从配置完成
分组数据
分组数据
13.用户面更新请求
12.路径转换请求
End Marker
End Marker
14.转换下行路径
分组数据
End Marker
End Marker
End Marker
切换完成
16.路径转换应答
15.用户面更新请求响应
17b.用户上下文释放
17a.用户上下文释放
17c.用户上下文释放
18.释放资源

图 5.68　家庭基站小区到宏基站小区的切换

5.6　位置管理——老婆查岗

小明前段时间刚刚结了婚，还沉浸在蜜月的幸福中。每天与其谈起他的感情生活都是眉飞色舞的，俺那老婆，是怎么怎么怎么的好。见过夸老婆的，没见过这么夸老婆的。不过呢，小明的老婆有一个不是特别招男人喜欢的特点，就是喜欢检查小明的一切，她觉得小明这么帅呆，难免被哪个美女盯上。小明老婆给小明规定了一条“军规”，每隔 1 小时汇报一下在什么位置，在干什么，和谁一起，如果没在公司里那么要随时汇报去了哪里，为什么去那里，什么时候回家等，而且会随时抽查小明。

小明开始还很甜蜜地接受了这条“军规”，天真地认为这是夫妻之间的义务。但是时间长了，小明发现很麻烦，同时还被同事们嘲笑他是“床头跪”、“妻管严”云云……每谈及此事，小明都痛不欲生。

在移动通信中，网络就像小明的老婆，控制欲极强，它想随时知道用户设备的状态和位置。没错，这就是移动通信中的位置管理，如图 5.69 所示。

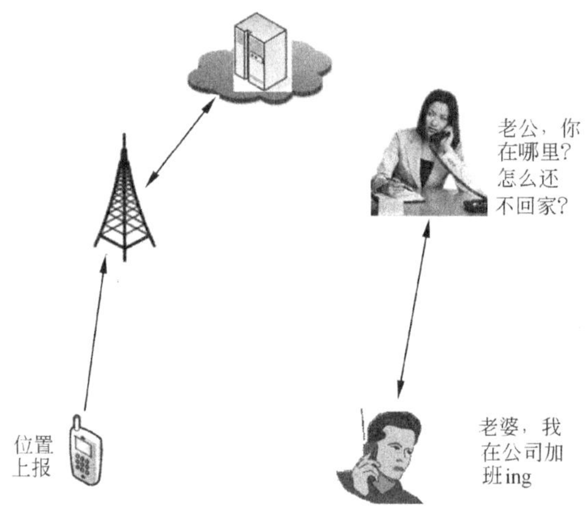

图 5.69　位置管理与老婆查岗

5.6.1　位置管理初识

为了管理用户设备，随时知道它的位置，UMTS 中有对应的位置区（Location Area，LA）、路由区（Routing Area，RA）的概念。

而在 LTE 中，没有了路由区和位置区的概念，取而代之的是跟踪区（Tracking Area，TA）。跟踪区和 UMTS 中的路由区很像，在设计跟踪区大小的过程中，人们希望跟踪区能够在一定程度上减少更新信令，但与此同时，跟踪区要是过大，跟踪区更新会减少，但是寻呼信令就会增加；如果跟踪区过小，寻呼信令减少了，但是跟踪区更新信令就会增加，因此，跟踪区大小的设计还是需要慎重考虑的。

下面就来看看 LTE 中的跟踪区更新的过程。

5.6.2　跟踪区更新

关于跟踪区更新的原因，以及跟踪区更新的具体介绍如下。

1．跟踪区什么时候更新

以下情况，跟踪区必须要更新：

（1）用户设备探测到它进入了一个以前没有注册的跟踪区。

（2）跟踪区周期性更新定时器到时间了。

（3）用户设备经过小区重选，从 GPRS 准备状态重选到 E-UTRAN 小区。

（4）负载均衡跟踪区更新请求引起的 RRC 连接释放。

（5）用户设备的 RRC 层通知非接入层 RRC 连接失败。

（6）用户手动选择了一个家庭基站小区，但是这个家庭基站小区并不在用户设备的允许接入列表中。

跟踪区更新过程可以在 ECM 连接状态或者 ECM 空闲状态下进行。移动性管理实体 MME 在跟踪区更新过程中独立地执行服务网关的变更。

2．服务网关变更下的跟踪区更新

在服务网关变更情况下的跟踪区更新过程，如图 5.70 所示。

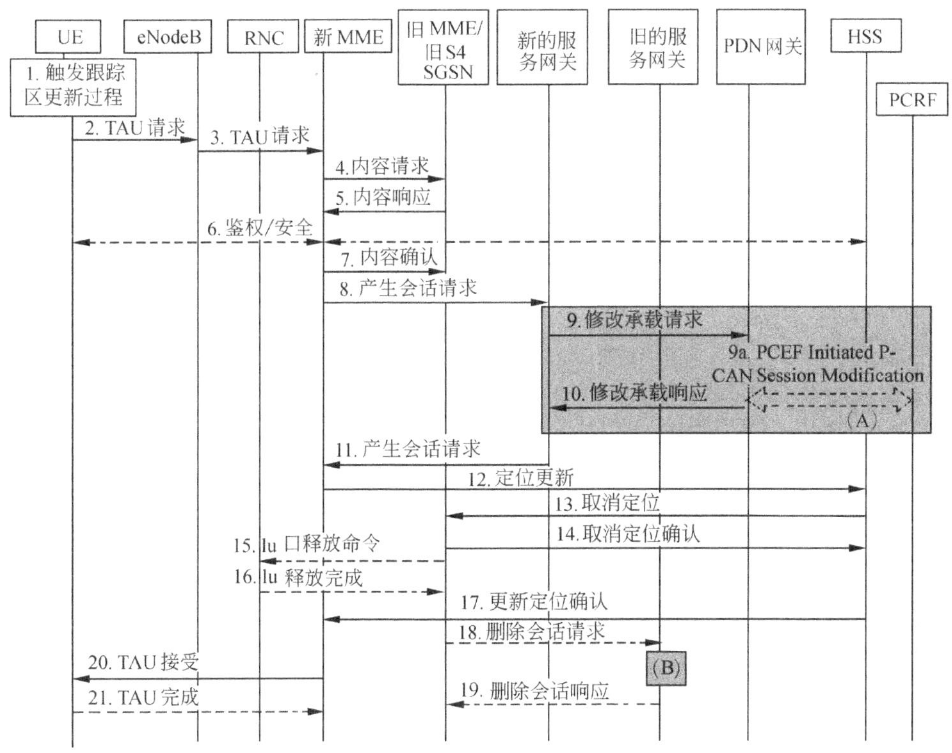

图 5.70　服务网关变更下的跟踪区更新

3．服务网关不变时的跟踪区更新

在服务网关不变时的跟踪区更新过程，如图 5.71 所示。

5.7　负载均衡——平衡我的负荷

在北京，每天早晨上班的人们都会经历堵车这个郁闷的事情。有数据显示，北京人花在上班路上的平均时间为 52 分钟，位居全国之首，而堵车是这个数据的罪魁祸首。家住蓟门桥电影学院附近的尚瓣祖同学就是其中的一员。

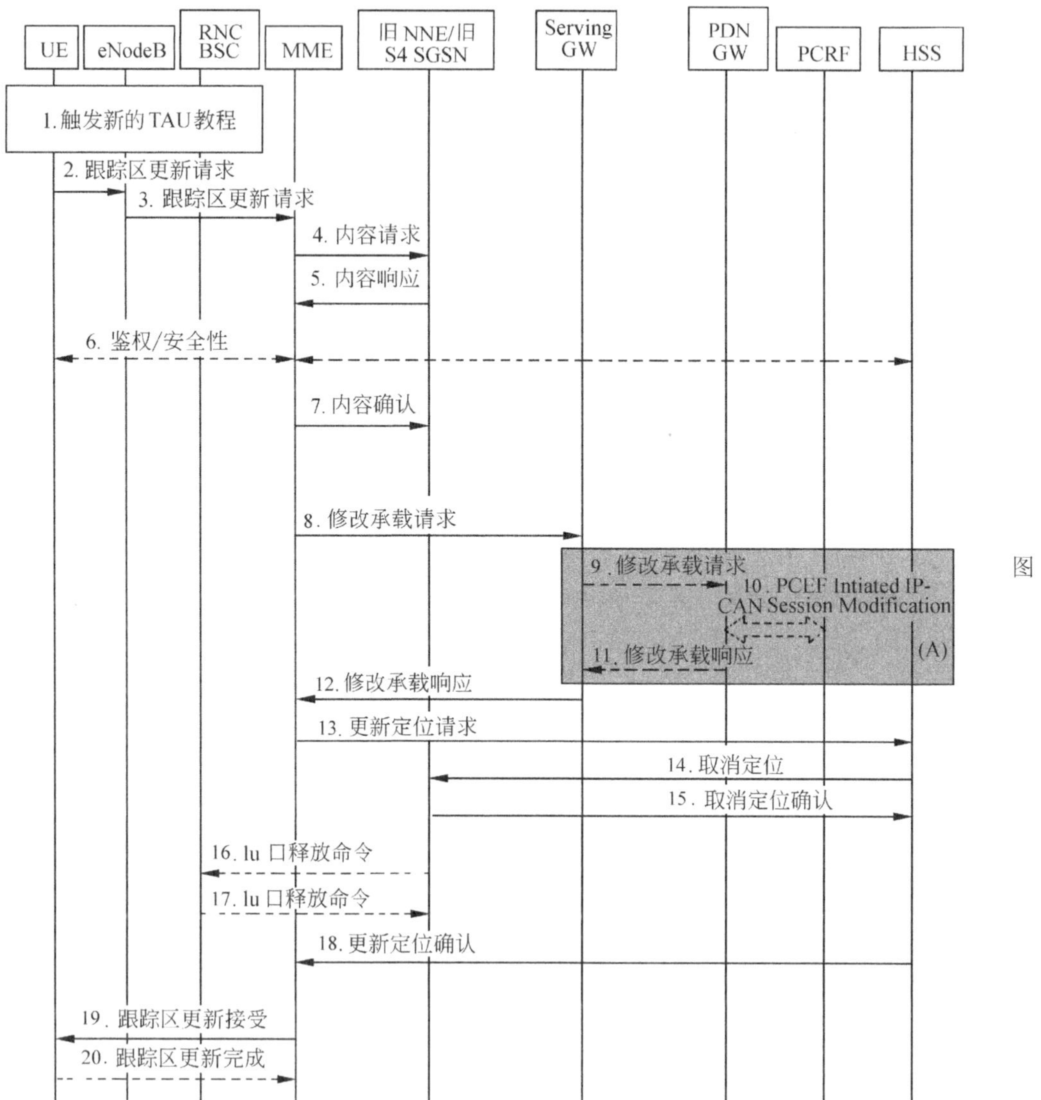

图 5.71　服务网关不变时的跟踪区更新

尚瓣祖家在蓟门桥，但是上班的地方却在东直门附近的三元桥，从北三环到东三环，这段路几乎是北京最堵的一段了。那位不服气了：北京哪块不堵车啊？……这个……这倒也是啊。北京每天上下班时间不堵车的地儿确实不多，但不是没有，不过北三环绝对是北京堵车概率最大的地段之一。

尚瓣祖有一个小奥拓，只要不限行的时候，他都开着快乐王子上下班。一到上班的时间，呵！好家伙，这堵的……恨得尚瓣祖牙直痒痒，都堵了半小时了，还不动呢。尚瓣祖一气之下，恨不得把车扔了，自己步行去上班也比坐车快啊。他在车上实在无聊，就下车来想抽根烟。刚把烟拿出来，看见前边一个熟悉的身影。呵呵，那不是老王嘛，也被堵了。老王和尚瓣祖是一个公司的同事，关系不错，于是俩人边抽烟边闲扯。老王说：“知道为

啥今天这么堵吗？”

“不知道啊，平时虽然堵车，但是不会堵得和今天这样啊，一动不动，好家伙！平时好歹和走路速度差不多。”

“哎，你是有所不知啊，今天啊，马甸桥那发生了起车祸，一个大车和一个小车撞了，大早上的，车多，交警短时间内赶不过来。”

“我说呢，今怎么这么堵，原来是这样子啊。”尚瓣祖恍然大悟……

“这边老这么堵车也不是个事，咱俩下次从旁边绕行吧，三环上主路堵车的概率更大、时间更长，辅路一般还稍微好点儿。”

“得嘞，下次咱们从辅路走吧”尚瓣祖附和道。

以后上班的时候，要是主路上车过多，尚瓣祖都会绕道，走那些车不是那么多的路。

在移动通信中，尚瓣祖的做法叫做负载均衡，因为移动通信中也经常会遇到类似的情况。有的小区，人满为患，用户非常之多，远远超过小区的负荷，而在另一些小区中，用户却不是很多，资源也有闲置。为了平衡这种情况，实现无线资源的有效利用，系统把用户在不同的小区间均衡一下，把负载较重的小区中的用户进行切换分流至负载较轻的小区中。负载均衡技术在移动通信对于无线资源的有效利用起到了至关重要的作用，如图 5.72 所示。

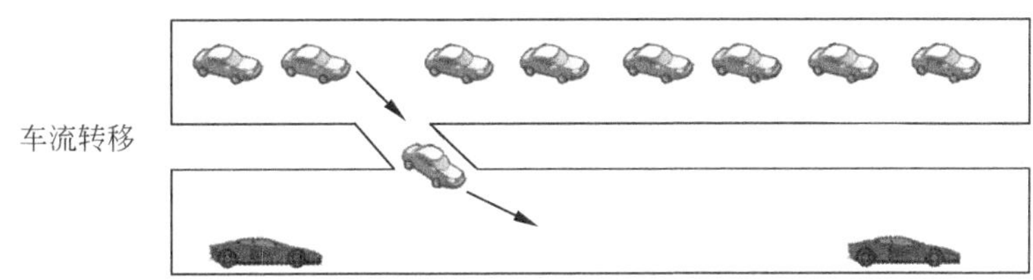

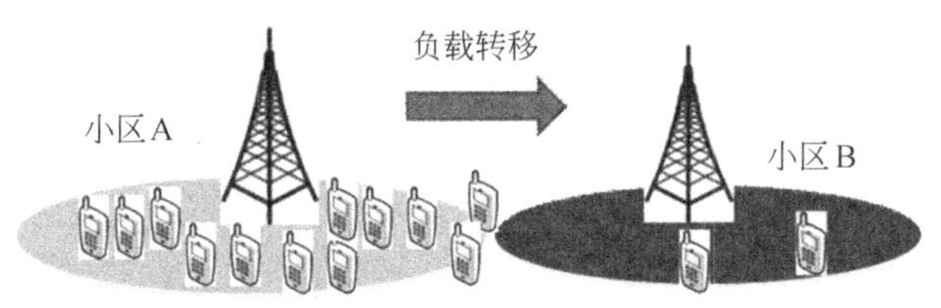

图 5.72　负载均衡

5.8　小　　结

1．学完本章后，读者需要回答：

- ❑ 什么是无线资源？
- ❑ 无线资源是怎么分类的？
- ❑ 功率分配的基本概念是什么？
- ❑ 注水定理是怎么回事？

- 什么是接纳控制？
- 分组调度有哪些经典算法？
- 功率控制的必要性是什么？
- 功率控制的原则有哪些？
- 功率控制如何分类？
- 移动性管理包括哪些基本的技术？
- 切换的基本流程是什么？
- 跟踪区更新怎样实现？
- 负载均衡的基本概念是什么？

2．在第 6 章中，读者会了解到：

- 什么是大哥大。
- 大哥大采用了哪些基本技术。
- 大哥大在我国的商用情况怎样。
- 大哥大有哪些典型的制式。

第2篇 大哥大、2G、3G、4G各领风骚

第 6 章　第一代移动通信——大哥大一统江湖

前面讲过了移动通信的基本技术，本章将对第一代模拟移动通信技术与商用情况做一些介绍，模拟移动通信技术第一次实现了人们随身携带电话机的愿望。本章最后将深入讨论“大哥大”的基本技术。

本章主要涉及的知识点如下所述。

- 频分多址和模拟语音：模拟技术与频分多址的有效结合。
- 商用情况：第一代模拟移动通信技术的商用情况分析。
- 缺点与不足：大“砖头”的缺点与不足。

6.1　模拟语音风靡江湖

本节首先介绍第一代模拟移动通信技术的基本技术——大哥大的起源。理解这些技术是学习第一代模拟移动通信技术的基础。

6.1.1　大哥大的起源

“大哥大”这个名字的起源有很多版本，最常见的说法是 20 世纪 80 年代末 90 年代初时，香港警匪片流行甚广，而影片中的“大哥”往往手持一部大块头的移动模拟电话机，所以人们就把这种采用模拟技术的第一代移动通信电话机叫做“大哥大”，如图 6.1 所示。

图 6.1　大哥大与老大

笔者对第一代移动通信，也就是 1G 的初识也是在 20 世纪 90 年代的电影中，那时候伴随着黑社会老大的出场，一个大块头的“大哥大”是必备的道具，往桌子上一摆威风十

足。那时候笔者虽然年纪不大，但也有着志存高远的“宏愿”，期待着未来的某天能手持大哥大，走遍全天下。但是最终这个梦想没能实现，因为就在笔者上高一的那年冬天，中国移动宣布关闭模拟移动电话网。

由于数字信号处理技术的滞后，第一代移动通信系统采用的是模拟技术。下面咱们就来查查“大哥大的户口”，看看它的发展历程。模拟移动通信技术的发展大致经历了以下几个阶段。

第一阶段：20 世纪 40 年代的专用模拟移动通信系统，工作频率使用的是 2MHz，这时的模拟移动通信系统还没有商用，它的代表是美国底特律市警察专用的车载无线电通信系统。

第二阶段：从 20 世纪 40 年代到 50 年代末，从专用移动通信网向公用移动通信网过渡，采用人工转接，容量比较小（人工转接，类似于固定电话系统的人工交换，容量大才怪了）。在 20 世纪 40 年代中期以后，第一种公众移动电话服务被引进到美国的多个主要城市。每个系统使用单个大功率的发射机和高塔，覆盖地区超过 50 公里，但仅能以半双工模式提供语音服务。想上网玩玩增值业务，那简直是门都没有，但是使用的带宽却达到了 120kHz。当时还没想要提高频谱的利用率，能够先把这个系统实现了已经是不小的进步了。

虽然经过了后来技术的进步而提高了频谱使用效率，提供了全双工、自动拨号等功能，但提供的服务由于频道的数量很少及呼叫阻塞等原理不能满足使用，开始主要提供公用汽车电话业务，采用大区制，可以实现人工交换与公众电话网的接续。

第三阶段：从 20 世纪 50 年代末到 70 年代中期，在 50、60 年代，美国的贝尔实验室和很多的外资通信公司（比如摩托罗拉，爱立信等）都发展了模拟移动通信技术，在地理位置上将网络覆盖区域划分成合适大小的小区，各个小区之间用频率复用技术实现频率利用率的提高。

到 20 世纪 70 年代中期，实现了无线频道自动选择、自动转接，采用小区制，大容量、完善的管理，提供的多种业务，特别是这个时候的摩托罗拉迎来了它人生最为辉煌的阶段。在模拟移动通信的商业市场中，特别是中国的市场中，摩托罗拉占据较大的份额，成为当时移动通信行业的龙头老大。

6.1.2　什么是移动通信

举个简单的例子，在没出现移动通信之前，使用的都是固定电话系统，反映在 20 世纪 60 年代以前的一些老电影中的一个经典场景是主人公摘下话筒，先摇几下电话机的摇把子，然后拨号，接通后就可以说话了。

固定电话的优点是有固定的电话线，信号稳定，但是移动通信就不同了。移动通信用的空中接口的无线信道极其复杂而且不稳定，要实现两个移动台的通话，首先手机发送端就要把量化编码调制好的语音信号发出去，基站接收到信号后再把信号发给通话的另一个手机。当然这里说得轻巧，实际操作起来还是很难的哦。

没有大哥大以前，人们的通信多是用固定电话，但是固定电话有个缺点就是无法随身携带，通话时无法大范围地移动，因为有根电话线牵着话筒。大哥大将这根电话线去掉了，取而代之的是无线信道。举个简单的例子来说明大哥大的伟大之处，如图 6.2 所示。

小时候孩子们喜欢放风筝。在春暖花开的春天里，公园里、郊外，他们手里拿着一根线，慢慢地把风筝放飞。随着他们的线越放越长，风筝也越飞越高。但是风筝的高度总是有个极限的，这个极限就是他们手里牵的线的长度。于是乎，他们觉得风筝不够好玩，有线牵着真不爽，看见邻居家的小孩在玩航模，他们吵着闹着要家长给买这个东东玩，于是他们手里拿着遥控器，放飞他们的航模，那个爽、那个惬意啊。无线的东西就是带劲儿啊。

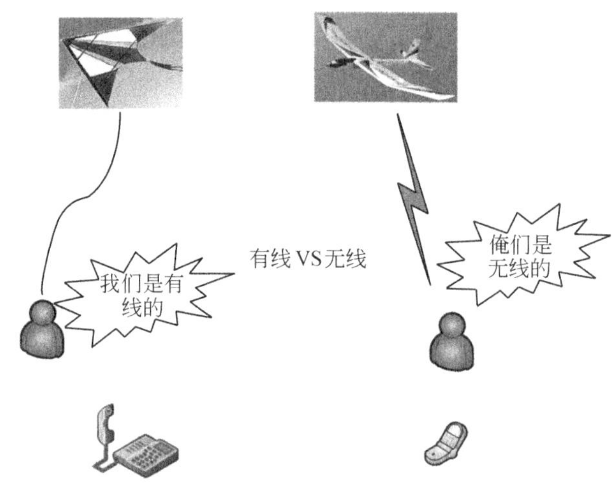

图 6.2　手机与固话

第一代无线通信技术的一大贡献就是去掉了将电话连接到网络的电话线，用户第一次能够在移动状态下无线接收和拨打电话。固定电话与大哥大就是这样，固定电话就相当于这里的风筝，电话有电话线，风筝没了线的牵引就会飞走，电话没了线就无法实现通信；大哥大就相当于小时候玩的航模，无线可移动。

6.1.3　模拟技术+频分多址

大哥大的基本原理：第一代模拟移动通信系统主要采用模拟和频分多址（FDMA）技术，属于第一代移动通信技术。电话号码以“9”字开头的移动电话都属于模拟移动通信网。模拟蜂窝移动电话通过电波所传输的信号的电平高低来模拟人讲话声音的高低起伏，且没有采用后来的数字化，即量化编码等技术，因此叫做“模拟通信技术”。

首先说说模拟技术，大哥大之所以用的是模拟技术而不是数字技术，主要是因为当时的数字信号处理技术还不是很先进，特别是快速傅里叶变换的硬件实现在技术上还有困难，当时的 DSP 技术尚且不成熟，而模拟技术当时却已经比较成熟。

对于模拟技术，相信大家都不会陌生，日常生活中人们会经常见到这种技术，比如收音机，即使现在家里没有了，人们依旧能在出租车上听见：“中央人民广播电台，中央人民广播电台，这里是中国之声栏目，欢迎收听，调频 106.1 兆赫……”。大学时宿舍 23:00 准时熄灯，郁闷的人们不能看世界杯了，就通过上铺榴莲哥的收音机来“听球”，平时用它来听鬼故事，青葱岁月，每每想起，不胜唏嘘，就说说这收音机吧。

收音机就是模拟通信技术应用的典型。广播电视的发射塔把收音机的信号调制到 106.1 兆赫发出来，接收端，也就是收音机也把频率调到 106.1 兆赫，这样就可以收听中央人民

广播电台的节目了。但是收音机和模拟移动通信技术有个显著的不同，那就是模拟移动通信技术既可以接受基站的信号，也可以发送信号，而收音机却只能接收信号不能发射信号。用通信的术语讲这个叫双工技术，收音机属于单工，而采用模拟移动通信技术的大哥大是全双工的。

频分多址技术是大哥大的另外一个核心技术，通过前面的学习可以知道，多址技术包括：频分多址、码分多址、时分多址、空分多址；而第一代移动通信技术采用的就是频分多址技术。频分多址，顾名思义，就是通过给不同的用户分配不同频率的信道实现通信，如图 6.3 所示。

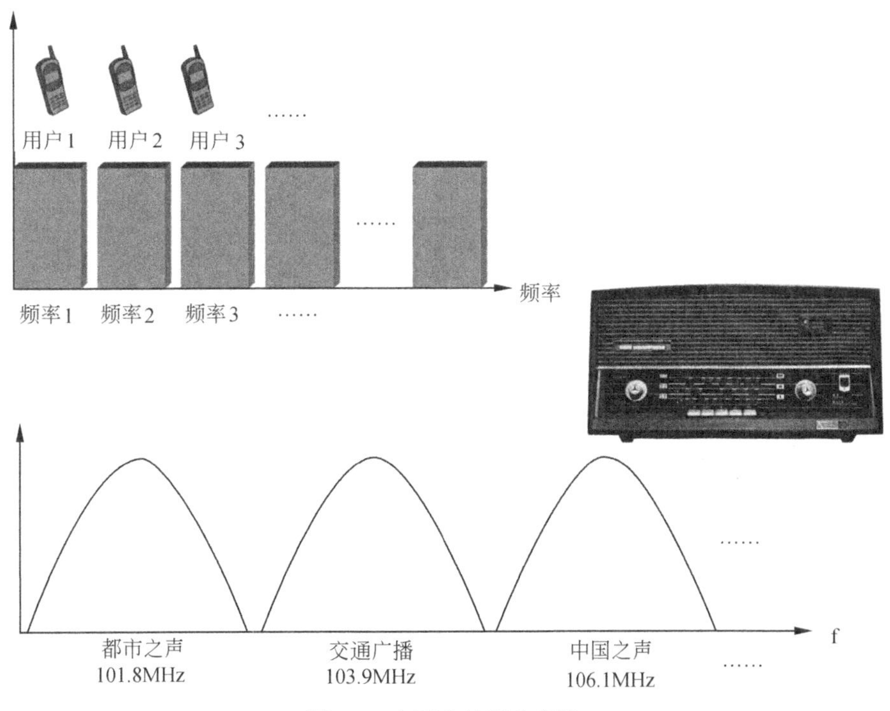

图 6.3　大哥大的频分多址

在频分多址系统中，分配给用户一个信道，即一对频谱，一个频谱用做前向信道，即基站给移动台发送信号方向的信道，另一个则用做反向信道，即移动台向基站方向发送信号的信道。这种通信系统的基站必须同时发射和接收多个不同频率的信号，任意两个移动用户之间进行通信都必须经过基站的中转，因而必须同时占用 2 个信道才能实现双工通信。大哥大就是这么一个特殊的收音机，不仅能当收音机，还能同时兼做“发音机”，采用模拟技术，同时实现收发信号的机器。

一个典型的模拟蜂窝电话系统是在美国芝加哥使用的高级移动电话系统（AMPS）。AMPS 系统采用 7 小区复用模式，并可在需要时采用“扇区化”和“小区分裂”来提高容量，这个技术在后来的 CDMA 系统中也有应用，在大哥大中的应用在当时来说还是很先进的。每个模拟基站有一个控制信道发射器（相当于现在的物理下行控制信道+广播信道）、一个控制信道接收器（相当于上行的控制信道），以及 8 个或更多频分复用双工语音信道。

与其他第一代蜂窝系统一样，AMPS 也采用了模拟技术和频率调制的方式，从基站到移动台的前向信道使用 869～894MHz 的频段，而移动台到基站的后向信道传输使用 824～849MHz 的频段。每个无线信道实际上由一对频谱组成，它们彼此有 45MHz 分隔，为的是防止载频相互间的干扰，相当于保护间隔的作用。

在一个第一代模拟移动通信系统的典型通话过程中，随着用户在移动通信网络覆盖范围内移动，特别是当用户穿越两个基站的覆盖区域边界时，为了满足用户的业务需求，保证用户的信号质量与强度，防止掉话的产生，用户就会在移动交换中心的控制下，完成不同基站的语音信道间的切换。这种方式可以认为是网络控制、终端辅助的一种切换方式。

在 AMPS 中，终端随时测量当前服务基站的信号强度，并周期性上报（或者采用事件触发式上报）。当前与用户连接的基站的信号强度低于一个预定的切换门限值时，则由移动交换中心产生切换到新的信号强度较好的目标基站的决定，随后终端就会在网络的控制下完成相应的切换动作，如图 6.4 所示[6]。

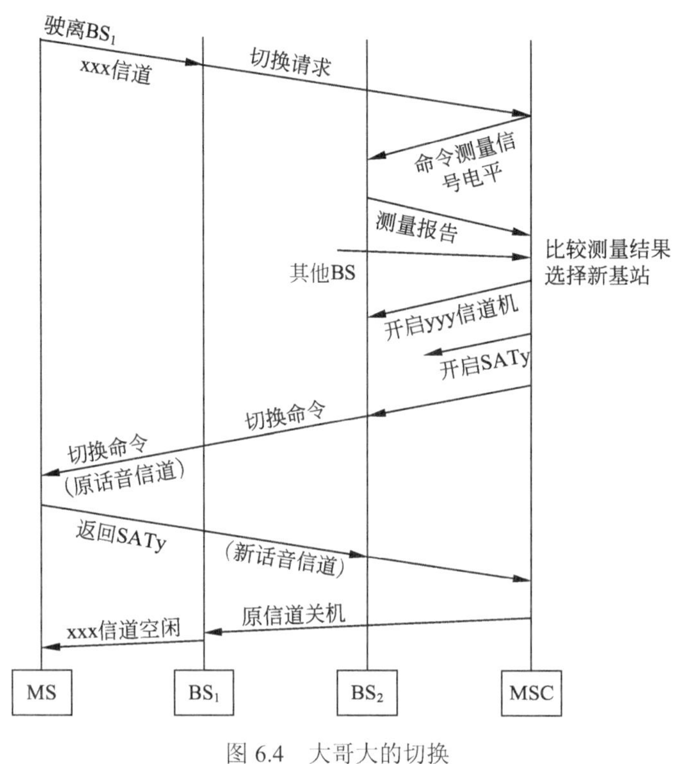

图 6.4　大哥大的切换

6.2　“无敌砖头”的商用情况

在现代商业社会中，任何技术都不是无偿的。随着模拟移动通信技术的成熟，人们建设了一个个成熟的移动通信网。用网不能白用，入网需要收费，同时大哥大本身也需要用户付费使用。

6.2.1　第一代移动通信的收费模式

移动通信的商业运作模式大概分为 3 种：入网的费用、买大哥大的费用、打电话的费用。商业模式想好了，下面开始建网。建设移动通信网，最关键的就是建基站。因为有了基站，移动台才能有信号。同时，各个基站之间也是由光缆/电缆相连的。

在移动通信的运营过程中，入网的费用有两种收取方法：一种是把移动台的号码做成SIM卡的形式，一个卡对应着一个手机号码，用的时候将卡放在手机里，从第二代移动通信系统开始，中国的移动通信系统都采用的这种形式；另一种方法就是在制造移动台的过程中就把SIM卡嵌入到移动台中，每个移动台只能有一个号，大哥大采用的就是这种方法。

千禧年刚过，笔者告别家乡来北京读大学。走之前老父拿出一笔钱说要给笔者买手机，当时在笔者家乡那个小县城，手机还没有现在这么普及，手机也算是个稀罕物件。买手机时店主一直推荐诺基亚的某款手机（郑重声明，此处非广告，非软文），因其信号好，抗击打能力强，还能当板砖云云……

当时偶年纪小，好奇心驱使着问了一个“小白”问题：诺基亚是哪国产的？售货员兴高采烈、斩钉截铁地说：“孩子你要上大学了吧？真好，这孩子就是爱学习，买手机的时候都爱问问题，有出息。记住啊，孩子，诺基亚是美国货！”懵懂的笔者从此牢记，诺基亚是美国的……直到后来读了大学才知道诺基亚原来是芬兰的，爱立信是瑞典的。汗一个。

讲这么多，主要是想说明下北欧国家雄厚的移动通信实力和技术基础，以及悠久的移动通信历史。下面就第一代移动通信的几种制式进行简单的介绍。

6.2.2 商用之初

前面讲到，斯堪的纳维亚半岛的北欧诸国是现代移动通信比较发达的区域，确实如此，第一代移动通信就有北欧诸国的身影，它们使用自动电话交换技术和蜂窝移动通信网络技术。

20 世纪 70 年代末诞生了第一代模拟移动电话，当时主要有 3 种窄带模拟通信标准，它们是应用于北欧（瑞典、挪威和丹麦）、东欧及俄罗斯等国家的北欧移动电话系统 NMT（Nordic Mobile Telephony）、应用于北美的高级移动电话系统 AMPS 和按照英国标准设计的全接入通信系统 TACS。除了这 3 种主流标注外还有一些重要的模拟移动通信技术，比如日本的 JTAGS、法国的 Radiocom2000、西德的 C-Netz 和意大利的 RTMI 等，如图 6.5 所示。

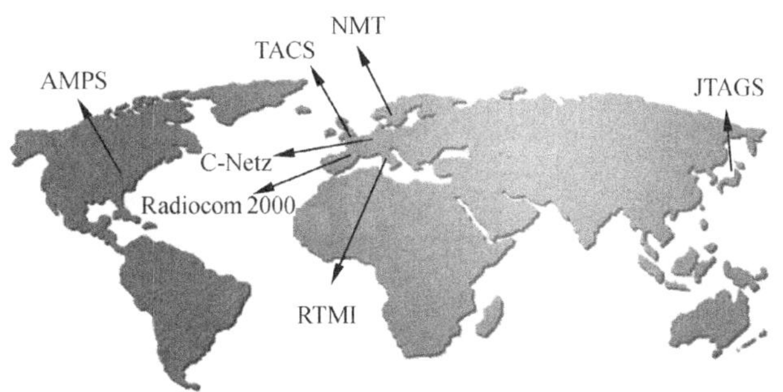

图 6.5　模拟移动通信制式分布

以 TACS 系统为例，简单说下第一代移动通信技术。TACS 系统是一种按照英国标准设计的模拟移动通信系统，提供了全双工、自动拨号等功能。与前面提到的 AMPS 系统类似，它也是在网络的覆盖范围上将大的地理区域划分成小的区，几个区域复用频率来实现频谱利用率的提高，即利用在干扰受限的环境下，依赖于适当的频率复用规划（特定地区的传播特性）和频分复用（FDMA）来提高容量，实现真正意义上的蜂窝移动通信。

TACS 系统与 AMPS 系统非常类似，略有不同，不同的地方主要体现在频段（TACS 系统用的 900MHz 频段，AMPS 系统工作在 800MHz 频段）、载波间隔、频偏、信令速率的差别上，其他部分几乎完全一致。我国当时主管电信行业的邮电部（1998 年 3 月，九届全国人大一次会议批准邮电部与电子工业部合并为后来的信息产业部），于 1987 年广州亚运会前夕确定了以 TACS 制式作为我国模拟制式蜂窝移动电话的标准。在此之前，尽管少数地方也曾从加拿大的北电公司、瑞典的爱立信公司引入不同的模拟移动通信技术，但是后来都执行了统一的 TACS 标准，以便相互之间互联互通，实现大规模移动通信组网。

当人们用普通的固定电话机给 TACS 系统的大哥大打电话时，当这个呼叫到达移动交换中心（MSC）时，在系统中每个基站的前向控制信道上同时发送一个寻呼消息及用户的移动标志号（MIN），用户的移动标志号相当于居民身份证，识别不同的用户就靠它了。如果这个用户在一个前向控制信道上成功接收到对它的寻呼，它就在反向控制信道上回应一个确认信息。接收到用户的确认后，移动交换中心指示基站分配一对语音信道给该用户单元，这样新的呼叫就可以在该语音信道上进行。该基站在将呼叫转至语音信道的同时，分配给用户单元一个监测音（SAT 音）和一个语音移动衰减码（VMAC）。用户单元自动将其频率改至分配的语音信道上。

监测音频率使基站和移动站能区分位于不同小区中的同信道用户。在一次呼叫中，S 监测音以音频频率在前向和反向信道上连续发送。语音移动衰减码指示用户单元在特定的功率水平上进行发送。在语音信道上，用户的切换操作和 AMPS 系统中类似，用户单元以“空白——突发”模式使用宽带数据发起切换时，根据需要改变用户发射功率，并提供其他物理测量信息与系统信息。

当一个大哥大用户给另一个大哥大用户打电话时，用户终端先通过反向信道给基站发消息，信息的内容包括终端的“身份证号码”移动标志号、电子序列号，基站分类标识和呼叫的大哥大号码。如果基站接收到这个消息，就将这个消息转发给移动交换中心，由移动交换中心检查该用户是否已经注册，如果已经注册，则将用户连接到公共交换电话网，同时分配给该呼叫一对前向语音信道和反向语音信道，以及特定的监测音和语音移动衰减码，之后就可以开始通话了，如图 6.6 和图 6.7 所示。

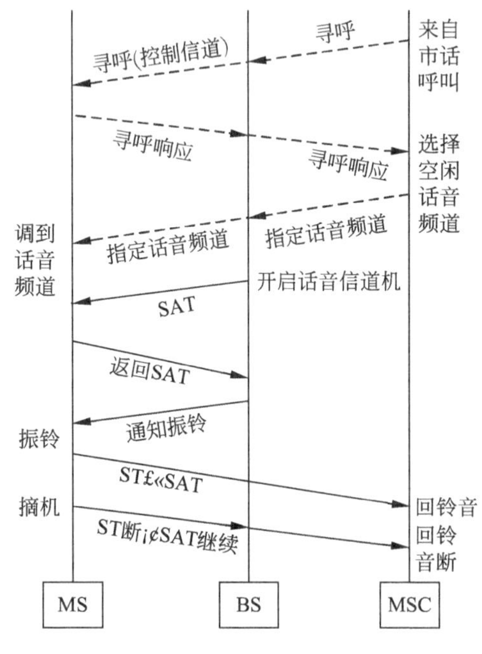

图 6.6　移动台被呼的过程

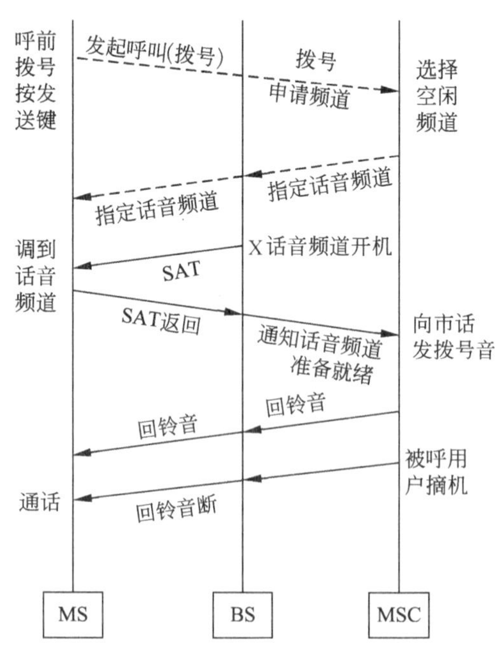

图 6.7　移动台主呼的过程

6.2.3　我国的商用情况

1987 年初在上海开通了 900MHz 的蜂窝移动网，1987 年 11 月 18 日为迎接第六届全运会开幕，在广东省开通的移动通信网采用的制式也是英国的 TACS 模拟蜂窝移动电话系统，标志着我国开始进入公众模拟移动通信新阶段。首批用户只有 700 个，实现了移动电话用户“零”的突破。尽管 1992 年在西北和西南省份引入了美国的 AMPS 系统，但是中国大部分地区的主流通信系统都是用的 TACS 模拟蜂窝移动电话系统，1995 年 6 月，我国实现了全国模拟移动电话自动漫游，中国建成了当时全球最大的实现自动漫游的模拟移动电话网络。

前面提到了移动通信的商业运作模式中，在这里，对应大哥大来分析第一代移动通信网运营的情况。当时，买一台大哥大电话需要 2～3 万元，入网的费用是 6 千多元，在网络最初运行的时候每分钟通话费用高达 1 元。这个昂贵的价格对于 20 世纪 80 年代末的一般的民众而言简直是天文数字，即使是现在的 3G 手机通话费也没有那么贵。

在大哥大刚刚在中国出现的时候，即使有钱也未必买得到。由于当时还是计划经济占据主导地位，不通过一定的关系疏通即使有钱也不一定能买到“大哥大”电话。由于当时大哥大电话的无比昂贵，以致让拥有者拿在手上的感觉如同皇帝的玉玺一般。他说，尽管通话费用昂贵，但是当时的大哥大拥有者还是特别喜欢在公共场合接电话，因为它是一个象征，象征着有钱、有实力、有关系。

中国第一个拥有手机的用户，现在是广东某集团的董事长。他回忆道：“1987 年 11 月 21 日是我终生难忘的日子。这一天，我成为中国第一个手机用户。虽然购买模拟手机花费了 2 万元，入网费 6000 元，但是手机解决了我进行贸易洽谈的急需，帮助我成为市场经济第一批受益者。”（来自网络）。让摩托罗拉公司也没有料到的是，大哥大很快就得到了当时一部分先富起来的人的青睐。由于大哥大身躯庞大，使用它的人也多是商界大哥级的人物，主随物贵，很快成为身份显赫的象征。那年头，人们对私家车没什么概念，也很少心生羡慕。那时开一辆宝马车出门，别人也以为是公家车，远远不如大哥大那么耀眼。很快人们以拥有大哥大为荣，开始了一种炫耀攀比式的消费。

摩托罗拉和爱立信是我国第一代移动通信网络设备的主要设备供应社，包括交换机、基站和控制中心等设备都是由他们两家公司提供的。

摩托罗拉占中国市场总份额的大部分，大约 21 个省、市、自治区，爱立信的份额稍小，大约占据 18 个省、市、自治区的市场份额。1995 年之前摩托罗拉的 A 网和爱立信的 B 网是不能兼容的，因此也就无法漫游，但是到 1996 年初，两家公司终于实现了漫游，由此，大哥大在中国可以跨越各个省区的区域限制了。

摩托罗拉很早就在北京设立了办事处，推销移动电话。如图 6.8 是摩托罗拉的几款机型。这种重量级的移动电话，厚实笨重，状如黑色砖头一般，重量都在一斤以上。它除了打电话之外的功能就是可以当打架的武器使用，而且其通话质量有时不够清晰稳定，常常需要大声喊叫。所以有的时候持有大哥大的人也并不一定是为了炫耀才大声的“喂……喂……”的，信号确实不是很好，呵呵，它的一块大电池充电后，只能维持半小时左右的通话时间。

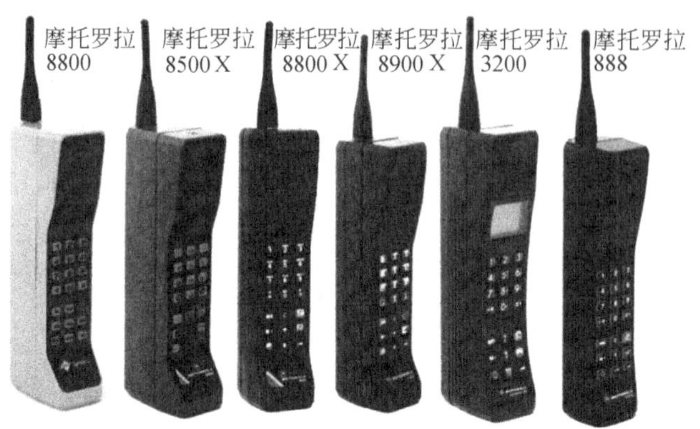

图 6.8　摩托罗拉的大哥大机型

尽管如此，大哥大还是非常紧俏，有钱难求。当年，大哥大公开的价格在 20000 元左右，但一般要花 25000 元才可能买到，黑市售价曾高达 5 万元。这个价格不但让普通市民望而却步，就连普通的富豪们也不是人人都买得起的。

6.3 "大砖头"的不足之处

随着现代移动通信技术和信息技术的高速发展，以及第二代数字移动电话系统的全面应用，模拟移动通信已经越来越不能适应广大客户对移动通信的需求。模拟移动通信与数字移动通信相比，它的缺点与不足主要体现在以下几个方面，如图 6.9 所示。

图 6.9　大哥大的不足

（1）业务单一，模拟移动通信的通话质量较差，只能实现话音业务，无法提供丰富多彩的增值业务；光能打电话，人家数字移动通信能上网呢。

（2）覆盖与容量的局限，模拟移动通信的网络覆盖范围小，且漫游功能差；一个广东的客商在 1996 年前手持大哥大来到北京出差，在广东每天大哥大电话不断，威风八面，但是到了北京发现没有一个电话，这是怎么回事？晕，原来大哥大不支持跨省漫游。

（3）体型庞大，急需减肥，模拟手机体积大、沉重、样式陈旧，加之手机供应商早已停止生产模拟手机，使模拟手机的维修与更新受到严重制约等。

（4）保密性差，模拟移动电话是没有手机卡的，由此带来的后果就是电话可以被窃听

和盗打。

国际上有一些犯罪团伙，有组织、有目的地利用空中解码器，在街上将消费者手机的号码截走，雇一帮人躲在房间里一分钟就可以复制一部相同号码的手机，利用复制的“子母机”或“姐妹机”，雇一帮人不停地打国际声讯台，再通过一些国际黑社会组织从声讯台赚钱。由此造成的巨额费用先由运营公司付给国际声讯台，再由运营公司向客户收，但客户都说没打过，此类纠纷不断。这种事件给客户和运营商造成的经济损失都十分巨大。

（5）各系统间没有公共接口；频谱利用率太低；无法与固定网向数字化推进相适应。

（6）价格太贵，正如前面所言，买个大哥大，算上入网费和话费，这开销还真不是个小数目，通信费用、入网费和终端的整体降价是不可避免的了，随后数字移动电话应运而生。

基于以上几点原因，数字移动通信代替模拟移动通信已成为当今世界的一种必然趋势。与此同时，前面说过，无线频谱资源是国家享有所有权的资源，这种资源极其稀缺。当这种资源被频谱利用率很低、技术水平很过时的大哥大占用时，政府就会考虑进行更新换代移动通信技术，提高频率资源利用率。而有着较高频谱利用率的数字移动通信技术恰恰能改进这些不足之处，更好地利用频率资源。目前，世界上只有极少的运营者继续运营模拟移动电话业务。

6.4　小　　结

1. 学完本章后，读者需要回答：

- ❑ 什么是大哥大？
- ❑ 大哥大采用了哪些基本技术？
- ❑ 大哥大在我国的商用情况怎样？
- ❑ 大哥大有哪些典型的制式？
- ❑ 越区切换的含义是什么，并简述其过程。

2. 在第 7 章中，读者会了解到：

- ❑ GSM 的网络架构包括网络实体与接口。
- ❑ GSM 的帧结构与信道。
- ❑ GSM 的呼叫流程。
- ❑ 码分多址的商用典范 IS-95 的基本情况。
- ❑ IS-95 的功率控制、软切换技术。

第 7 章　2G 时代——GSM 与 IS-95 的捉对厮杀

经过了第一代移动通信的“尝鲜”，人们发现大哥大有不少缺陷，紧接着第二代移动通信技术横空出世，来自欧洲的 GSM 一举统一了第二代移动通信市场，取得了巨大的成功。至今 GSM 用户群仍然是世界上最大的。

在 20 世纪 90 年代初期，CDMA 的成功问世被很快成为北美的数字蜂窝移动通信标准，CDMA 的开发公司高通也因此赚得盆满钵满。3G 问世之前，世界移动通信市场被 GSM 和窄带 CDMA 垄断着。

本章主要涉及的知识点如下所述。

- GSM 的网络架构包括网络实体与接口。
- GSM 的帧结构与信道。
- GSM 的呼叫流程。
- IS-95 的基本技术特征。
- IS-95 的功率控制和软切换技术。

7.1　来自欧洲的 GSM——成熟商用的典范

在第一代移动通信系统中，各国采用不同模拟通信网络无法实现互通。一个使用 TACS 系统的英国人到了斯德哥尔摩就无法使用 NMT 系统，这给用户带来诸多不便，再买一台大哥大吧，又很浪费钱，过几天就回国了，也用不上了啊。

为了解决第一代模拟移动通信系统的这种缺陷，1982 年，北欧 4 国（瑞典、丹麦、芬兰和挪威）向当时的欧洲邮电行政大会提交了一份建议书，建议欧洲建立统一的移动通信标准，以解决这些问题。

大会很通情达理地同意了北欧 4 国的请求，不久成了 GSM（Group Special Mobile，移动特别小组）诞生，并于 1985 年决定制定数字移动通信标准。

1986 年在巴黎进行了外场试验后，1987 年在候选的 8 项技术中选定了窄带时分复用系统。

1988 年正式颁布了 GSM 标准，也是就传说中的泛欧数字蜂窝网通信标准。两年后 GSM900M 频段的标准制定完成，GSM 更名为 Global System for Mobile Communication（全球移动通信系统），紧接着，1800M 频段的规范也制定完成。

1992 年 GSM 投入商用后，迅速风靡全球，中国也于 1992 年在浙江嘉兴开通国内第一

个 GSM 演示系统，次年投入商用，之后成为世界上拥有用户数最多的移动通信系统。我国的 GSM 系统有 900MHz 和 1800MHz 两个频段，没有欧洲使用的 1900MHz 频段。目前中国的运营商里中国移动和中国联通各有一个 GSM 网。

7.1.1　GSM 的基本技术与特点

下面先对 GSM 的基本技术参数进行介绍。

1．工作频段

前面提过，GSM 主要工作频段有两个，900M 频段和 1800M 频段。

在 900M 频段：

上行频段：890～915MHz

下行频段：935～960MHz

在 1800M 频段：

上行频段：1710～1785MHz

下行频段：1805～1880MHz

GSM 的收发频率间隔为 45MHz，相邻载频间隔是 200KHz，每个载频采用时分多址方式，一个载频 8 个时隙，每个时隙是一个信道，一共 8 个物理信道，而在 900M 频段，GSM 一共有 25MHz 可用对称带宽，因此，25MHz/0.2MHz=125。

也就是说一共 125 对上下行载频，实际中划分为 124 对载频（也称频点），一对载频 8 个信道，则 GSM 在 900M 频段有 992 个信道。

以 k 代表载频的序号，则第 k 对上下行载频为：

$f_{上}(k)=(890+0.2*k)$ MHz
$f_{下}(k)=(935+0.2*k)$ MHz　　其中 k=1～124

2．调制方式

无论是 900M 频段还是 1800M 频段，GSM 的调制方式都是 GMSK——高斯最小频移键控，调制之前通过的高斯滤波器的归一化带宽为 0.3，调制速率为 270.833kb/s，采用全速率语音编码的话音比特率为 13kbps，频谱利用率为 1.35bps/Hz。

3．其他技术特点

在发射功率方面，手机的发射功率可以是 0.8 W、2 W、5 W、8 W、20 W 中的一个，基站的发射功率为每个时隙 62.5 W，因此每个载波的功率为 62.5 瓦×8=500 瓦。用户较为稀疏的农村地区的小区覆盖半径最大可达 35km，业务量较为密集的城市的小区覆盖半径最小为 500m[6]。

4．GSM的优势

与第一代移动通信系统相比，GSM 在很多方面都有了长足的进步，但还是有需要提高的地方。下面对 GSM 的优缺点进行简单的盘点。

（1）安全

安全方面也许是大哥大最大的缺陷，轻易地窃听和盗打让用户和运营商不胜其扰，而 GSM 用其各种鉴权机制成功地弥补了第一代移动通信的这个缺点，关于 GSM 的信息安全方面的措施在本书 4.2.1 节中有详细的介绍。

（2）统一的标准与漫游

大哥大时代的各自为政，让用户的漫游成为不可能，GSM 采用了统一的标准，对于用户的漫游和 PSTN 等网络的互联互通成为可能。

（3）业务的多样性

随着时代的发展，大哥大时代的单一语音业务已经不能满足人们的需求，GSM 的短信、GPRS 上网等多种业务的发展使得业务的多样性成为可能。

（4）容量与效率的提高

GSM 系统的容量比第一代模拟移动通信提高了 3～5 倍，同时由于先进的调制编码、均衡、交织等技术的采用，频谱效率也有了提升。

5. GSM的不足

（1）漫游

前面内容介绍的还是漫游的优点，到这里怎么又变成了不足了呢？好与坏本来就是相对而言的，看和谁比了。和大哥大时代比，GSM 的漫游能力还不错，但是它并未实现真正的全球漫游。

（2）系统容量

系统容量比 1G 提高了 3～5 倍，但是这还远远不能满足需要。用户在急剧增长，要求系统的容量也得有提升才对。

这里省略了很多 GSM 的其他不足，比如切换掉话、接入速率的不足、编码质量低等。

7.1.2　网络架构与接口——GSM 的骨架

GSM 的网络架构在规范 GSM 03.02[17]中有详细的阐述。详细的网络架构与接口如图 7.1 所示。

1. 网络架构

BSC 为基站控制器（Base Station Controller），BTS 是基站收发机（Base Transceiver Station），SP 是服务提供商，HLR 是归属位置寄存器（Home Location Register）。VLR 是访问者位置寄存器（Visitor Location Register），AuC 是鉴权认证中心（Authentication Centre），EIR 是设备标识寄存器（Equipment Identity Register）。MSC 是移动服务交换中心（Mobile-services Switching Centre），PLMN 是公共陆地移动通信网络（Public Land Mobile Network），GCR 为组呼叫寄存器（Group Call Register）。

引入了 GPRS 后的网络架构，如图 7.2 所示。

图中，SGSN 是服务 GPRS 支撑节点（Serving GPRS Support Node），GGSN 是网管 GPRS 支撑节点（Gateway GPRS Support Node）。支持位置服务的网络架构与接口如图 7.3 所示。

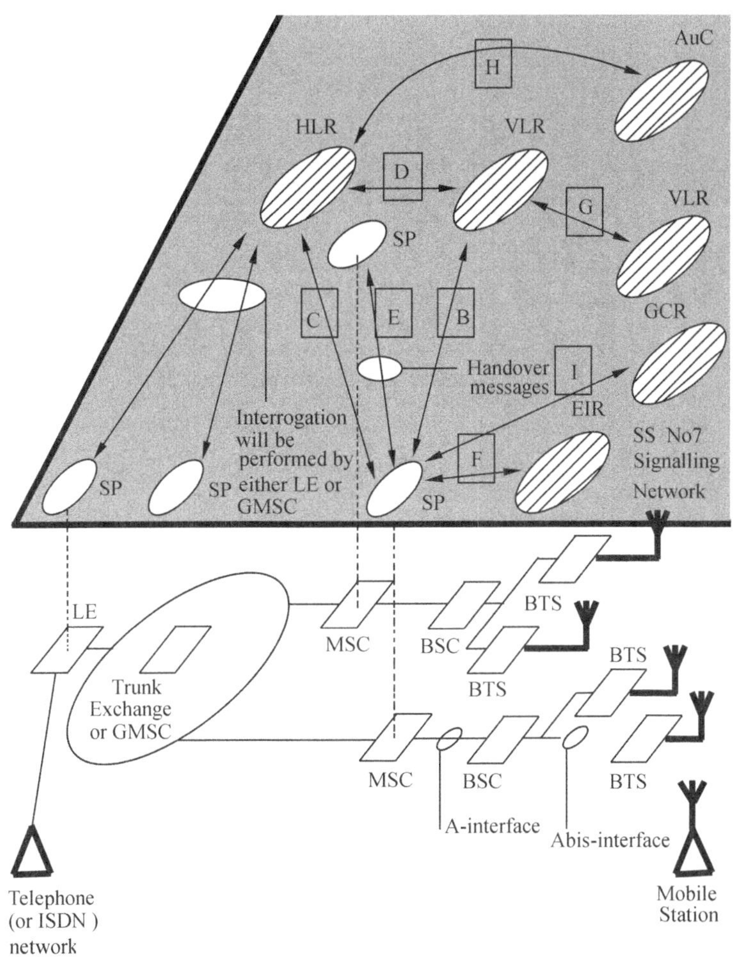

图 7.1　GSM 网络架构与接口（不含 GPRS）

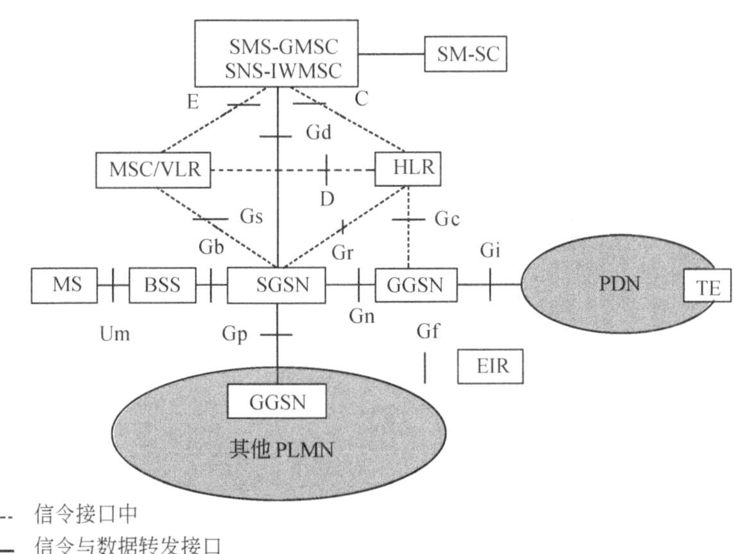

图 7.2　支持 GPRS 的网络架构与接口

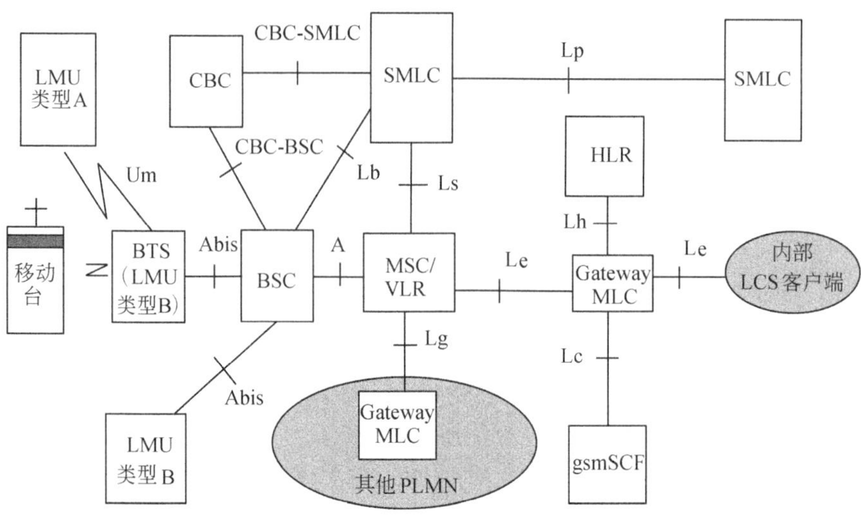

图 7.3　支持位置服务的网络架构与接口

2．GSM的接口

下面对 GSM 的几个主要接口进行一个简单的介绍。

（1）A 接口

移动交换中心与基站系统之间的接口为 A 接口，A 接口中传递的信息主要涉及基站系统的管理、呼叫处理、移动性管理。

（2）Abis 接口

基站控制器与基站收发机之间的接口是 Abis 接口，主要支持 GSM 用户的服务。Abis 接口还可以控制基站收发机的无线频率分配。

（3）B 接口

移动交换中心与对应的拜访位置寄存器之间的接口是 B 接口。

（4）C 接口

归属位置寄存器与移动交换中心之间的接口是 C 接口。

（5）D 接口

归属位置寄存器与拜访位置寄存器之间的接口是 D 接口。

（6）E 接口

移动交换中心之间的接口是 E 接口。

（7）F 接口

设备标识寄存器与移动交换中心之间的接口是 F 接口。

（8）G 接口

拜访位置寄存器之间的接口是 G 接口。

（9）H 接口

归属位置寄存器与鉴权中心之间的接口是 H 接口。

（10）Um 接口

移动台与基站系统之间的接口是 Um 接口，也就是通常人们说的空中接口，主要负责

无线资源管理、移动性管理等。

（11）I 接口

组呼叫寄存器与移动交换中心之间的接口是 I 接口。

7.1.3　GSM 的信道——动脉

如果说 GSM 是一个整合的机体，那么信道无疑是传输养料的大动脉，在采用了资源复用的移动通信中，信道的基础是帧结构，如图 7.4 所示[6]。

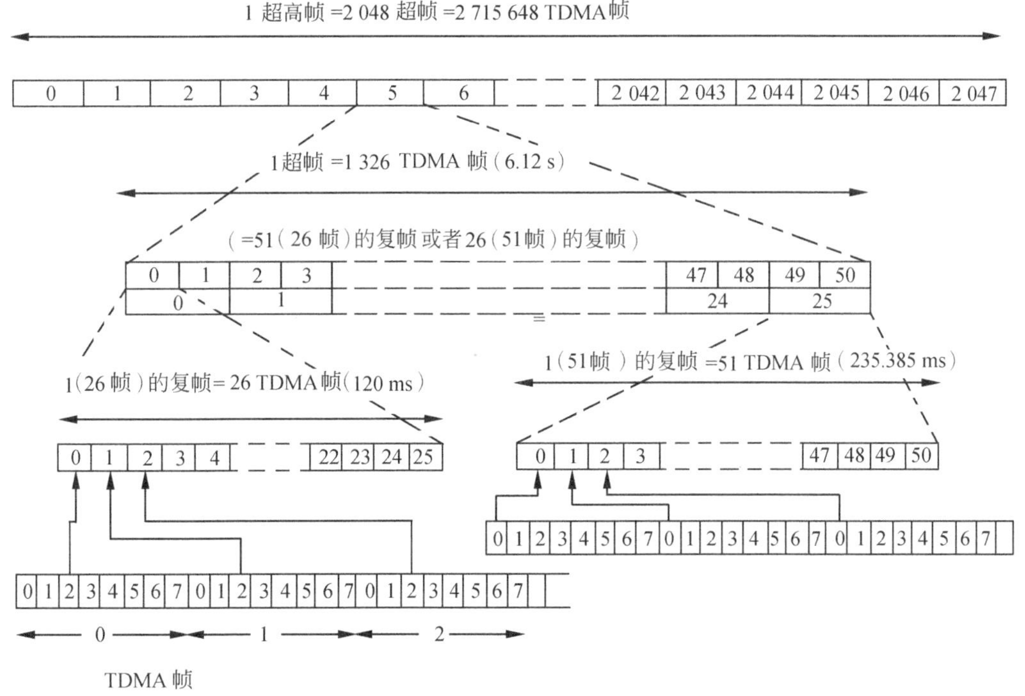

图 7.4　GSM 的帧结构

为了看得更清楚，上下行帧号的时间关系如图 7.5 所示[6]。

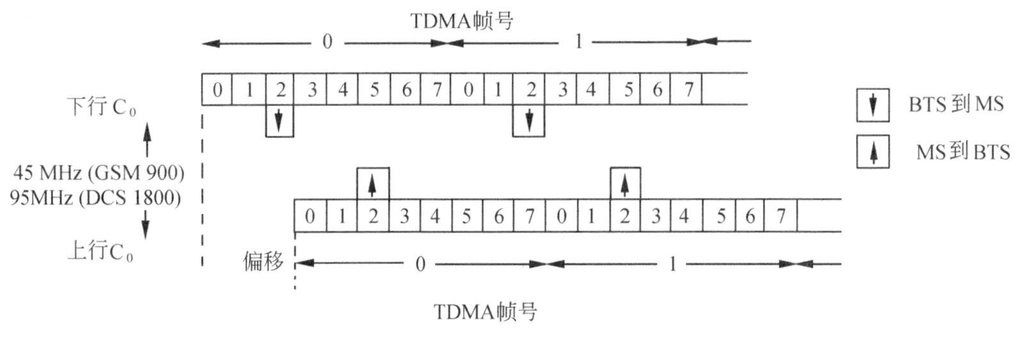

图 7.5　上下行帧的时间关系

本节主角——信道，终于出场了。GSM 的信道分为控制信道和业务信道，细分的话还可分为频率校正信道 FCCH、同步信道 SCH、广播控制信道 BCCH、寻呼信道 PCH、准许接入信道 AGCH、随机接入信道 RACH、独立专用信道 ADCCH、慢速辅助控制信道 SACCH、快速辅助控制信道 FACCH，如图 7.6 所示[6]。

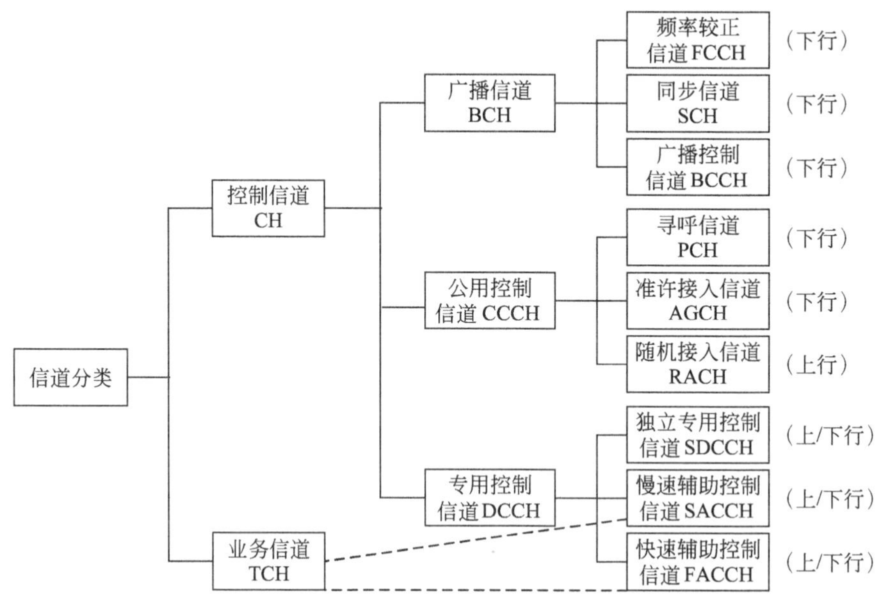

图 7.6　GSM 的信道

7.1.4　GSM 的呼叫流程——电话是这么打通的

很多时候，人们会好奇，手机与固定电话之间是怎样实现通话的呢？这里以 GSM 为例，对 GSM 的呼叫流程进行简单的介绍。手机呼叫固定电话的流程如图 7.7 所示[6]。

反过来，固定电话呼叫 GSM 手机的过程如图 7.8 所示[6]。

7.2　来自北美的后起之秀 IS-95

CDMA 系统是高通公司开发的，1993 年正式成为北美的第二代数字蜂窝移动通信标准，也就是 IS-95 技术。

由于有限的信道承载能力，和后来的 3G 中的宽带 CDMA 相对应，这里的 IS-95 被称为窄带 CDMA。

IS-95 技术问世以来成为和 GSM 对抗的技术标准，并且在后来的标准演进成功地超越了 GSM。第三代移动通信技术的 3 大标准都是基于 CDMA 的，CDMA2000 是 IS-95 的演进，而 WCDMA 和中国提出的 TD-SCDMA 也是基于 CDMA 技术的。

总体来说，CDMA 能够在第三代移动通信中大放异彩，足以说明其技术的优越性和码分多址在提高移动通信基本性能上的先进性。

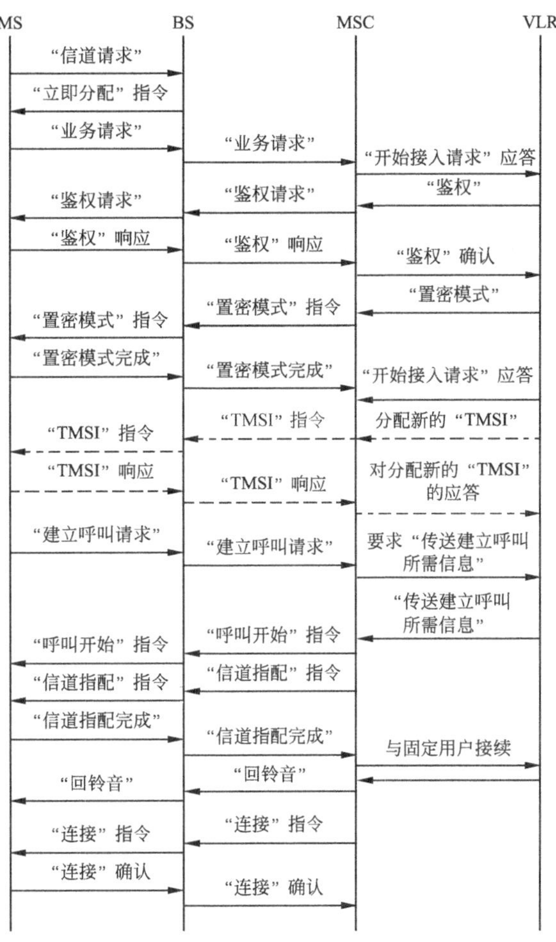

图 7.7　GSM 手机呼叫固话的过程

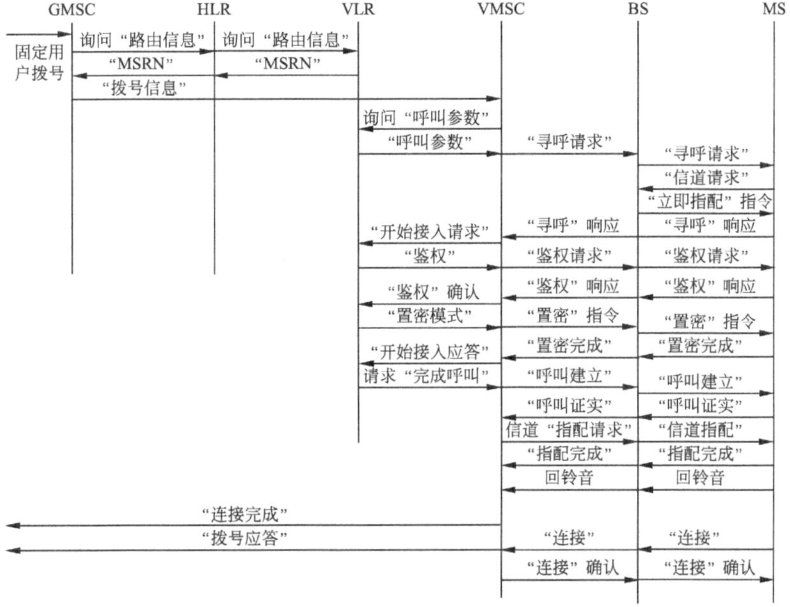

图 7.8　固话呼叫 GSM 手机的过程

7.2.1 IS-95 的技术特点

IS-95 的核心技术特征就是 CDMA 的应用，关于 CDMA 与 FDMA、TDMA 的区别与联系在本书的 3.1 节有详细的阐述。这里对 CDMA 的核心技术做个简单的介绍。

在 CDMA 中核心的技术特点就是扩频了，CDMA 的扩频使得信息比特的频谱扩展宽来进行传输的技术。

频谱扩展的直接后果就是信息的传输变得隐秘、抗干扰能力变强大了，这个技术特点是使得 CDMA 在 3G 中大放异彩的一大诱因。

关于 CDMA 的扩频技术请参看本科通信教材周絅磬编写的《通信原理》，这里对 IS-95 的技术特点和主要的参数做个简单的介绍。

IS-95 的工作频段如下所示。

- ❑ 上行频段：824～849MHz
- ❑ 下行频段：869～894MHz

每个载频有 64 个 CDMA 信道，和 GSM 相比，是不是 CDMA 每个载频的信道更多呢？

每个载频容纳的信道多，自然而然的容量就大，可以接入的用户就会多，这也是 CDMA 之所以流行的原因。

下行调制方式为 QPSK，上行调制方式为 OQPSK，扩频方式采用的是直接序列扩频技术。信道编码采用的是码率为 1/2、约束长度为 9 的下行卷积编码或者码率为 1/3、约束长度为 9 的下行卷积编码的方式。交织编码的间距为一个语音帧周期——20ms。

语音编码采用的是可变速率的 CELP，下行信道地址码采用的 64 阶沃尔什正交码，下行基站识别码采用的是 m 序列码，上行用户地址码采用的 m 系列长码截短。

IS-95 的功率控制周期是 1.25ms，也就是 800Hz，采用 Rake 接收。

7.2.2 软容量与软切换——弹性更好

CDMA 与 GSM 的一大区别在于身段的“软”上。GSM 的信道容量是硬性的，GSM 就有这么 124 对载频，992 个信道，时隙没被占满就可以接入用户，占满了，就无法接入了。

CDMA 就不同了，身段“软”了很多，办事圆滑了不少，GSM 不是满了就不让接入了吗？CDMA 与 GSM 不同，CDMA 区分用户的手段不是靠时分、频分，CDMA 靠的是码分，确切地说是码字。不同用户有不同的码型，当 CDMA 的系统满载的时候，可以再接入几个用户只会造成信干比的轻微下降，不会造成 GSM 的阻塞现象。

🔔注意：CDMA 这种用轻微的信噪比换取容量的方式符合香农公式的要求。

与软容量对应的还有软切换技术，软切换是相对于硬切换而言的，硬切换是先断开后连接，但是软切换是先连接后断开，关于软切换技术在本书的 5.5.1 节已经做过相应的介绍。

总地来说，软切换对于提高切换成功率，减少掉话很有帮助，如图 7.9 所示。

7.2.3　IS-95 的功率控制

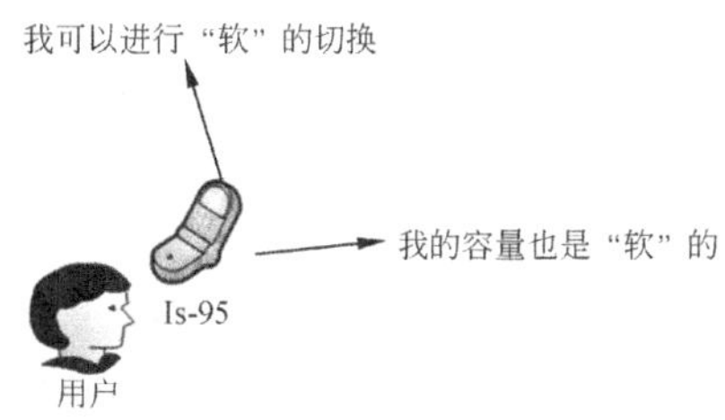

图 7.9　软切换与软容量

俗话说得好，有得必有失，前面讲到了那么多的 CDMA 技术的优点，难道 CDMA 没缺点了吗？当然不是，本书的 2.6.2 节中讲到 CDMA 技术的一大顽疾——远近效应。远近效应是离基站较近的移动台信号压过远处移动台信号的现象，为了应对远近效应，CDMA 才引入了功率控制技术。

本书前面对功率控制技术做了详细的阐述，这里对功率控制的基本原理不再赘述。

7.2.4　IS-95 的呼叫流程——电话还可以这么打

7.1.4 节中讲到了 GSM 的呼叫流程，本节来看看 IS-95 的呼叫流程，如图 7.10 所示。

图 7.10　IS-95 的呼叫流程

7.3 小　　结

1. 学完本章后，读者需要回答：

- ❑ GSM 的网络架构中包括哪些网络实体与接口？
- ❑ 简述 GSM 的帧结构特点与信道。
- ❑ 画出 GSM 的呼叫流程。
- ❑ 简述 IS-95 的技术特点。
- ❑ 为什么说 IS-95 具有软容量与软切换？
- ❑ 画出 IS-95 的呼叫流程。

2. 在第 8 章中，读者将会了解到：

- ❑ WCDMA 的演进过程。
- ❑ WCDMA 的网络架构。
- ❑ WCDMA 的无线接口。
- ❑ WCDMA 的多用户检测。
- ❑ CDMA2000 的网络架构。
- ❑ CDMA2000 的无线接口。
- ❑ CDMA2000 的演进路线。
- ❑ TD-SCDMA 的帧结构。
- ❑ TD-SCDMA 的接力切换。
- ❑ TD-SCDMA 的智能天线。

第 8 章　3G 时代——第三代移动通信之三足鼎立

曾几何时，3G 已经成为一个很时髦的词语，无论是在移动营业厅中还是在铺天盖地的广告中，甚至在北京中关村的店主口中，3G 被越来越多地提及。3G 如此被人们所熟知是与运营商的大力宣传分不开的，同时，第三代移动通信在全世界范围的商用也说明了 3G 技术的成熟。

由于国际电联提出的第三代移动通信系统在 2000 年商用，其中心工作频段为 2000MHz，最大速率为 2000bps，所以 3G 的名字也由原来的未来公共陆地移动通信系统更名为 IMT-2000（International Mobile Telecommunications 2000），欧洲的通信公司与运营商也把 3G 称之为 UMTS——通用移动通信系统。

本章主要涉及的知识点有：

- WCDMA 的演进过程。
- WCDMA 的网络架构与接口。
- WCDMA 的关键技术。
- WCDMA 的信令流程。
- CDMA2000 的演进过程/主要技术参数。
- CDMA2000 的网络架构与接口。
- CDMA2000 的物理信道。
- CDMA2000 的呼叫流程。
- TD-SCDMA 的物理层。
- TD-SCDMA 的接力切换。
- TD-SCDMA 的智能天线。

8.1　WCDMA——GSM 的演进

第二代移动通信系统的 GSM 与 IS-95 技术已经比较成熟，但是容量比模拟通信时代增加的不多。

为了提高数据传输速率，1996 年开始，出现了 GPRS 和 IS-95B，尽管在与 GSM 的竞争中采用 CDMA 技术的 IS-95 处于下风，但是 CDMA 技术容量大等技术优势使得它能成为第三代移动通信的核心技术。

无论是 WCDMA、CDMA2000，还是 TD-SCDMA，采用的都是 CDMA 技术，同时 3G 提出要实现全球漫游、提供多种业务、适应多种环境、提供足够容量的目标。

最终，在第三代移动通信中，确立了 WCDMA、CDMA2000 和 TD-SCDMA 3 种无线传输技术（RTT）体制，其中，美国、韩国支持 CDMA2000，欧洲与日本支持 WCDMA，中国支持 TD-SCDMA。

8.1.1　WCDMA 的主要技术参数

下面先对 WCDMA 的基本技术参数做个介绍。

1. 工作频段

WCDMA 在 3GPP 中的规范有 TDD 和 FDD 两种双工方式，不同的双工方式的工作频段不同。

在 FDD 模式中：

（1）区域 1

上行频段：1920～1980MHz

下行频段：2110～2170MHz

（2）区域 2（美洲地区）

上行频段：1850～1910MHz

下行频段：1930～1990MHz

FDD 双工方式中，上下行各 60MHz 的带宽。

在 TDD 双工模式中：

（1）区域 1

1900～1920MHz

2010～2025MHz

（2）区域 2（美洲地区）

1850～1910MHz

1930～1990MHz

（3）区域 3（美洲地区）

1910～1930MHz

TDD 双工方式中，共 35 MHz 的可用带宽。

2. 技术特点

WCDMA 的核心网保持与 GSM/GPRS 的兼容性，核心网中出现了分组域的概念，与电路域共存。

WCDMA 的空口信号带宽是 5MHz，码片速率为 3.84Mcps，语音编码采用 AMR 方式，下行调制方式为 QPSK，上行调制方式为 BPSK，编码方式为 Turbo 码与卷积码，帧长为 10ms，基站运行模式为同步或者异步模式。

作为 CDMA 技术的必需技术的功率控制，WCDMA 采用的是上下行闭环功控加外环功控的方式，功率控制频率为 1500Hz。

同时支持开环与闭环的发射分集技术。

与 2G 时代的 GSM 相比，WCDMA 增加了一些网络实体，比如支持用户终端执行加密与接入控制功能的服务 GPRS 支撑节点 SGSN、支持 GPRS 用户接入到外部网络的网关

GPRS 支撑节点 GGSN。

关于更多的网络架构演进方面的内容，会在接下来的内容中阐述。

8.1.2　网络架构与接口——WCDMA 的骨架

本节将针对 UMTS 的网络架构和相应的接口做一个概述，这里可能会有人问不是说 WCDMA 的网络架构呢吗？怎么说到 UMTS 了呢？是这样的，UMTS 指的是通用移动通信系统，UMTS 是采用了 WCDMA 为空口技术的第三代移动通信系统，这种叫法最早来自欧洲，本书中涉及的 UMTS 系统与 WCDMA 系统是一样的概念，不做区分。关于 WCDMA 的网络架构在规范 25.401-910 中有详细的阐述，详细的网络架构与接口如图 8.1 所示[18]。

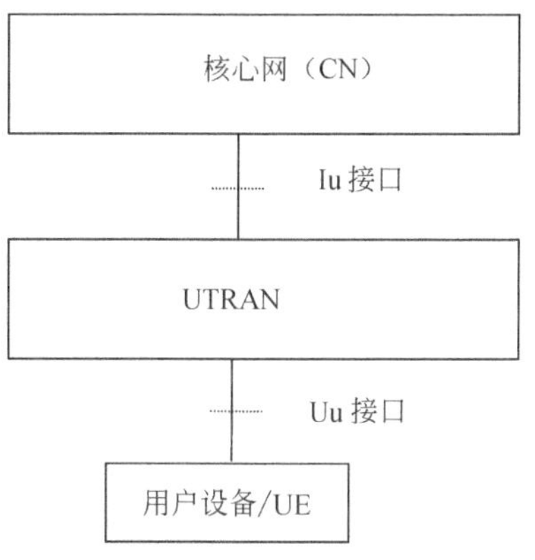

图 8.1　UMTS 的架构

1．网络架构

UMTS 的系统架构包含着核心网的架构和接入网的架构，这里主要学习接入网的架构，也就是 UTRAN 的架构。

如图 8.2[18]所示为 UTRAN 的架构。

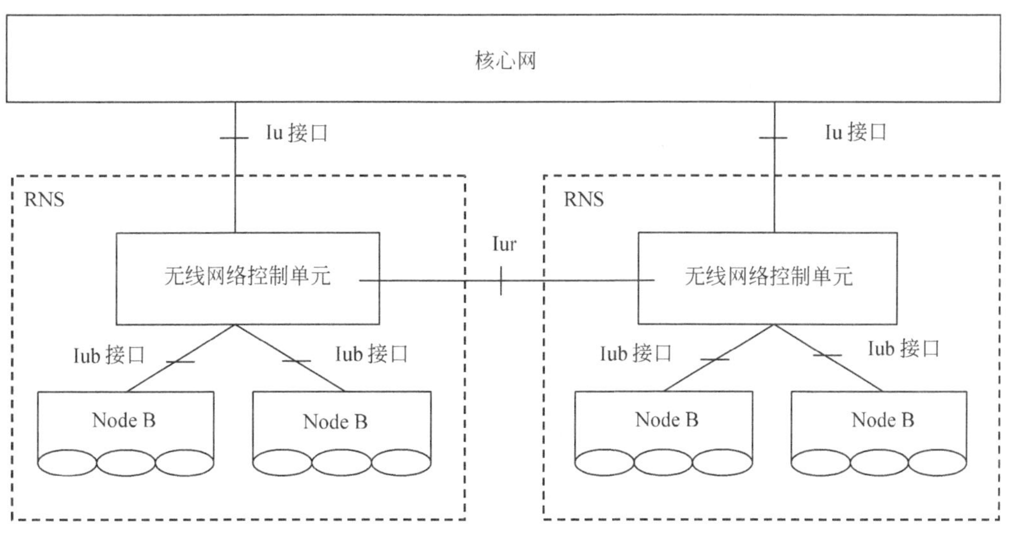

图 8.2　UTRAN 架构

在 Iu 模式下支持 Iur-g 接口的与 GERAN 相通的网络架构，如图 8.3 所示[18]。

2．接口

在上面的网络架构中有很多的接口，这里对其中几个主要的接口做个简单的介绍。

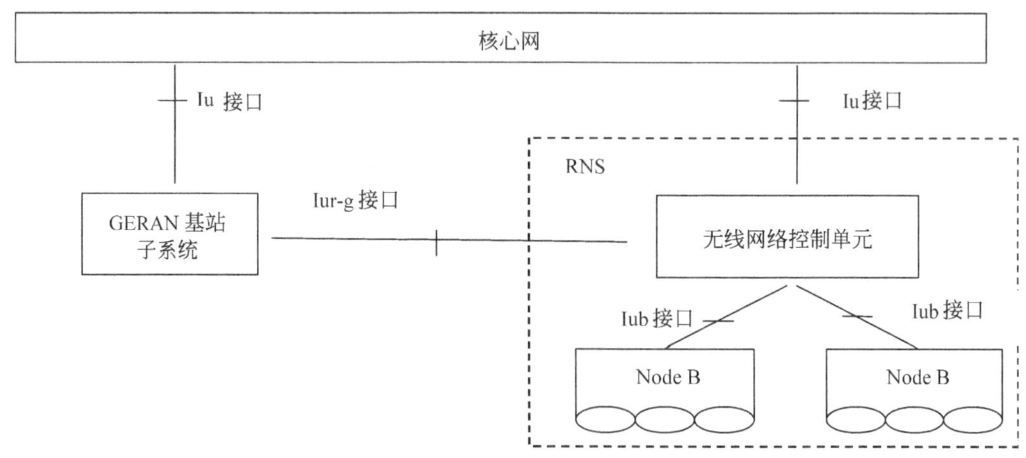

图 8.3　涉及 GERAN 的 UTRAN 架构

（1）Uu 接口

Uu 接口是 WCDMA 中最重要的接口，因为用户设备就是通过 Uu 无线接口接入到核心网的。

（2）Iu 接口

Iu 接口是 UTRAN 与核心网之间的接口，是一个开放的标准接口，与 GSM 中的 A 接口和 Gb 接口比较类似。

（3）Iur 接口

Iur 接口是连接不同的无线网络控制器 RNC 之间的接口，主要用于 WCDMA 系统中的软切换。

注意：Iur 接口是 UMTS 特有的接口。

（4）Iub 接口

Iub 接口是连接基站与无线网络控制器 RNC 之间的接口，是一个开放的标准接口。

3．协议架构

基于 Uu 接口和 Iu 接口的协议可以用户平面协议和控制片面协议架构。用户平面的架构如图 8.4 所示[18]。

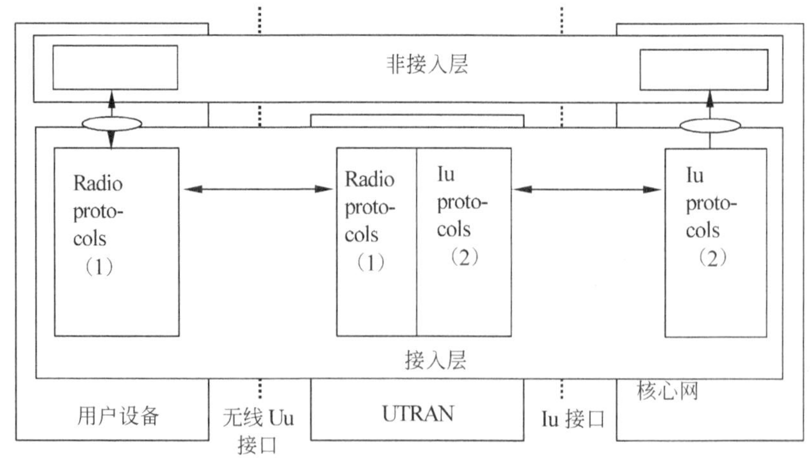

图 8.4　Iu 和 Uu 用户平面

控制平面的架构如图 8.5 所示。

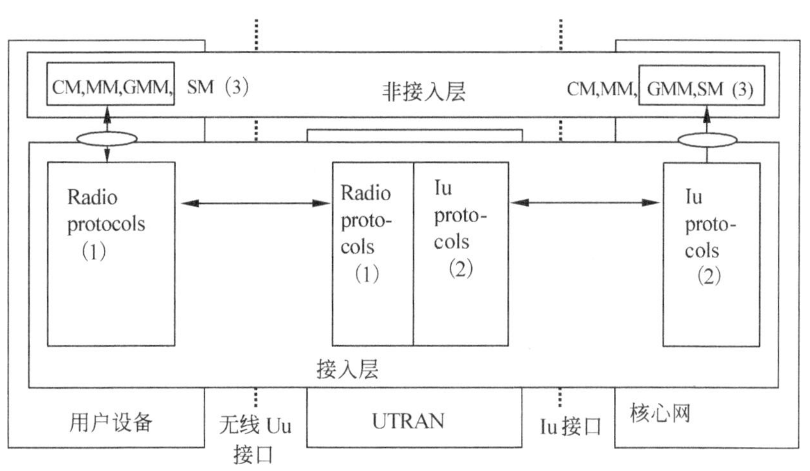

图 8.5　Iu 和 Uu 控制平面[18]

UTRAN 接口通用协议模型，如图 8.6 所示。水平层可以分为无线网络层与传输网络层。UTRAN 相关的问题只与无线网络层有关，传输网络层采用了 UTRAN 选择的标准化技术，但没有 UTRAN 特定的需求。

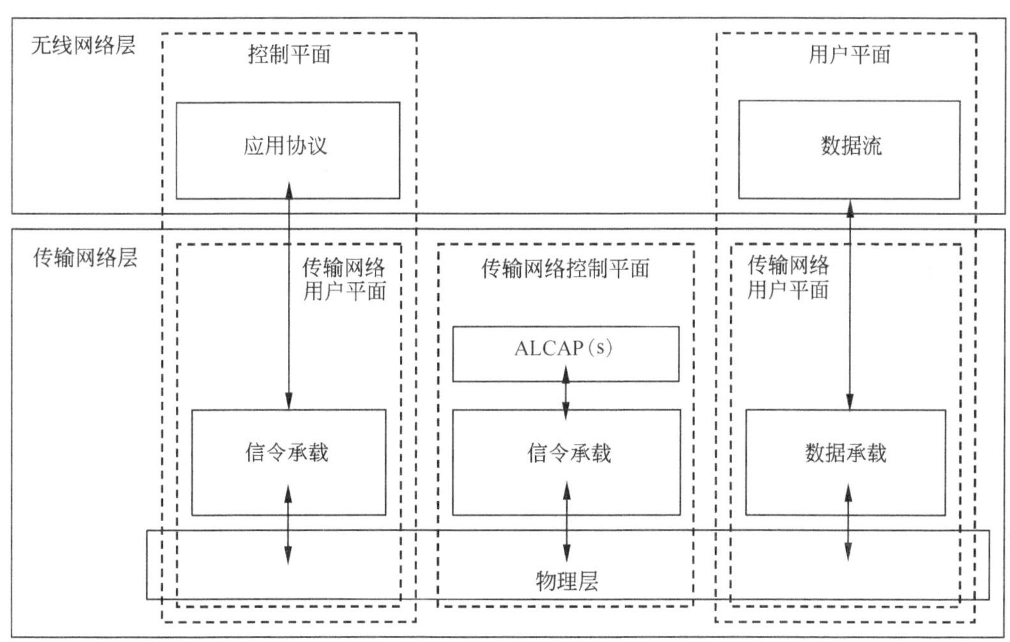

图 8.6　UTRAN 接口通用协议模型[18]

垂直层上，可以分为控制平面、用户平面、传输层控制平面、传输层用户平面。

8.1.3　WCDMA 的关键技术

WCDMA 的关键技术包括 RAKE 接收、多用户检测、软切换、功率控制等技术。关于软切换与功率控制在本书第 5 章介绍的比较多，这里着重介绍 RAKE 接收、多用户检测等技术。

1. RAKE接收

在移动通信中，发射端发射的信号在空间的传播过程中，由于受到障碍物的反射、折射等现象的影响，在接收端形成的多路接收信号具有不同时延的多径效应。关于多径效应在本书 2.6.3 节已有介绍。如果多径信号的延时超过了一个码片宽度，WCDMA 的接收机就认为它是不相关的信号，RAKE 接收机有效地利用了信道相干时间形成的时间分集效应，通过处理合并多路信号来提高信号的信噪比，如图 8.7 所示。

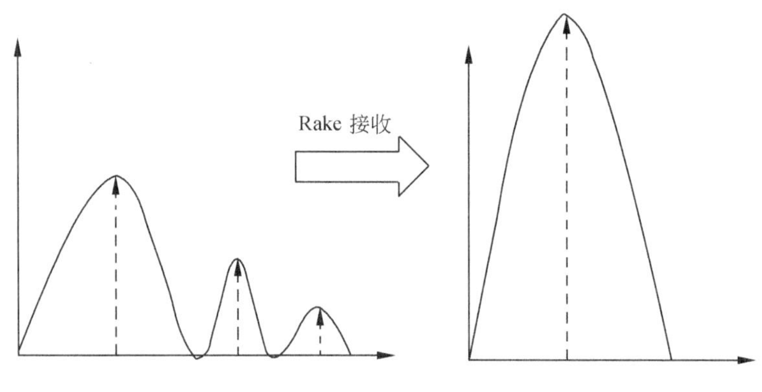

图 8.7　RAKE 接收

RAKE 接收与本书 3.5 节介绍的分集不同，它用信号统计与处理技术把分集隐含于传输信号中，因此称之为隐分集或带内分集，在分类上，RAKE 接收被认为是频率分集和多径分集[4]。

2. 多用户检测——“废物”利用

在生活中废物利用的例子着实不少，很多废物利用的认识过程也是伴随着科学技术的进步，在一次次的经典尝试与慢慢摸索中得出来的。比如在废纸的回收利用上，人们最先觉得纸张用完了就扔了呗，但是后来发现废纸还可以回收利用加工成草纸、卫生纸等，原来被认为是“废物”的废纸也可以被二次利用了。

在用户比较多的 CDMA 通信系统中，多址干扰成为最主要的干扰，其次才是多径衰落，在学习通信原理中最常用到的高斯白噪声是最小的干扰。随着科学家们对移动通信研究的深入，人们发现原来多址干扰和多径干扰也是可以“回收利用”的，这项技术就是多用户检测。它不但能减轻远近效应，还能对抗多径干扰。

多用户检测包括最优的最大似然序列估计（MLSE）检测器、最小均方误差（MMSE）检测器、迫零判决反馈（ZF-DF）检测器等。

8.1.4　WCDMA 的基本信令流程

在移动通信中，最基本的信令流程就是呼叫流程了，毕竟这是移动通信的基本功用。下面先来看一个移动台发起的呼叫流程及移动台结束呼叫的流程，如图 8.8 和图 8.9 所示[19]。

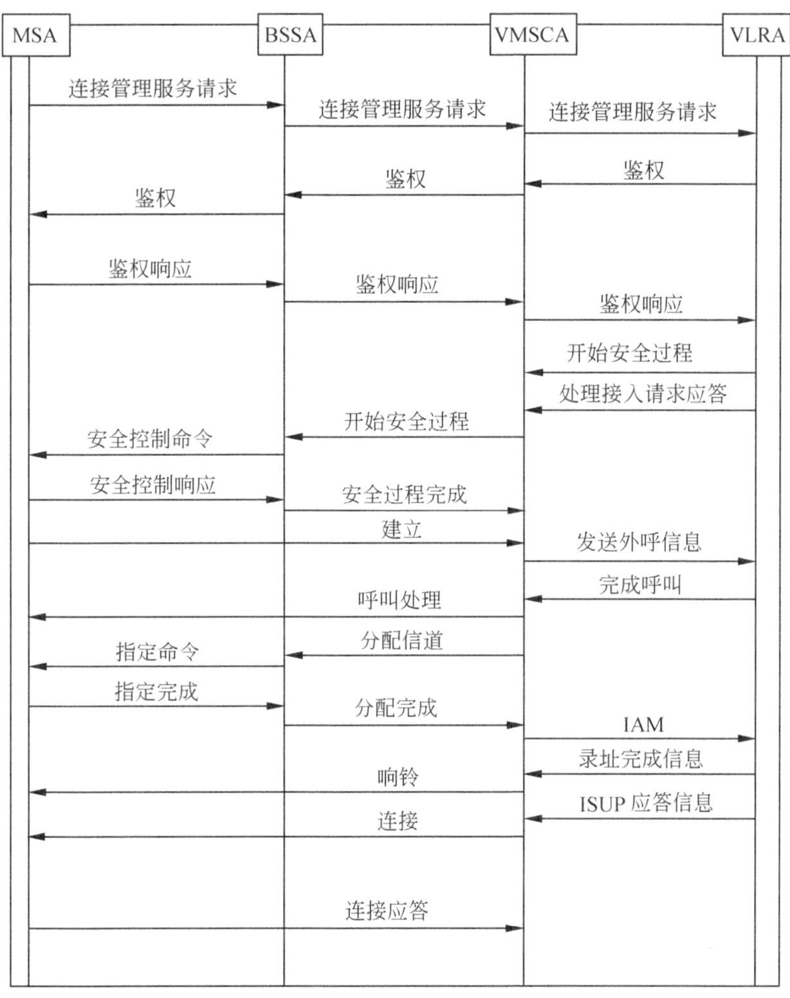

图 8.8　移动台发起的呼叫流程

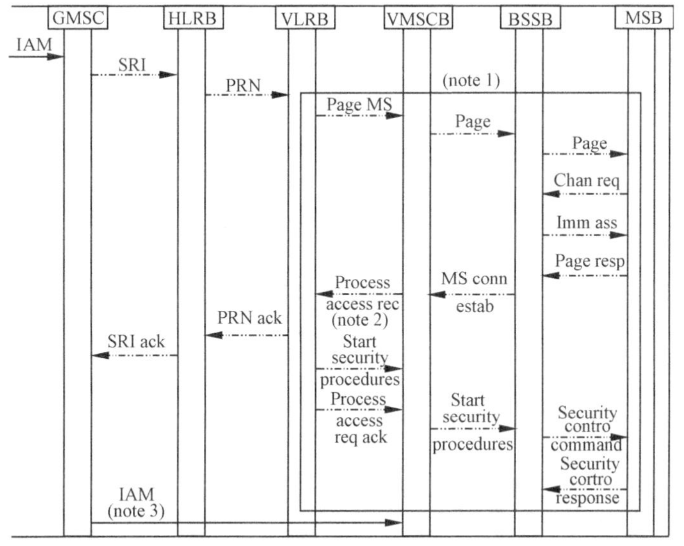

图 8.9　移动台结束呼叫的流程

移动通信中的切换流程是重要的信令流程之一。WCDMA 中 MSC 内的切换流程，如图 8.10 所示。

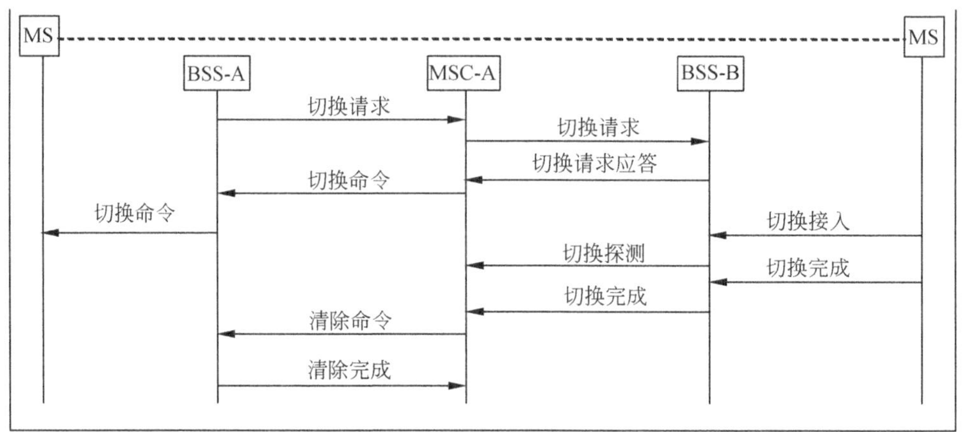

图 8.10　移动交换中心内的切换过程

在 3G 部署初期，3G 与 2G 的同时存在势必造成二者之间的切换。如图 8.11 就是 UMTS 到 GSM 的切换流程。

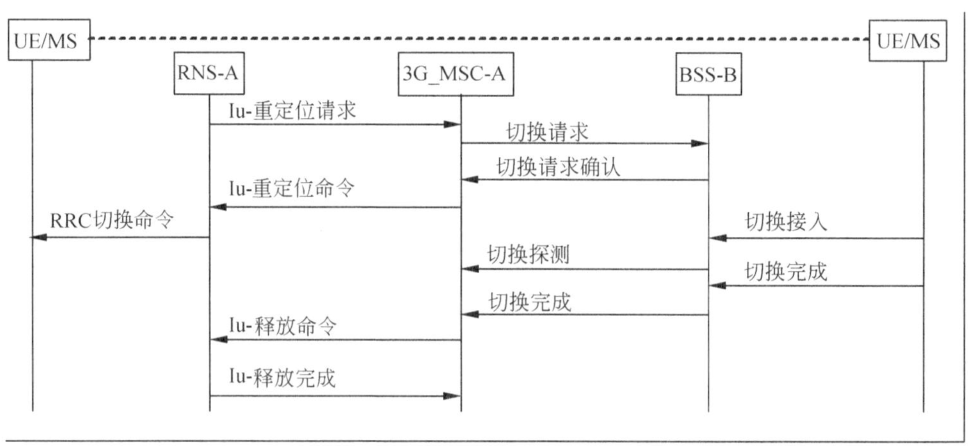

图 8.11　从 UMTS 到 GSM 的切换过程

8.2　CDMA2000——IS-95 的演进

前面介绍了 WCDMA 技术的演进过程与主要技术参数/关键技术等，下面介绍 CDMA2000 的一些基本概念。

8.2.1　CDMA2000 的主要技术参数

CDMA2000 是美国提出的 3GPP2 体系中的第三代移动通信技术体制，采用直接序列

扩频或者多载波的方式。

很多人可能会问，CDMA2000 与 WCDMA 都采用了直接序列扩频的空口技术，那么它们的区别在哪里呢？

两者的一个重要区别在于同步方式不同，WCDMA 区分小区采用的是下行扰码（共 512 个）的不同，而 CDMA2000 采用的是 PN 码的不同偏置来区分[20]。

CDMA2000 是在 IS-95 的基础上演进过来的，CDMA2000 的演进路线是 IS-95A→IS-95B→CDMA2000 1X→CDMA2000 1X EV，IS-95B 只能提供 115.2kbps 的最大速率到 CDMA2000 1X 能提供的最大数据速率 144kbps。

CDMA2000 1X 系统的关键技术参数如下：

导频辅助的信道相干解调、快速前向与反向功控、基站间同步使用 GPS、射频带宽 1.25MHz，码片速率为 1.2288M 码片每秒、卷积码与 Turbo 码的编码方式、下行 QPSK 和上行 BPSK 调制、信道扩频码字采用的是可变长度 Walsh 码、用户扩频码和基站扩频码采用的都是 m 序列等。

CDMA2000 1X EV 技术分为 1X EV-DO 和 1X EV-DV 两种技术体制，与 CDMA2000 1X 相比，1X EV-DO 采用的是全新的信道结构，因此兼容性上不如 1X EV-DV。但是由于 1X EV-DO 的产业化较早，因此，1X EV-DO 成为了 CDMA2000 3G 技术的主流。这也再次印证了这句话：有的时候技术并不能决定一切，市场往往成为最终左右技术发展的最重要因素。

由于 1X EV-DO 为用户提供非对称高速分组数据业务，因此系统演进重点是下行链路，上行链路的优化较少一些。在下行链路上 1X EV-DO 采用了诸多关键技术，如 TDM（时分复用）、AMC（自动调制编码）、多用户调度、功率分配、虚拟软切换、混合自动请求重传（HARQ）。

2002 年，1X EV-DO 开始在 SKT 商用，目前主要有美国、韩国等使用 CDMA2000 1X EV-DO 技术。

8.2.2　网络架构——CDMA2000 的骨架

EV-DO 的互操作规范消息与呼叫过程基于的网络架构参考模型，如图 8.12（版本 0）所示[21]，版本 A 的网络架构如图 8.13 所示[22]。

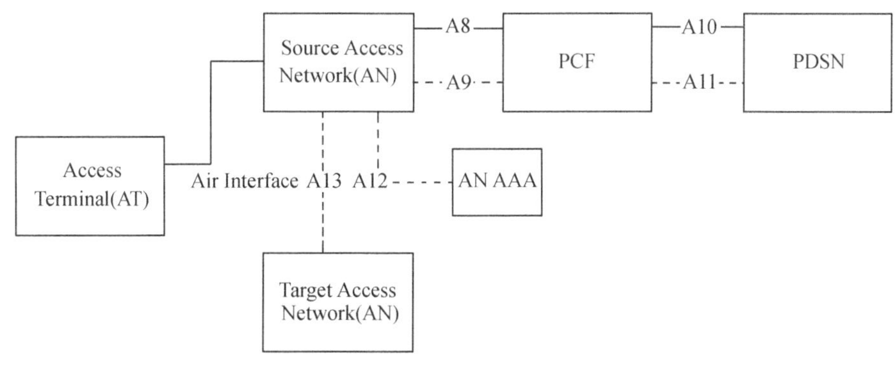

图 8.12　网路架构版本 0

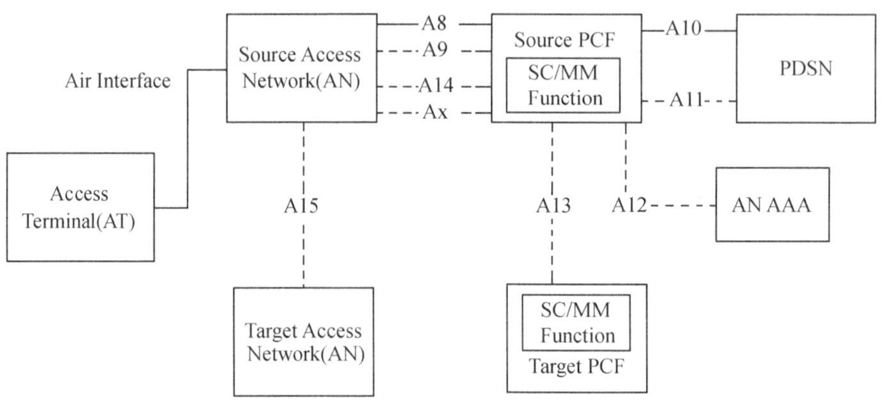

图 8.13　会话建立与密钥交换过程

目前采用较多的是版本 0，版本 A 只有日本的运营商在使用。

8.2.3　CDMA2000 的基本信令流程

一个成功的终端发起的呼叫接入鉴权过程，如图 8.14 所示[21]。

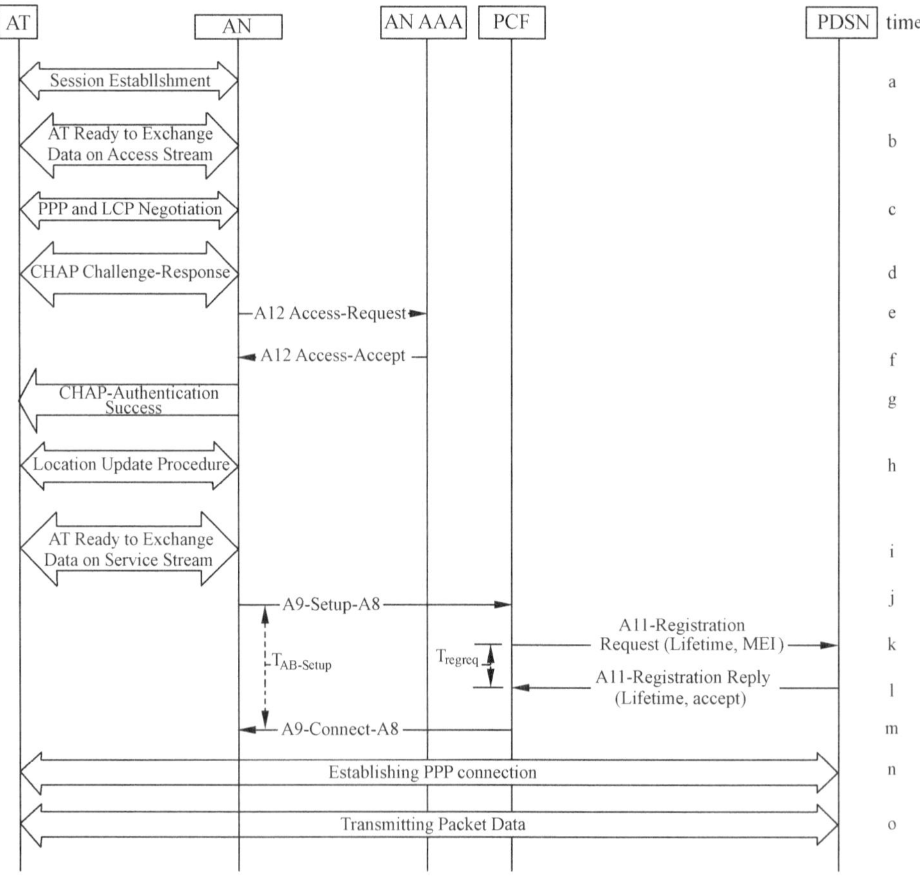

图 8.14　接入鉴权成功

一个失败的呼叫接入鉴权过程，如图 8.15[21]所示。

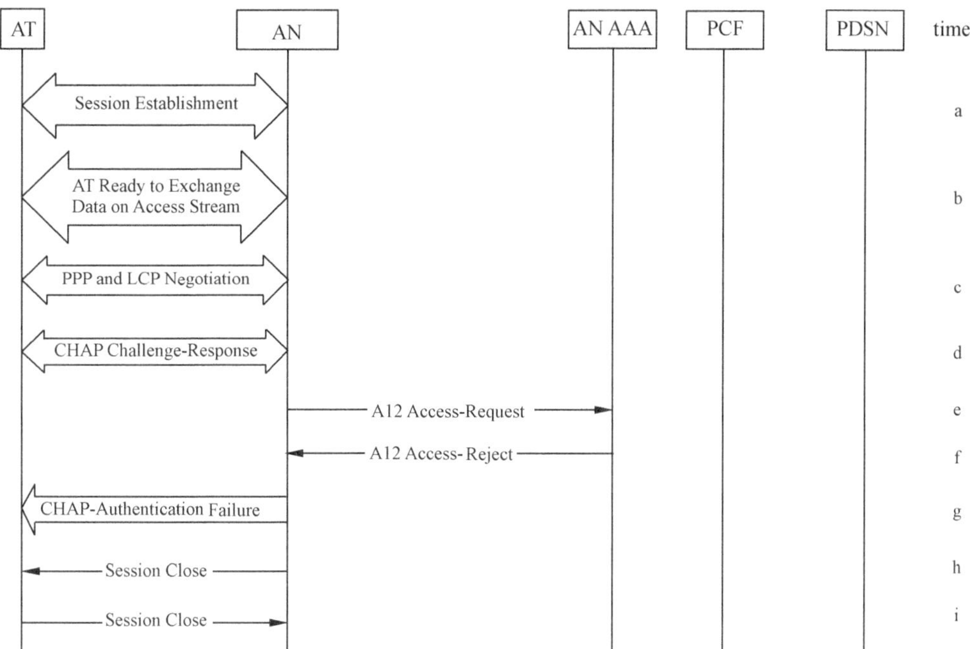

图 8.15　插入鉴权失败

网络侧重激活的过程如图 8.16[21]所示。

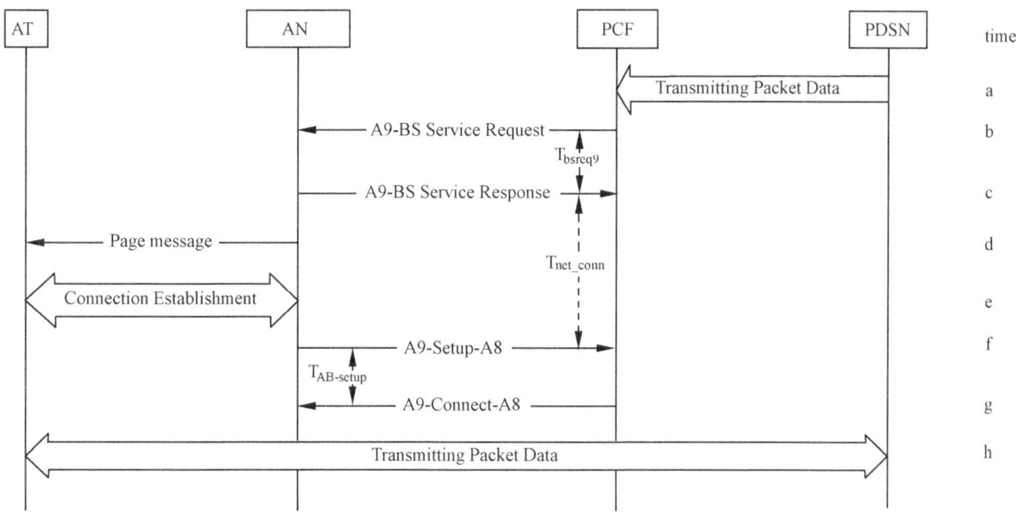

图 8.16　网络侧重激活过程

终端重激活的过程如图 8.17[21]所示。

终端初始的连接释放过程如图 8.18[21]所示。

网络初始的连接释放过程如图 8.19[21]所示。

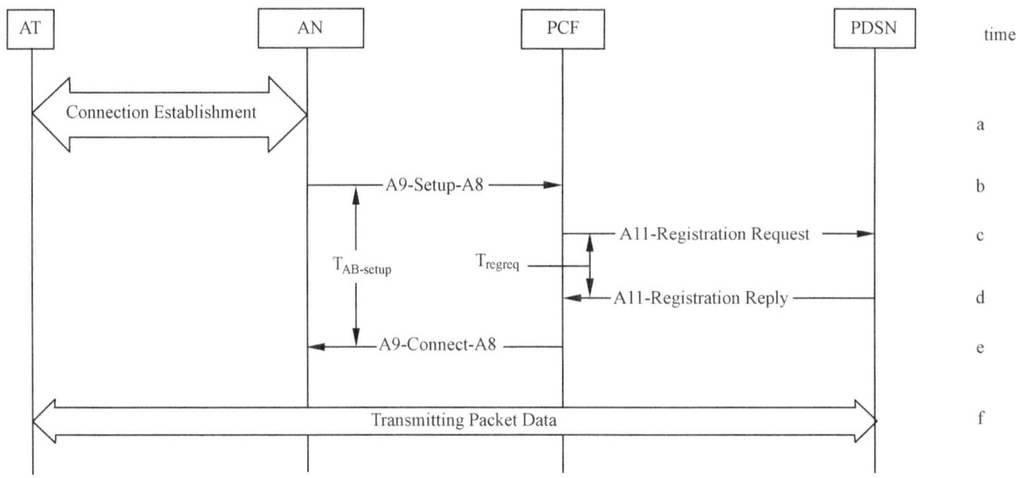

图 8.17　终端初始的从休眠状态的呼叫重激活过程

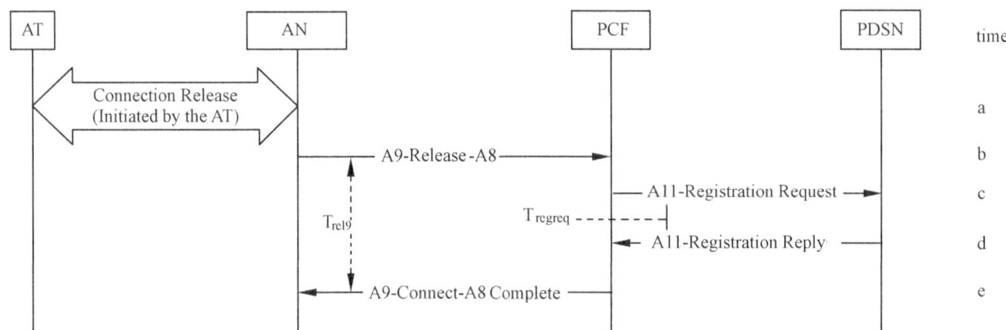

图 8.18　终端初始的连接释放

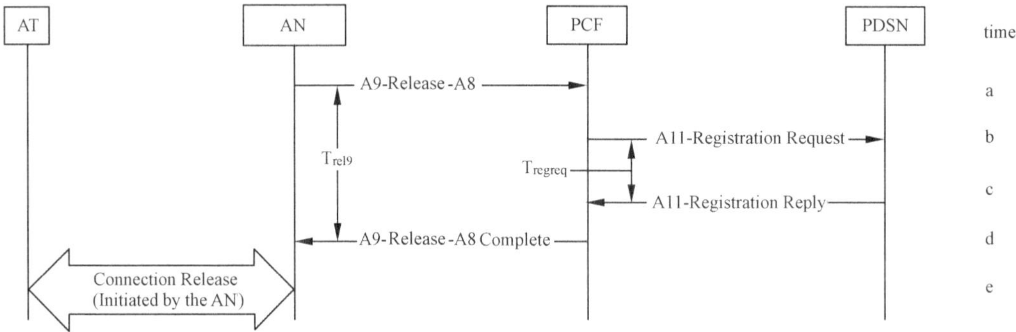

图 8.19　网络侧初始的 HRPD 会话释放

终端初始化的会话释放过程（A8 连接确立）如图 8.20[21]所示。

网络初始化的会话释放过程（A8 连接确立）如图 8.21[21]所示。

同一个 PDSN 下的 PCF 之间的接入网络之间的切换，如图 8.22[21]所示。

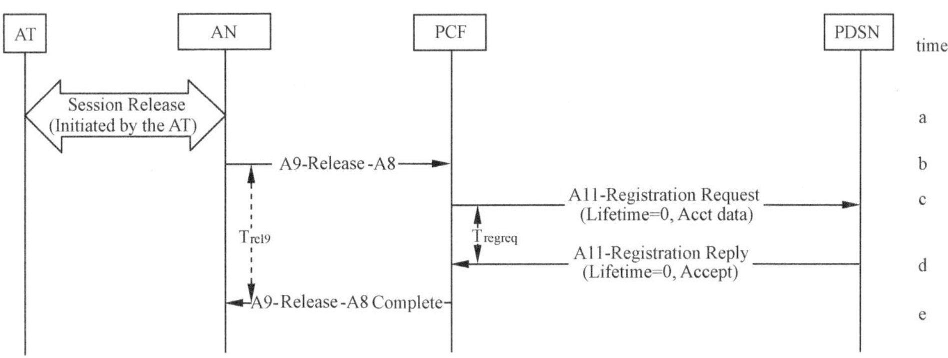

图 8.20　终端初始化的会话释放过程（A8 连接确立）

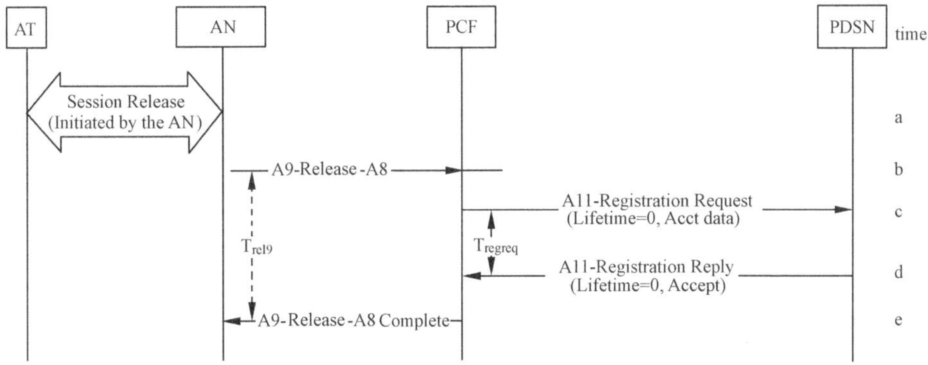

图 8.21　网络初始化的 HRPD 会话释放过程（A8 连接确立）

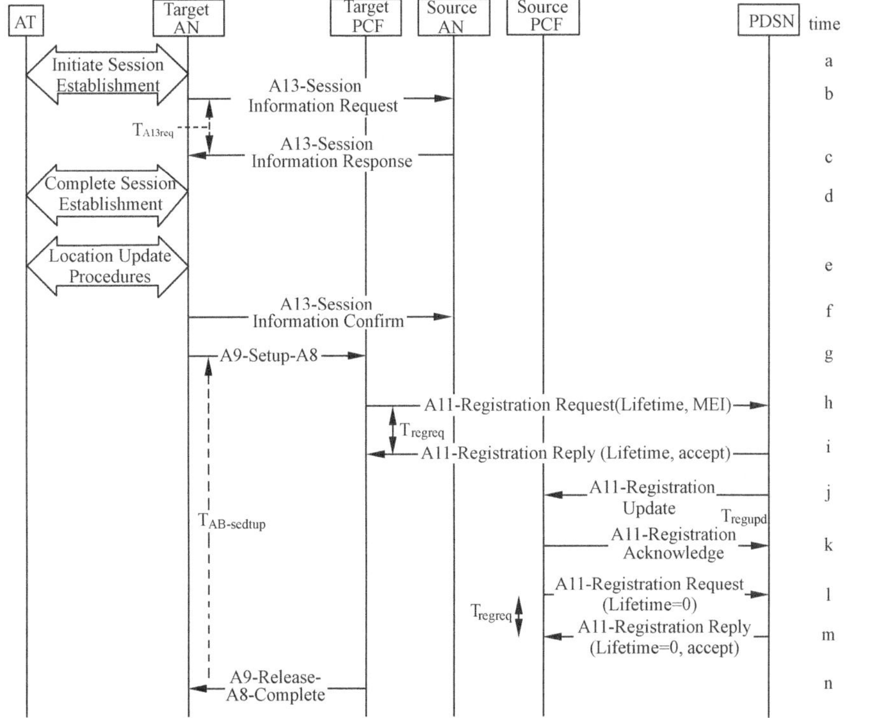

图 8.22　同一个 PDSN 下的 PCF 接入网络之间的切换

8.3　TD-SCDMA——孩子还是自己的好

2001 年 3 月由中国电信科学技术研究院（也就是大唐）与西门子合作提出的 TD-SCDMA 正式被接纳为第三代移动通信的标准。TD-SCDMA 也是中国几千年以来通信行业第一个完整的国际技术标准。

8.3.1　TD-SCDMA——中国人提的移动通信标准

TD-SCDMA（Time Division-Synchronization Code Division Multiple Access，时分同步码分多址）集中了 CDMA 和 TDD 的优势，当然也包括不足，TD-SCDMA 有系统容量比较大，抗干扰能力强、频谱利用率高等特点。

我国历史上第一个具有自主知识产权的国际通信技术标准 TD-SCDMA，采用了智能天线、接力切换、联合检测、同步 CDMA、软件无线电等技术。

TD-SCDMA 的载波间隔为 1.6MHz，码片速率为 1.28Mcps（为 WCDMA 的 1/3），每个无线帧长度与 WCDMA 相同为 10ms。调制方式为 QPSK/8PSK，编码方式为 Turbo 码和卷积码，每时隙的语音信道数目为 16 个。每载波语音信道数为 48，支持下行发射分集，需要基站同步，功率控制方式为开环和闭环功控，频率为 200Hz。

TD-SCDMA 的双工方式为 TDD，下面对 TDD 的优点进行简单的盘点。

（1）频谱灵活性

目前在 2GHz 以下很难找到成对的频谱，而 TDD 不像 FDD 那样需要成对地频谱，使得分配频段能够更加简单。

（2）对不对称业务的支持

对于 TDD 来说，上下行信道工作于同一个频段，只是不同的时隙，这样就可以通过调整上下行的时隙数目来适应上下行的业务量。从这个角度来说，FDD 系统对于不对称业务的支持显然不如 TDD 方便。

（3）上下行信道的对称性

由于上下行信道使用同一个频率，因此传播特性相近，使用智能天线的时候更加方便，同时，上行功率控制也可以利用这种对称性。

（4）设备成本低

由于信道的对称性，TDD 的接收机比较简单，而且没有 FDD 收发隔离的要求，这就使得设备成本比较低。

事物总是矛盾统一的，有优点就有缺点，TD-SCDMA 也有自身明显的缺点。

（1）同步问题

电影中，警方统一行动之前需要对表，在 TD-SCDMA 中需要精确地定时保持同步，基站间的同步也是必须的，这无疑会增加系统的复杂度。

（2）覆盖范围

TDD 上下行时隙间需要保护时隙，这就限制了小区的半径。

（3）速度限制

TDD 采用多时隙的不连续传输，使得其对抗快衰、多普勒效应的能力不如 FDD，同

时也受到信道估计与功率控制的限制，因此终端的最大支持速度为 120km/h。

除了以上不足之外，TD-SCDMA 的终端支持也不如 WCDMA 的力度大，同步困难带来的干扰问题也比 WCDMA 严重。

8.3.2　网络架构——TD-SCDMA 的骨架

TD-SCDMA 的网络架构与 WCDMA 的架构类似，都属于 UMTS 的网络架构。如图 8.23 所示为 Release 9 中支持电路交换与分组交换的 PLMN 的基本配置与接口情况。由于 Release 9 中涉及了 E-UTRAN，所以在图 8.23 中包含 EPS 和 GPRS 的网络实体与接口。

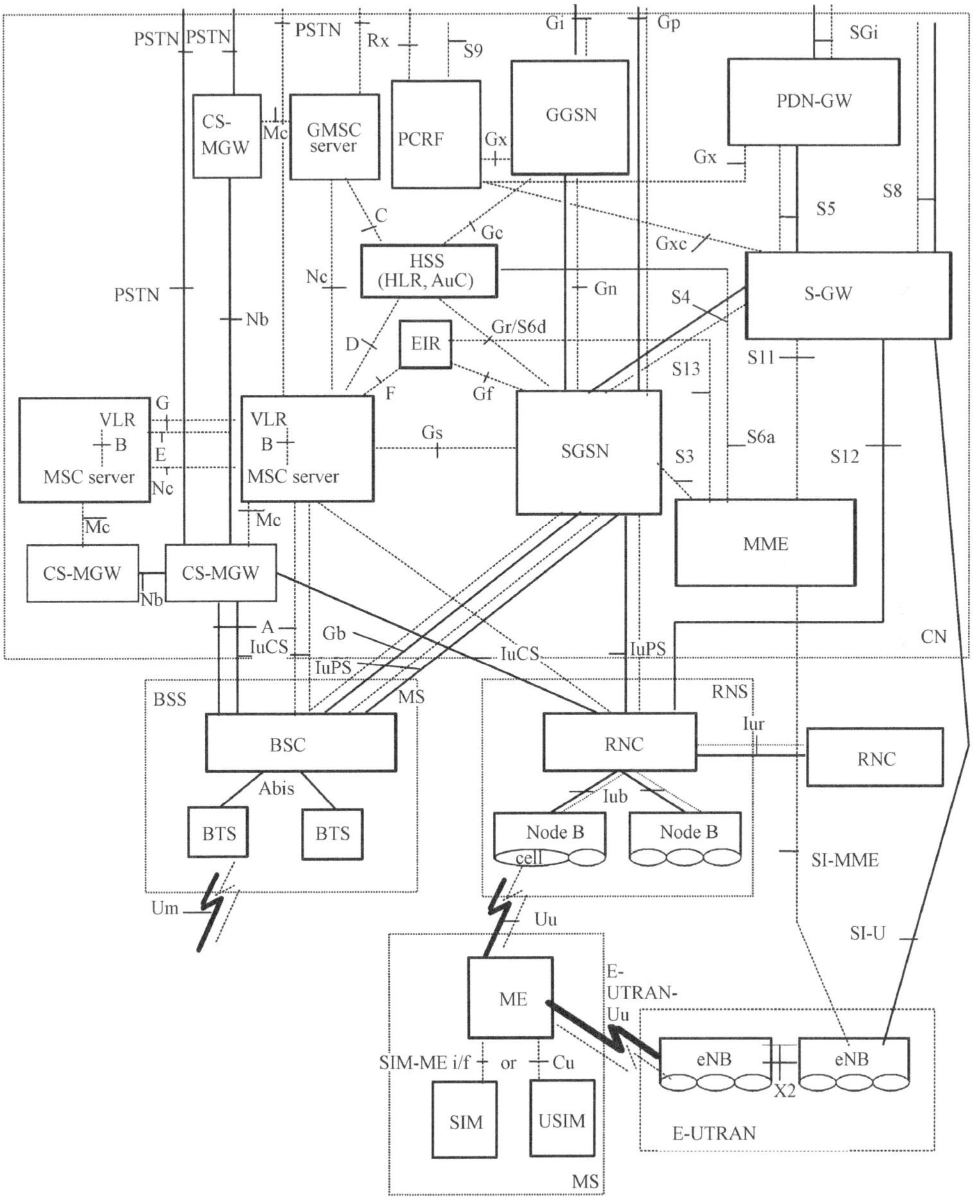

图 8.23　支持电路交换与分组交换的 PLMN 的基本配置

在正式接纳 TD-SCDMA 为第三代移动通信标准的 Release 4 中，TD-SCDMA 的网络结构及接口如图 8.24 所示。

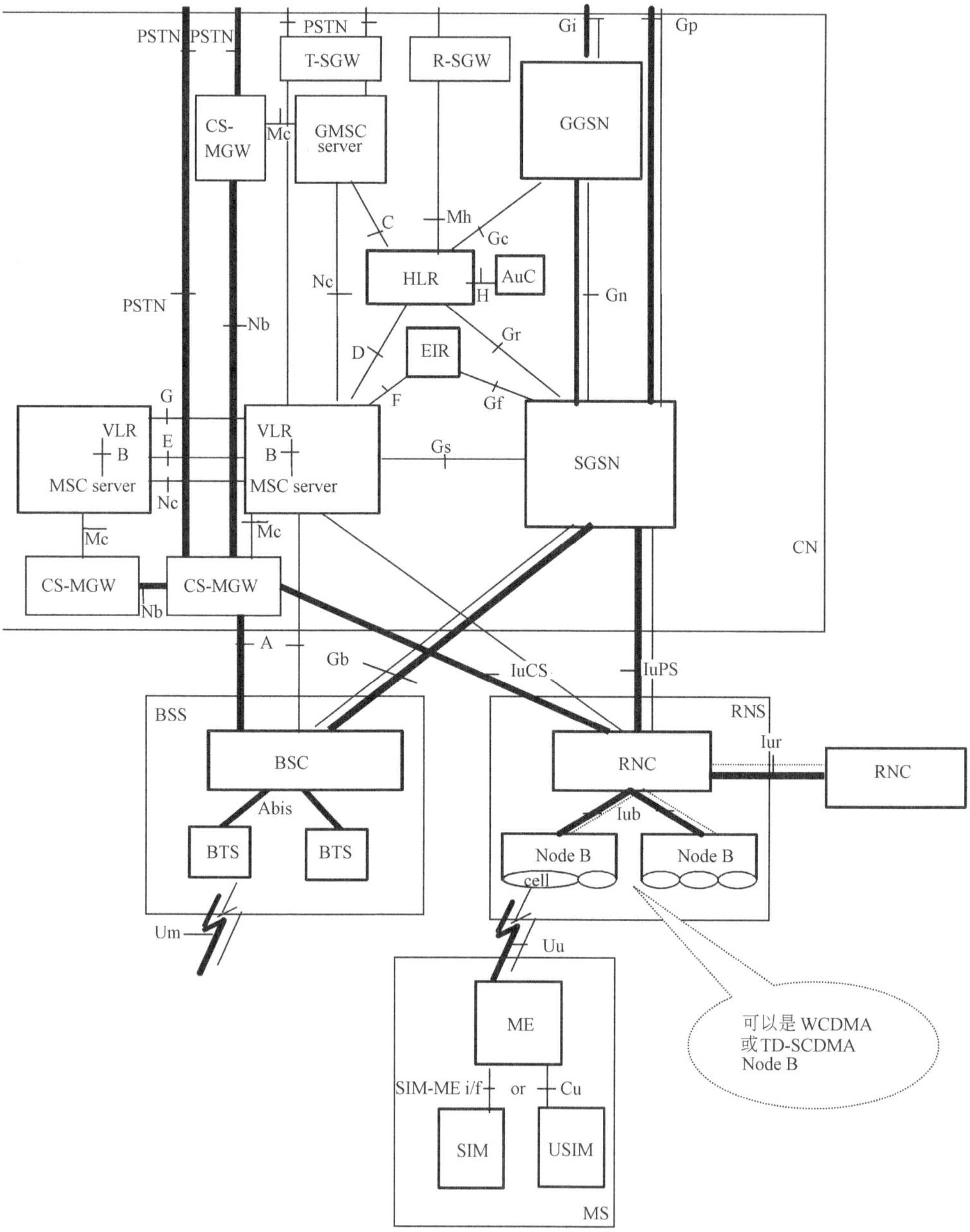

PSTN PSTN PSTN Gi Gp
T-SGW R-SGW
CS-MGW Mc GMSC server GGSN
C Mh Gc
Nc HLR AuC H Gn
PSTN Nb D EIR Gr
G F Gf
VLR B MSC server E Nc VLR B MSC server Gs SGSN
Mc Mc CN
CS-MGW Nb CS-MGW
A Gb IuCS IuPS
BSS RNS
BSC RNC Iur RNC
Abis Iub
BTS BTS Node B cell Node B
Um Uu
ME
SIM-ME i/f or Cu
SIM USIM
MS
可以是 WCDMA
或 TD-SCDMA
Node B

图 8.24　基于 R4 核心网的 TD-SCDMA 系统架构

8.3.3　TD-SCDMA 的信道与帧结构

TD-SCDMA 采用的物理信道的层次架构如图 8.25 所示，TD-SCDMA 的帧结构如图 8.26 所示。

如表 8.1 所示为 TD-SCDMA 中传输信道与物理信道的映射关系。

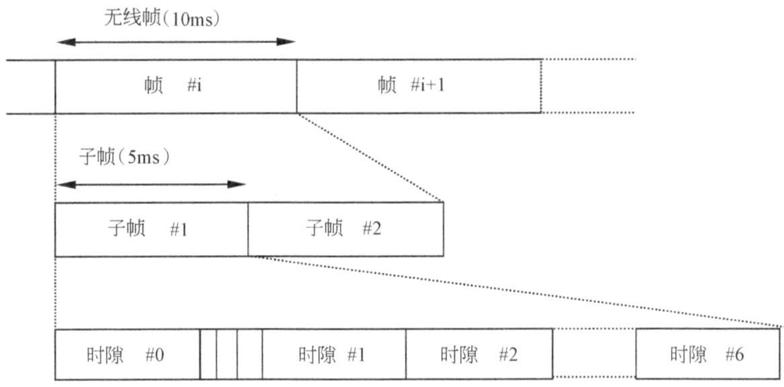

图 8.25　TD-SCDMA 采用的物理信道的层次架构

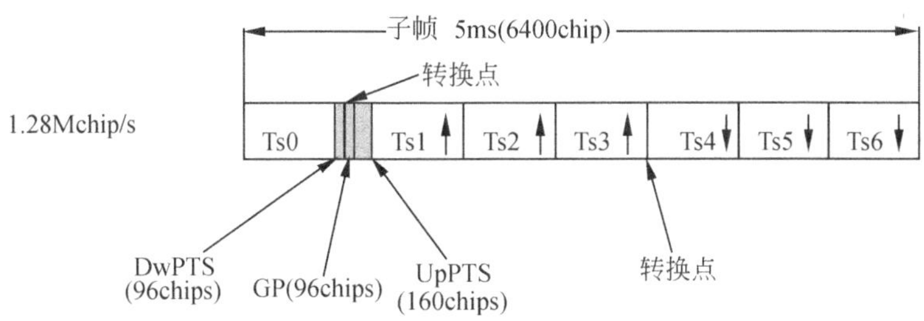

图 8.26　TD-SCDMA 的帧结构

表 8.1　TD-SCDMA中传输信道与物理信道的映射

传 输 信 道	物 理 信 道
DCH	专用物理信道（DPCH）
BCH	主公共控制物理信道（P-CCPCH）
PCH	辅助公共控制物理信道（S-CCPCH）
FACH	辅助公共控制物理信道（S-CCPCH）
RACH	物理随机接入信道（PRACH）
USCH	物理上行共享信道（PUSCH）
DSCH	物理下行共享信道（PDSCH）
	下行导频信道（DwPCH）
	上行导频信道（UpPCH）
	寻呼指示信道（PICH）
	快速物理接入信道（FPACH）

8.3.4　接力切换——快速准确的交接棒

关于切换，在本书前面已经对硬切换、软切换、更软切换做了通俗的诠释，本节仅对 TD-SCDMA 中的接力切换技术做通俗的说明。

在历届奥运会的比赛中，田径中的 4×100 接力比赛无疑是赛场上的重头戏。至今笔者仍无法忘记北京奥运会上博尔特、鲍威尔领衔的牙买加男队夺得 4×100 接力比赛冠军的场景。实力强大的美国男队和弗雷泽率领的牙买加女队由于交接棒失误与金牌无缘。

在接力比赛中，交接棒的技术很大程度上决定了冠军的归属。有记者问博尔特，你们是怎样实现高效的交接棒呢？博尔特曰：一定要提前判断好队友的位置和速度，及时做好接棒的准备，缓慢助跑，一旦队友将接力棒递给你向后伸出的手，你就握紧接力棒，跑完你的 100 米，再用同样的方法将接力棒传给你的下一棒队友即可。

注意：以上对话纯属作者杜撰，只为说明接力切换的技术原理。

可以看到，在接力棒的交接过程中，判断好队友的位置和方向是很重要的，而身为 TD-SCDMA 中核心技术之一的接力切换也是这样的一个过程。

在硬切换和软切换中，它们都有着各自的缺点，比如硬切换的掉话率比较高，而软切换的信道利用率低。接力切换取其精华去其糟粕，集众价值所长，自成一派，能实现掉话率低、信道利用率高、时延少的切换。

接力切换的原理和接力棒交接的过程十分类似，参与切换的基站就是参赛的队友，用户终端就是接力棒。在用户终端从源小区移动到目标小区的过程中，网络利用智能天线和上行同步的技术对接力棒（用户终端）进行定位，并把方向（北偏东 35° ）和距离信息（20 米）作为判断用户终端是否到了可以进行接力的地方。如果到了，就成功地把用户终端从原来的基站交接到目的基站。

接力切换的位置信息，包括方向和距离可以分别用智能天线阵的波束赋形和上行同步获得的用户信号传输的时间偏移计算出来。接力切换的过程如图 8.27、图 8.28 和图 8.29 所示。

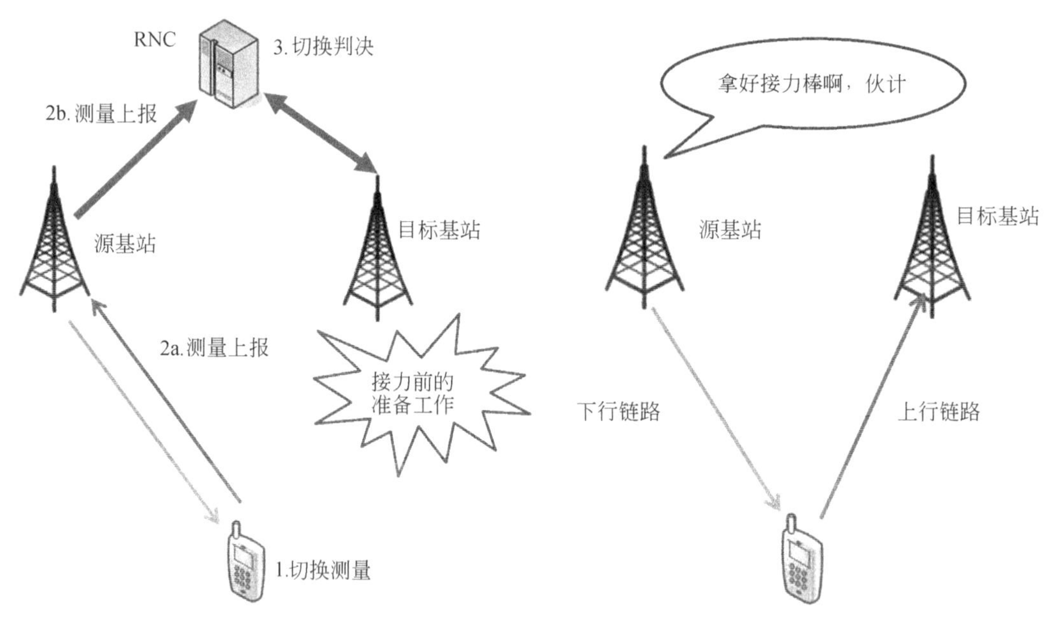

图 8.27　接力切换测量与判决　　　图 8.28　接力切换执行过程

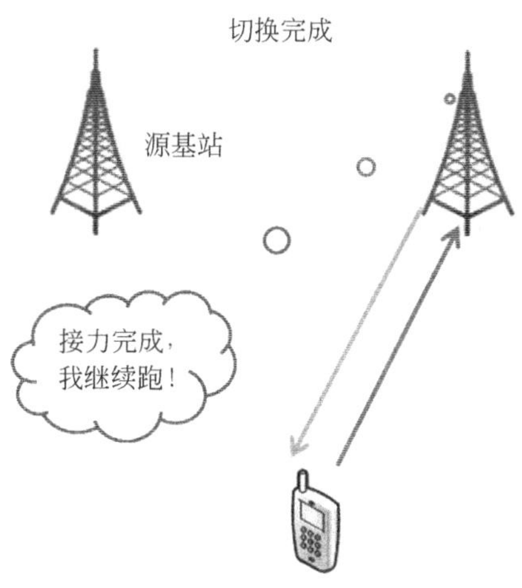

图 8.29　接力切换完成

接力切换的流程如图 8.30 所示[23]。

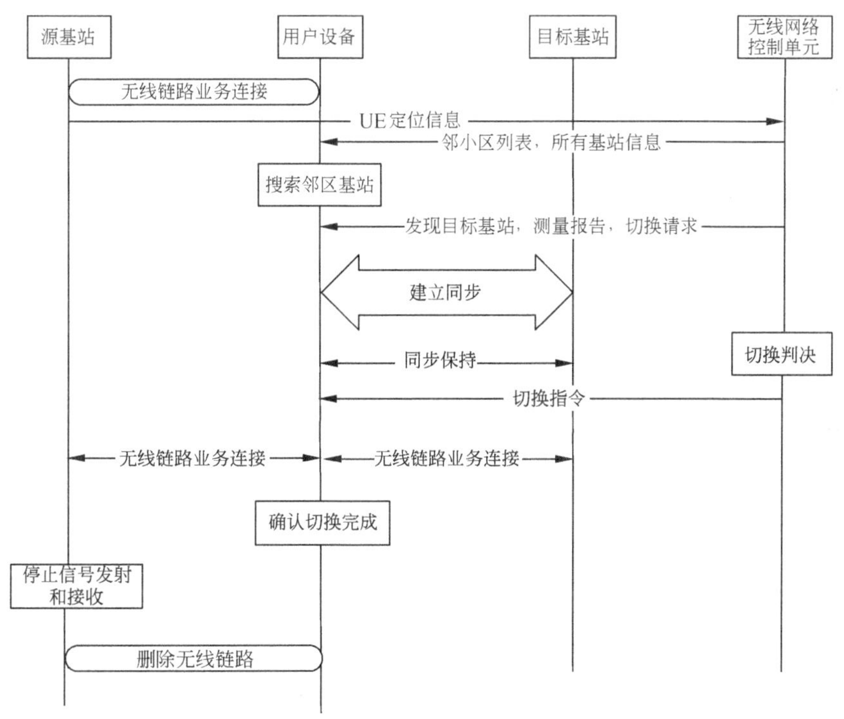

图 8.30　接力切换的流程

8.3.5　智能天线——指哪打哪的六脉神剑

《天龙八部》中大理段氏的一阳指独步天下，而段誉的六脉神剑每到关键时候更是大显神威。六脉神剑能实现人们指哪打哪的夙愿。在移动通信有一种技术也能让基站指哪（用户）打哪（用户）。

智能天线在本书前面内容中已有所涉及，在 1998 年中国向国际电联提交的 TD-SCDMA 中作为其核心技术出现，但是它并不是一项新技术，其核心技术波束赋形在 20 世纪 60 年代就开始在美国的军事雷达中有所涉及。

智能天线的基本原理是按照一定的方式排列和激励一组天线及其对应的收发信机，利用波的干涉原理产生强方向性的辐射方向图，使得辐射主瓣能够自适应地指向来波方向，从而提高信干比、降低多径干扰、提高系统覆盖范围，如图 8.31 所示。

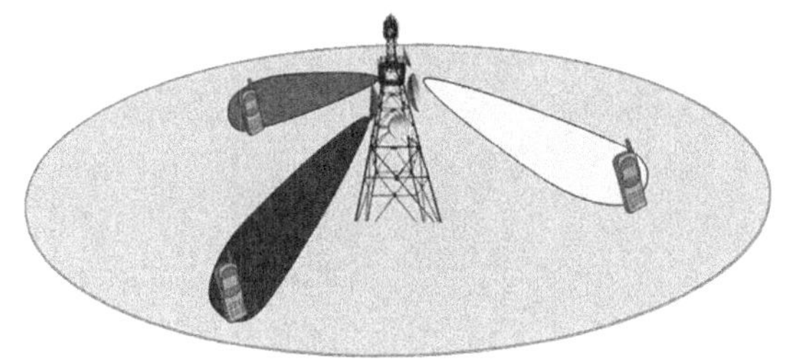

图 8.31　智能天线

8.4　小　　结

1．学完本章后，读者需要回答：

- ❑ 简述 WCDMA 的主要技术参数。
- ❑ 简述 WCDMA 的网络架构与接口。
- ❑ WCDMA 采用了哪些关键技术？
- ❑ 画出 WCDMA 的呼叫流程。
- ❑ 简述 CDMA2000 的主要技术参数。
- ❑ 简述 CDMA2000 的网络架构。
- ❑ 画出 CDMA2000 的接入鉴权流程。
- ❑ 简述 TDD CDMA 有哪些优点？
- ❑ 画出 TD-SCDMA 的帧结构。
- ❑ 简述接力切换的特点。
- ❑ 简述智能天线的基本原理。

2．在第 9 章中，读者将会了解到：

- ❑ 移动通信发展和演进到 LTE 的过程；
- ❑ 认识 FDD-LTE 与 TDD-LTE；
- ❑ FDD-LTE 和 TDD-LTE 的区别；
- ❑ LTE 技术天生的缺陷；
- ❑ CSFB、LTE-A、VOLTE 的基本概念。

第 9 章　4G 时代——TDD-LTE 与 FDD-LTE 的巅峰对决

小强是一个通信专业刚毕业的大学生，找工作面试的时候，所有面试官都会问一个问题："LTE 是什么呢？"

通俗一点来理解，LTE 的英文全称是 Long Term Evolution（长期演进），是由 3GPP（3rd Generation Partnership Project，第三代合作伙伴计划）组织制定的 UMTS（Universal Mobile Telecommunications System，通用移动通信系统）技术标准的长期演进，大家可以理解为一门通信技术的代号就可以了。

为什么取名 LTE？其实这里面还是有一点点深意的，也许大家可以满街看到 4G 来了、LTE 下载速率最大可达 100Mbps 这些广告词，但是实际上 LTE 并不是严格意义的 4G，只能算 3.9G。LTE 标准的提出主要目的是为了对抗 WIMAX 标准，还不能满足 IMT-advanced 的技术特征。2008 年，LTE 标准化基本完成，3GPP 又启动了 LTE-A，因此 LTE-A 才算是真正的 4G 标准。正因为 LTE 实际上是一个 3G 到 4G 的过渡技术，所以取名长期演进。

LTE 标准是在 2004 年 12 月于 3GPP 多伦多会议上正式立项并启动。LTE 系统引入了几项关键技术，例如 OFDM（Orthogonal Frequency Division Multiplexing，正交频分复用）和 MIMO（Multi-Input & Multi-Output，多输入多输出）等技术，显著增加了频谱效率和数据传输速率。LTE 系统有两种制式：FDD-LTE 和 TDD-LTE，即频分双工 LTE 系统和时分双工 LTE 系统。目前在制式上面中国移动只用 TDD-LTE，中国联通和中国电信既有 TDD-LTE，也有 FDD-LTE。这两种制式理论上的速率还是有差别的，但结合实际情况，二者各有千秋。

本章主要涉及的知识点如下：

- 移动通信发展和演进到 LTE 的过程。
- 认识 FDD-LTE 与 TDD-LTE。
- FDD-LTE 和 TDD-LTE 的区别。
- LTE 技术天生的缺陷。
- CSFB、LTE-A、VOLTE 的基本概念。

9.1　是什么催生了 LTE

纵观移动通信从 2G、3G 到 3.9G 乃至 4G 的发展过程，是从低速语音业务到高速多媒体业务发展的过程。大家回忆一下以前，科幻电影里面出现的各种可视的电话，那时候觉得是多么的不可思议，通过移动通信技术一步一步发展，可视电话现在已经不稀奇了，并且会有越来越多的功能被实现。由于大家对通信技术的需求，通信技术发展真的十分迅速。无线通信技术发展和演进过程如图 9.1 所示。

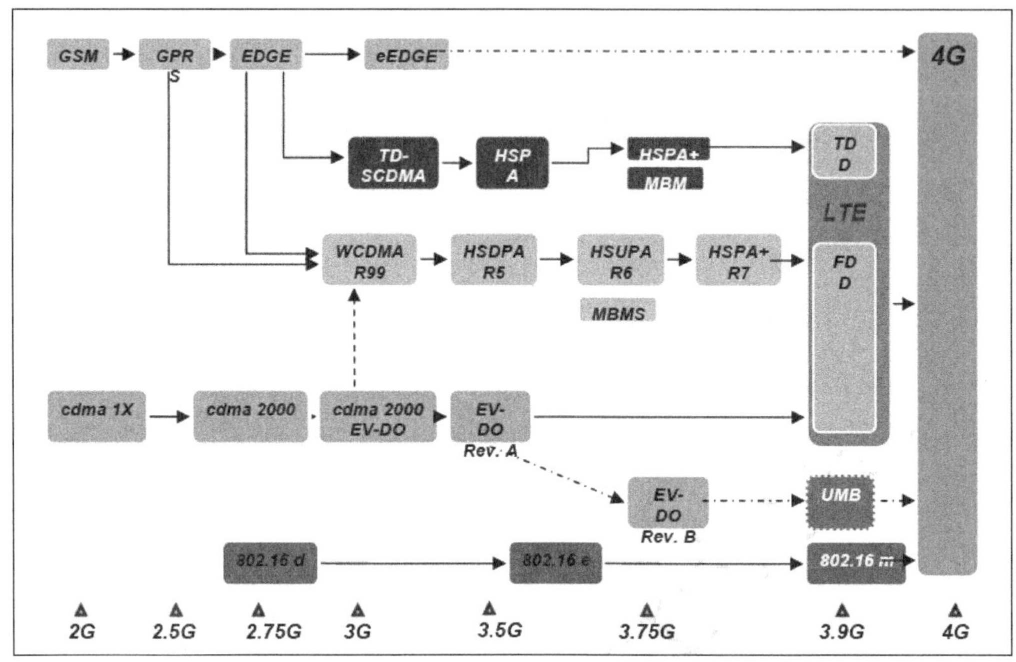

图 9.1　无线通信的发展和演进图

9.1.1　移动互联网业务的兴起把 LTE“逼”了出来

伴随着 GSM 等网络在过去二十年的普及和发展，手机已经成了人们日常生活中必不可缺的部分。我们的通信手段和习惯也有了巨大的变化，大家从以前的点到点通信，变成了现在的人与人通信。比如，以前张三要约李四晚上一起吃饭，张三在家里给李四家里打了一个电话，哎，恰好李四出去买日常用品没在家，电话没人接，那么很无奈的今天的约会取消了，这就是以前的点到点的通信。那么看现在，张三用手机拨打了李四的手机，很轻松的就能找到李四，这就是人与人通信。

通信的迅猛发展促进了我们通信设备的微型化和多样化，手机的样式越来越美观，功能越来越多，在线音乐、在线游戏、手机看视频等，极大地满足了个人娱乐需求。笔者想问一下：“您有手机依赖症吗，手机没电了是否会感觉不安，没有安全感呢”。可想而知，人们对手机的需求和依赖是巨大的。

由于需要满足个人通信娱乐的多样化，数据流量成为了人们在通信方面的巨大需求。也使 GSM 网络演进到 GPRS/EDGE 和 WCDMA/HSDPA 网络以提供更多样化的通信和娱乐业务，提高用户感知度，降低无线数据网络的运营成本，已成为移动运营商的必经之路。但这也仅仅是往宽带无线技术演进的一个开始。

高速发展和低成本的移动通信市场在高带宽的无线技术快速普及下，变成一块非常美味而且又十分便宜的大蛋糕了，众多非传统移动运营商也纷纷加入了移动通信市场，想要分一杯羹。另外，大量的酒店、度假村、咖啡厅和饭馆等，由于本身业务竞争激烈的原因，也提供免费 Wi-Fi 无线接入方式。笔者打个比方，A 酒店和 B 酒店，价格环境都差不多，A 酒店打出一个大大的牌子，本酒店免费 Wi-Fi 提供服务，你选 A 酒店还是 B 酒店？

在免费的无线接入基础上，网络服务商们也开发出很多免费语音、短消息、视频通信等聊天软件，有大家熟知的 QQ、微信等。想想我们以前交话费的时候，这个月短信费用比电话费还多，现在我们又有多少短信费呢。新兴力量给传统移动运营商市场带来了前所未有的冲击，加快现有网络演进，满足用户需求，提供新型业务成为在激烈的竞争中处于不败之地的唯一选择，没有办法嘛，优胜劣汰。

与此同时，用户期望运营商提供更高的、更快的网速。读者可以回忆一下，以前用手机的思维是打打电话就够了嘛，现在呢，手机主要不是用来打电话的而是用来玩的。这些要求已远远超出了现有网络的能力，寻找突破性的空中接口技术和网络结构看来是势在必行。

根据 3GPP 标准组织原先的时间表，4G 最早要在 2015 年才能正式商用，在这期间传统电信设备商和运营商将面临前所未有的挑战。用户的需求、市场的挑战和 IPR 的掣肘共同推动了 3GPP 组织在 4G 出现之前加速制定新的空中接口和无线接入网络标准，在各种大环境的压力下，LTE 问世了。

9.1.2　LTE 主要指标和网络构架——“性能优越，结构简单”

3GPP LTE 项目的主要性能目标包括：

- ❑ 在 20MHz 频谱带宽能够提供下行 100Mbps、上行 50Mbps 的峰值速率（这里的 100Mbps 和我们日常生活中的 MB/s 是有区别的，单位换算是 100Mbps/8=12.5MB/s）；
- ❑ 改善小区边缘用户的性能；
- ❑ 提高小区容量；
- ❑ 降低系统延迟，用户平面内部单向传输时延低于 5ms，控制平面从睡眠状态到激活状态迁移时间低于 50ms，从驻留状态到激活状态的迁移时间小于 100ms；
- ❑ 支持 100km 半径的小区覆盖；
- ❑ 能够为 350km/h 高速移动用户提供大于 100kbps 的接入服务；
- ❑ 支持成对或非成对频谱，可灵活配置 1.25 MHz 到 20MHz 多种带宽。

LTE 的主要指标和需求概括如图 9.2 所示。

要实现 LTE 系统的上述目标性能，需要改进与增强现有 3G 系统的空中接口技术和网络结构。同时 LTE 系统核心网采用两层扁平网络架构，有点精兵简政的感觉。由 WCDMA/HSDPA 阶段的 NodeB、RNC、SGSN、GGSN4 个主要网元，演进为 eNodeB（eNB）和接入网关（aGW）两个主要网元。核心网同时采用全 IP 分布式结构，支持 IMS、VoIP、SIP、Mobile IP 等各种先进技术。LTE 的扁平网络构架如图 9.3 所示。

9.1.3　OFDM\MIMO 技术——LTE 全靠“我们”

空中接口物理层技术是无线通信系统的基础与标志，3GPP 组织就 LTE 系统物理层下行传输方案很快达成一致，采用先进成熟的 OFDMA（正交频分多址）技术。但上行传输方案却争论不断，有点百家争鸣的感觉，大部分设备商考虑到 OFDM 较高的峰均比会增加终端的功放成本和功率消耗，限制终端的使用时间，坚持采用峰均比较低的单载波方案

SC-FDMA（单载波频分多址）。但一些积极参与 WiMAX 标准组织的公司却认为可以采用滤波、循环削峰等方法有效降低 OFDM 峰均比。

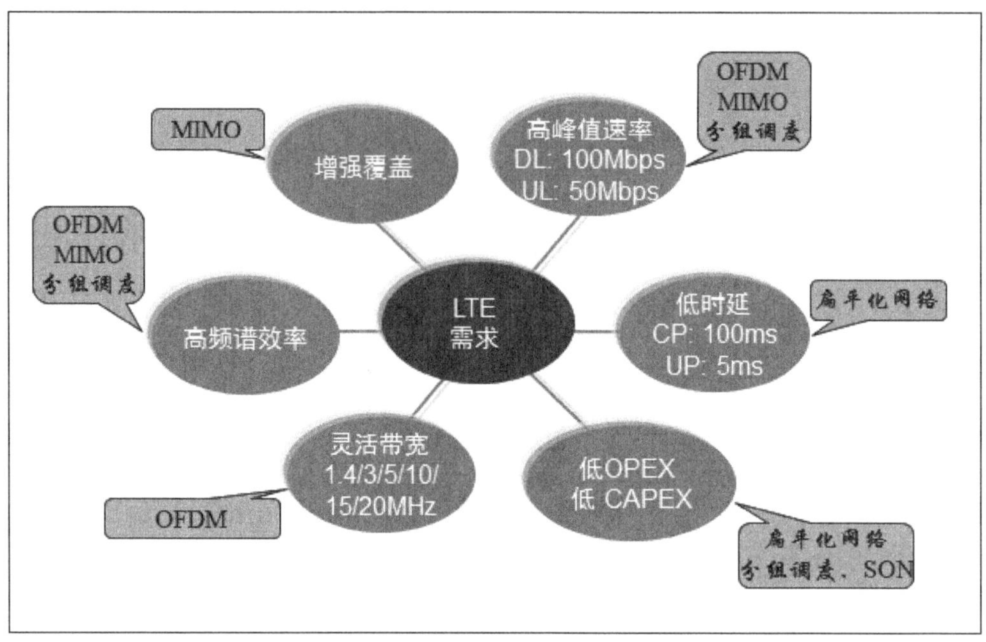

图 9.2　LTE 的主要指标和需求概括

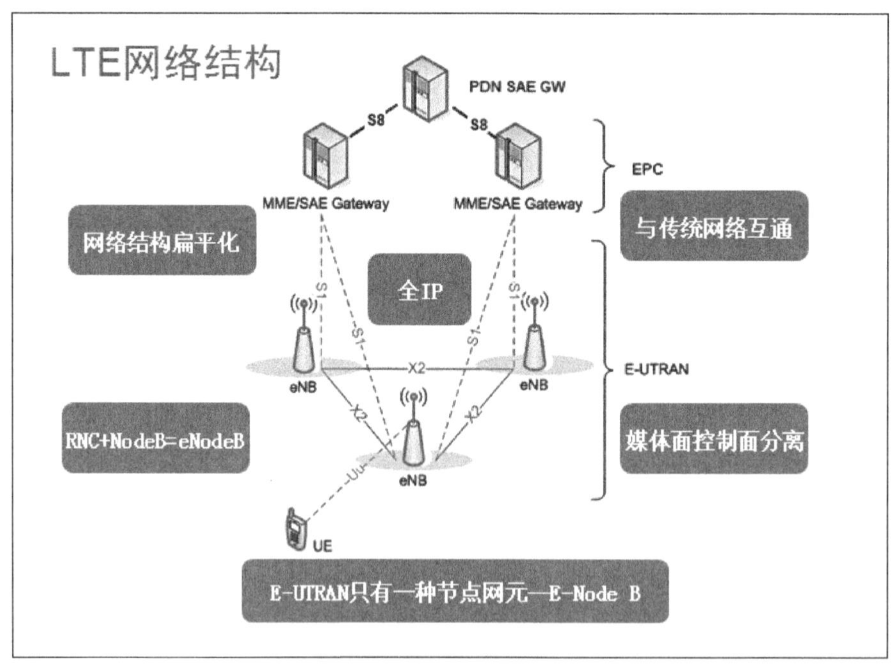

图 9.3　LTE 的扁平网络构架

双方各执己见，一度僵持不下，经过多次会议的艰苦协商，最后上行方案还是选择了单载波 SC-FDMA。这样 LTE 系统传输方案最终确定为下行 OFDMA 和上行 SC-FDMA。

与此同时，在是否采用宏分集（CDMA 的软切换技术就属于宏分集技术）问题上也产生了激烈的争论，最终考虑到网络结构扁平化、分散化的发展趋势，3GPP 组织在 2005 年 12 月经过“示意性”的投票，决定 LTE 系统暂不考虑宏分集技术。

OFDM 技术是 LTE 系统的技术基础与主要特点，OFDM 系统参数设定对整个系统的性能会产生决定性的影响，OFDM 同学对 LTE 同学说：“我是你的心脏，你好不好用，得靠我”。

MIMO 作为提高系统输率的最主要手段，也是属于 LTE 最重要的关键技术之一，MIMO 同学也对 LTE 说：“是我把你武装起来的，没有我，你的能力大打折扣。”

MIMO 表示多输入多输出。MIMO 系统在发射端和接收端均采用多天线（或阵列天线）和多通道。利用 MIMO 技术可以提高信道的容量，也可以提高信道的可靠性，降低误码率。前者是利用 MIMO 信道提供的空间复用增益（称为空间复用），后者是利用 MIMO 信道提供的空间分集增益（称为发射分集）。

9.2　想用手机就得分清楚 TDD-LTE 与 FDD-LTE

关于 LTE 有两种制式的区分。打个比方，这个世界上存在两种不同方式的 LTE，它们是“两兄弟”，“大哥”叫 FDD-LTE，“小弟”叫 TDD-LTE，这两兄弟相似度达到了 90%。为什么 FDD-LTE 是大哥，TDD-LTE 是小弟呢？因为 FDD-LTE 的标准化和产业化都要领先于 TDD-LTE，并且 FDD-LTE 目前采用的国家最多，分布的地域也最广，所以这个“大哥”是当之无愧的。虽然“大哥”起步早，技术相对成熟，但是“小弟”也有自己得天独厚的优势，所以它们“两兄弟”都是国际主流。

笔者这里要澄清一下，TDD-LTE 并不是中国标准，TDD-LTE 是国际标准的一个分支。中国把 TDD-LTE 叫成 TD-LTE，这里既有通俗叫法的原因，也有一定的宣传成份在里面。中国力推 TDD-LTE，是因为相对于 FDD-LTE 而言，虽然 TD-LTE 的专利并不由中国主导，但是中国在 TDD 上的专利比例还是要更大一些。

“大哥”和“小弟”有一点点的不同之处，这些不同之处到底是什么呢？下面笔者将从 3 个方面进行详细介绍。

9.2.1　TDD-LTE 与 FDD-LTE 的实质区别——“时间与频率”

咱们首先来介绍一下“小弟”TDD-LTE，它在中国有个名字叫 TD-LTE。TDD 是 Time Division Duplexing （即时分双工），TD-LTE 就是 Time Division Long Term Evolution（分时长期演进），从字面意思很容易理解到 TD-LTE 的工作方式与时间是有关系的。

“大哥”FDD-LTE 中的 FDD 是频分双工，那么 FDD-LTE，也能从字面上很清楚地理解到 FDD-LTE 的工作方式与频率是有关系的。

两兄弟的实质区别是什么呢？ “大哥”FDD-LTE 是用频率来区分上下行，有两个独立的信道，上行一条道，下行一条道，上下行频率是不同的。就好比双向两车道的公路，各自走各自的，互不影响。“小弟”TD-LTE 是用时间来区分上下行的，上下行是用同一频率的信道不同的时隙进行的，就好比一条单行道，按时间来分配，这个时段属于上行，往上走，另外一个时段属于下行，往下走。

FDD-LTE与TD-LTE的实质区别对比如图9.4所示。

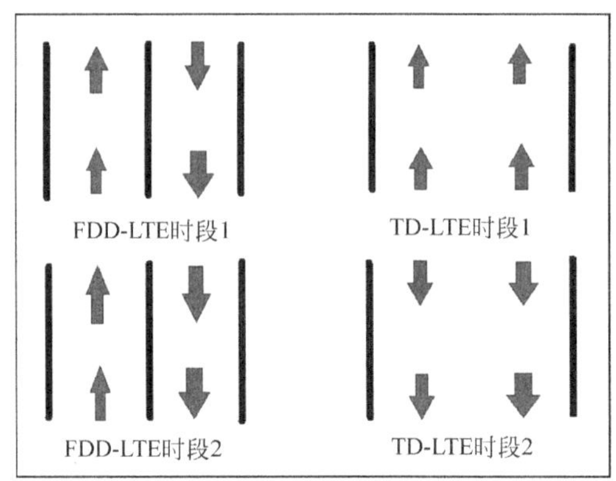

图9.4　FDD-LTE与TD-LTE的实质区别

工作模式的不同决定了FDD-LTE和TD-LTE的帧结构不同，TD-LTE由于依靠时间来区分上下行，所以TD-LTE具有更为复杂和特殊的一个帧结构（我们会在10.3节详细地介绍帧结构）。

9.2.2　TD-LTE与FDD-LTE的频段划分——“大哥还是大哥”

同为20MHz带宽的FDD-LTE与TD-LTE上下行速率对比的话，FDD-LTE工作模式有着很大的优势，但是FDD-LTE工作模式对于频谱资源要求要比TD-LTE苛刻。就拿同为20MHz带宽来比较而言，FDD-LTE上下行都得20MHz，相当于用了40MHz的频谱资源，而TD-LTE只需要20MHz的频谱资源。在频谱资源稀缺的今天，TD-LTE的优势还是比较明显的。笔者打个比方，FDD-LTE就好像一个比较高档的别墅，住着舒适但是要求特别高，需要依山畔水的地皮资源。TD-LTE就好像住宅小区，虽然舒适度、安逸度稍差，但是对地皮资源要求没那么高。

TD-LTE最大的优势就是它的频谱利用率高，配置灵活，并且不像FDD那样需要对称的上下行频率，并且中间还需要占用一定的保护频率。

从全球的频段划分来看，还是以“大哥”FDD为主导地位，在全球已开通的网络来看，FDD-LTE主要占用700MHz、800MHz、1800MHz、2.6GHz等频段，TDD-LTE主要占用2.3GHz、2.6GHz等频段。可以很明显地看出，LTE-TDD网络集中在高频段，FDD-LTE集中在低频段。

从中国的频段划分来看，笔者在3.1.2节提到过TDD牌照的发放，移动、联通、电信分别获得了130MHz、40MHz、40MHz的TDD网络频谱资源、FDD-LTE试商用网，从电信、联通使用的频段来看，电信使用1.8GHz频段1755-1785MHz、1850-1880MHz，联通使用2.1GHz频段1955-1980MHz、2145-2170MHz。

从此频段划分来看，中国的LTE网络主的频谱资源主要集中1.8GHz、2.1GHz、2.3GHz、2.6GHz等频段。中国相对于国外，极力推广TD-LTE，并且在未来计划中，根据TD-LTE网络建设的发展，1.4GHz和3.5GHz将会用于TD-LTE后续发展。

9.2.3　TD-LTE 与 FDD-LTE 的优缺点——“各有千秋”

世界上最伟大的哲学家之一黑格尔说过一句话：“存在即合理”。TD-LTE 和 FDD-LTE 虽然表面看来是竞争对手，但是它们的优缺点还是存在互补的。TDD 和 FDD 融合也是一个大趋势，全球已经有不少运营商引入了 TDD 和 FDD 的混合组网方案。在瑞典，瑞典运营商在混合组网方面已经积累了很有价值的经验，在郊区偏向于用 FDD，在市区的热点大量应用 TDD，既做到了广覆盖，又解决了市中心数据流量密集的问题。那么笔者这里给大家浅谈一下 TD-LTE 和 FDD-LTE 各自的优缺点。

TDD 相对于 FDD 的优点：

- 前文提到过，TDD 在频谱配置方面更加灵活，可以使用 FDD 系统不易使用的一些零散频段。
- 可以通过调整上下行时隙转换点，提高下行时隙比例，能够很好地支持非对称业务。
- 具有上下行信道一致性，基站的接收和发送可以共用部分射频单元，降低了设备成本，TDD 系统的基站设备成本比 FDD 系统的基站成本低约 20%～50%。
- 接收上下行数据时，不需要收发隔离器，只需要一个开关即可，降低了设备的复杂度。
- 具有上下行信道互惠性，能够更好地采用传输预处理技术，如预 RAKE 技术、联合传输（JT）技术、智能天线技术等，能有效地降低移动终端的处理复杂性。

FDD 相对于 TDD 的优点：

- 由于 FDD 和 TDD 的工作模式原因，在同为 20MHz 带宽的情况下，FDD-LTE 的下载和上传速率要明显优于 TDD。20MHz 带宽 FDD-LTE 的下载峰值速率大概为 150MB/s，上传速率大于为 50MB/s。而 TDD 根据时隙配比不同，下载和上传速率也不同。
- FDD 基站覆盖范围明显要大于 TDD 基站，原因是 TDD 系统上行受限。通俗一点来讲，小明在一个距离基站稍远的地方用 4G，如果用 TDD 的话，小明的 4G 终端没有信号，如果是 FDD 的话，小明的 4G 终端有信号。
- 采用 FDD 模式的系统的最高移动速度可达 500km/h，而采用 TDD 模式的系统的最高移动速度只有 12km/h。这是因为，目前 TDD 系统在芯片处理速度和算法上还达不到更高的标准。
- 在抗干扰方面，使用 FDD 可消除邻近蜂窝区基站和本区基站之间的干扰，FDD 系统的抗干扰性能在一定程度上好于 TDD 系统。TDD 系统存在系统间和系统内干扰。

9.3　LTE 的天生缺陷

每一项技术都不是完美的，总有它的缺点，现在 LTE 呈现的是速率快，能满足大众各方面的需求。假如把 LTE 比做明星，台前她表演多么耀眼，多么风光，台下也有很多问题是粉丝根本不知道的，对吧。笔者现在告诉读者一些 LTE 大明星台下的秘密。

9.3.1　哑巴，我说话要靠 2G、3G

目前移动的 LTE 已经商用，很多用户已经感受到了 LTE 的速度和其他服务，但是就目前的 LTE 技术其实存在一个小小的秘密。用户打电话的时候，仔细观察会发现一个小小的问题，一拨打电话，手机屏幕上方的 4G 信号会立马变成 2G 或 3G 信号，通话结束之后又会立马回到 4G 信号。这是为什么呢？

其实在目前 VoLTE 还不太成熟的情况下，4G 是不支持语音通话的。目前的过渡技术是利用 CSFB 和 Fast Return 来进行处理的，笔者所描述的那种现象就是 CSFB 和 Fast Return 连手制造出来的。

为什么 4G 目前不支持语音通话？这个问题其实就是 LTE 核心网的原因，下面给读者介绍一下核心网的小知识。

在 2G 和 3G 时代，核心网有两个独立的域，电路域（CS 域，Circuit Switch）和分组域（PS 域，Packet Switch）。用最简单的话来说，CS 域就是用来控制打电话的，PS 域就是用来控制上网的。然后 LTE 时代到来了，业务的爆发和全网络 IP 化，LTE 网络不提供 CS 域，LTE 的核心网只保留了一个分组域的核心网 EPC，LTE 的目标是将 LTE 的所有业务都承载在这张处理数据的核心网上。这样的话，只有等待 VoLTE 技术成熟的情况下，LTE 才能支持语音业务，目前是不行的。

1. 什么是CSFB？

CSFB 即电路域回落，简单来讲，就是在 LTE 上面打电话或接听时，从 LTE 网络回落到原来的 2G 和 3G 网络上面进行语音通话。这样的一个过程就是 CSFB 的过程。CSFB 的网络构架图如图 9.5 所示。

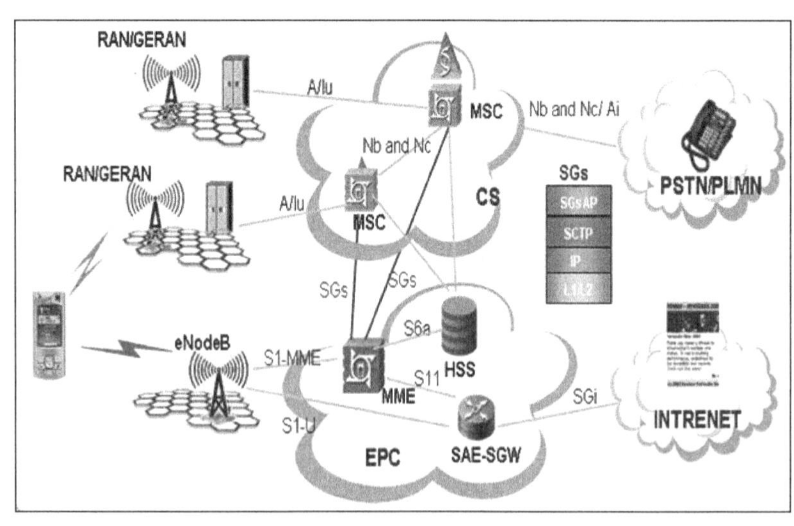

图 9.5　CSFB 的网络构架

CSFB 技术适用于 2G 和 3G 与 LTE 的无线网络重叠覆盖的场景，而且实现比较容易，是目前建网初期非常重要的一个过渡技术。

2. 什么是Fast Return?

Fast Return 就是 LTE 网络在语音方面通过 CSFB 回落到 2G 和 3G 网络的情况下，为了更好的用户体验，在用户语音业务结束后瞬间回到 LTE 网络上的一门技术。

- 如果不采用 Fast Return 功能，UE 从 2G 和 3G 返回 LTE 的时间需要 8 秒以上。
- 采用 Fast Return 功能，时延下降到 500ms，用户感觉是瞬间就回到了 4G 上，感知明显提升。

9.3.2 LTE 中也有恶魔——“模三干扰”

所有的网络都存在一个恶魔，它时时刻刻都存在，并且无法彻底消灭，只有避免，它的名字就是大名鼎鼎的“干扰”。LTE 也存在很多类型的干扰，下面介绍一个新的“恶魔”——模三干扰。

要了解模三干扰，首先我们要学习一个参数 PCI。

1. 什么是PCI

PCI（Physical Cell ID）物理小区识别码在 LTE 系统中是用 PCI 来区分小区的，并不是以扰码来区分小区。LTE 系统中没有扰码的概念，LTE 扰码总数为 504 个。PCI 由主同步序列和辅同步序列组成，主同步信号是长度为 62 的频域 Zadoff-Chu 序列的 3 种不同的取值，主同步信号的序列正交性比较好；辅同步信号是 10ms 中的两个辅同步时隙（0 和 5）采用不同的序列，168 种组合，辅同步信号较主同步信号的正交性差，主同步信号和辅同步信号共同组成 504 个 PHY_CELL_ID 码。PCI 的公式为 PCI=PSS+3*SSS。其中，PSS 取值为 0、1、2，SSS 取值为 0～167。PCI 用来区分下行小区，上行则根据根序列区分，E-UTRA 小区搜索基于主同步信号、辅同步信号，以及下行参考信号完成同步信号的作用（频率校正、基准相位、信道估计和测量）。

2. 什么是模三干扰

在 LTE 同频组网中，由 PCI 模三相同造成的干扰是最为常见的干扰，对用户的速率、切换，以及接入速度都有比较严重的影响。

相同的 PCI 小区，如果其 RS 位置也相同的话，在同频情况下会产生干扰。PCI 值是映射到 PSS、SSS 的唯一组合，其中 PSS 序列 ID 决定 RS 的分布位置。

在同频组网、2X2MIMO 的配置下，eNodeB 间时间同步，PCI 模三相等，这意味着 PSS 码序列相同，因此 RS 的分布位置和发射时间完全一致。

LTE 对下行信道估计都是通过信号强度（RSRP）和信噪比（SINR）来估计的，如果两个小区的 PCI 除以 3 的余数相等，若信号强度接近，由于 RS 位置的叠加，会产生较大的系统内干扰，这样就会导致测了终端 RS 的 SINR 值较低，我们把这种 PCI 除以 3，余数

相同的干扰称之为“模三干扰”。模三干扰产生情况如图 9.6 所示。

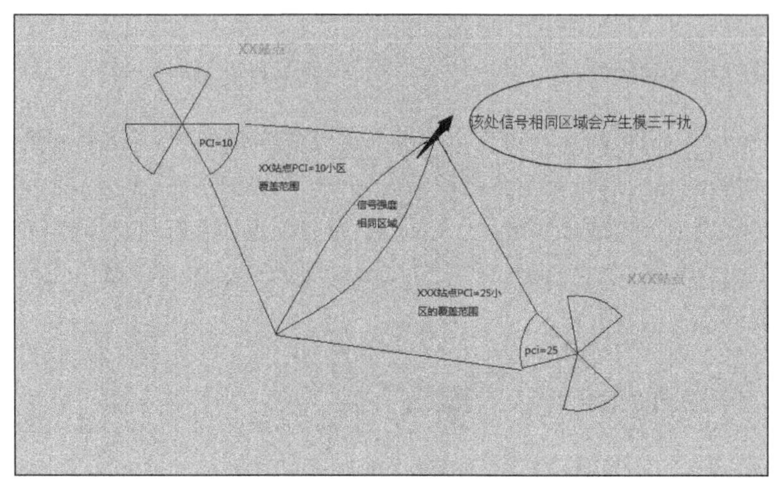

图 9.6 模三干扰产生情况图

模三干扰实际上是因为 PCI 规划不合理或者一些站点越区覆盖导致的。需要通过优化人员对干扰站点 PCI 进行重新修改规划，或者进行 RF 优化来解决。

我们来看看实际情况，假如 A 广场存在模三干扰。用户小强正在用新买的 LTE 手机上网看在线电影，走到 A 广场的时候，突然网速变得非常非常慢，但是手机信号却是满格。

9.3.3 解析 TD-LTE 先天缺陷的原因

在 9.2.3 节中我们对比了 TD-LTE 和 FDD-LTE 两兄弟的优缺点，其中有一些缺点造成了 TD-LTE 的先天不足，这里解析一下为什么 FDD-LTE 会在国际上成为最主要的制式，而 TD-LTE 只是一个辅助，这里分析出了 3 大原因：

（1）由于工作方式不同，导致 TD-LTE 的速率比 FDD-LTE 慢了不少，这个问题我们在上一节已经分析过了，这是其中原因之一。

（2）TD-LTE 基站覆盖范围较小，这也是十分严重的一个缺陷。为什么 TD-LTE 会比 FDD-LTE 覆盖范围小呢？我们来分析一下。

9.2.3 节说了是上行受限，那么笔者就解释一下这个上行受限的原因，大家都知道 TDD 系统是用时间来区分上下行的，中间有个 GP 长度时间间隔，如果覆盖距离较远，上下行来回时间超过了 GP 长度就会导致一个时隙内既有上行又有下行，这样上下行就产生干扰了。简而言之，TDD 基站因为上行受限的原因不能覆盖太远，覆盖太远会产生比较严重的干扰。

还有，读者都知道频段越高信号的衰减越快，穿透力越弱，我们知道 TDD 的频段都处在 D、E 等高频段，这也导致了 TDD 覆盖范围较小的原因。

（3）9.2.3 节提到的 TDD 抗干扰能力较弱，存在系统间和系统内干扰，主要由于其他系统引起的杂散、阻塞，以及互调干扰。

9.4　LTE 语音的标准——VOLTE

2013 年中国移动明确表示将 VOLTE 作为 LTE 语音目标方案，并且在 2013 年下半年已经进入测试阶段。2014 年 9 月，在中国北京举行的 2014 年中国国际信息通信展览会中，中国移动展览台展出了 VOLTE 语音评测数据，评测数据显示 VOLTE 语音通话超过 2G 和 3G 网络，在接听时延方面也有较大的提升，并且预计 2014 年年底中国移动 VOLTE 将进行试商用。

在全球，包括 SK 电信、DoCoMo、TMobile、AT&T、Verizon、Sprin 等多家大型运营商都已经开始商用 VOLTE 网络。那么 LTE 网络的语音业务重担就全部落在 VOLTE 上了。

1. VOLTE到底是什么呢？

近似于 VOLTE 这种技术的一些相关的语音业务还是存在的，比如我们用的 QQ 语音、网络电话等都是 VOIP 技术。VOIP 和 VOLTE 从字面来看就知道这两者必然存在一定联系，VOIP 是 Voice Over IP，在 IP 网上走语音业务，VOLTE 是 Voice Over LTE，在 LTE 网络上走语音业务。

VOLTE 是基于 IMS（IP 多媒体子系统）的语音业务，是全 IP 条件下的端到端的语音方案，这让纯数据的 LTE 网络语音业务得到了实现。

VOLTE 是 GSMA 定义的标准 LTE 语音解决方案，其核心业务控制网络是 IMS（IP 多媒体子统）网络，配合 LTE 和 EPC 网络实现端到端的基于分组域的语音、视频通信业务。通过 IMS 系统的控制，VOLTE 解决方案可以提供和电路域性能相当的语音业务及其补充业务，包括号码显示、呼叫转移、呼叫等待、会议电话等。

2. VOLTE的业务特征

（1）高清语音

- 采用 AMR-WB 编解码，相比于现网 AMR-NB 编解码频谱范围更宽。
- 语音更有现场感，更清晰，听起来感觉更自然。

（2）高清视频

- LTE 高清视频目标实现分辨率 720P，帧率 30fps 的高质量视频通话体验。

（3）语音业务连续 eSRVCC

- VOLTE 用户通话过程中，用户走出 LTE 覆盖时候，需要通过 EPC、IMS 和 CS 域协同，将语音切换到 CS 域。

（4）RCS 等富媒体通信

- 增强型通讯录。
- 即时消息，群组聊天。
- 文件传输。
- 内容共享。

3. VOLTE的基本情况

VOLTE 真正实现了端到端的全 IP 语音，主要体现在空中接口的 IP 化。由 PS 域提供承载，通过 IMS 进行会话等。VOLTE 的难点在于与 2G 和 3G 切换流程相对复杂，是核心网与 IMS 之间的切换，涉及 IMS 和 CS 域，以及 LTE 核心网之间的互操作。

目前，VOLTE 技术相对而言较为成熟，应该在不久的将来就会与用户见面，期待它的到来吧。

9.5　LTE 更上一层楼之 LTE-Advanced

追求对一个人来说是永无止境的，当你的工资是 1000 的时候，你会想如果工资是 2000 就很满足了，可是当你工资是 2000 一段时间后，你会感叹如果工资拿到 5000 就好了。对于通信技术也是一样的道理，以前用 2G 网络，想到的是如果 2G 能更快一点的话就好了，然后出现了 EGPRS，之后出现了 3G、LTE 等满足人们越来越高的需求。所以技术研发必须走在人们需求的前面，在人们刚刚开始享受 LTE 的时候，真正的 4G、LTE-Advanced 项目已经在 2008 年 3 月就开始进行了，2008 年 5 月就确定了 LTE-Advanced 的需求。LTE-Advanced 的 LOGO 如图 9.7 所示。

图 9.7　LTE-Advanced

9.5.1　LTE-Advanced 的速率简直无法想象

我们知道 LTE 的峰值速率都能达到 150Mpbs，相当于家庭宽带的 150M，但是目前人们大多都使用的是 8M～20M 的家庭宽带，而且感觉都已经很不错了。那么你能想象一下 LTE-A 的下载速率是多少吗？

1．LTE-A峰值速率

目前我们 LTE 网络是 20MHz 带宽，等到 LTE-A 到来带宽会变为 100MHz，下行峰值速率能到达惊人的 1Gpbs，意思是如果以 Mb/s 的单位来换算的话，可以达到 100Mb/s，这样的速率意味着，你玩上古卷轴或者魔兽世界这样的大型游戏，下载的话只需要 2～3min。不需要像以前下载几天或者拿着移动硬盘到处拷贝了，这样快的速率能够想象到吗？

2．LTE-A时延

控制平面的延迟应该远远小于 LTE 时代的延迟，包含用户面建立时间（不包括 S1 传输延迟）在内的从空闲状态（IP 地址已分配）到连接状态的延迟应该小于 50ms；从休眠

状态到连接状态的转换时间小于 10ms（不包括非连续接收的延迟）。状态转移延迟需求如图 9.8 所示。

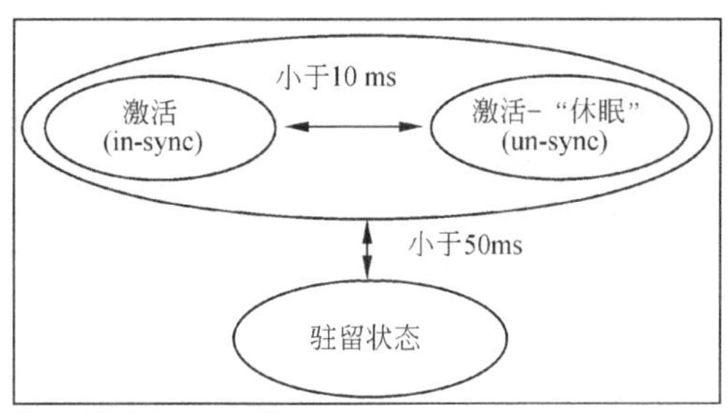

图 9.8 状态转移延迟需求

注意：控制平面的容量：系统在 5MHz 的带宽内应该至少支持 300 个无非连续接收的激活用户。

9.5.2 LTE-Advanced 的几个关键技术

每一种网络都有自己的关键技术，就好比每一个球队的组成都有自己的关键球员一样，比如阿根廷有梅西、葡萄牙有 C 罗等，当然高端、大气、上档次的 LTE-Advanced 也有自己的关键技术。LTE-Advanced 的关键技术包括载波聚合、协同多点、演进型家庭基站、自组织技术、增强型 MIMO、中继等。

1. 载波聚合

公司在经营过程中有时会遇到资金周转不开的情况，可能需要几个子公司把手头的流动资金拿出来，凑到一起做更大的事情；有时一个很大的项目，一个公司可能没办法承担下来，这就需要整合几个公司的资源，大家齐心合力，整合人力、物力资源，共同把项目做好。

在 LTE-Advanced 中也遇到了这样的问题，读者都知道 LTE 中支持的带宽是 20MHz，但是 LTE-Advanced 为了实现更高的峰值速率，需要最大可以支持 100MHz 的带宽，为了实现这个目标，LTE-Advanced 准备采用载波聚合来实现连续或不连续频谱的整合。如图 9.9 所示为载波聚合的基本原理。

实现载波聚合后，LTE 的终端可以接入其中一个载波单元（每个载波单元不超过 20MHz），LTE-Advanced 的终端可以接入多个载波单元。

载波聚合的优点十分明显，LTE-Advanced 可以沿用 LTE 的物理信道和调制编码方式，对标准的冲击较小，实现 LTE 到 LTE-Advanced 的平滑过渡。

2. CoMP——协调多点传输

俗语说得好，众人拾柴火焰高，有时单打独斗很难成气候。就像足球比赛，11 个人的比赛要靠团队合作来完成，在实力相差无几的情况下，笑到最后的往往是强调整体、打整体足球的队伍。在 2014 年的世界杯中，阿根廷拥有梅西、荷兰有罗本、范佩西，但是他们都没有笑到最后，笑到最后的是团队默契配合的德国队。在第四代移动通信系统

LTE-Advanced 中，也有这么一个强调团队作战的技术，它就是 CoMP。

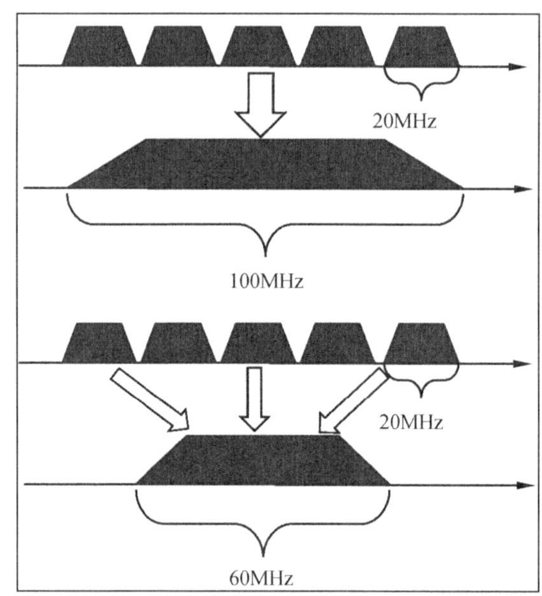

图 9.9　载波聚合

LTE 的多址接入技术决定了小区间的干扰会比较大，而单纯的功率控制技术并不能完全解决问题。为了提高小区边缘性能和系统吞吐量，改善高数据速率覆盖等问题，LTE-Advanced 引入了一种叫做协同多点传输（Coordinated Multi-Point transmission/reception，CoMP）的技术。

CoMP 通过插入大量的无线远端单元（Radio Remote Unit，RRU）拉近用户与发射天线的距离，一般采用集中控制加分布式天线的半分布式布网。eNB 之间仍然采取 X2 接口相连，在 eNB 与无线远端单元之间采用射频光纤（Radio-on-Fiber，RoF）相连，基带信号的处理在 eNB 完成，基带单元处理后的中频和射频信号通过 RoF 光纤传送到无线远端单元。相邻的几个站点同时为一个用户终端服务，从而提高数据速率和小区边缘信号质量，如图 9.10 所示。

下行，CoMP 采用地理位置上分离的多个站点协调传输，来为用户提高更好的服务质量。在上行，CoMP 采用多个站点进行协同接收，在协同的过程中既可以考虑一个 eNB 的多个无线远端单元之间的协同，也可以考虑多个 eNB 之间的多个无线远端单元间的协同。

在 LTE-Advanced 中，CoMP 定义的集合有协作集、报告集。协作集指的是直接或间接参与协作发送的节点集合；报告集指的是需要测量其与 UE 之间链路信道状态信息的小区的集合。LTE-Advanced 的 CoMP 中，传输物理下行控制信道的小区为服务小区，为了与 Release-8 中的 LTE 的服务小区兼容，CoMP 中只有一个服务小区。

LTE-Advanced 的 CoMP 可以分为以下两个大类：联合处理、协作调度/波束赋形（CS/CB）。

联合处理（Joint Processing，JP）中，协作集中的每个节点都会发送数据，因此数据会存储于协作集的每个节点中。联合处理又可以分为联合传输（Joint Transmission，JT）和动态小区选择（Dynamic Cell Selection，DCS）。

（1）联合传输

在联合传输中，可以同时选择协作集中的多个节点为用户（一个或者多个用户均可）进行 PDSCH 的传输，用于提高信号质量，如图 9.11 所示。

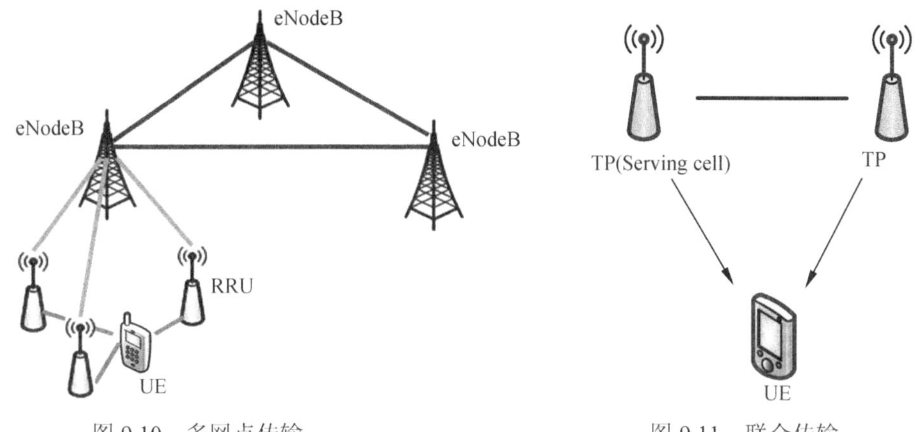

图 9.10　多网点传输　　　　图 9.11　联合传输

（2）动态小区选择

在动态小区选择中，一个时刻只能选择协作集中的一个节点为用户进行 PDSCH 的传输。可以通过快速灵活地选择小区为用户进行传输来提高系统整体性能。读者是否觉得这与选择发送分集很像呢？

协作调度/波束赋形（Coordinated Scheduling/Coordinated Beamforming，CS/CB）中，只有服务小区可以进行数据的传输，CoMP 的协作集负责调度和波束赋形，如图 9.12 所示。

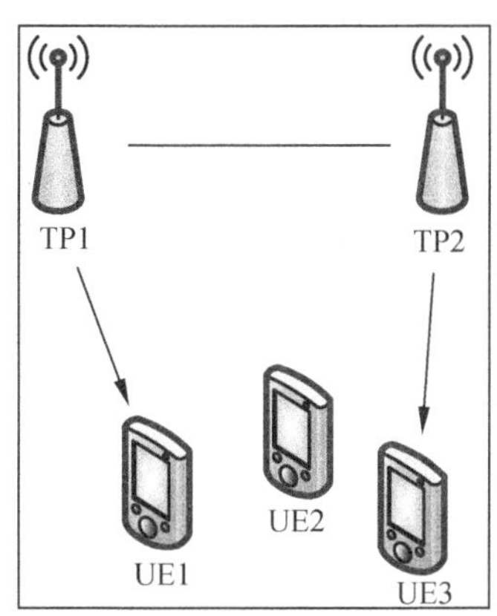

图 9.12　协作调度/波束赋形

考虑到 X2 接口的延迟开销，LTE-Advanced 的 Release-10 的标准化过程中决定不支持小区间的 CoMP，只支持小区内的 CoMP。

在 CoMP 的实现方式上，联合传输目前的主要实现方式有：

- 全局预编码；
- MBSFN 预编码；
- 本地预编码；
- 加权本地预编码。

协作调度/波束赋形的主要实现方式有：

- 基于 PMI 限制集的方案；

- 基于 SLNR 的方案。

3. 自组织网络——自己的事情自己做

随着用户业务需求的不断提高，为了能够给无线用户提供更有效的网络服务覆盖范围和更好的用户体验，4G 无线网络需要改进和创新各种无线资源管理技术，以提高无线网络的资源利用效率。同时，随着 LTE-Advanced 中 Relay、Home eNodeB、自组织和自优化等新技术的引入，这些新技术将会对网络层间干扰抑制提出新的要求。比如 Relay 和 Home NodeB 将引入分层网络架构，这对于传统同构网络架构造成了较大的影响，所以必须要仔细地研究新型网络架构方案，减少分层网络间的相互干扰。另外，在 LTE-Advanced 这种复杂网络架构和多系统环境中干扰复杂度大大增加的情况下，如果采用传统的网络优化方案将无法满足系统的性能。

针对 4G 无线通信网络的部署和运营所涉及的安装、维护，以及优化网络节点的费用和复杂度不断增加的问题，自组织和自优化技术开展了相应的研究。研究内容包括自安装技术、自配置技术、自优化技术及自愈合技术 4 个方面。自配置技术包括站址选择和新加入站点的自动参数生成（物理 ID 自配置）；自优化技术包括负载均衡的优化、小区选择与重选参数优化、分组调度参数的优化、接入控制参数的优化、邻小区列表优化、移动鲁棒性优化、干扰抑制、随机接入信道的优化和天线倾斜角的优化；自愈合技术包括小区故障自动预测、自动检测、自动补偿和覆盖漏洞管理（当一个小区发生故障时，通过周围站点参数调整等来改善蜂窝系统的覆盖缺陷和小区间干扰协调，最终实现系统整体性能的最优化）。如图 9.13 所示为自配置优化图[14]。

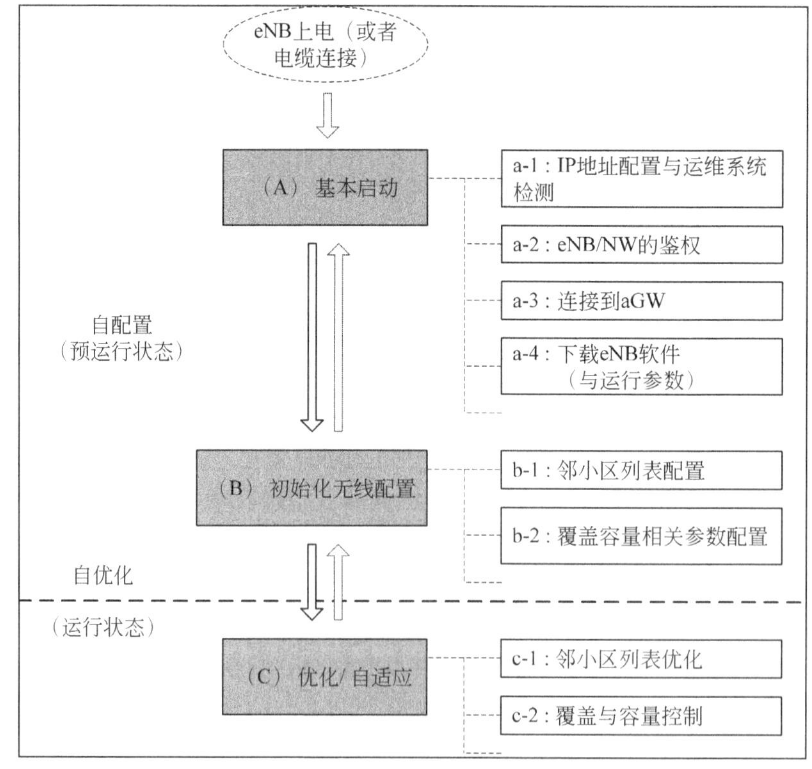

图 9.13　自配置与优化

自组织网络（SON）因其可降低系统成本和复杂度、节约运营商运营费用，成为了 LTE/LTE-Advanced 的驱动力之一。

4. 家庭基站——我不是Wi-Fi

现在很多人喜欢拿着笔记本去咖啡店、麦当劳、图书馆等地上网，这些地方之所以能上网，是因为它们都安了 Wi-Fi（wireless fidelity）。后海的酒吧都有贴着可以 Wi-Fi 上网的广告吸引顾客。LTE-Advanced 中也有这么一个类似 Wi-Fi 的系统——演进型家庭基站，如图 9.14 所示。

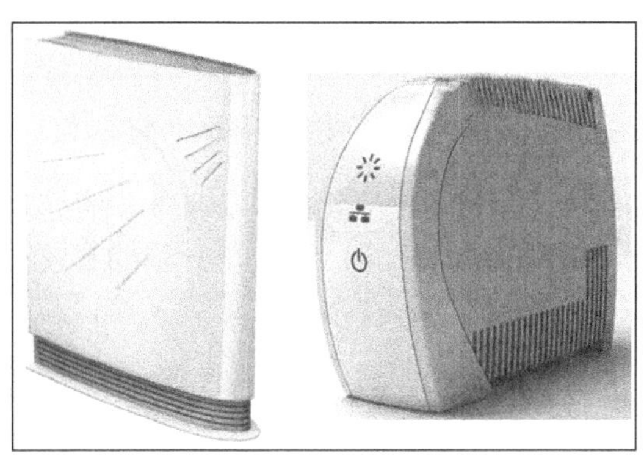

图 9.14　家庭基站

（1）网络架构

对于 E-UTRAN 中家庭基站的网络架构，LTE 家庭基站标准化的讨论正在 Femto 论坛、NGMN 联盟及 3GPP 组织中进行。当架构还没有最终完成的时候，网络架构很强的连续性要求其继续保持扁平化，遵循全 IP 化的 LTE 网络架构原则。在是否有必要进行信令集成和演进型核心网，是否该直接支持家庭基站问题上始终存在一定的争议。LTE 的网络架构，有一系列的 S1 接口来连接家庭基站与演进型核心网，包含家庭基站的网络架构，如图 9.15 所示。

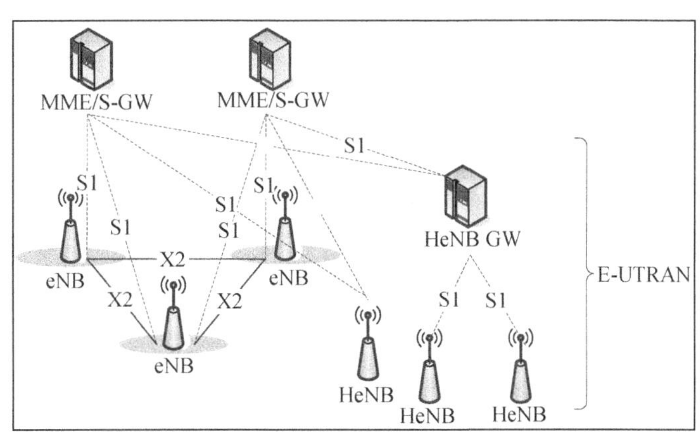

图 9.15　包含家庭基站的网络架构

家庭基站网关的引入，相当于在家庭基站与演进型核心网之间引入了扩展的 S1 接口，使得更多的家庭基站得以部署。家庭基站网关工作在控制平面，特别是 S1-MME 的集线器。

家庭基站侧的 S1-U 接口在家庭基站网关处终结或者是家庭基站与业务网关在用户平面的逻辑直连。家庭基站的逻辑架构如图 9.16 所示。

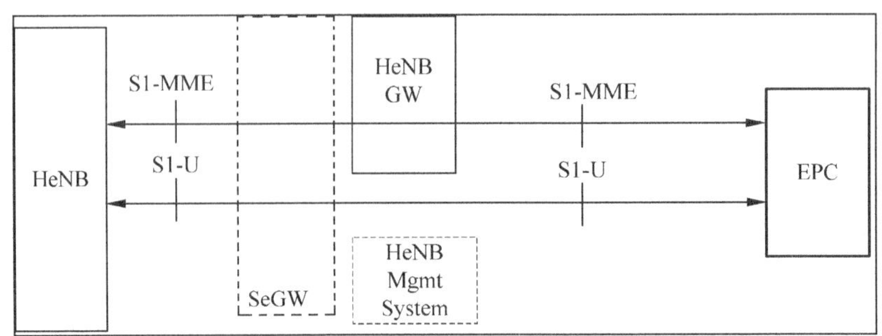

图 9.16　E-UTRAN 中家庭基站的逻辑架构

为了很好地整合 LTE 网络，家庭基站网关在移动管理实体处看上去如同演进型结点 B，在家庭基站处表现的如同移动管理实体一般。尽管在一个 LTE 宏小区中有数以千计的家庭基站小区，家庭基站网关可以为运营商提供配置、控制的接口系统。

无论有没有家庭基站网关，在家庭基站和演进型核心网中 S1 接口都是一样的。这里选择基于集线器的 LTE 家庭基站网络架构。

部署了家庭基站网关的 E-UTRAN 逻辑架构，如图 9.16 所示。家庭基站与核心网之间的接口标准是 S1-M 用 ME 和 S1-U，家庭基站网关是可选的。S1-U 接口应用了一个直接隧道的方法，这个接口可以选择性地集成到家庭基站网关中。在这种情况下，家庭基站路由可以为用户面在有限的带宽连接中高效传输提供复用支持。

2010 年 6 月，家庭基站的移动性增强被提到 RAN3 议事日程。其中一个最基本的思想是，在家庭基站之间部署 X2 接口以便家庭基站间的移动性。而家庭基站与宏基站之间的移动性增强，可以通过在家庭基站与家庭基站网关间、家庭基站网关与宏基站间部署 X2 接口来实现，如图 9.17 所示。

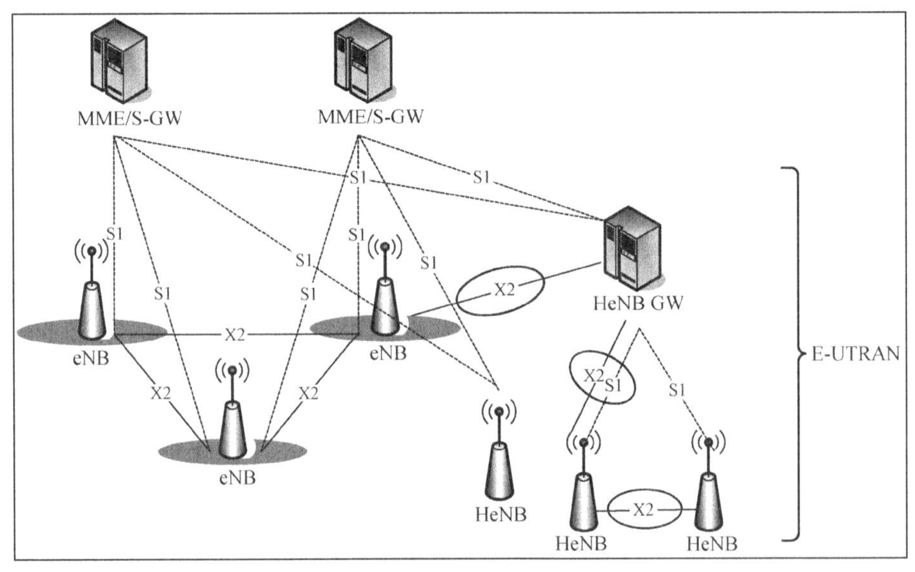

图 9.17　家庭基站移动性增强网络架构

（2）接口协议

基于家庭基站网关的 S1 接口用户平面的协议栈，如图 9.18 所示。

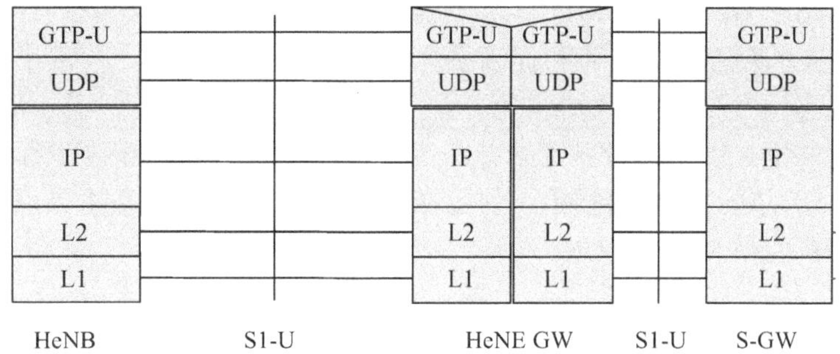

图 9.18　基于家庭基站网关的 S1 接口用户平面的协议栈

基于家庭基站网关的 S1 接口控制平面的协议栈，如图 9.19 所示。

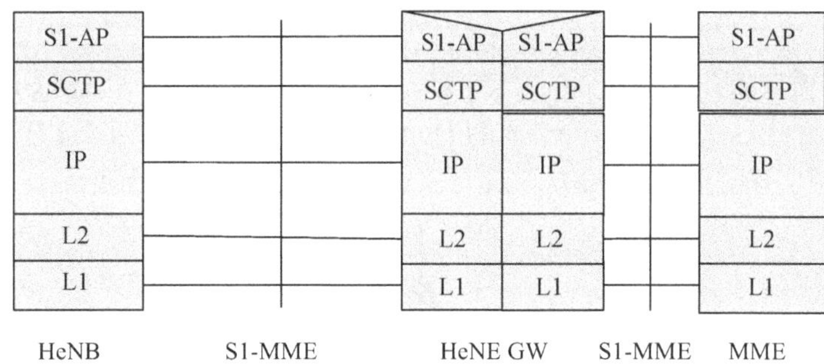

图 9.19　基于家庭基站网关的 S1 接口控制平面的协议栈

5. 增强型MIMO

目前 LTE 采用的下行 MIMO 已经能够满足 LTE 的需求了，但是在 LTE-Advanced 中，为了得到更好的性能，对 MIMO 的优化和增强还在继续中。套用一句广告词，LTE-Advanced 的口号是 “我们一直在优化！”。

在 Release-9 中，LTE-Advanced 把 Release-8 中的单流波束赋形扩展为双流波束赋形，实现两个用户的单流正交复用或者两个用户的双流非正交复用。在 Release-10 中明确了最多同时复用 4 个 UE，每个 UE 最多 2 层，MU-MIMO 下最多 4 层。

6. 中继——不是简单的直放站

笔者曾经有过一段在地下室学习和工作的日子。在地下室，开始的大半年都是在没有手机信号的“网络盲区”度过的。为了打个电话或发个短信需要跑到一层。直到即将离开地下室准备换一个工作地点的前一个月，某运营商终于为地下室安了一个直放站，直放站救世主般地为地下室带来了手机信号，让笔者对直放站有了前所未有的兴趣。

在 LTE-Advanced 中，有一种技术与直放站特别相似，它的名字叫做 Relay（中继）。直放站是一个功能弱化的基站，功能比中继站强，用光纤连接到基站；中继站一般用无线方式连接到基站，功能相对较弱一些。Relay 是 LTE-Advanced 系统采用的一项重要的技术，一方面 LTE-Advanced 提出很高的系统容量要求。另一方面，可提供获得此容量的大宽带频谱只能较高频段获得，而这样高的频段的路损和穿透损都比较大，很难实现很好的覆盖。除了使用基于基站的 OFDMA、MIMO 和智能天线、发射分集等技术来扩大覆盖之外，还可以采用 Relay 技术改善系统覆盖和提高系统容量[24]。

（1）基本概念

中继就是基站不直接将信号发送给 UE，而是先发送给一个中继站（Relay Station，RS），然后再由中继站转发送给 UE 的技术，如图 9.20 所示。中继节点通过 Un 接口无线连接到 eNB，同时通过 Uu 接口连接到 UE。

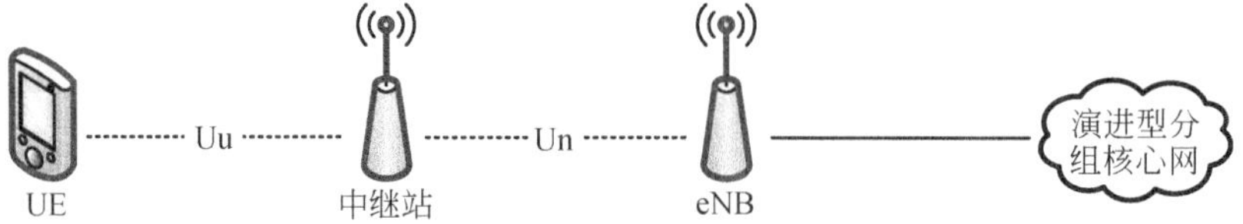

图 9.20　中继

基本的应用场景如图 9.21[29]所示，中继节点（Relay Node，RN）通过 Un 接口（Backhaul Link，中继链路）无线连接到 Donor eNB 的 Donor 小区，UE 可以通过 Uu 接口（Access Link，接入链路）连接到 RN，同时也可以通过直接链路（direct link）连接到 Donor eNB。

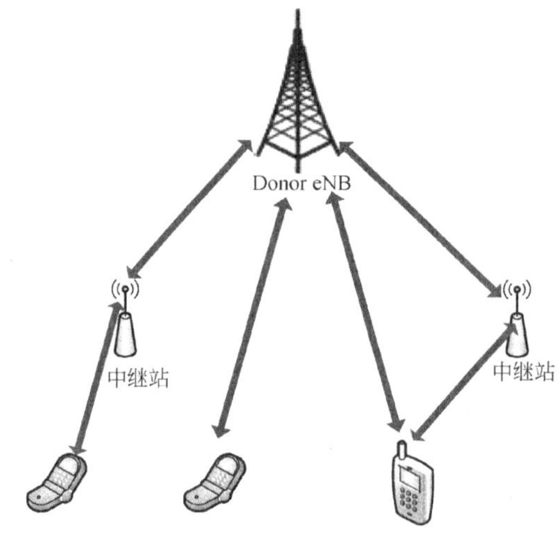

图 9.21　中继的应用

（2）部署场景

① 城市热点地区

中继首先可以用在用户密度大、信道环境复杂的城市热点地区，中继用在这里主要是为了提高频谱效率、覆盖范围和吞吐量。此时对中继的要求是中继站的发射功率不能太大，覆盖的是一个小范围，可能需要在较小的间隔内放置相对较多的中继站以提高用户吞吐量，要采用两跳固定的中继站。

② 乡村地区

此场景的特点是信号以视距传播为主，覆盖范围较大，用户密度较小。在此场景中部

署中继的目标是保证覆盖的同时降低成本。要求中继采用两跳或者多跳的固定中继，以大范围覆盖为主要目标，兼顾吞吐量。

③ 室内热点地区

此场景的特点是信号损耗以阴影衰落和建筑物的穿透损耗为主，由于大部分的现代通信（约 70%）发生在室内，因此此场景对吞吐量要求较高，信道环境也更加稳定。要求最好采用层 2 或者层 3 的中继，具有 L2 功能的中继，通过精确的调度和控制，能够带来更大的吞吐量。此场景中的中继与家庭基站有些相似，由用户自行部署，物理上不受开发商的制约。

④ 室内热点地区

此场景多为城市中的覆盖盲点，对于此类场景，只要简单地放大转发的层 1 中继即可。

⑤ 紧急（临时）网络部署

此场景多为发生洪涝、地震等紧急情况，出现无法覆盖地区的场景。对于此类场景，最好采用层 2 或者层 3 中继。

⑥ 组移动性

此场景如图 9.22 所示，多发生在用户密度大，信道环境复杂的高速移动列车上等。以提高高速移动情况下的用户吞吐量，同时降低频繁的切换成为主要的目标。此类场景要求中继具有资源分配的能力，因此最好采用层 3 中继，此场景下，中继链路成为部署的最大障碍。

（3）支持中继的网络架构

在准备加到标准中的 R2#70 次会议中的 CR[30]中，提到了支持中继的 E-UTRAN 网络架构，如图 9.23[24]所示。中继站侧终止 S1、X2 和 Un 接口，DeNB 在中继站和其他网络节点之间充当 S1 和 X2 代理功能。S1 和 X2 代理功能包含了在中继站和其他节点之间传输 UE 的信令消息和 GTP 数据包。

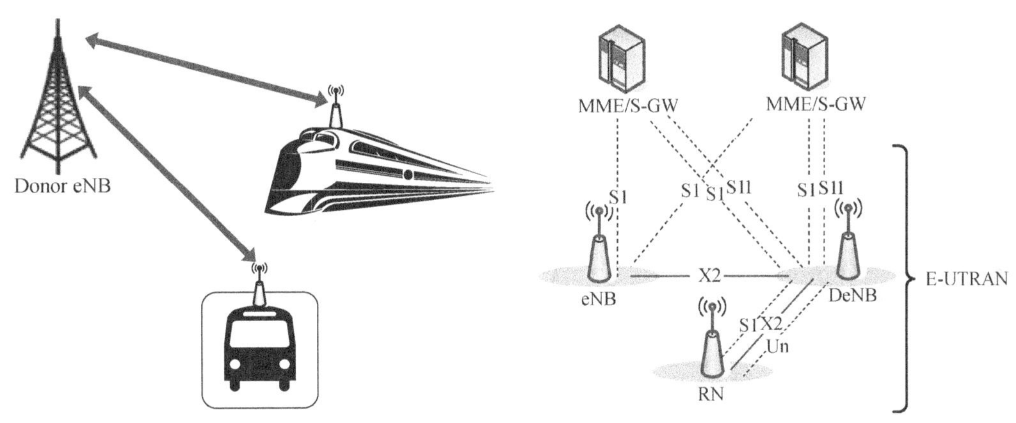

图 9.22　组移动性

图 9.23　支持中继的 E-UTRAN 网络架构

DeNB 为中继站提供一个类似于 S-GW/P-GW 的功能，包括为中继产生一个会话、管理 EPS 承载，同时终止到移动性管理实体的 S11 网关。中继站和 DeNB 同时还要执行为中继建立信令和数据包到 EPS 承载的映射。

（4）中继的分类

中继的分类方法有多种，这里只介绍 3 种主流的中继的分类方式。

① 根据频谱的使用划分

根据使用的频段划分，可以将中继分为带内（Inband）中继和带外（Outband）中继。

- 带内中继：在这种情况下，eNB-中继站的链路与中继节点-UE 链路之间共享相同的频段。
- 带外中继：在这种情况下，eNB-中继站的链路与中继节点-UE 链路之间使用不同的频段。

② 根据是否被 UE 可见划分

根据是否被 UE 可见，可以将中继分为透明（Transparent）中继和不透明（transparent）中继。

- 透明中继：对于 UE 不可见，UE 不知道是否通过中继与网络通信。
- 非透明中继：对于 UE 可见，UE 知道是否通过中继与网络通信。

③ 根据中继的小区归属划分

根据中继的小区归属，可以将中继分为中继处于自己小区控制（非透明）中继和中继属于 donor 小区（透明）的中继。

- 中继处于自己小区控制：中继控制一个或者多个小区，并且在被中继控制的每个小区中只提供唯一物理层小区 ID。为 UE 提供和 eNB 相同的无线资源管理机制，UE 侧不区分是在中继控制的小区中还是普通 eNB 控制的小区中，Type 1 relay、Type 1a relay、Type 1b relay 都属于此类的中继。此类中继配置的目的是为了扩大覆盖。
- 中继属于 donor 小区：此类中继没有自己的物理小区 ID（但可以有中继 ID），部分无线资源管理功能归属于 donor 小区的 eNB 控制，大部分无线资源管理属于中继。属于此类中继的有 Type 2 relay、smart repeater。此类中继部署目的是为了在宏小区覆盖范围内提升容量，但是不能扩展覆盖。

目前，LTE-Advanced 标准化讨论过程中主要涉及的中继分为 Type 1 Relay、Type 1a Relay、Type 1b Relay、Type 2 Relay。Rel-10 确定至少要支持 Type 1 和 Type 1a Relay。

（5）中继链路的资源分割

RN 资源划分的原理如下所述。

- 下行：eNB→RN 链路与 RN→UE 链接在单载频下进行时分复用（任何时候只进行一项处理）。
- 上行：与下行类似，UE→RN 链路与 RN→eNB 链接在单载频下进行时分复用（任何时候只进行一项处理）。

TDD 的 backhaul 链路复用形式：在 eNB 和 RN 的下行子帧中进行 eNB→RN 传输；在 eNB 和 RN 的上行子帧中进行 RN→eNB 传输。

FDD 的 backhaul 链路复用形式：在下行频带进行 eNB→RN 传输；在上行频带进行 RN→eNB 传输。

（6）Backhaul 后向兼容分割方法

由于中继的发送机对本身接收机的干扰，除非进出信令被充分隔离，在同样频率资源上同时进行 eNB-relay 及 relay-UE 传输可能无法实现。同样，中继端也不可能在接收 UE

传输的同时进行中继到 eNB 的发送。

一个解决干扰问题的方法是，当中继端接收来自 donor eNB 的数据时，不进行向终端的发送。例如，在 relay-UE 传输中建立间隙（gaps），可以通过配置 MBSFN 子帧产生，如图 9.24[29]所示。

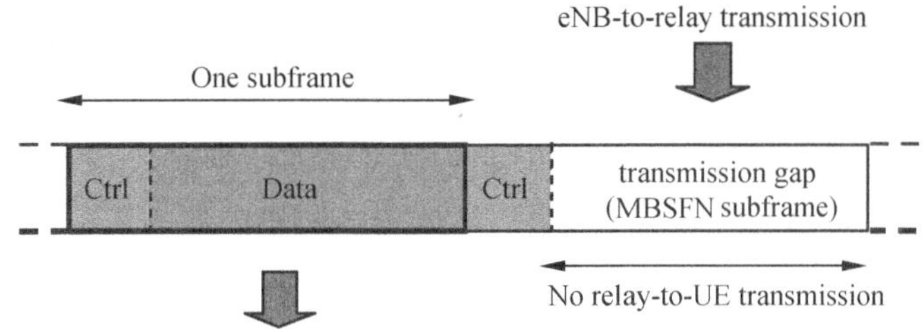

图 9.24　relay 到 UE 的通信用正常子帧（左），eNodeB 到 relay 的通信用 MBSFN 子帧（右）

（7）中继的协议架构

目前标准的讨论有 4 种中继的协议架构，如图 9.25～图 9.28 所示。

- Alt1：完全层 3 中继，对 DeNB 透明，Ericsson。
- Alt2：代理 S1/X2，对移动管理实体来说中继站看上去像 DeNB 下的小区，Ericsson。
- Alt3：中继的承载终止于 DeNB，Samsung。
- Alt4：S1 上行终止于 DeNB，Huawei。

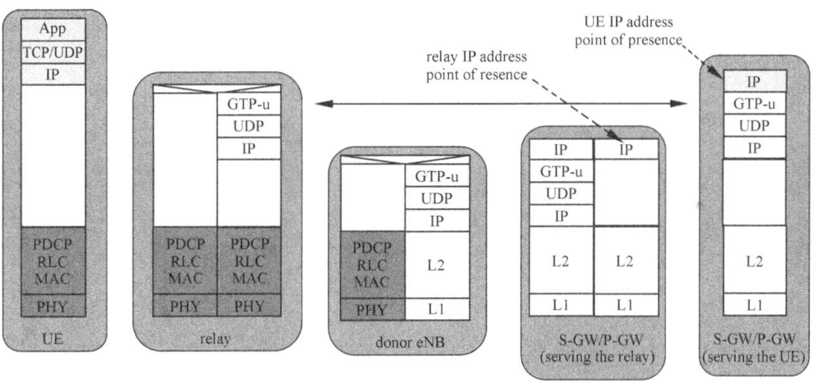

图 9.25　用户面协议栈——Alt 1

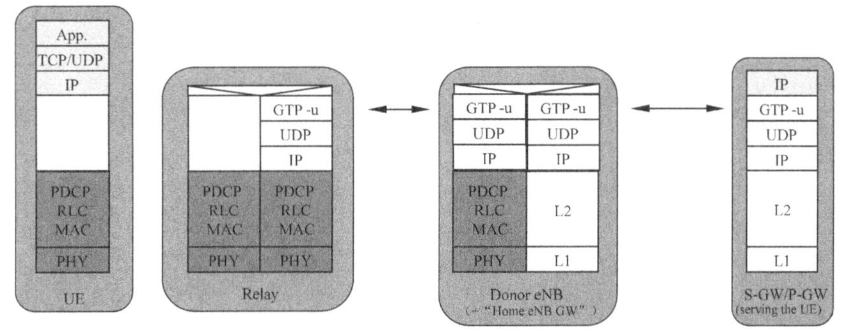

图 9.26　用户面协议栈——Alt 2

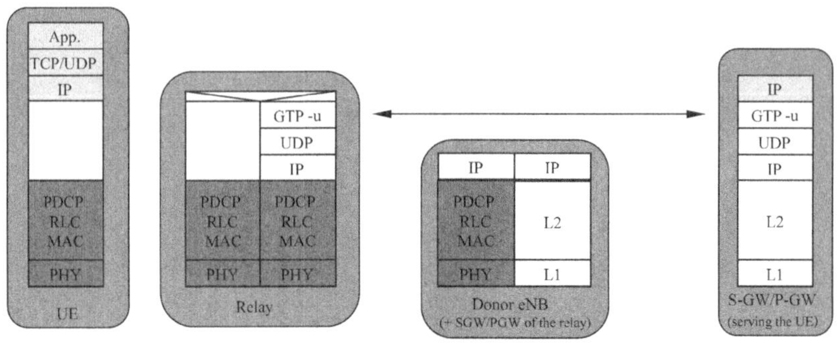

图 9.27　用户面协议栈——Alt 3

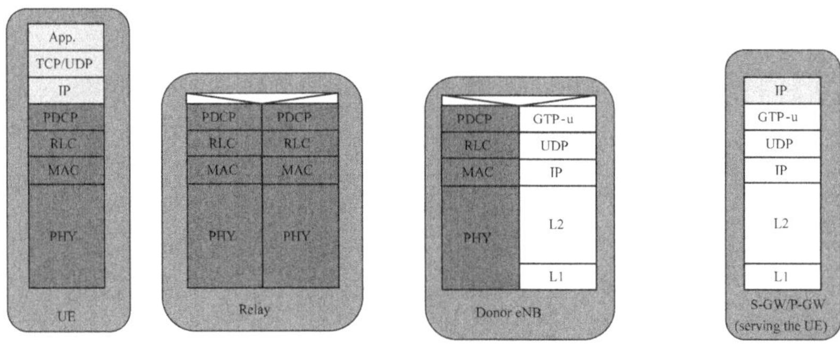

图 9.28　用户面协议栈——Alt 4

（8）中继的信令过程

下面讲讲中继的信令过程。

① UE 附着过程，如图 9.29 所示。

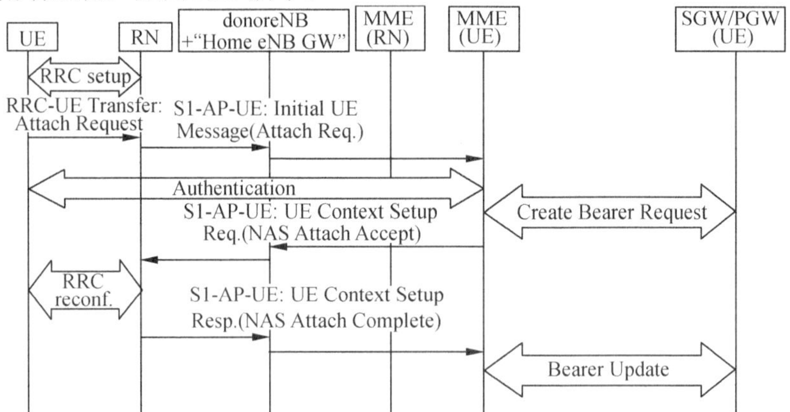

图 9.29　用户设备附着过程（基于 Alt 4）

② 切换过程，如图 9.30[31]所示。

9.6　小　　结

1．学完本章后，读者需要回答：

- ❑ LTE 的是怎样催生的？

- ❑ 什么是 LTE？
- ❑ LTE-FDD 和 LTE-TDD 的区别。
- ❑ 什么是 CSFB？
- ❑ 什么是 VOLTE？
- ❑ 什么是 LTE-A？
- ❑ LTE-A 的一些关键技术。

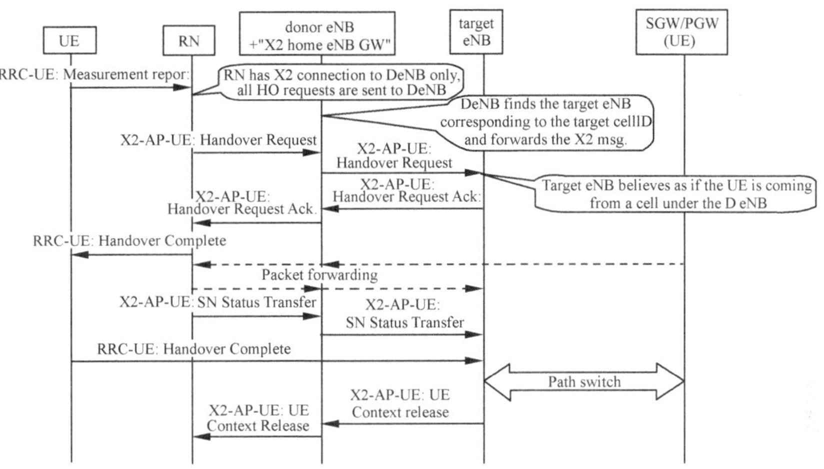

图 9.30　中继到目标宏基站的切换过程（基于 Alt 4）

2．在第 10 章中，读者会了解到：

- ❑ LTE 的组网结构；
- ❑ LTE 的上下行物理信道；
- ❑ LTE 的帧结构；
- ❑ LTE 的关键技术；
- ❑ LTE 小区搜索过程；
- ❑ LTE 随机接入过程。

第 10 章　看透 4G——LTE 无线网络

上一章介绍了 LTE 的由来和一些与 LTE 密不可分的技术，本章将带读者进入 LTE 的内部世界，让大家更加明白这个明星“LTE”是怎么一回事儿。

别看 LTE 小小的 3 个字，但里面却涵盖一个大大的通信世界。麻雀虽小，五脏俱全，从网络结构到关键技术，再到信令流程等，本章将介绍 LTE 这只小麻雀的内部各个器官。

本章主要涉及的知识点有：

- ❑ LTE 的组网架构。
- ❑ LTE 的上下行物理信道。
- ❑ LTE 的帧结构。
- ❑ LTE 的关键技术。
- ❑ LTE 小区搜索过程。
- ❑ LTE 随机接入过程。

10.1　组网结构——“精兵简政”

古往今来，政府机构的设置有时显得过于庞杂，办事效率就会低下，特别是改革开放前期，开个公司需要办许可证、执照之类的东西，这时需要盖的章、要跑的部门之多，让人难以想象。于是又有了类似精兵简政的改革，为了实现政府架构简单化，政令能够畅通，堵在官员和百姓之间的“冗余机构”没了，普通百姓可以轻易地找到能办事、盖章的官员。

在通信世界里，从 2G 到 3G 再到 LTE。从组网结构来看，LTE 也实现了精兵简政，实现了网络扁平化结构。实现架构的扁平化，让网络与普通用户之间的通信更加直接，减少系统延迟和复杂度。

10.1.1　全路由 IP 的扁平化网络结构——“原来 RNC 是可以被拆分的”

首先我们来剖析一下全路由 IP 的扁平化网络结构，全路由 IP 说明了 LTE 网络的核心网只有 PS 域没有 CS 域，扁平化说明了 LTE 网络构架简单，调制方式 LTE 舍弃了宏分集，取消了 RNC（无线网络控制器）的节点。它把 UMTS 中核心网 CN、无线网络控制器 RNC 和基站（NodeB）的架构精简为核心网+基站（eNodeB）的模式，把 RNC 的大部分功能都下放到基站，实现权力的下放，让基站来处理一些“琐碎”的事情。RNC 省了不少力，如图 10.1[14]所示。

去掉了无线网络控制器，取消了宏分集，意味着软切换的舍弃，取而代之的是 LTE 的硬切换。

下面对 E-UTRAN 中的 S1 和 X2 两个主要的网络接口进行白话的阐释。

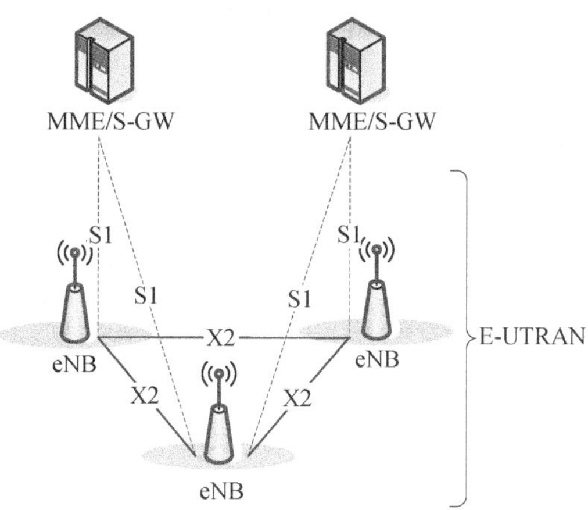

图 10.1 去掉了 RNC 的扁平化网络架构

在 LTE 中，如果把 E-UTRAN 看做一所学校的话，那么 MME/服务网关就是学校的校长，eNodeB 就是学校的老师，而用户设备 UE 就是俺们这些“受苦受难”的学生。

学校要推行一项政策或者要传达一个上级文件精神，都需要校长和老师之间的沟通。在 LTE 中，这个沟通是通过 S1 接口来完成的，这里就先来说说 S1 接口。

10.1.2 S1 接口——校长与老师的沟通方式

LTE 中，S1 接口是 EPC 和 E-UTRAN 之间的接口，核心网一侧的接入点是移动性管理实体或者服务网关，E-UTRAN 之间一侧的接入点是 eNodeB。一个移动性管理实体或者服务网关可以和多个 S1 接口相连，同时，一个 eNodeB 也可以和多个 S1 接口相连。S1 的接口架构如图 10.2[25]所示。

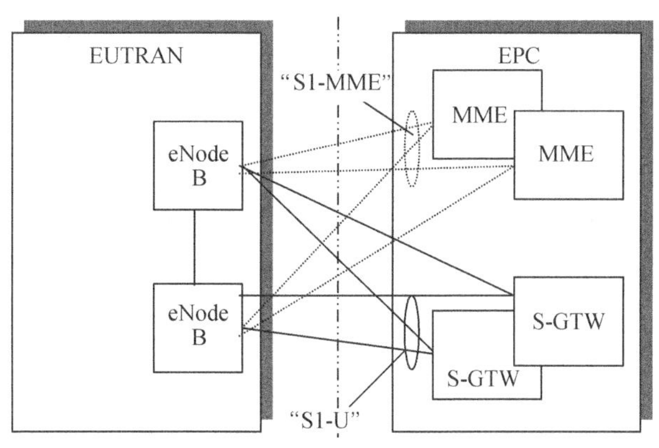

图 10.2 S1 的接口架构

1. S1接口的功能

S1 接口的功能包括：UE 上下文管理、E-RAB 管理、GTP-U 隧道管理、S1 信令连接管理、系统内切换、系统间切换、寻呼功能、漫游与区域限制功能、NAS 节点选择功能、网络共享、数据机密性与完整性管理、核心网数据信令转移、用户设备跟踪、位置报告功能、接入网信息管理功能。

2. S1接口的协议架构

S1 是一个逻辑接口，其中 S1-MME 的协议架构如图 10.3[25]所示。整个传输网络层是基于 IP 技术的，在 IP 层上面的是 SCTP 层。eNodeB 与服务网关之间的接口 S1-U 的协议架构如图 10.4[25]所示。

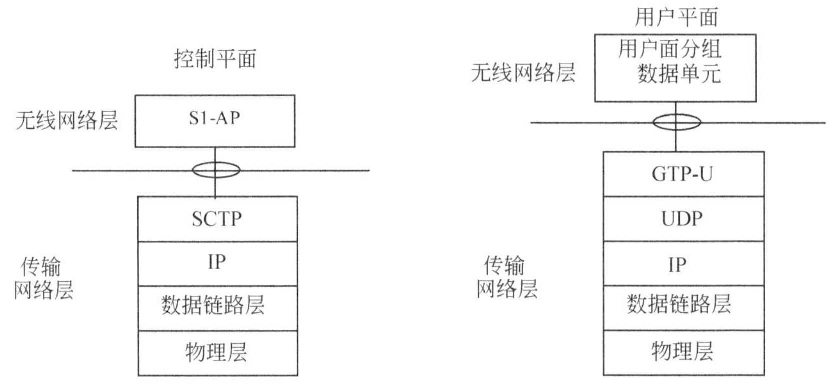

图 10.3　S1-MME 的协议接口　　图 10.4　S1-MME 的协议接口

3. S1接口应用协议

S1 接口应用协议的功能包括 E-RAB 管理功能、初始上下文传输转发、寻呼、用户上下文释放、连接状态下的移动性管理功能、接入网信息管理、配置转发功能等[25] [14]。

（1）E-RAB 的建立过程，如图 10.5 所示。

（2）E-RAB 的修改过程，如图 10.6 所示。

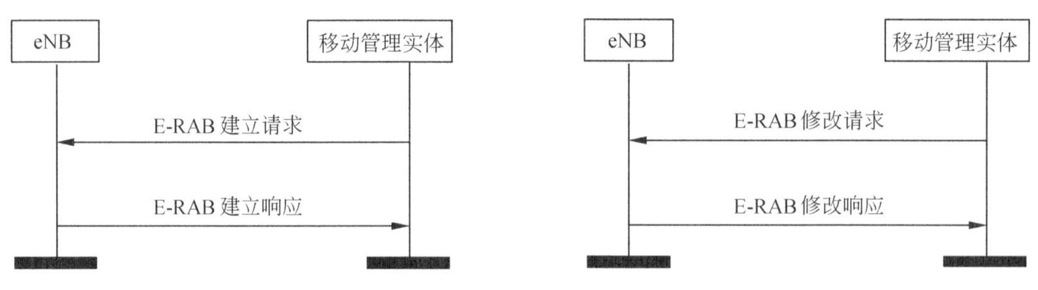

图 10.5　E-RAB 的建立过程　　图 10.6　E-RAB 的修改过程

（3）E-RAB 的释放过程，如图 10.7 所示。

（4）初始上下文的建立。要建立全部必要的初始 UE 上下文，包括 SAE 承载上下文、安全性上下文、切换限制列表、UE 能力信息和 NAS PDU 等。初始上下文的建立过程，如图 10.8 所示。

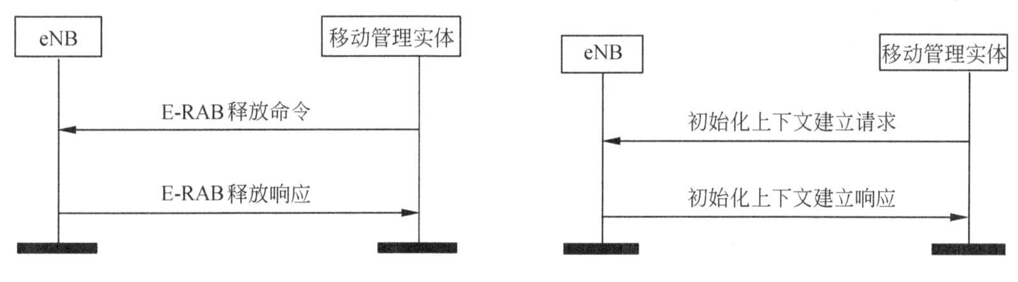

图 10.7　E-RAB 的释放过程　　　图 10.8　初始上下文的建立

（5）初始上下文的释放。MME 初始化的 UE 上下文释放过程，如图 10.9 所示。

（6）切换准备过程。这里切换的准备过程是要通过核心网下达指令请求目标基站准备好切换资源这样的一个过程，如图 10.10 所示。

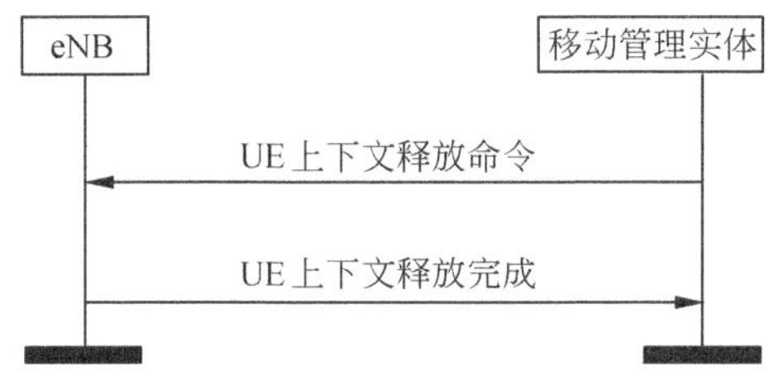

图 10.9　初始上下文的释放

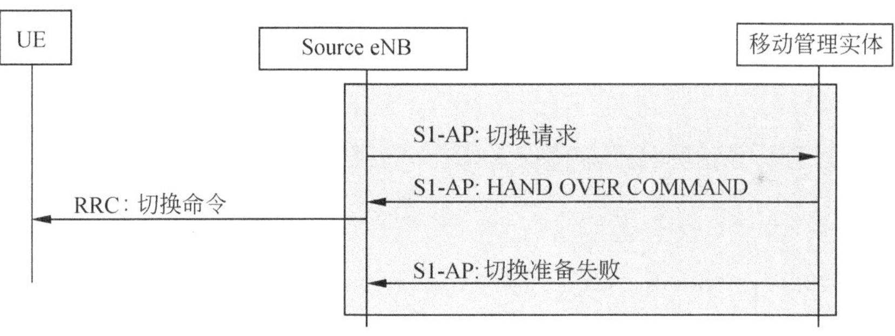

图 10.10　切换准备过程

（7）切换资源分配过程。目标基站为用户设备的切换预留资源，过程如图 10.11 所示。

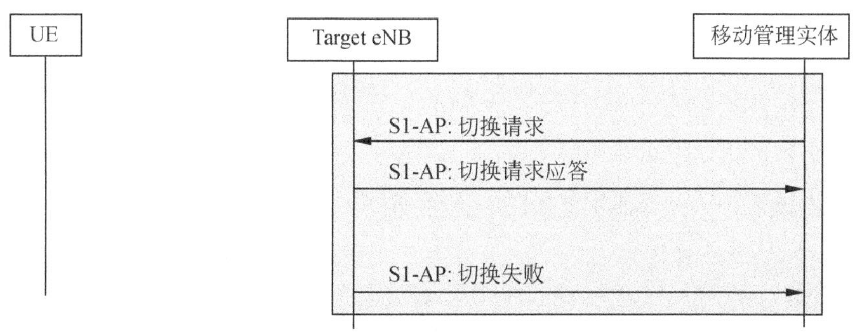

图 10.11　切换资源分配过程

（8）切换通知过程。切换通知是目标基站把 UE 切换完成的消息通知移动性管理实体，过程如图 10.12 所示。

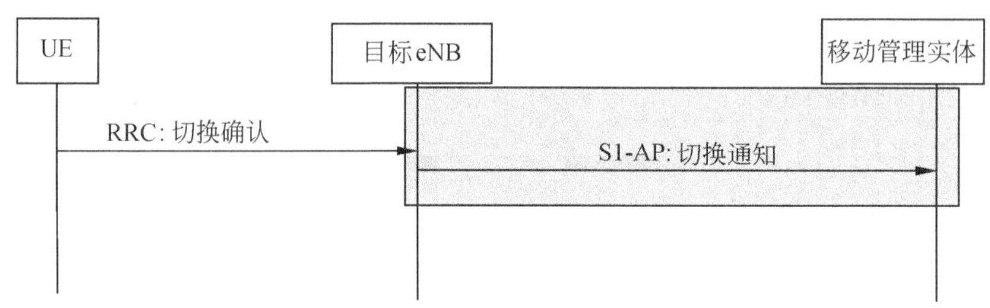

图 10.12　切换通知过程

（9）路径转换过程。路径转换请求是为了把下行 GTP 隧道转换到新的 GTP 隧道的终止点，过程如图 10.13 所示。

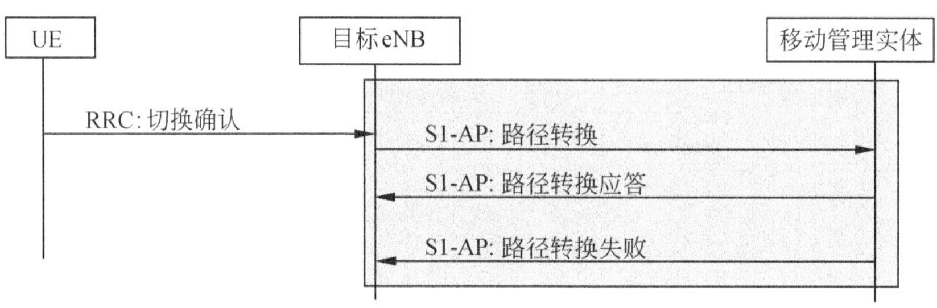

图 10.13　路径转换过程

（10）寻呼过程。寻呼的目的是确保 MME 可以在特定的 eNB 寻呼到 UE，寻呼过程如图 10.14 所示。

图 10.14　寻呼过程

10.1.3　X2 接口——老师之间的交流媒介

校长（MME/S-GW）与老师（eNB）之间的沟通是通过 S1 接口，老师（eNB）之间的交流媒介可以说是 X2 接口。X2 接口实现了 eNB 之间的互通，包括信令的互通和分组数据单元的前转。X2 的接口架构如图 10.15[26]所示。

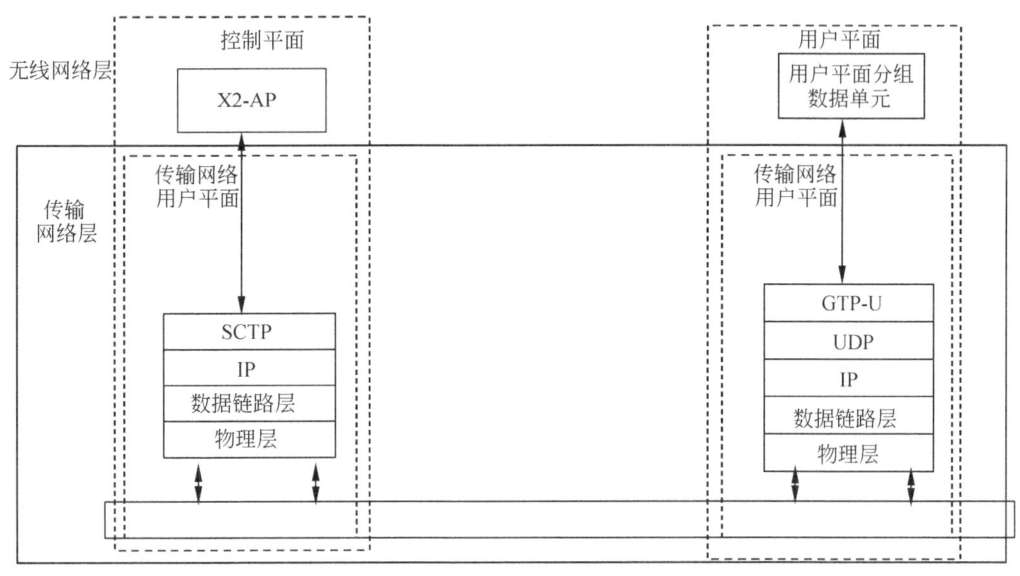

图 10.15　X2 的接口架构

1. X2接口的功能

X2 接口的功能主要包括：激活状态下的移动性管理、源基站到目标基站的上文转发、用户面传输负载的控制、切换取消、源基站中用户上文的释放、负载管理、小区间干扰协调、错误处理功能、基站间应用级的数据交互、跟踪功能。

2. X2接口的协议架构

X2 接口的用户平面与控制平面的协议架构，如图 10.16[14]所示。

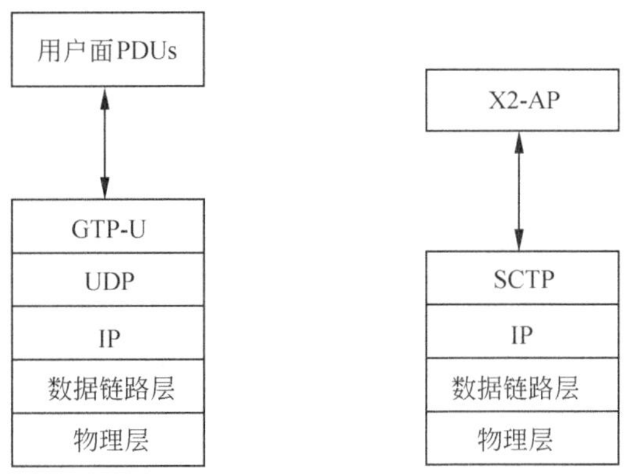

图 10.16　X2 用户面（左）与控制面协议架构

3. X2接口应用协议

X2 接口应用协议的功能包括移动性管理功能、负载管理、报告通用错误状态功能等[27][14]。

（1）切换准备过程。源基站初始化的切换准备过程，如图 10.17 所示。

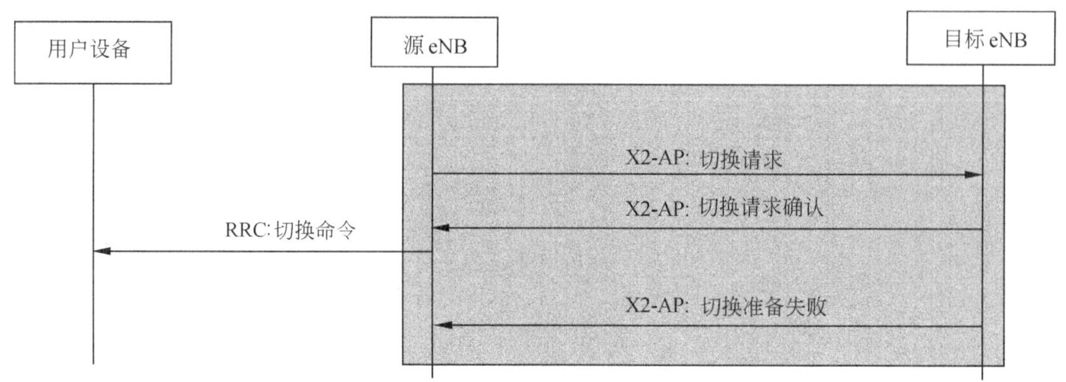

图 10.17　X2 用户面（左）与控制面协议架构

（2）切换取消过程。源基站初始化的切换取消过程，如图 10.18 所示。

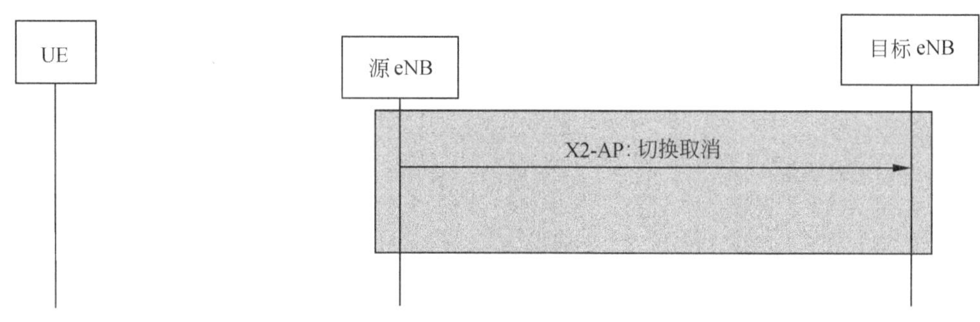

图 10.18　切换取消过程

（3）用户上下文释放过程。目标基站初始化的用户设备上下文释放过程，如图 10.19 所示。

（4）X2 接口建立过程，如图 10.20 所示。

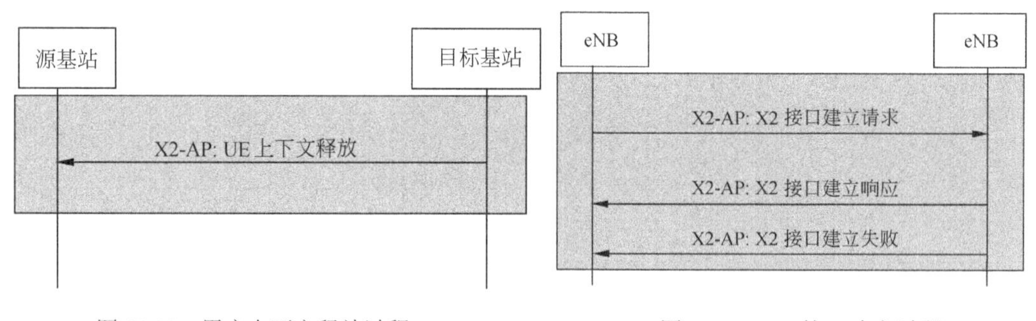

图 10.19　用户上下文释放过程　　图 10.20　X2 接口建立过程

10.1.4　EPC 网元的基本功能——“我是核心网”

从 10.1.2 节我们了解到了 S1 接口是 E-UTRAN 和 EPC 之间的接口， EPC 就是 LTE 的核心网，简单的来说，就相当于我们人类的大脑控制整个 LTE 网络，以及下发指令等。

EPC 典型的特点：

- EPC 网络仅有分组域，取消电路域；
- 支持 2G/3G/LTE/WLAN 多接入；
- LTE 承载分离，网络结构扁平；
- 基于全 IP 构架。

人的大脑也分为几个部分，各自有各自的功能，比如大脑管思维、下丘脑管调节、小脑管平衡等，那么 EPC 也一样分为几个部分，并且各自有各自的功能。EPC 结构包括 MME（移动性管理实体）、S-GW（服务网关）、P-GW（PDN 网关）。

MME（移动性管理实体）的功能：

- NAS 信令、NAS 信令安全；
- AS 安全控制；
- 在 3GPP 访问网络之间移动时，CN 节点之间的信令传输；
- 空闲模式下，UE 跟踪的可达性（包括控制和执行寻呼重传）；
- 跟踪区域的列表管理（UE 的空闲和激活模式）；
- PDN GW 和 SGW 选择；
- MME 的变化引起切换时的 MME 选择；
- 切换到 2G 或 3G 3GPP 接入网时 SGSN 的选择；
- 漫游、鉴权、承载管理，包括专用承载的建立；
- 支持 ETWS 消息传输。

SGW（服务网关）的功能：

- 为 eNB 间的切换，进行本地的移动定位；
- 3GPP 间的移动性管理，建立移动安全机制；
- 在 E-UTRAN 空闲模式下，下行数据包缓存和网络初始化（这些动作由服务请求过程触发）；
- 授权侦听；
- 数据包路由和前向移动；
- 在上下行链路，进行传输级的包标记；
- 在运营商之间交换用户和 QOS 类别标记（QoS Class ldentifier，CQI）的有关计费信息；
- UE、PDN 和 QC 的上下行付费信息等。

PDN 功能（PDN 网关）：

- 用户的包过滤；
- 授权侦听；
- UE 的 IP 地址分配；
- 传输级的下行包标记；
- 上下行链路的服务计费、自控和速率控制；
- 基于 AMBR 的下行速率控制。

10.1.5　eNB 功能——“我是 NodeB 升级版”

外行看通信，知道手机信号都是叫一个“基站”的东西发射出来的，他们的理解就是，有基站的地方就有信号。其实“基站”就像一个百变小天王，在不同的网络制式里面有不同的着装。比如 GSM 的基站叫 BTS，3G 的基站叫 NodeB，4G 的基站叫 eNobeB。

eNobeB 又叫 Evolved Node B，即演进型 Node B，简称 eNB，是 LTE 中基站的名称，由于 4G 的组网结构中去掉了 RNC，因此部分的 RNC 功能转到了 eNB 上。eNobeB 的主要功能分两类：一是控制面的主要功能；二是业务面的主要功能。

eNobeB 控制面的主要功能如下所述。

- S1、X2 接口管理；
- 小区管理：小区的建立、删除、重配；
- UE 管理：UE 建立、重配、删除、UE 接纳控制；
- 系统信息广播、UE 寻呼；
- 移动性管理：UE 在不同小区间切换。

eNobeB 业务面的主要功能为：

- 话音业务；
- 数据业务；
- 图像业务。

eNobeB 硬甲系统按照基带、射频分离的分布式基站的构架设计，分 BBU 和 RRU 两个功能模块。既可以射频模块拉远的方式部署，也可以将射频模块和基带部分放置在同一个机柜内组成宏基站的方式部署。eNobeB 系统构架图如图 10.21 所示。

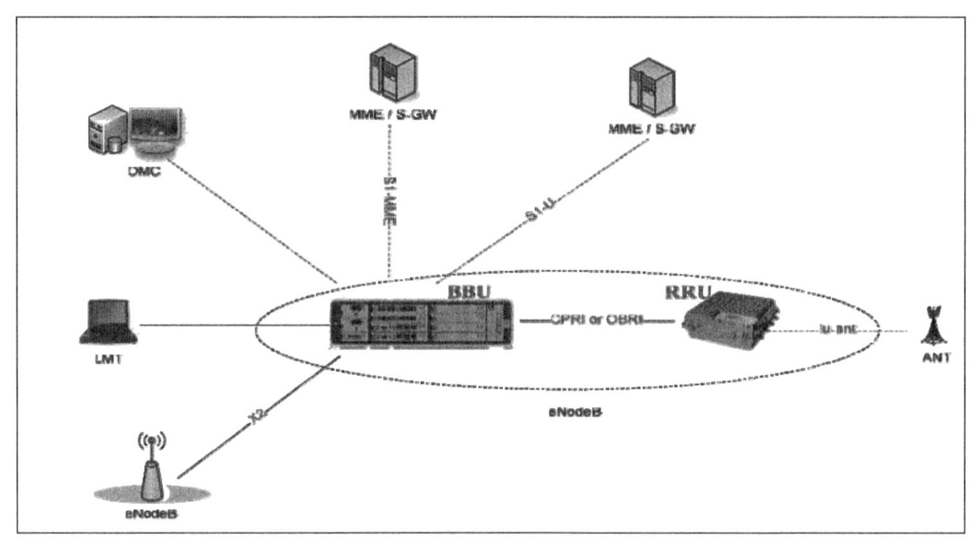

图 10.21　eNobeB 系统构架图

10.2　LTE 信道介绍——“兄弟多，功能强”

马路上的道路可以分成很多种，机动车道、自行车道、盲道、顺行道/逆行道，按限速来划分，可以分为高速路和普通路等，LTE 中的信道也是一样，也有很多种分类。宏观上，LTE 的信道可以分为物理信道、传输信道和逻辑信道。下面笔者对 3 种不同信道的众多兄弟，以及它们的功能进行介绍。

10.2.1　LTE 逻辑信道

逻辑信道，逻辑信道是 RLC 与 MAC 层之间的接口通道，逻辑信道可以分为以下 7 种。

（1）广播控制信道

广播控制信道（BCCH）是在一个小区中广播控制信息的信道，同生活中的广播一样，面对的是每一个人（用户设备）。

（2）寻呼控制信道

寻呼控制信道（PCCH）是在多个小区群发用来寻找终端的信道。

（3）公共控制信道

公共控制信道（CCCH）用于发送与随机接入有关的信道。公共控制的信道就像人们平时使用的公交车，大家都可以乘坐，那么消息都可以从公共控制信道上传播。

（4）专用控制信道

专用控制信道（DCCH）用来传输一些与业务相关的控制信息。

（5）多播控制信道

多播控制信道（MCCH）传输多播业务的控制消息。

（6）专用业务信道

专用业务信道（DTCH）传输上下行的业务数据。

（7）多播业务信道

多播业务信道（MTCH）承载下行 MBMS 业务。

10.2.2　LTE 传输信道

再说传输信道，传输信道是为上层提供数据传输业务的，是物理层与 MAC 层之间的接口，传输信道可以分为 6 种。

（1）广播信道

广播信道（BCH）用于发送逻辑信道中 BCCH 中的信息，有单独的传送格式，广播嘛，当然要在整个小区发送。

（2）寻呼信道

寻呼信道（PCH）用于发送逻辑信道中的 PCCH 中的信息，支持 DRX（不连续接收）省电模式；寻呼，就像找人，要在整个小区发送。

（3）下行共享信道

下行共享信道（DL-SCH）用于发送下行数据，支持 HARQ、自适应调制编码、动态速率控制、非连续发送、MBMS、波束赋形等。

（4）上行共享信道

上行共享信道（UL-SCH）和下行共享信道类似，下行共享信道支持的技术，上行共享信道也支持。

（5）随机接入信道

随机接入信道（RACH）属于上行传输信道，不承载传输数据，但是有竞争行，使用开环功率控制技术。

（6）多播信道

多播信道（MCH）用于传输 MBMS 业务的数据，还支持多小区单频网多播/广播，支持半静态资源分配。

10.2.3　LTE 物理信道

最后我们详细地介绍一下物理信道。LTE 物理信道上行物理信道有 3 个，下行物理信道有 6 个。

1．LTE上行物理信道

LTE 上行传输是基于单载波频分多址的，即 SC-FDMA。它定义了物理随机接入信道（PRACH）、物理上行控制信道（PUCCH）、物理上行共享信道（PUSCH）三兄弟。上行物理信道与远房亲戚逻辑信道、传输信道的关系图，如图 10.22 所示。

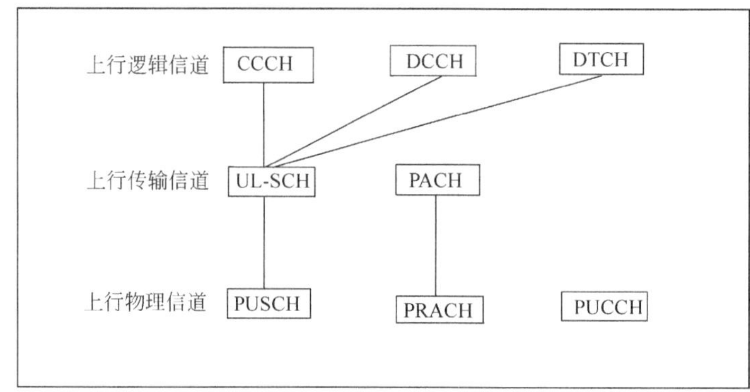

图 10.22　上行物理信道与逻辑信道，传输信道的关系图

上行物理信道基本处理流程如下所述。

（1）加扰：对将要在物理信道上传输的码字中的编码比特进行加扰。

（2）调制：对加扰后的比特进行调制。

（3）层映射：将复值调制符号映射到一个或者多个传输层。

（4）预编码：对将要在各个天线端口上发送的每个传输层上的复数调制符号进行预编码。

（5）映射到资源元素：把每个天线端口的复值调制符号映射到资源元素上。

（6）生成 SC-FDMA 信号：为每个天线端口生成复值时域的 SC-FDMA 符号。

上行物理信道基本处理流程图，如图 10.23 所示。

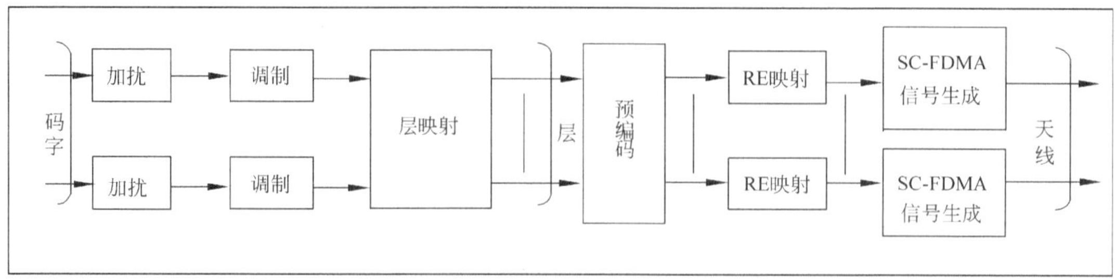

图 10.23　上行物理信道基本流程图

2．下行物理信道

下行物理信道传输是基于 FDMA（频分多址）的，6 个下行物理信道分别为物理 HARQ 指示信道（PHICH）、物理广播信道（PBCH）、物理控制格式指示信道（PCFICH）、物理下行控制信道（PDCCH）、物理多播信道（PMCH）、物理下行共享信道（PDSCH）。这 6 位兄弟都深怀绝技，都能在自己的领域大显神通。下行物理信道与远房亲戚逻辑信道的传输信道关系，如图 10.24 所示。

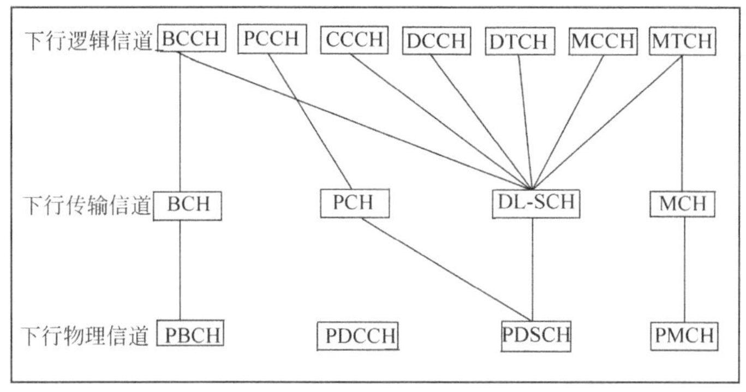

图 10.24　下行物理信道与逻辑信道，传输信道关系图

下行物理信道基本处理流程如下所述。

（1）加扰：对将要在物理信道上传输的码字中的编码比特进行加扰。

（2）调制：对加扰后的比特进行调制。

（3）层映射：将复值调制符号映射到一个或者多个传输层。

（4）预编码：对将要在各个天线端口上发送的每个传输层上的复数调制符号进行预编码。

（5）映射到资源元素：把每个天线端口的复值调制符号映射到资源元素上。

（6）生成 OFDMA 信号：为每个天线端口生成复值时域的 OFDMA 符号。

下行物理信道基本处理流程图，如图 10.25 所示。

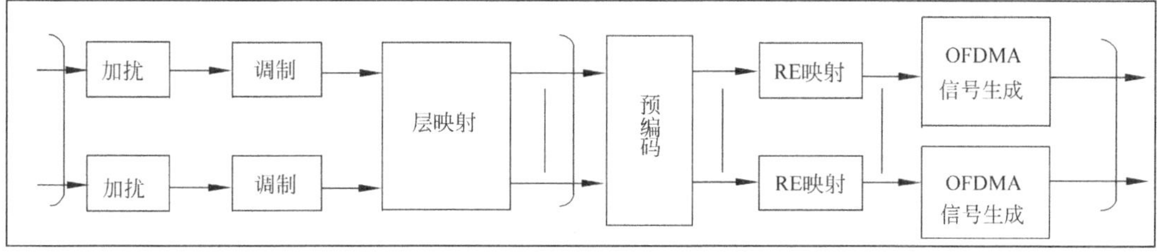

图 10.25　下行物理信道基本流程图

10.3　LTE 帧结构——“TDD 的上下行速率分配全靠它”

LTE 帧结构中 FDD-LTE 和 TD-LTE 两兄弟有所不同。由于哥哥 FDD-LTE 是频分双工，

上下行用频率区分，那么单方面上行或者下行的资源在时间上是连续的，所以 FDD-LTE 上下行均采用简单的等长时隙帧结构。而弟弟 TD-LTE 是时分双工，由于时分双工模式的工作上行和下行需要时间来转换，所以它的帧结构比较特殊，不区分上下行。笔者在本节为大家解开两兄弟帧结构的秘密。

10.3.1　FDD-LTE 帧结构

前面说到 FDD-LTE 上下行都采用简单的等长时隙帧结构，既然是简单的帧结构，那么我们就简单地介绍一下。

1．FDD-LTE上行帧结构

LTE 系统沿用了 UMTS 系统一直采用的 10ms 无线帧长度。在时隙划分方面，由于 LTE 在数据传输延迟方面提出了很高的要求（单向延迟小于 5ms），因此要求 LTE 系统必须采用很小的发送时间间隔（TTI）最小 TTI 通常等于子帧的长度，所以 LTE 的子帧也必须具有较小长度。但是，过小的子帧（TTI）长度虽然可以支持非常灵活的调度和很小的传输延迟，但会带来过大的调度信令开销，反而会造成系统频谱效率下降。早期 LTE 研究中曾考虑采用 0.5ms 子帧（TTI）长度，子帧内不再分时隙，但随着研究的深入，经过慎重考虑，又将子帧（TTI 长度调整为 1ms，1 个子帧包含两个 0.5ms 的时隙。这样，一个无线帧包含 10 个子帧和 20 个时隙。FDD-LTE 下行帧结构，如图 10.26 所示。

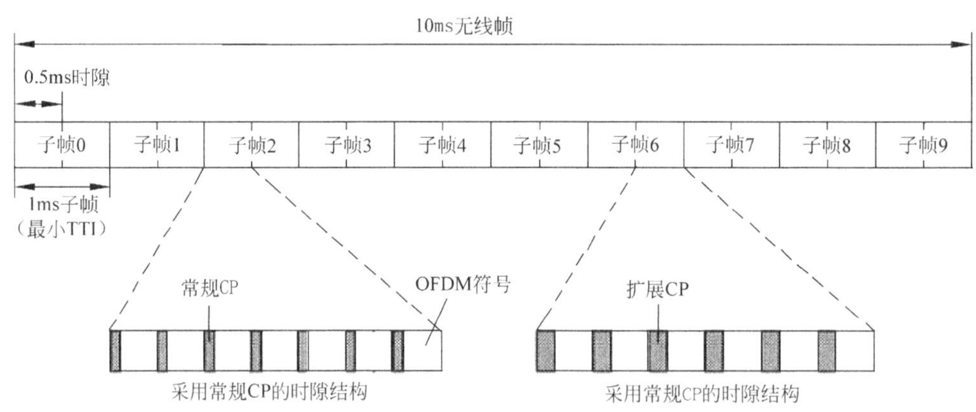

图 10.26　FDD- LTE 下行帧结构

2．FDD-LTE上行帧结构

FDD-LTE 的上行帧结构在时隙以上层面完全和下行相同。时隙内结构也基本和下行相同，唯一的不同在于，一个时隙包含 7 个（对于常规 CP）或 6 个（对于扩展 CP）DFT-S-OFDM 块（通常也可以称为 DFT-S-OFDM 符号），而非 OFDM 符号。FDD-LTE 上行帧结构图，如图 10.27 所示。

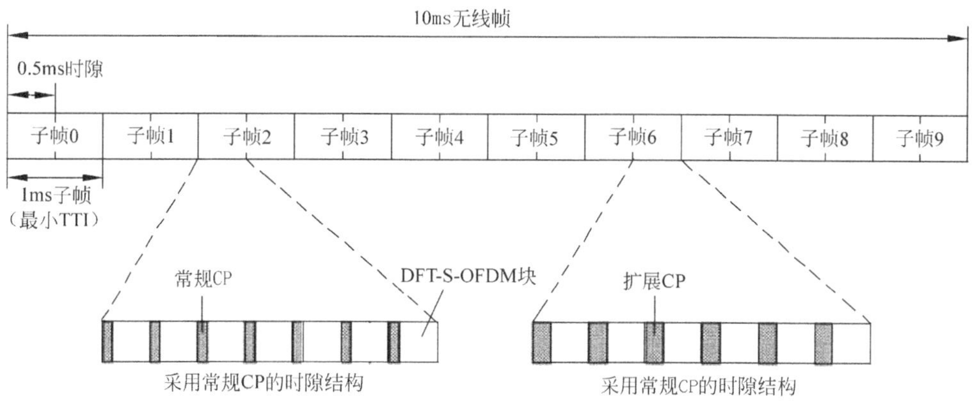

图 10.27　FDD- LTE 上行帧结构

10.3.2　TD-LTE 帧结构

TD-LTE 由于是时分双工，它的帧结构是专门设计的。通俗来讲 TD-LTE 的上传、下载速率都与它的帧结构的有关系，可以说，TD-LTE 帧结构的上下行时隙配比的选择决定了用户的感知。

首先我们来解析一下 TD-LTE 帧结构的特点。

- 无论是正常子帧还是特殊子帧，长度均为 1ms，哥哥 FDD-LTE 子帧长度也是 1ms。
- 一个无线帧分为两个 5ms 的半帧，帧长 10ms，哥哥 FDD-LTE 帧长也是 10ms。
- TDD 帧结构存在特有的特殊子帧 DwPTS（下行导频时隙）+GP（保护时隙）+UpPTS（上行导频时隙），帧长是 1ms。
- 在一帧的结构里面，共有 10 个子帧，分别以 D（下行子帧）、S（特殊子帧）、U（上行子帧）3 种类型。

TD-LTE 支持 5ms 和 10ms 的上下行子帧转换周期。转换周期为 5ms，表示每 5ms 有一个特殊时隙。这类配置因为 10ms 有两个上下行转换点，所以 HARQ 的反馈较为及时。适用于对时延要求较高的场景。转换周期为 10ms，表示每 10ms 有一个特殊时隙。这种配置对时延的保证略差一些，但是好处是 10ms 只有一个特殊时隙，所以系统损失的容量相对较小。

TD-LTE 上下行配置如图 10.28 所示。

上下行配置	上下行转换点周期	子帧号									
		0	1	2	3	4	5	6	7	8	9
0	5 ms	D	S	U	U	U	D	S	U	U	U
1	5 ms	D	S	U	U	D	D	S	U	U	D
2	5 ms	D	S	U	D	D	D	S	U	D	D
3	10 ms	D	S	U	U	U	D	D	D	D	D
4	10 ms	D	S	U	U	D	D	D	D	D	D
5	10 ms	D	S	U	D	D	D	D	D	D	D
6	5 ms	D	S	U	U	U	D	S	U	U	D

图 10.28　TD- LTE 上行配置

选择不同的上下行配置就会导致上传和下载速率的变化。例如选择 2，就是下行和上行的比为 3:1，是侧重下行速率的配置；选择 0 就是下行和上行的比为 1:3，这是侧重上行速率的配置。

1. 特殊子帧

TD-LTE 的特殊子帧继承了 TD-SCDMA 的特殊子帧的设计思路，由 DwPTS、GP 和 UpPTS 组成，用于和各种 TD-SCDMA 邻频共存。TD-LTE 特殊子帧可有多种配置，用以改变 DwPTS、GP 和 UpPTS 的长度。但无论如何改变，DwPTS + GP + UpPTS 等于 1ms。TD-LTE 的特殊子帧配置和上下行时隙配置没有制约关系，可以相对独立地进行配置。目前厂家支持 10:2:2(以提高下行吞吐量为目的)和 3:9:2(以避免远距离同频干扰或某些 TD-S 配置引起的干扰为目的）。

特殊子帧配置比例关系如图 10.29 所示。

特殊子帧配置	Normal CP（常规CP）1ms14个码		
	DwPTS	GP	UpPTS
0	3	10	1
1	9	4	1
2	10	3	1
3	11	2	1
4	12	1	1
5	3	9	2
6	9	3	2
7	10	2	2
8	11	1	2
9	6	6	2

图 10.29　TD- LTE 特殊子帧配置

2. 关于DwPTS和UpPTS

DwPTS：主同步信号 PSS 在 DwPTS 上进行传输。DwPTS 上最多能传两个 PDCCH OFDM 符号（正常时隙最多能传 3 个）。只要 DwPTS 的符号数大于等于 9，就能传输数据。

UpPTS：可以发送短 RACH（做随机接入用）和 SRS（Sounding 参考信号）。因为资源有限（最多仅占两个 OFDM 符号），UpPTS 不能传输上行信令或数据。

10.3.3　资源栅格

在 LTE 的上下行传输过程中，最小的资源单位是资源粒子（Resource Element，RE），若干个资源粒子（普通循环前缀时为 84 个，扩展循环前缀时为 72 个）组成一个资源块（Resource Block，RB）。上下行的资源栅格，如图 10.30 所示[24]。

上行资源块的数目为 6～110，常规循环前缀情况下，一个资源块频域包括 12 个连续的子载波，时域包含 7 个 SC-FDMA 符号；扩展循环前缀情况下，一个资源块频域包括 12 个连续的子载波，时域包含 6 个 SC-FDMA 符号。由于 LTE 子载波间隔是 15kHz，因此可以很轻易地计算出，一个资源块占用的带宽是 15kHz×12=180 kHz，时域资源是一个时隙。

由于上下行的资源栅格基本相同，差异主要在于上行中的 SC-FDMA 符号变成了下行的 OFDM 符号。下行资源栅格如图 10.31 所示[24]。

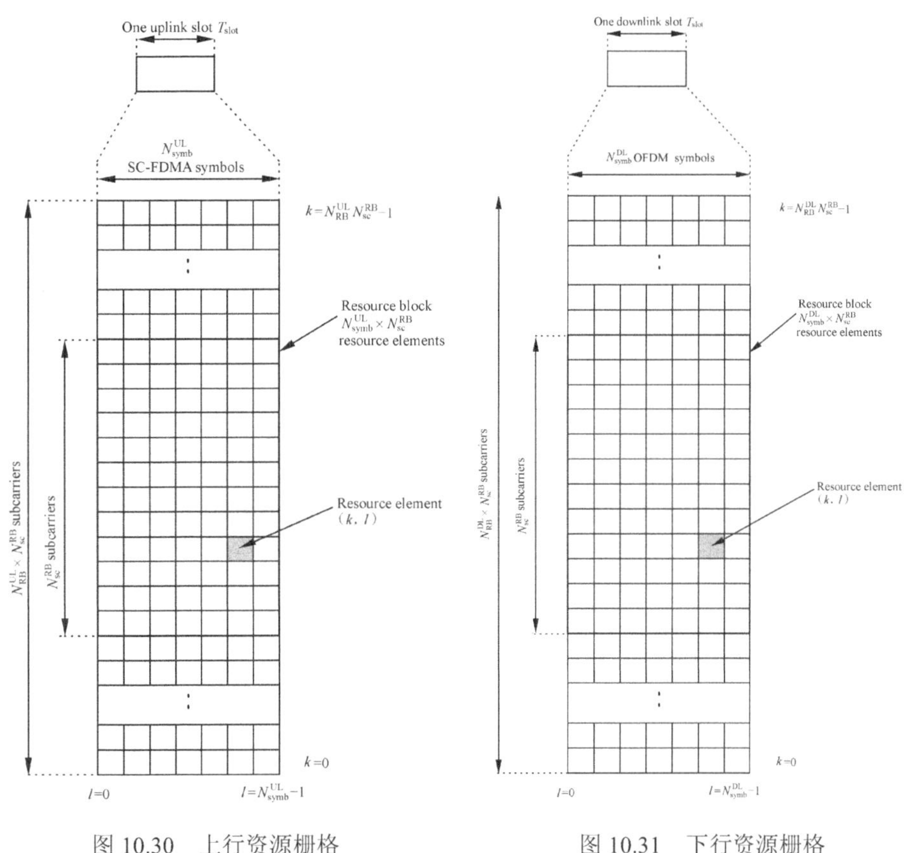

图 10.30　上行资源栅格　　　　图 10.31　下行资源栅格

10.4　LTE 核心技术——“有了它们，我才给力”

关于 LTE 的核心技术我们前面也有提到过，这里我们稍稍的深入一下，了解一下某些核心技术的原理。LTE 有哪些核心技术？LTE 的核心技术主要采用 OFDM 技术、SC-FDMA 技术和 MIMO 技术等。

10.4.1　OFDM 技术—— 一朝天子一朝臣

对于多址技术就像是皇帝与臣子的关系一般，一朝天子一朝臣，皇帝变了臣子也得跟着换，第一代通信技术当皇帝的时候，FDMA（频分多址）就是它的宰相。第二代移动通信（GSM）登基时候，FDMA+TDMA（时分多址）又成为了它的臣子，第三代移动通信上位，CDMA（码分多址）当仁不让顺利成为内阁首辅，那四代移动通信（LTE）接过王冠的时候，我们的 OFDMA（正交频分多址）也成为了第一重臣。关于正交频分多址接入（OFDMA）和正交频分复用（OFDM）在本书 3.1.7 节已经有过介绍，这里旧事重提，结合生活实例对比，简单说几句 OFDMA 的诞生和 OFDM 以及 OFDM 和前面几代权臣的对比。

1. OFDMA诞生

OFDMA 是怎么由来的呢？我们知道通信发展得很快，就像细胞分裂进化，再进化，一直向前不断在变化、发展。每每都是需求出来了之后，为了达到那个需求疯狂地研究，演化最终达到需求。在人们对通信需求不断提高的时代，通用陆地无线接入（UTRAN）演进的目标是构建出高速率、低时延、分组优化的无线接入系统。演进的 UTRA 致力于建立一个上行速率达到 50 Mbps、下行速率达到 100 Mbps、频谱利用率为 3G R6 的 3～4 倍的高速率系统。为达到上述目标，多址方案的选择应该考虑在复杂度合理的情况下，提供更高的数据速率和频谱利用率。在上行链路中，由于终端功率和处理能力的限制，多址方案的设计更具挑战性，除了性能和复杂度，还需要考虑峰值平均功率比（PAPR）对功率效率的影响[43]。

通用陆地无线接入（UTRA）演进的目标是构建出高速率、低时延、分组优化的无线接入系统。演进的 UTRA 致力于建立一个上行速率达到 50 MHz、下行速率达到 100 MHz、频谱利用率为 3G R6 的 3～4 倍的高速率系统。为达到上述目标，多址方案的选择应该考虑在复杂度合理的情况下，提供更高的数据速率和频谱利用率。在上行链路中，由于终端功率和处理能力的限制，多址方案的设计更具挑战性，除了性能和复杂度，还需要考虑峰值平均功率比（PAPR）对功率效率的影响。

在 3GPP LTE 的标准化过程中，诺基亚、北电等公司提交了若干多址方案，如多载波(MC)-WCDMA、MC-TD-SCDMA、正交频分多址接入（OFDMA）、交织频分复用（IFDMA）和基于傅立叶变换扩展的正交频分复用（DFT-S OFDM）。最后 OFDMA 胜出成为 LTE 下行链路的多址方案。

由于正交频分复用（OFDM）能够很好地对抗无线传输环境中的频率选择性衰落，可以获得很高的频谱利用率，OFDM 非常适用于无线宽带信道下的高速传输。通过给不同的用户分配不同的子载波，OFDMA 提供了天然的多址方式。由于用户间信道衰落的独立性，可以利用联合子载波分配带来的多用户分集增益提高性能，达到服务质量（QoS）要求。然而，为了降低成本，在用户设备（UE）端通常使用低成本的功率放大器，OFDM 中较高的 PAPR 将降低 UE 的功率利用率，降低上行链路的覆盖能力。由于单载波频分复用（SC-FDMA）具有的较低的 PAPR，它成为了 LTE 上行链路的多址方案[45]。

2. OFDM与生活实例对比

未来的移动通信系统的一个基本要求是高速的数据速率，但是高速数据传输的通信系统常常受多径干扰导致的符号间干扰和频率选择性衰落的影响。

这个现象就像单行道的马路往往也会因为车辆的过多而导致车辆间的追尾（车辆间干扰），为了防止追尾的产生，把单行道扩展成多行道从而降低车速，能有效地防止追尾的发生，如图 10.32 所示。

在 LTE 中，对抗多径信道中的码间干扰和频率选择性衰落，采取的应对策略也是带有循环前缀的窄带并行数据传输，把高速的数据流串并转换为多路并行的低速的数据流，这种化整为零的传输方式就是 OFDM。

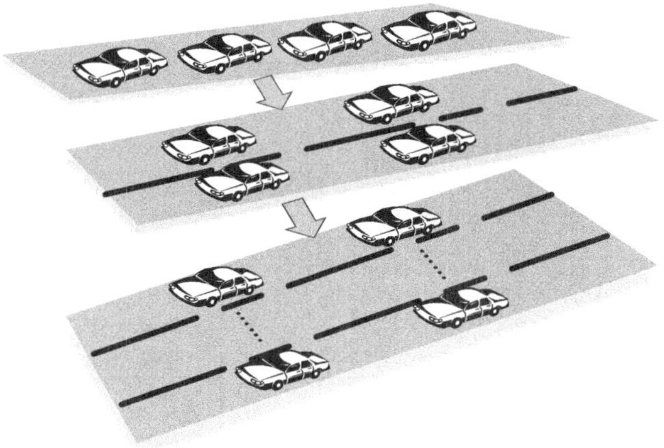

图 10.32　OFDM 与高速公路

3．OFDM对比FDM

传统 FDM 为避免载波间干扰，需要在相邻的载波间保留一定保护间隔，大大降低了频谱效率，如图 10.33 所示。

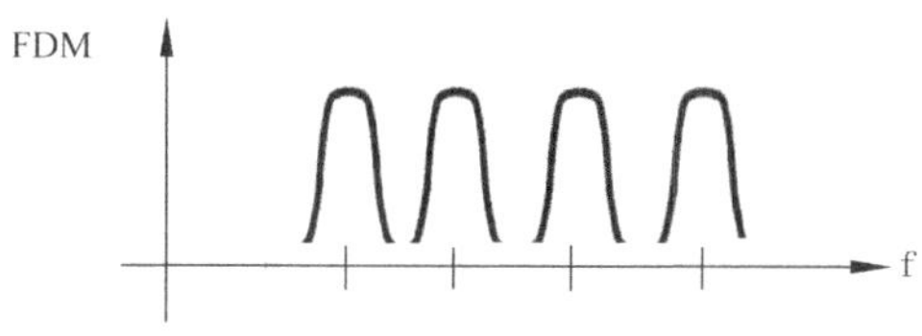

图 10.33　FDM

OFDM 各（子）载波重叠排列，同时保持（子）载波的正交性（通过 FFT 实现），从而在相同带宽内容纳数量更多的（子）载波，提升频谱效率。如图 10.34 所示。

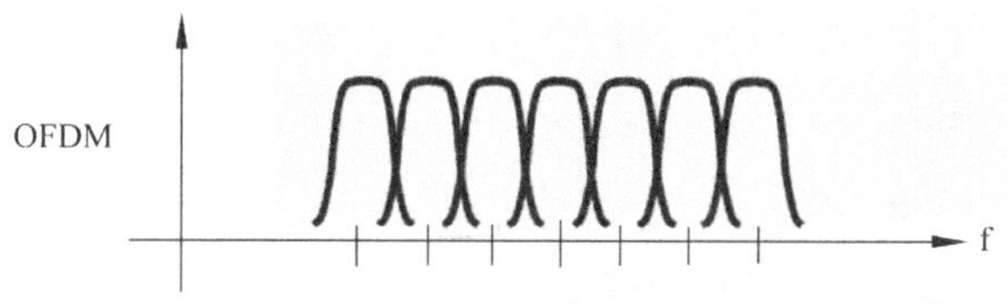

图 10.34　OFDM

4．OFDM与CDMA对比

OFDM 与 CDMA 的对比主要从信号传输、符号周期、用户区分、频谱效率，多径检测几个方面来对比，如图 10.35 所示。

5．OFDM与TD-SCDMA对比

OFDM 与 TD-SCDMA 的对比主要从抗多径干扰能力、与 MIMO 结合、带宽扩展性、频域调度等几个方面来对比，如图 10.36 所示。

	OFDM	CDMA
信号传输	信号传输在整个系统带宽中可变	信号传输在整个系统带宽中固定
符号周期	符号周期很长-由子载波间隔和系统带宽共同可以	符号周期很短-系统带宽倒数
用户区分	用户间通过FDMA TDMA方式以子载波为单位区分	所有信号传输在全部的系统带宽中
频谱效率	非常高的频谱效率	较低的频谱效率
多径检测	对多径问题的检测十分简单	对抗多径检测方法非常复杂

图 10.35　OFDM 与 CDMA 对比

	OFDM	TD-SCDMA
抗多径干扰能力	可不采用或采用简单时域均衡器 •将高速数据流分解为多条低速数据流并使用循环前缀(CP)作为保护，大大减少甚至消除符号间干扰	对均衡器的要求较高 •高速数据流的符号宽度较短，易产生符号间干扰。接收机均衡器的复杂度随着带宽的增大而急剧增加
与MIMO结合	系统复杂度随天线数量呈线性增加 •每个子载波可看作平坦衰落信道，天线增加对系统复杂度影响有限	系统复杂度随天线数量增加呈幂次变化 •需在接收端选择可将MIMO接收和信道均衡混合处理的技术，大大增加接收机复杂度
带宽扩展性	带宽扩展性强，LTE支持多种载波带宽 •在实现上，通过调整*IFFT*尺寸即可改变载波带宽，系统复杂度增加不明显	带宽扩展性差 •需要通过提高码片速率或多载波CDMA来支持更大带宽，接收机复杂度大幅提升
频域调度	频域调度灵活 •频域调度颗粒度小（180kHz）。随时为用户选择较优的时频资源进行传输，从而获得频选调度增益	频域调度粗放 •只能进行载波级调度（1.6MHz），调度的灵活性较差

图 10.36　OFDM 与 TD-SCDMA 对比

10.4.2　SC-FDMA 技术

在 LTE 系统中，由于 OFDM 有较大的均峰比，UE 的 RF 发射功率受限，因此影响到了上下行采用的多址方式，所以上行采用了 SC-FDMA（单载频 OFDMA）技术。为什么上行不采用 OFDMA 呢。打个比较简单形象的比喻，上行要求的低功耗、低复杂度，以及低峰均比，OFDMA 过于凶猛远远超过了上行的要求，但是 OFDMA 的一族的成员 SC-FDMA 正好合适，因此上行选用了 SC-FDMA。从本质来看它们都是 OFDMA，只是调度方式不同而已。

SC-FDMA 将传输带宽划分成一系列正交的子载波资源，将不同的子载波资源分配给不同的用户实现多址。和 OFDMA 不同的是，任一终端使用的子载波必须连续。

SC-FDMA 的特点是，在采用 IFFT 将子载波转换为时域信号之前，先对信号进行了 FFT 转换，从而引入部分单载波特性，降低了峰均比。

10.4.3　MIMO 技术

LTE 的核心技术中除了 OFDM 还有 MIMO（Multiple Input Multiple Output），多输入多输出，简单地说就是，在发送端和接收端同时使用多天线的技术。目前移动通信对于无线资源的使用中，如果说 TDM 开拓了时域的资源，那么 OFDM 就拓展了频域的资源，MIMO 则开拓了空域的资源。

还以交通网为例，如果说 OFDM 是把单行道拓展为多行道，那么 MIMO 就是开发了海陆空的空间传送能力，不但用原来的多行道，而且要在陆地上架起立交桥，在空中用飞机传输，在水路用轮船运送，立体化的传输大大提高了道路（信道）的容量。

如果把 OFDM 和 MIMO 结合起来，可以看做立交桥的每层都是多行道，水路并行行驶着多排轮船，空中传输采用一定时间一趟、每趟并行多架次的飞机空运，如图 10.37 所示。

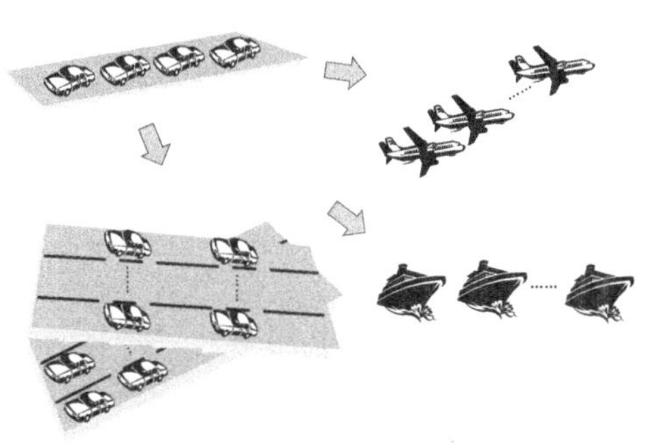

图 10.37　MIMO+OFDM

MIMO 大致可以分为传输分集、空间复用和波束赋形 3 种，本章就这 3 种 MIMO 技术做一些介绍。

1．传输分集

传输分集是利用较大间距天线或者波束之间的空间信道的弱相关性，提供更多的数据流副本，从而提高信道可靠性，降低误比特率。

🔔注意：用于空间分集的天线间距是 10 倍波长以上。

其实在生活中人们经常使用空间分集技术。比如本书 3.5.1 节中提到的几个人喊话的例子，为了怕对方听不见，几个人同时来喊对方的名字的过程，就是分集在生活中的应用。

传输分集技术有多种，包括空时块码（Space Time Block Code，STBC）、空频块码（Space Frequency Block Code，SFBC）、循环延时分集（Cyclic Delay Diversity，CDD）、天线切换分集等。

2．空间复用

传输分集就像合唱队，每个成员（天线）都唱着同样的歌词（发送同样的数据流），以确保听众的收听效果。相应地，空间复用可以类比于某些情歌对唱，男生和女生同时唱歌，但是俩人的歌词不一样。

空间复用是利用较大天线间距致使的信道间的弱相关性，在对应的信道上传递不同的数据流的过程。值得注意的是，传输分集是在不同的信道传输相同的数据流，而空间复用是在不同的信道上传输不同的数据流。

🔔注意：与空间分集一样，用于空间复用的天线间距是 10 倍波长以上。

因而，空间复用主要用于提高通信系统的有效性，比如提高数据的峰值速率，适用于信噪比比较高的时候；而传输分集是为了提高系统的可靠性，也就是提高接收信号的信噪比，从而提高传送速率或者覆盖的范围。

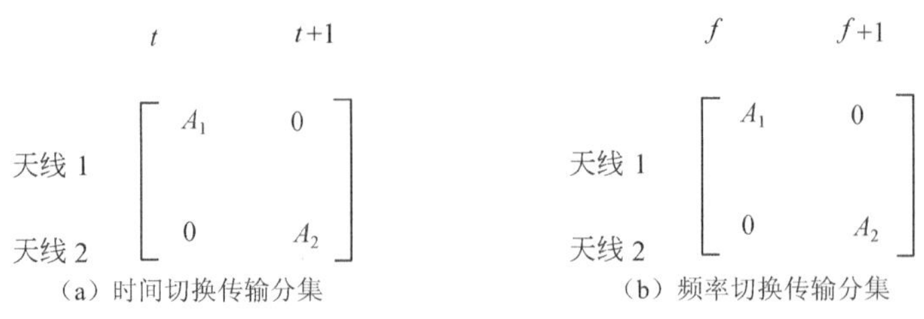

（a）时间切换传输分集　　（b）频率切换传输分集

图 10.38

LTE 既支持开环的空间复用，又支持闭环的空间复用，即线性预编码技术。

线性预编码技术，是把天线域的处理转换到波束域进行处理，通过和信道相关矩阵的秩指示形成和信道条件匹配的流数。根据预编码矩阵的获取位置，可以把线性预编码分为基于码本的预编码和非码本的预编码。

基于码本的预编码的终端对信道探测后，在码本中选择最合适的预编码向量，然后把 PMI（选定的预编码矩阵的序号）反馈给基站，基站根据 PMI 从码本中选择对应的预编码向量进行传输。

🔔注意：基于码本的预编码适用于 FDD 系统。

非码本的预编码主要用于 TDD 系统，大家也许会猜到原因了？是的，利用了 TDD 系统的上下行信道的对称性。基站根据终端的参考信号对上行信道进行探测，从而推测出相应的下行信道的情况，直接生成对应的预编码矩阵，根据预编码矩阵进行下行的传输。基于码本的预编码操作与非码本的预编码操作分别如图 10.39（a）、图 10.39（b）所示[24]。

3．波束赋形

波束赋形技术与智能天线的基本原理相同，空分多址也是基于波束赋形技术的，而在 8.3.5 节和 3.1.6 节都对相应的技术做了介绍，这里不再赘述。

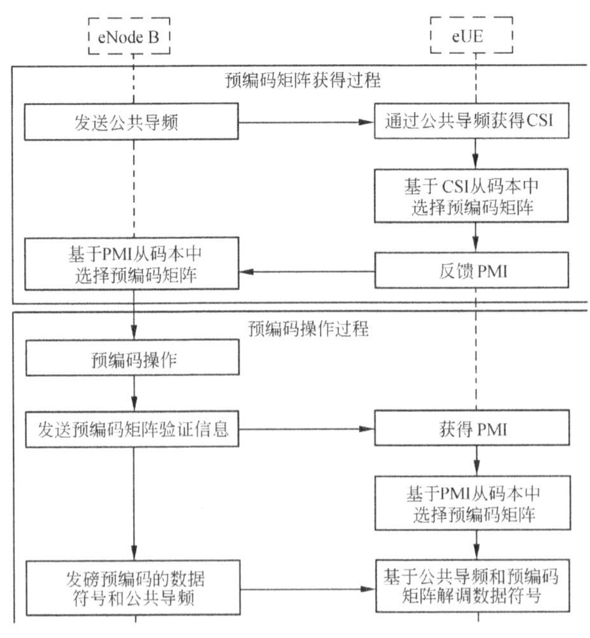

（a）基于码本的预编码操作

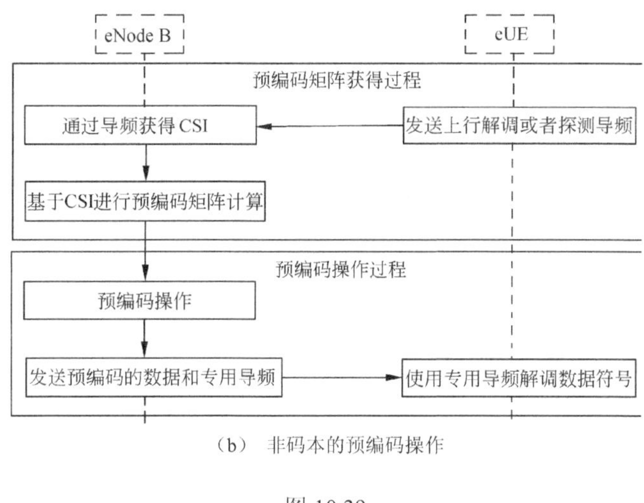

（b） 非码本的预编码操作

图 10.39

10.5　LTE 层 1 层 2 关键技术——“进一步完善 LTE”

前面就 LTE 的核心技术 OFDM、MIMO，以及基本的系统参数都做了介绍，本节对物理层和 MAC 层的一些关键技术进行说明。

10.5.1　功率控制

WCDMA 中之所以那么重视功率控制，是因为在 CDMA 中存在远近效应。而 LTE 基于 OFDM，不存在远近效应，在小区内正交传输的 OFDM 是否还需要功率控制呢？

1. 先看下行

正交频分多址接入使得发送给不同用户设备的下行信号是正交的，所以下行采用功率控制只剩下了补偿信道路损和对抗阴影效应的作用了。

而在下行采用功率控制，容易扰乱下行的信道质量指示（CQI）测量，就像上级领导去下面视察，但是基层干部对被采访群众做了手脚，使得上层领导无法知道群众真实的生活状态信息。下行的功率控制补偿了一些资源块的路径损耗和阴影，直接导致返回的 CQI 测量得不准确[24]。

基于以上考虑，LTE 在下行不准备使用功率控制，只是采用半静态的功率分配技术。

2. 再看上行

LTE 的上行多址技术采用的是 SC-FDMA，一个小区内不同的用户设备之间是相互正交的，也不存在 CDMA 的远近效应。如果要采用上行功率控制，主要作用在于补偿信道路损和对抗阴影效应，同时可以用于抑制小区间的干扰。

LTE 中用于小区间干扰协调的功率控制采用的是部分功率控制，功率控制基于小区之间通过 X2 接口传递的小区间干扰协调指令来实现。

LTE 的上行功率控制可以对物理上行共享信道、物理上行控制信道和上行信道探测参考信道进行发射功率的控制。

10.5.2　干扰抑制——别干扰我说话

移动通信中多小区组网是不可避免的，特别是在频分多址和正交频分多址中，小区间的干扰成了蜂窝移动通信系统中的一个由来已久的问题。

以前的蜂窝小区之间采用频率规划（频率复用）解决小区间干扰的问题，但是 LTE 中为了实现更高的频谱效率采用的频率复用因子为 1，这无疑会使得小区之间边缘用户的干扰雪上加霜。

毫不夸张地说，如果不解决好 LTE 中的小区间的干扰问题，LTE 组网就无从谈起，技术推广也会面临巨大的考验。为此，LTE 采取了几项干扰抑制的措施，先来看看干扰随机化。

1. 小区间干扰随机化

生活中，别人的喧哗可能会对人与人的对话造成干扰，如果能把这个干扰源喧哗的声音在总能量不变的情况下换成服务器的白噪声似的响声，会不会觉得好一点呢？这就是小区间干扰的随机化原理。

小区间的干扰随机化就是在能量不变的情况下，把干扰信号变成随机化的“白噪声”，从而进行干扰抑制。

在 LTE 中，最终采用的是对各小区的信号在信道编码和信道交织后，再用不同的伪随机码进行加扰的方式实现干扰随机化的，这种方法称之为小区特定加扰，如图 10.40 所示。

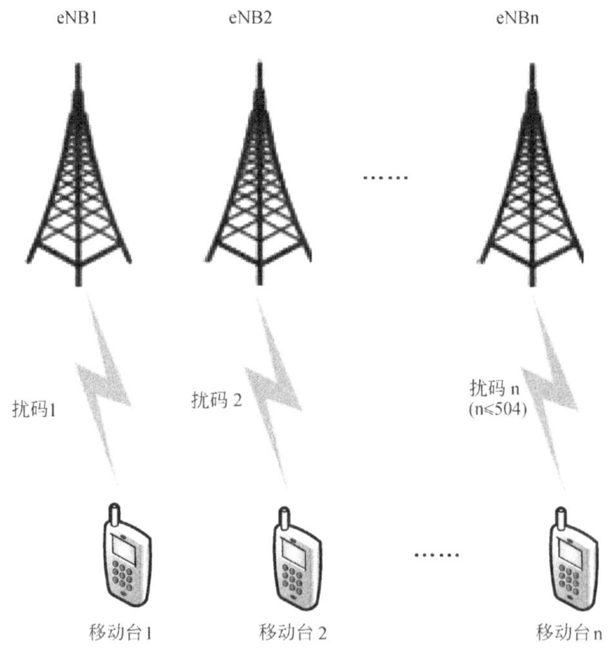

图 10.40　小区特定加扰

注意：LTE 有 504 个小区扰码对应于 504 个小区 ID。

2．小区间的干扰消除

小区间的干扰消除利用的是在对干扰信号进行一定程度的解调和解码之后，利用接收机的处理增益消除干扰信号分量的过程[24]。

常见的小区间的干扰消除技术包括干扰抑制合并接收技术和基于干扰重构的干扰消除技术。在带来增益的同时，其也有不足，主要体现在对于资源分配和信号格式造成限制、对小区的同步要求过高、接收机的设计复杂度提高等。

3．小区间的干扰协调

LTE 中采用的是基于高干扰指示（HII）和过载指示（OI）的干扰协调技术。高干扰指示和过载指示都是通过 LTE 中基站间的有线接口 X2 来传输的。

基站在给小区边缘用户的物理资源块使用较大的发送功率时，把高干扰指示发送给相邻小区，告知它们这个敏感物理块的存在。相邻小区接到高干扰指示后，尽量避免自己小区的用户使用这个敏感的物理资源块，如图 10.41 所示。

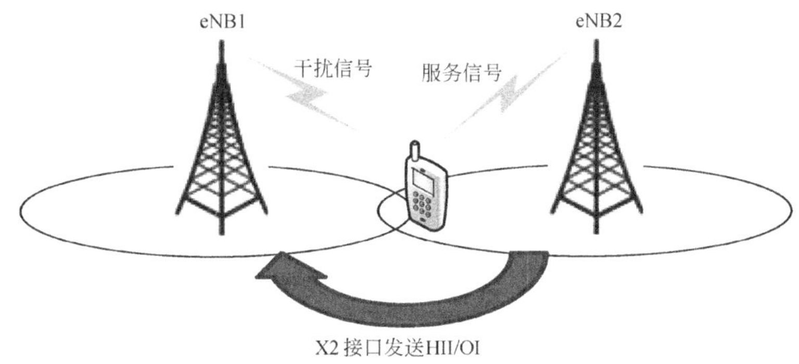

图 10.41　小区间干扰协调

10.6　LTE 小区搜索过程和随机接入过程

通俗地讲，小区搜索过程，就是手机开机的时候手机寻找基站的一个过程。随机接入过程就是手机与基站之间建立一条道路的过程。那么 LTE 小区搜索过程和随机接入过程是怎样实现的呢，笔者这里给大家浅析一下。

10.6.1　LTE 小区搜索过程

UE 在开机、脱网或者切换的过程中都需要进行小区搜索，小区搜索是 UE 接入系统的第一步，接入系统 UE 会获得的基本信息有：

（1）初始的符合定位。

（2）频率同步。

（3）小区传输带宽。

（4）小区标示号。

（5）帧定时信息。

（6）小区基站的天线配置信息（发送天线数）循环前缀（CP）的长度（LTE 对单播和广播/组播业务规定不同长度的 CP）。

LTE 小区搜索流程如下所述。

（1）扫描可能存在小区的中心频点

UE 一开机，就会在可能存在 LTE 小区的几个中心频点上接收数据并计算带宽 RSSI，以接收信号强度来判断这个频点周围是否可能存在小区。如果 UE 能保存上次关机时的频点和运营商信息，则开机后可能会先在上次驻留的小区上尝试驻留。如果没有先验信息，则很可能要全频段搜索，直到发现信号较强的频点，再去尝试。

（2）检测 PSS

检测 PSS 的基本原理是使用本地序列和接收信号进行同步相关，进而获得期望的峰值，根据峰值判断出同步信号位置。检测出 PSS 可首先获得小区组内 ID，即 $N_{ID}^{(2)}$。PSS 每 5ms 发送一次，因而可以获得 5ms 时隙定时。可进一步利用 PSS 获取粗频率同步。

（3）检测 SSS

对于 FDD 和 TDD 系统，PSS 和 SSS 之间的时间间隔不同，CP 的长度（常规 CP 或扩展 CP）也会影响 SSS 的绝对位置（在 PSS 确定的情况下）。因而，UE 需要进行至多 4 次的盲检测。

（4）解调下行公共参考信号

通过检测到的物理小区 ID，可以知道 CRS 的时频资源位置。通过解调参考信号可以进一步精确时隙与频率同步，同时为解调 PBCH 做信道估计。

经过前面 4 步以后，UE 获得了 PCI，并获得与小区精确时频同步，但 UE 接入系统还需要小区系统信息，包括系统带宽、系统帧号、天线端口号、小区选择和驻留，以及重选等重要信息。这些信息由 MIB 和 SIB 承载，分别映射在物理广播信道 PBCH 和物理下行共享信道 PDSCH。

（5）解调 PBCH，读取 MIB 信息。

（6）解调 PDSCH，读取 SIB 信息。

经过上述过程 UE 完成小区搜索，如图 10.42 所示。

10.6.2 LTE 随机接入过程

为什么要进行随机接入过程？

（1）UE 通过随机接入与基站进行信息交互，然后完成后续操作，如呼叫、资源请求和数据传输等。

（2）实现与系统的上行时间同步。

（3）随机接入的性能直接影响到用户的体验，能够适应各种应用场景、快速接入、容纳更多用户的方案。

随机接入有哪些场景？如图 10.43 所示。

（1）随机接入和状态转移。

（2）无线链路失败的重建立。

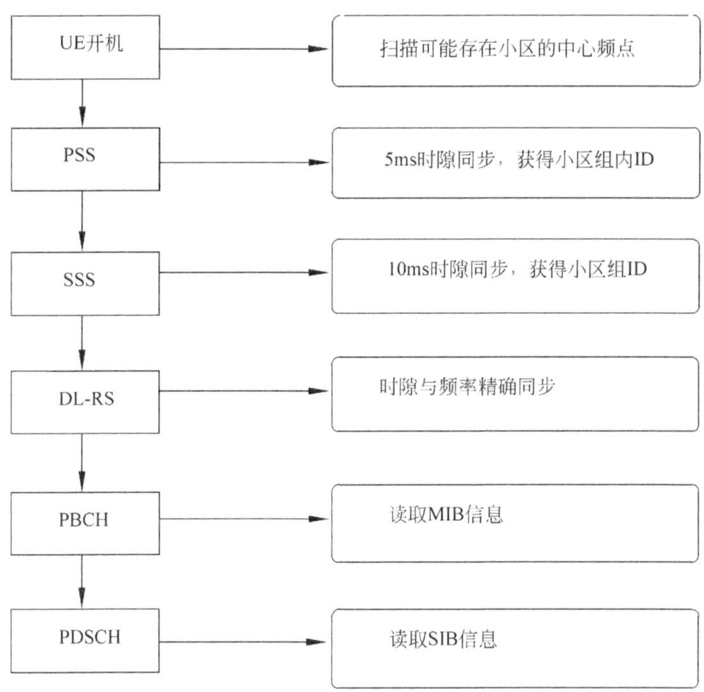

图 10.42　小区搜索流程图

（3）切换后接入新小区。

（4）上行失步时，下行数据到达。

（5）上行失步时，上行数据到达。

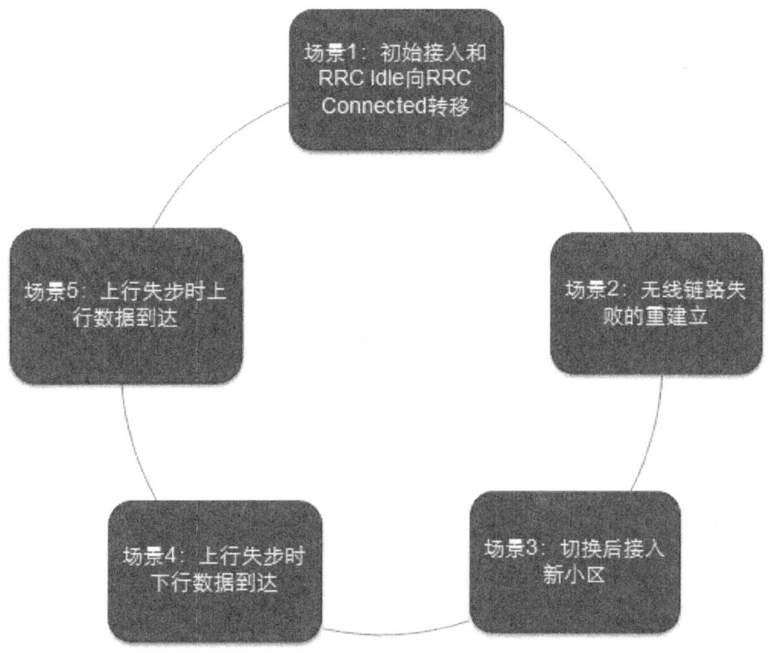

图 10.43　随机接入的 5 种场景

10.7　小　　结

1. 学完本章后，读者需要回答：

- LTE 网络构架。
- LTE 的逻辑信道有哪些？
- LTE 的传输信道有哪些？
- LTE 的物理信道有哪些？
- 简述 LTE 的核心技术 OFDM 和 MIMO 技术的基本原理。
- 简述 TD-LTE 帧结构。
- 简述 LTE 小区搜索过程。
- 简述 LTE 随机接入过程。

2. 在第 11 章中，读者会了解到：

- 标准化组织概览；
- 3GPP 的组织架构；
- 3GPP 的工作方法；
- 向 3GPP 提交提案全攻略。

第 3 篇　移动通信的标准化、网络规划与优化

第 11 章　移动通信的标准化

在日常生活中接触到的很多产品都有标准，比如食品要达到国家卫生检验检疫标准、汽车尾气要符合排放标准等。标准化古已有之，早在 2000 多年前，秦始皇就统一了六国的度量衡。在移动通信中，标准化也同样重要，特别是对于系统开发与市场的占有有着不可替代的作用，人们希望使用的手机规格接口都是一样的，可以实现不同制式的互通，生产厂商希望统一标准利于生产，运营商也希望系统兼容和全球漫游。

本章结合超 3G 和 4G 的标准化进程，概要介绍 3GPP、3GPP2 和 WiMax 论坛等标准化组织的标准演进过程。

本章主要涉及的知识点有：

- ❑ 标准化组织概览。
- ❑ 3GPP 的组织架构。
- ❑ 3GPP 的工作方法。
- ❑ 向 3GPP 提交提案全攻略。

11.1　标准化组织概览

本节主要关注标准化组织 3GPP、3GPP2 和 WiMax 论坛的系统概述。

11.1.1　3GPP 初识

第三代合作伙伴计划 3GPP（3rd Generation Partnership Project）成立于 1998 年 12 月，成员包括欧洲的 ESTI（European Telecommunications Standards Institute，欧洲电信标准化协会）、日本的 ARIB（Association of Radio Industries and Businesses，日本的无线工业及商贸联合会）和 TTC（Telecommunications Technology Committee，电信技术委员会）、中国的 CCSA（China Communications Standards Association，中国通信标准化协会）、韩国的 TTA（Telecommunications Technology Association，韩国电信技术协会）、美国的 ATIS（The Alliance for Telecommunications Industry Solutions，电信行业解决方案联盟）。中国无线通信标准研究组（CWTS）在 1999 年 6 月在韩国加入 3GPP。

3GPP 从当初致力于从 GSM 到 UMTS、HSPA 的演进，到现在 LTE、LTE-Advanced 的标准制定。

11.1.2　3GPP2 简介

第三代合作伙伴计划 3GPP2（3rd Generation Partnership Project）成立于 1999 年 1 月，

由美国的 TIA（Telecommunications Industry Association，美国电信工业学会）、日本的 ARIB（日本无线工业及商贸联合会）和 TTC、韩国的 TTA 发起，中国无线通信标准研究组在 1999 年 6 月在韩国加入 3GPP2。

3GPP2 致力于从 IS-95 到 CDMA2000、UMB 的演进标准的制定。

11.1.3　WiMax 标准演进

WiMax 论坛于 2001 年 6 月成立，致力于 WiMax 的技术演进，其成员包括 Intel、三星、中兴、华为在内的多家通信制造商和运营商。

WiMax 论坛的组织结构如图 11.1 所示[32]。

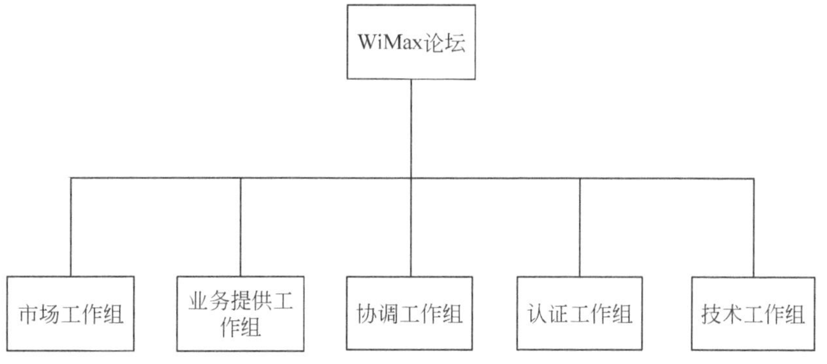

图 11.1　WiMax 论坛组织架构

WiMax 技术的全球部署地图，如图 11.2 所示。

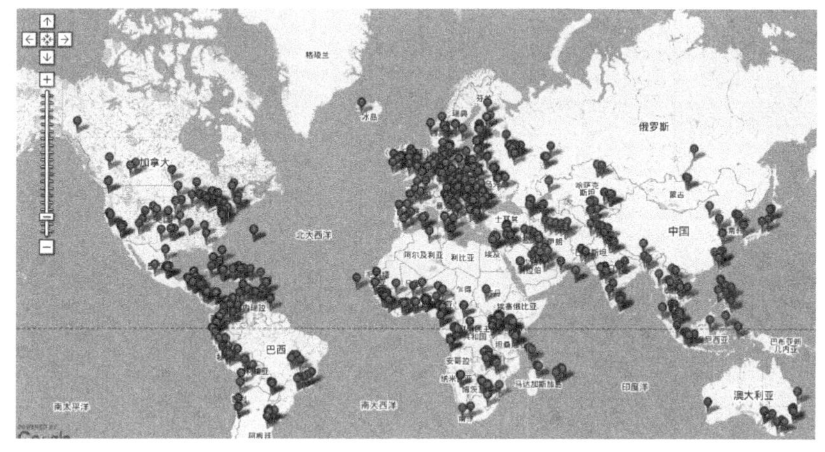

图 11.2　WiMax 地图

11.2　3GPP 的组织架构——天地会模式

任何机构或者组织都会有一个组织架构或者管理模式。比如金庸武侠小说中的天地会，天地会组织架构中最大的头是总舵主陈近南，下设两大执法，前五堂执法和后五堂执法。前五堂执法掌管着前五堂（莲花堂、洪顺堂、家后堂、参太堂、宏化堂），后五堂执法掌管着后五堂（青木堂、赤火堂、西金堂、玄水堂、黄土堂）。每一堂的“头”叫做香主，韦小宝就曾经当过青木堂香主哦。

3GPP 的管理思路也是如此，莫非 3GPP 的领导同志们也曾经读过《鹿鼎记》？3GPP 的组织架构图 11.3 所示[33]。

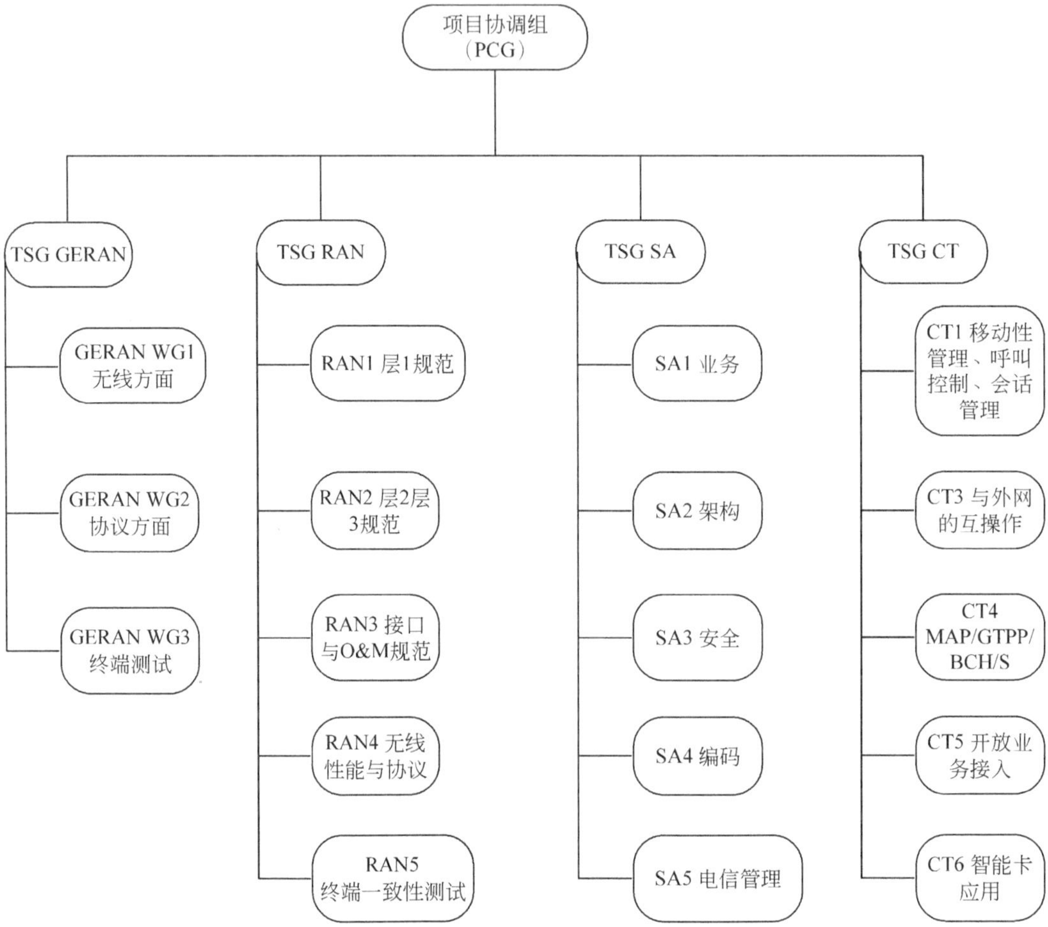

图 11.3　3GPP 的组织架构

11.2.1　组织架构

在 3GPP 的组织架构中最大的“头”是项目协调组（Project Coordination Group，PCG），相当于天地会中总舵主的地位，项目协调组下设的 4 个技术规范组（Technical Specifications Group，TSG）相当于天地会的前、后五堂执法，如下所述。

（1）TSG GERAN：GSM/EDGE RAN 主要负责 GSM/EDGE 接入网的标准化工作。

（2）TSG RAN：主要负责 GERAN 之外的 3GPP 无线接入网的标准化工作，比如 UTRAN、E-UTRAN 的标准化。

（3）TSG SA：主要负责 3GPP 业务与系统方面的标准化工作。

（4）TSG CT：主要负责 3GPP 核心网和终端的标准化工作。

这里主要对负责接入网的 TSG RAN 进行介绍，目前的 TSG RAN 主要负责 3G、超 3G 和 4G 的接入网 UTRAN、E-UTRAN 的标准化工作。

TSG 下分多个工作组，与天地会各堂一样，负责自己的一部分职责，TSG RAN 下面包含 4 个工作组（Work Group，WG），分别介绍如下。

（1）RAN WG1：简称 RAN1，主要负责物理层（layer 1，层 1）的标准化工作。

（2）RAN WG2：简称 RAN2，主要负责层 2、层 3（layer 2，layer 3）的标准化工作。

（3）RAN WG3：简称 RAN3，主要负责无线接入网的各个接口和操作、管理（O&M）的标准化工作。

（4）RAN WG4：简称 RAN4，主要负责无线性能与协议方面的标准化工作。

（5）RAN WG5：简称 RAN5，主要负责移动终端一致性测试的标准化工作。

天地会中有时除了定期召开的集会外，不会因为某些紧急事件的讨论而临时召开会议。像天地会经常开会一样，3GPP 比天地会更加规范一些，TSG 一般一年举行 4 次会议，有时由于技术讨论的需要可能会增加附加会议。以 3GPP RAN WG3 为例，2009 年不但召开了 63、64、65、66 次会议，而且在 63、64 次会议之间还有 63bis 的附加会议，在 65、66 次会议之间还有 65bis 的附加会议。

事实上，最高级别的项目协调组 PCG 只负责技术大方向的制定与规划，技术规范组 TSG 只负责每个工作组的协调管理。领导嘛，负责总体方向即可，实际工作要下面的人去做，下面的人有事情不清楚，或者需要其他工作组协调的时候可以和领导说，让领导帮着协调工作。

在实际工作中，每个工作组是实际干活的人，也就是标准的讨论与制定的实际执行机构，在每个工作组 WG，都有一个主席或者几个副主席，就像青木堂要有香主韦小宝一样。韦香主负责主持会议、组织技术讨论，而工作组中主席的任期一般是两年，而且连任不得超过两届。每个 3GPP 的成员都可以提出自己的主席候选人，连续注册两次才可以有投票的资格。

以上说的都是技术规范组下的工作组 WG 的会议召开情况，在工作组的工作有了进展之后，可以定期向技术规范组 TSG 汇报，这就是所谓的“全会”——TSG Plenary meeting，技术规范组的全会可以进行标准化项目立项。

11.2.2　标准化文档输出

一个标准化项目可以分为可行性研究阶段（Study Item，SI）和工作阶段（Work Item，WI）。可行性研究阶段负责研究项目的可行性，如果可行，就会进入到工作阶段，一般可行性研究阶段的输出成果是技术报告 TR（Technical Report），工作阶段的输出成果是技术报告 TS（Technical Specifications）。

TR 和 TS 都采用唯一的编号，以 LTE 的综述性规范 TS 36.300 V10.0.0 为例，36 系列中的规范都是关于 LTE/LTE-Advanced 接入网 E-UTRAN 的，而 25 系列中则是 3G 的接入网 UTRAN。TS 36.300 中的 300 表示的是 E-UTRAN 的整体描述，TS 36.300 V10.0.0 中 V10.0.0 表示版本号，36.331 中是 RRC 协议，而 36.201、36211、36212、36213、36214 中

放的是 LTE 的物理层协议，具体参见 3GPP 官方网站，如图 11.4 所示[33]。

Index of /ftp/Specs/archive/36... http://www.3gpp.org/ftp/Specs/archive/36_series/

Index of /ftp/Specs/ar...

Index of /ftp/Specs/archive/36_series

Name	Last modified	Size	Description
Parent Directory		-	
36.101/	21-Jun-2010 15:52	-	
36.104/	21-Jun-2010 15:52	-	
36.106/	30-Mar-2010 15:41	-	
36.113/	29-Dec-2009 10:03	-	
36.124/	29-Dec-2009 10:03	-	
36.133/	22-Jun-2010 08:09	-	
36.141/	21-Jun-2010 15:52	-	
36.143/	29-Dec-2009 10:03	-	
36.171/	21-Jun-2010 15:52	-	
36.201/	30-Mar-2010 13:56	-	
36.211/	30-Mar-2010 13:44	-	
36.212/	14-Jun-2010 12:54	-	
36.213/	14-Jun-2010 12:54	-	
36.214/	14-Jun-2010 12:54	-	
36.300/	18-Jun-2010 08:38	-	
36.302/	16-Jun-2010 15:18	-	
36.304/	16-Jun-2010 15:18	-	
36.305/	21-Jun-2010 10:58	-	
36.306/	18-Jun-2010 08:38	-	
36.307/	04-Apr-2010 13:15	-	
36.314/	18-Jun-2010 08:38	-	
36.321/	18-Jun-2010 08:38	-	
36.322/	16-Jun-2010 15:18	-	
36.323/	05-Jan-2010 11:19	-	
36.331/	18-Jun-2010 08:38	-	
36.355/	22-Jun-2010 10:14	-	
36.401/	15-Jun-2010 09:04	-	
36.410/	15-Jun-2010 09:04	-	
36.411/	18-Dec-2009 23:01	-	
36.412/	06-Apr-2010 15:37	-	
36.413/	15-Jun-2010 09:04	-	
36.414/	18-Dec-2009 23:01	-	
36.420/	18-Dec-2009 23:01	-	
36.421/	09-Feb-2010 13:02	-	
36.422/	06-Apr-2010 15:37	-	
36.423/	15-Jun-2010 09:04	-	
36.424/	18-Dec-2009 23:01	-	
36.440/	06-Apr-2010 15:37	-	
36.441/	18-Dec-2009 23:52	-	
36.442/	06-Apr-2010 15:37	-	
36.443/	06-Apr-2010 15:37	-	
36.444/	06-Apr-2010 15:37	-	
36.445/	15-Jun-2010 09:04	-	
36.455/	15-Jun-2010 09:04	-	
36.508/	22-Jun-2010 10:14	-	

图 11.4　3GPP 中 LTE 的部分协议

11.3　工作方法——一份提案的自白

前面讲解了 3GPP 的组织架构，看完了组织架构，这里就要对 3GPP 的工作方法做一个简单的介绍。

11.3.1　工作方法

天地会中的青木堂若是开会讨论某项事情。青木堂香主韦小宝亲自主持会议。韦小宝的某个老婆担任秘书，做会议记录等。参会的每个成员可能都有自己的看法，其中的一些成员会前和会中可能还会交流看法或者就事情的某点达成一致或者妥协。某些成员可能会结成联盟共同提出某项提案来对韦香主施压，遇到纷争可能还会投票，比如要不要进宫刺杀康熙。

在 3GPP 的工作中也是如此，3GPP 的标准化工作就是靠着每次会议讨论的方式来推进

标准化进程的。

某个公司提交的提案到会上讨论，有时会得到大家的支持，有时会遭到反对。遭到反对的时候，各个成员会讨论，看能否给出一个较为折中的方案，不同观点的公司能否达成妥协，如果这个问题涉及核心利益，大家都不做让步，可能会采取投票的方式。每次开会一般都是 5 天左右，比如 3GPP TSG-RAN WG3 #69 会议于 2010 年 8 月 23 日到 8 月 27 日在西班牙的马德里举行。

由于会议的时间有限，会后可以通过电子邮件讨论，有想了解标准讨论过程的“童鞋”可以订阅 3GPP 的群邮件。

11.3.2　我要提提案

想要提交提案，首先要知道什么时候举行会议吧，好在 3GPP 的官方网站会及时发布会议信息（网址：http://www.3gpp.org/3GPP-Calendar），可在其中找到你想提交提案的工作组及下次举行会议的时间和地点。

工作组的主席会在 FTP 上面发布议事日程表（Agenda），日程表中包含会议上要讨论的技术议题。主席秘书会在邮件中通知提案提交的截止日期（deadline）与文档号申请的截止日期（deadline），会前需要注册，比如以 CCSA 的 CATT（大唐）身份注册。

会前准备提交提案时，可以先和属于一个利益联盟的公司进行沟通，交流一下看法，如果其他公司可以在提案上署名，无疑会加大提案的分量。会前一周左右，大会秘书会给大家分配文档号，在截止日期之前上传提交提案，绝大多数的提案类型为 CR 和 discussion。

注意：提案的格式必须是以.ZIP 结尾的压缩文件。

在会议的举行过程中，想要做 presentation 的话需要先举手，得到主席允许后即可阐述观点，重点突出提议部分（proposal）[35]。会后可以继续关注 E-mail 讨论。

11.4　小　　结

1．学完本章后，读者需要回答：

- 移动通信标准化组织有哪些？
- 简述 3GPP 的组织架构？
- 3GPP 的标准化文档输出有哪两种格式？
- 简述 3GPP 的工作方法。
- 简述向 3GPP 提交提案的整个过程。

2．在第 12 章中，读者将会了解到：

- 网络规划与优化概述；
- 网络规划的基本技术；
- 网络优化的基本技术。

第 12 章　网络规划与优化

很多通信工程毕业的大学生毕业找工作的时候选择了网规、网优工程师，那么网络规划和网络优化到底是做什么的呢？本章就将揭开网络规划与优化那并不神秘的面纱。

本章主要涉及的知识点有：

- ❑ 网络规划与优化概述。
- ❑ 网络规划的基本技术。
- ❑ 网络优化的基本技术。

12.1　规划与优化——为了有更好的通信质量

规划和优化是做事的两个过程，做事情之前要有一个规划，规划好怎样去做，做完了之后，可能会发现有些地方做得不够完美，所以就进行优化。这就是规划和优化的形象的关系。

下面，先来说说网络规划。

12.1.1　网络规划入门

凡事预则立，不预则废。所谓“预”就是预计，预测，预先对事物的发展有一个认识和估测，接着筹划事情该怎样做。在移动通信的建网过程中，也有这么一个问题，它就是网络规划。

在移动通信的建网过程中，一个最基本的问题是基站建在什么位置？多远建一个基站？基站的间距是多少？天线高度是多少？天线倾斜角怎么设置？一些 RRM 参数怎么设置？这一系列的问题构成了移动通信网络规划的基本动力。

采用不同接入技术系统的网络规划与优化的参数不同，采用频分多址接入技术的第一代移动通信系统更关注频率的规划；而在基于 CDMA 多址技术的第三代移动通信系统中，网络规划更多地是为了降低小区中的干扰[36]。下行采用正交频分多址接入的第四代移动通信的网络规划与优化，更多地关注小区间干扰的抑制与无线资源管理参数的优化。

在网络规划的过程中，为了方便网络规划工程师设计网络、确定参数，需要构造一个移动通信系统的模型，也就是利用计算机建模的过程，精确地建模对于网络的规划、优化都有着极其重要的意义。

目前，很多公司开发的网络规划与优化软件都是利用三维城市地图、GIS（地理信息系统）等来辅助通信系统建模的。通信建模中，一个不可或缺的建模过程是对传播模型的

建模。本书 2.5.1 节中讲述的奥村-哈塔模型就是人们凭借经验得出的移动通信信道模型公式。

12.1.2　网络优化 ABC

优化这个词语被滥用的很严重，现在很多地方都能看到优化的影子，这里也从另一方面说明了优化的重要性及其在人们心中的地位。

很多优化的目的是为了“最优化”，即实现资源利用、系统性能等的最优化的过程，如果能得到具体的目标函数，求最优化的过程也就是求某个函数的最大值或者最小值的问题。大学数学中最优化多是和求导数、拉格朗日定理等联系在一起，而在现实生活中的最优化实现起来却不是这么简单，因为没有合适的解析函数来描述实际的优化过程。

多数的移动通信系统都难以用一个确切的表达式解析表达网络优化函数。在这些系统的数学模型无法确定的情况下，或者过于复杂的时候，优化的过程只能通过“试错”法之类的迭代算法来实现。

总而言之，网络优化就是不断地根据网络的性能，动态地改变网络参数的一个过程，形成一个闭环优化过程。

12.1.3　网规网优的自动化

以前，说到网络规划与优化，人们最先想到的就是拿着路测的仪器在大街上测数据，再分析测得的数据，根据结果调整参数；网络规划似乎也是和手动配置参数等手工操作分不开的。有经验的工程师说怎么做，新来的“小菜鸟”们就去怎么做。

然而，在当今计算机技术飞速发展的今天，计算机辅助设计工具在网络规划与优化中发挥着越来越大的作用。

在网络规划与优化的过程中，用得最多的可能就是仿真软件了，因为想要获得整个网络情况更快捷的办法，就是模拟整个网络的运行情况，优化其参数，再辅以工程师们的经验。一切都会看上去很美。

但是计算机软件并不能帮工程师做所有的事情，正如毛泽东主席说过的那样：武器不能决定战争的胜败，决定胜败的是人。在网络规划与优化的过程也是如此，网规网优软件只有在聪明而又有经验的工程师们的主导下才能发挥作用。

现在的网络规划与优化软件工具能够将数据库、地理信息系统、传播模型和蒙特卡洛仿真结合在一起，让网络规划与优化更加人性化、智能化。如图 12.1 所示为网络规划与优化仿真界面[37]。

12.2　网　络　规　划

实际上，网络规划由运营商来执行，运营商是企业，是企业就需要盈利，因此，运营商希望在投资成本最小化的基础上定义满足用户服务质量的无线参数。这些需要规划的参数包括基站间的距离、天线高度、天线方向角与倾斜角等[36]。

下面分别来看看网络规划中的各个参数对网络性能的影响。

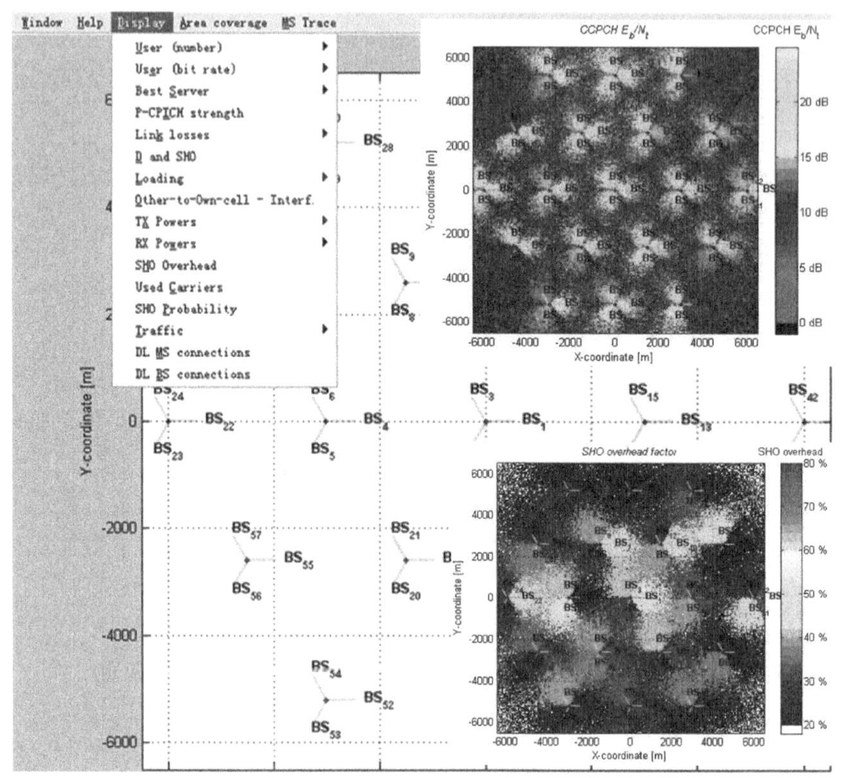

图 12.1　网络规划与优化仿真界面

12.2.1　基站间距与天线高度

在移动网络建网的过程中，一个最基本的问题是多远建一个基站，基站的天线高度应该是多高？

基站间距和天线高度对网络覆盖和容量的影响是显而易见的，在天线高度不变的情况下，基站的间距越大，覆盖范围会变小，越可能出现覆盖漏洞，基站的间距越小，固定资本投入会变大；在基站间距不变的情况下，天线高度越大，覆盖范围会越大，业务容量会变大，但是这时对其他基站所服务用户的干扰也会变大。如果天线高度变小，覆盖范围会变小，可能会出现覆盖漏洞。

种种迹象表明，在人口越密集的地方，业务量会越多，人们希望得到更好信号覆盖的愿望会更强烈，室内的潜在用户可能会更多。因此天线高度需要降低，同时基站间的间距也需要减小，因为过大的基站间距会使同等情况下的信号强度降低，无法满足密集用户的业务需求。

而在人口密度比较低的农村地区，基站的间距会变得较大，这是因为密集的基站不但导致建设成本的增大，也会造成业务量的浪费。同时大的基站间距需要天线高度的增加来弥补覆盖范围的不足，如图 12.2 所示。

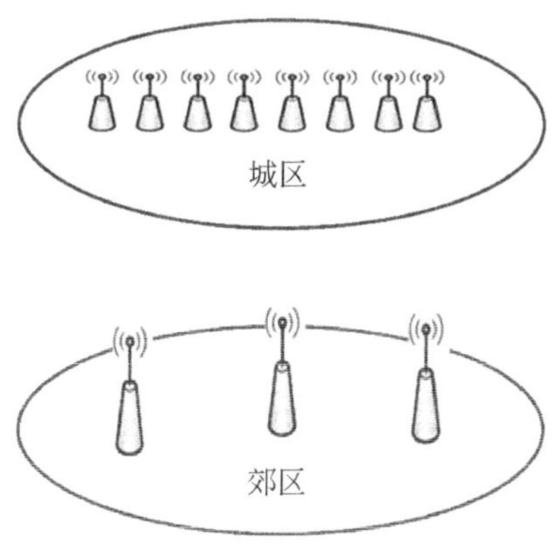

图 12.2　基站间距与天线高度

12.2.2　基站选址

多远建一个基站的问题解决了，还有一个问题是在哪里建基站呢？

在网络建模的过程中，一般会把基站建在靠近六边形小区的中心位置，那么在实际的选址过程中会有哪些具体的注意事项呢？一起来看看。

1．良好的视野

所谓良好的视野指的是，在基站的选址过程中，不要把基站建在高大建筑物的旁边造成信号不必要的衰减，保证基站天线良好的“视野”以便信号直线传播。如图 12.3 所示。

2．避开干扰源

在基站的选址过程中，应该尽量避开大功率的无线电发射台，比如要在玉渊潭公园附近建站，那就应该尽量避开中央广播电视塔，把基站建在远离广播电视塔的地方。雷达站干扰源等也应该避开。如图 12.4 所示。

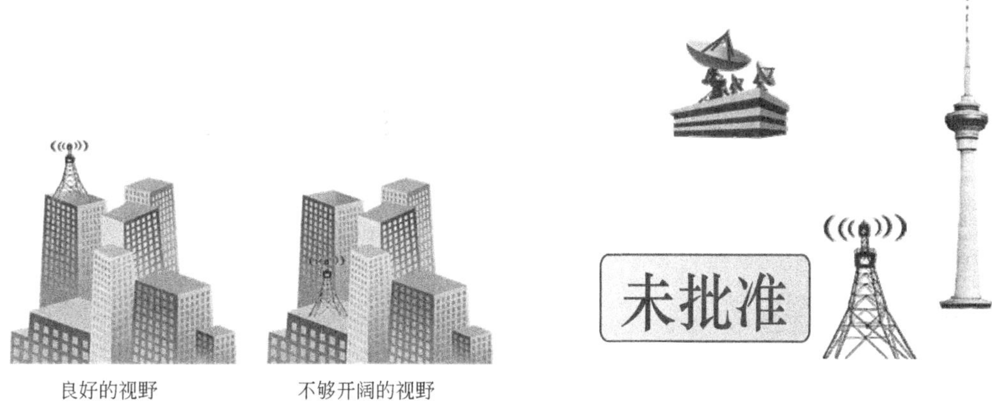

图 12.3　基站的视野　　　　图 12.4　远离干扰源

3. 方便维护

基站在运营的过程中，难免会遇到问题或者网络升级（很多人可能都体验过在凌晨 1 点左右手机突然没信号的情况），这就需要在建站的过程中，尽量把基站的地址选在方便维护的地方，这样的地方一般特征是交通便利、方便供电、环境安全[38]。

4. 成本因素

运营商毕竟是企业，亏本的买卖没人做，在合法、合理的范围内赚更多的钱才是硬道理。基站选址也是同理，如果是对现有网络的容量扩充、升级换代，那么能利用现有的机房和电源等是最好的了，能省点钱，咱还是省点钱吧，没必要浪费，呵呵。

12.2.3　中继与家庭基站的部署

在 LTE-Advanced 中引入中继站和家庭基站来扩大覆盖，提高用户体验，而中继站与家庭基站的部署也成为 4G 移动通信网络规划的重中之重。

通过小区边缘布设中继站，可提升小区边缘用户的吞吐量，扩大继站的覆盖范围。而家庭基站的部署是用户自发的行为，不受运营商的干扰，因此，家庭基站的部署所引发的网络干扰与移动性管理将会成为网络优化的重点。

12.3　网络优化——参数的调整

网络的优化比网络规划包含的内容更多一些，这是因为优化的概念更广，很多无线资源管理的内容都可以划归到网络优化的范畴。

从第一代移动通信开始，以覆盖与容量为目标的优化始终贯穿于移动通信网络优化中。基站的位置与参数配置、天线方位角、天线倾斜角、天线高度、切换参数、小区重选参数、负载均衡参数、邻小区列表、覆盖漏洞管理等都可以成为网络优化的对象。

细心的朋友可能会发现，网络优化与自组织网络有着千丝万缕的联系，自优化中的负载均衡的优化、小区选择与重选参数优化、分组调度参数的优化、接入控制参数的优化、邻小区列表优化、移动鲁棒性优化、天线倾斜角的优化，自愈合中的小区故障自动预测、自动检测、自动补偿、覆盖漏洞管理，更是直接与网络优化的目标相重合。

介绍传统网络优化的论著已有不少，但大多是手动优化与初级优化，本节将另辟蹊径，结合自组织自优化（SON）技术来介绍网络优化技术。

12.3.1　移动鲁棒性优化

在蜂窝通信网络中，切换参数如果设置不合适，很可能会因为切换失败而掉话、发生乒乓切换等降低用户体验的事件。

在本书 5.5.1 节中提到，切换就像跳槽，需要看好了再跳，如果因为跳槽参数没有设

置好而导致跳槽失败、频繁跳槽等，将会对白领们的职业生涯造成非常不利的影响。因此切换参数的优化显得尤为重要，如图 12.5 所示，在切换参数自优化中，可通过一定的切换优化算法优化切换门限、触发时间、滞后因子等参数。

图 12.5 切换自优化

随着中继站和家庭基站的部署，特别是家庭基站与宏基站之间的移动性成为人们日益关注的焦点。由于家庭基站的覆盖范围有限，高速用户穿越家庭基站小区的时候显得异常短暂，考虑用户的 QoS，高速用户很可能没有必要切换，特别是对于非实时业务。为了避免上述情况的发生，可将用户的移动状态进行分类（比如高速、中速、低速）。

对于非实时业务，一定程度的时延和丢包率是可以容忍的，但是切换导致的时延和丢包率对于实时业务是不能容忍的。而低速用户可能希望尽快地长时间地停留在家庭基站小区中。可以采取不允许高速用户切换，中速用户根据业务状态来决定，中速非实时业务用户不切换，中速实时业务用户切换，低速用户切换，从而实现对中速用户的业务状态区分对待而减小切换开销，优化家庭基站相关的切换[13]。

12.3.2 负载均衡优化

负载均衡在移动通信中扮演着不可或缺的角色，本书的 5.7 节介绍过负载均衡的基本概念与作用，这里详细介绍一下负载均衡与切换参数之间的关系。

基站或者用户设备周期性地测量小区的负载状况，并和邻小区之间通过 X2 接口交流负载信息，当小区甲发现自己的负载状况远远超过了邻小区乙的负载的时候，就触发负载均衡优化算法。

负载均衡算法可以优化切换参数来实现负载均衡，比如把小区甲切换到小区乙的切换门限调低，把触发时间调短、滞后因子调小等，从而使小区甲到小区乙的切换更容易，实现小区间的负载均衡。

广义地说，小区间的干扰抑制等也属于网络优化的范畴。由于篇幅的原因，这里就不再多说了。

在网络优化的过程中，有很多优化算法可以使用，粒子群优化、加强学习法、遗传算法、蚁群算法、线性优化等都可以应用到无线网络优化中。

12.4　小　　结

1．学完本章后，读者需要回答：

- ❑ 简述网络规划的概念。
- ❑ 简述网络优化的概念。
- ❑ 怎样规划基站间距与天线高度？
- ❑ 在基站选址过程中有哪些原则和注意事项？
- ❑ 怎样实现移动鲁棒性优化？
- ❑ 负载均衡与切换优化有何关系？

参 考 文 献

[1] 藏嵘. 中国古代驿站与邮传. 北京：中国国际广播出版社，2009
[2] 周炯槃等. 通信原理（第 1 版）. 北京：北京邮电大学出版社，2005
[3] 郑君里等. 信号与系统（第 2 版）. 北京：高等教育出版社，2003
[4] 吴伟陵等. 移动通信原理（第 2 版）. 北京：电子工业出版社，2009
[5] 杨鸿文等译. 无线通信（美，Andrea Goldsmith）. 北京：人民邮电出版社，2006
[6] 郭梯云等. 移动通信（第 3 版）. 西安：西安电子科技大学出版社，2005
[7] 3GPP TS 33.102 v9.2.0. 3G Security; Security architecture
[8] 3GPP TS 33.401 v9.4.0. 3GPP System Architecture Evolution (SAE); Security architecture
[9] IEEE Std 802.16-2009
[10] 张景振. WIMAX 安全机制研究. 硕士学位论文，山东大学，2009
[11] 王莹等. 无线资源管理. 北京：北京邮电大学出版社，2005
[12] 3GPP R1-071791, Nokia. Summary of DL Power Control Email Discussion
[13] H. Zhang, “A Novel Handover Mechanism between Femtocell and Macrocell for LTE based Networks” Proc. ICCSN 2010, doi: 10.1109/ICCSN.2010.91 Page(s): 228-231
[14] 3GPP TS 36.300 v10.0.0. Evolved Universal Terrestrial Radio Access (E-UTRA) and Evolved Universal Terrestrial Radio Access Network (E-UTRAN); Overall description; Stage 2
[15] 3GPP TS 23.401 v10.0.0. General Packet Radio Service (GPRS) enhancements for Evolved Universal Terrestrial Radio Access Network (E-UTRAN) access
[16] 3GPP TS 36.304 v9.3.0. Evolved Universal Terrestrial Radio Access (E-UTRA); User Equipment (UE) procedures in idle mode
[17] 3GPP TS 100 522 v7.1.0. Digital cellular telecommunications system (Phase 2+); Network architecture
[18] 3GPP TS 25.401 v9.1.0. UTRAN overall description
[19] 3GPP TS 23.018 v9.1.0. Basic call handling; Technical realization
[20] 姜波. WCDMA 关键技术详解. 北京：人民邮电出版社，2008
[21] 3GPP2 A.S0008-0 v4.0. Interoperability Specification (IOS) for High Rate Packet Data (HRPD) Radio Access Network Interfaces with Session Control in the Access Network, May 2007
[22] 3GPP2 A.S0007-A v3.0. Interoperability Specification (IOS) for High Rate Packet Data (HRPD) Radio Access Network Interfaces with Session Control in the Packet Control Function, May 2007
[23] 大唐电信. TD-SCDMA 系统原理介绍
[24] 沈嘉等. 3GPP 长期演进（LTE）技术原理与系统设计. 北京：人民邮电出版社，2008
[25] 3GPP TS 36.410 v8.2.0. Evolved Universal Terrestrial Access Network (E-UTRAN); S1 General aspects and principles
[26] 3GPP TS 36.420 v8.1.0. Evolved Universal Terrestrial Access Network (E-UTRAN); X2 general aspects and principles
[27] 3GPP TS 36.423 v8.6.0. Evolved Universal Terrestrial Access Network (E-UTRAN); X2 application protocol (X2AP)
[28] 3GPP TR 36.913 v9.0.0. Requirements for further advancements for Evolved Universal Terrestrial Radio Access (E-UTRA) (LTE-Advanced)

[29] 3GPP TR 36.912 v9.3.0. Feasibility study for Further Advancements for E-UTRA (LTE-Advanced)

[30] 3GPP R2-103437, Ericsson, ST-Ericsson. Stage-2 description of relaying into 36.300

[31] 3GPP TR 36.806 v9.0.0. Evolved Universal Terrestrial Radio Access (E-UTRA); Relay architectures for E-UTRA (LTE-Advanced)

[32] 中国通信标准化协会. http://www.ccsa.org.cn/

[33] http://www.3gpp.com/

[34] http://www.3gpp2.com/

[35] Huawei, 3GPP introduction

[36] 吕召彪等译. 深入浅出 UMTS 无线网络建模、规划与自动优化:理论与实践. 北京：机械工业出版社，2008

[37] Jaana Laiho.etc. Radio Network Planning and Optimisation for UMTS 2nd Edition, John.Wiley.and.Sons 2006

[38] 啜钢等译. CDMA 无线网络规划与优化. 北京：机械工业出版社，2004

[39] http://www.wikipedia.org/

[40] 沈嘉. TD-LTE 总体技术发展和无线关键技术

[41] 汪裕民. OFDM 关键技术与应用. 北京：机械工业出版社，2007

[42] 彭木根等. 无线资源管理与 3G 网络规划优化. 北京：人民邮电出版社，2008

[43] 彭木根等. 协同无线通信原理与应用. 北京：机械工业出版社，2009

[44] 3GPP TR 25.812. Requirement for evolved UTRA and UTRAN[S]

[45] 3GPP R1-050621. Some aspects of single-carrier transmission[S]